国家级一流本科课程配套教材

概率论与数理统计

周圣武　韩　苗　李金玉　章美月　编

科 学 出 版 社
北 京

内 容 简 介

本书分两部分，概率论部分着重介绍概率论的基本概念、随机事件与概率、随机变量及其分布、随机变量的数字特征、大数定律与中心极限定理等内容；数理统计部分着重介绍数理统计基础、参数估计、假设检验、回归分析和方差分析的基本理论与方法. 同时本书还加入了 Python 软件的相关内容. 本书在编写过程中注重联系工科院校实际，选用了大量与工科、经济管理等专业相关的例题、习题以及在线测试题，这些题目由浅入深、循序渐进，便于启发和训练学生的解题能力. 本书还通过二维码链接了丰富的拓展资源，扫码可以深入学习，也可以进行章末测试，检查学习效果.

本书可作为高等院校理科类、工科类、经济类、管理类等专业的教材，也可以供工程技术人员参考使用.

图书在版编目（CIP）数据

概率论与数理统计 / 周圣武等编. —北京：科学出版社，2024.8
ISBN 978-7-03-078654-8

Ⅰ.①概… Ⅱ.①周… Ⅲ.①概率论–高等学校–教材②数理统计–高等学校–教材 Ⅳ.①O21

中国国家版本馆 CIP 数据核字（2024）第 111211 号

责任编辑：张中兴　梁　清　孙翠勤 / 责任校对：杨聪敏
责任印制：赵　博 / 封面设计：无极书装

科 学 出 版 社　出版
北京东黄城根北街 16 号
邮政编码：100717
http://www.sciencep.com

三河市春园印刷有限公司印刷
科学出版社发行　各地新华书店经销

*

2024 年 8 月第 一 版　开本：720×1000　1/16
2025 年 9 月第三次印刷　印张：26
字数：524 000
定价：89.00 元
（如有印装质量问题，我社负责调换）

前 言

党的二十大报告指出,要"加强基础学科、新兴学科、交叉学科建设,加快建设中国特色、世界一流的大学和优势学科."数学是一门重要的基础学科,其分支概率论与数理统计主要研究随机现象统计规律,其理论与方法已广泛地应用于自然科学和社会科学的各个领域,以及工业、农业、医药卫生、国民经济等各个部门.

本书分两部分,概率论部分(第 1~5 章)着重介绍概率论的基本概念、随机事件与概率、随机变量及其分布、随机变量的数字特征、大数定律与中心极限定理等内容;数理统计部分(第 6~10 章)着重介绍数理统计基础、参数估计、假设检验以及回归分析与方差分析的基本理论与方法.本书注重阐述概率论与数理统计的基本理论和基本方法,力求做到理论联系实际,兼具实用性和趣味性.同时,本书还增加了 Python 软件与数值实验,重点介绍与本书内容相关的 Python 调用命令,方便读者将理论知识应用于实际数据处理和分析.每章都配有大量的例题、习题,便于启发和训练学生的解题能力.本书提供了丰富的数字资源,包括概念解析、数学家故事、应用案例、自测题、代码和数据等,对教材内容进行补充和拓展,为读者提供了更加灵活、自主的学习路径.读者可以通过扫描二维码进行相关资源的学习,也可以通过"中科助学通"自测系统进行章末测试,检查学习效果.

本书由中国矿业大学概率论与数理统计教学团队组织编写.其中第 1、2 章由周圣武、索新丽编写,第 3、4 章由章美月编写,第 5~7 章由李金玉编写,第 8~10 章由韩苗编写,第 11 章由韩苗、邱松强编写,附录等由周圣武编写.本书在编写过程中得到了概率论与数理统计教学团队老师们的热情帮助,他们对本书提出了许多宝贵的意见和建议.在此基础上我们对书稿进行了反复修改,使之逐步完善. 在此, 我们谨向对本书出版给予支持和帮助的老师和朋友表示衷心的感谢. 最后感谢科学出版社对我们的支持和帮助. 在本书编写过程中, 作者参考了大量的资料和教材, 由于篇幅所限未能全部列出, 在此谨向有关作者表示衷心感谢.

　　由于作者水平有限, 书中难免有不妥之处, 恳请同行与广大读者批评指正.

编　者

2023 年 10 月于徐州

目 录

前言
第1章 随机事件及其概率 ··· 1
  1.1 随机事件及其运算 ··· 1
  1.2 频率与概率 ·· 6
  1.3 等可能概型 ·· 13
  1.4 条件概率 ·· 21
  1.5 事件的相互独立性 ·· 31
  测验题 1 ·· 38
第2章 随机变量及其分布 ·· 40
  2.1 随机变量 ·· 40
  2.2 离散型随机变量及其分布 ·· 42
  2.3 常用的离散型随机变量 ··· 45
  2.4 随机变量的分布函数 ··· 54
  2.5 连续型随机变量及其分布 ·· 59
  2.6 常用的连续型随机变量 ··· 65
  2.7 随机变量的函数的分布 ··· 75
  测验题 2 ·· 83
第3章 多维随机变量及其分布 ··· 86
  3.1 多维随机变量及其分布 ··· 86
  3.2 边缘分布 ·· 95
  3.3 二维随机变量的条件分布 ·· 103
  3.4 随机变量的独立性 ·· 109
  3.5 多维随机变量的函数的分布 ·· 114
  测验题 3 ·· 126
第4章 随机变量的数字特征 ·· 129
  4.1 数学期望 ·· 129

4.2　方差 ··· 137
　　4.3　协方差与相关系数 ··· 145
　　4.4　矩和协方差矩阵 ·· 152
　　测验题 4 ·· 157
第 5 章　大数定律与中心极限定理 ···································· 160
　　5.1　大数定律 ·· 160
　　5.2　中心极限定理 ·· 165
　　测验题 5 ·· 171
第 6 章　数理统计基础 ·· 173
　　6.1　数理统计的基本概念 ······································· 173
　　6.2　几个常用的分布 ·· 181
　　6.3　正态总体的抽样分布 ······································· 189
　　测验题 6 ·· 198
第 7 章　参数估计 ·· 200
　　7.1　点估计 ··· 200
　　7.2　估计量的评选标准 ·· 213
　　7.3　区间估计 ·· 222
　　7.4　单个正态总体参数的区间估计 ··························· 228
　　7.5　两个正态总体参数的区间估计 ··························· 236
　　测验题 7 ·· 243
第 8 章　假设检验 ·· 245
　　8.1　假设检验的基本思想 ······································· 245
　　8.2　单个正态总体参数的假设检验 ··························· 249
　　8.3　两个正态总体参数的假设检验 ··························· 262
　　8.4　非正态总体参数的假设检验 ······························ 274
　　8.5　分布拟合检验 ·· 276
　　8.6　秩和检验 ·· 283
　　测验题 8 ·· 288
第 9 章　回归分析 ·· 290
　　9.1　一元线性回归 ·· 291
　　9.2　可线性化的一元非线性回归 ······························ 308
　　9.3　多元线性回归 ·· 315
　　测验题 9 ·· 325
第 10 章　方差分析 ·· 328
　　10.1　单因素试验的方差分析 ··································· 328

  10.2 双因素试验的方差分析 ·············· 338
  测验题 10 ·············· 349
 第 11 章 Python 软件与数值实验 ·············· 353
  11.1 随机变量及其分布 ·············· 353
  11.2 统计量及统计分布 ·············· 359
  11.3 区间估计 ·············· 363
  11.4 假设检验 ·············· 369
  11.5 线性回归分析 ·············· 378
  11.6 方差分析 ·············· 384
参考文献 ·············· 390
附录 ·············· 392
  附表 1 几种常用的概率分布 ·············· 392
  附表 2 标准正态分布表 ·············· 394
  附表 3 泊松分布表 ·············· 395
  附表 4 t 分布表 ·············· 397
  附表 5 χ^2 分布表 ·············· 398
  附表 6 F 分布表 ·············· 400
  附表 7 秩和检验临界值 $W_\alpha(m, n)$ 表 ·············· 406
  附表 8 检验相关系数的临界值表 ·············· 407

第 1 章

随机事件及其概率

概率论与数理统计是研究和揭示随机现象统计规律性的一门数学分支. 概率论研究随机现象数量规律; 数理统计研究如何有效地收集、整理、分析带有随机性的数据以及对所考察的现象作出推断, 为科学决策提供依据. 概率论与数理统计的理论和方法已广泛应用于工农业生产和国民经济的各个部门, 在物理学、气象学、卫星遥感、地震预报、可靠性工程、自动控制、产品质量检查、试验数据处理、多因素实验方案的最优设计等方面, 正发挥着日益重要的作用.

1.1 随机事件及其运算

在自然界和人类社会中存在两类现象: 一类是在一定条件下必然发生的现象, 称为**确定性现象**. 例如, 向上抛掷一枚硬币, 该硬币必然下落; 在自然状态下, 水从高处流向低处; 每天早上太阳从东方升起. 另一类是在一定条件下可能发生也可能不发生的现象, 称为**随机现象**. 例如, 在相同的条件下抛掷一枚均匀的硬币, 其结果可能是正面朝上, 也可能是反面朝上, 这是在每次抛掷之前都无法确定的, 但是通过大量的重复抛掷试验, 人们发现正面朝上的可能性约占二分之一. 人们把随机现象在大量重复试验中所表现出的某种规律性称为**统计规律性**.

研究随机现象的统计规律对于人类认识自身和自然界, 有效地进行经济活动和社会活动十分重要. 比如, 人类寿命的长短、基因的遗传和变异、疾病的发生发展和传播; 自然界中的气候变化、河流的流量变化、鱼的洄游; 经济活动中的股票价格变动、市场供求的变化、资金回报率的变动等等都具有不确定性和某种统计规律性, 这些都可以应用概率论与数理统计的方法加以研究.

1. 随机试验

为了研究随机现象的统计规律性，需要对研究对象进行重复观察，我们把对随机现象的观察称为试验. 例如:

E_1: 抛掷一枚硬币，观察正面 H、反面 T 出现的情况.

E_2: 将一枚硬币抛掷三次，观察正面 H、反面 T 出现的情况.

E_3: 掷一颗骰子，观察出现的点数.

E_4: 记录某微博一天的访问量.

E_5: 测试某种型号手机的寿命.

上述试验都具有如下三个共同特点：

(1) 可以在相同的条件下重复进行；

(2) 每次试验的可能结果不止一个，但试验的所有可能结果事先是已知的；

(3) 在试验前不能预先确定哪一个结果会出现.

我们将具有上述三个特点的试验称为**随机试验**，简称**试验**，记为 E. 本书中以后提到的试验都是指随机试验.

2. 样本空间与随机事件

我们将随机试验 E 的所有可能结果组成的集合称为 E 的**样本空间**，记为 Ω. 样本空间中的每一个元素称为**样本点**，记为 ω.

上述试验 $E_k(k=1,2,3,4,5)$ 的样本空间 Ω_k 分别为

$\Omega_1 = \{H, T\}$;

$\Omega_2 = \{HHH, HHT, HTH, HTT, THH, THT, TTH, TTT\}$;

$\Omega_3 = \{1,2,3,4,5,6\}$;

$\Omega_4 = \{0,1,2,3,\cdots\}$;

$\Omega_5 = \{t \mid t \geq 0\}$.

注 样本空间是由试验目的所确定的. 例如，在 E_2 中若考察掷硬币出现正面的次数，则相应的样本空间为 $\Omega_2 = \{0,1,2,3\}$.

在随机试验中，我们通常把样本空间 Ω 的子集称为**随机事件**，简称**事件**，一般记为 A, B, C 等. 例如，在随机试验 E_3 中，若分别用 A 和 B 表示事件"出现的点数为奇数"和"出现的点数为偶数"，则 $A = \{1,3,5\}$，$B = \{2,4,6\}$.

如果在一次试验中事件 A 包含的某个样本点出现了，则称事件 A **发生**. 在每次试验中一定发生的事件称为**必然事件**. 由于样本空间 Ω 包含所有的样本点，在每次试验中它都必然发生，因此 Ω 是一个必然事件. 在每次试验中都不发生的事件称为**不可能事件**，记为 $\varnothing$. 只包含一个样本点的事件称为**基本事件**.

3. 事件间的关系及其运算

由于事件是样本空间的子集,因此事件间的关系与运算也可以按照集合之间的关系和运算来处理.下面给出这些关系和运算在概率论中的提法,并根据"事件发生"的含义,给出它们在概率论中的含义.

设 Ω 为试验 E 的样本空间,$A, B, A_k \ (k=1,2,\cdots)$ 都是随机事件.

(1) 若事件 A 发生必然导致事件 B 发生,即 A 的样本点一定属于 B,则称**事件 B 包含事件 A**,记为 $A \subset B$.

例如,掷两枚均匀的硬币,分别令 A 表示"恰有一枚正面朝上",B 表示"至少有一枚正面朝上",显然有 $A \subset B$.

若 $A \subset B$ 且 $B \subset A$,则称事件 A 与事件 B **相等**,记为 $A = B$.

(2) 事件 A 与事件 B 至少有一个发生所构成的事件称为事件 A 与事件 B 的**和事件**,记为 $A \cup B$,即事件 $A \cup B = \{\omega \mid \omega \in A \ \text{或} \ \omega \in B\}$.

例如,一个盒子中有 10 个完全相同的球,分别标以号码 $1, 2, \cdots, 10$,从中任取一个球观察其标号,则 $\Omega = \{1, 2, \cdots, 10\}$.若分别设 A 表示"球的标号为 6",B 表示"球的标号是偶数",C 表示"球的标号小于 5",则事件 $A \cup B = \{2,4,6,8,10\}$,$A \cup C = \{1,2,3,4,6\}$,$B \cup C = \{1,2,3,4,6,8,10\}$.

类似地,n 个事件 $A_1, A_2, \cdots, A_n$ 中至少有一个发生所构成的事件称为这 n 个事件的和事件,记为 $\bigcup_{i=1}^{n} A_i$.可列个事件 $A_1, A_2, \cdots, A_n, \cdots$ 中至少有一个发生所构成的事件称为这可列个事件的和事件,记为 $\bigcup_{i=1}^{\infty} A_i$.

例如,一射手向某目标连续射击,设 A_i 表示"第 i 次射击命中目标" $(i=1,2,3,\cdots)$,则 $\bigcup_{i=1}^{\infty} A_i$ 表示"目标被命中".

(3) 事件 A 与事件 B 同时发生所构成的事件称为事件 A 与事件 B 的**积事件**,记为 $A \cap B$ 或 AB,即事件 $AB = \{\omega \mid \omega \in A \ \text{且} \ \omega \in B\}$.

例如,一个盒子中有 10 个完全相同的球,分别标以号码 $1, 2, \cdots, 10$,从中任取一个球观察其标号,则 $\Omega = \{1, 2, \cdots, 10\}$.若分别设 A 表示"球的标号为 6",B 表示"球的标号是偶数",C 表示"球的标号小于 5",则积事件 $A \cap B = \{6\}$,$A \cap C = \varnothing$,$B \cap C = \{2, 4\}$.

类似地,n 个事件 $A_1, A_2, \cdots, A_n$ 同时发生所构成的事件称为这 n 个事件的积事件,记为 $\bigcap_{i=1}^{n} A_i$.可列个事件 $A_1, A_2, \cdots, A_n, \cdots$ 同时发生所构成的事件称为这可列个事件的积事件,记为 $\bigcap_{i=1}^{\infty} A_i$.

例如，一射手向某目标连续射击，设 A_i 表示"第 i 次射击未击中目标"（$i=1,2,3,\cdots$），则 $\bigcap\limits_{i=1}^{\infty} A_i$ 表示"目标未被击中".

(4) 事件 B 发生且事件 A 不发生所构成的事件称为事件 B 与事件 A 的**差事件**，记为 $B-A$，即事件 $B-A=\{\omega|\omega\in B$ 且 $\omega\notin A\}$.

例如，掷一颗均匀的骰子，分别设 A 表示"出现奇数点"，B 表示"出现的点数不超过 3"，C 表示"出现 1 点"，则 $A=\{1,3,5\}$，$B=\{1,2,3\}$，$C=\{1\}$，差事件 $A-B=\{5\}$，$B-A=\{2\}$，$C-A=\varnothing$.

(5) 若事件 A 与事件 B 满足 $A\cap B=\varnothing$，则称事件 A 与事件 B **互不相容**. 事件 A 与事件 B 互不相容是指事件 A 与事件 B 不能同时发生. 例如，基本事件是两两互不相容的.

类似地，对于 n 个事件 $A_1,A_2,\cdots,A_n$，如果其中任意两个事件 A_i 与 A_j 互不相容，即 $A_iA_j=\varnothing(i\neq j,i,j=1,2,\cdots,n)$，则称事件 $A_1,A_2,\cdots,A_n$ **两两互不相容**.

(6) 若事件 A 与事件 B 满足 $A\cap B=\varnothing$ 且 $A\cup B=\Omega$，则称事件 A 与事件 B 互为**对立事件**. 事件 A 与事件 B 对立是指在每次试验中事件 A 与事件 B 有且仅有一个发生. 事件 A 的对立事件记为 $\bar{A}$，显然 $\bar{A}=\Omega-A$.

由定义可知，对立事件必为互不相容事件，反之，互不相容的两个事件未必是对立事件.

以上事件之间的关系及运算可以用**文氏(Venn)图**来直观地表示，若用平面上的一个矩形表示样本空间 Ω，矩形内的点表示样本点，圆 A 与圆 B 分别表示事件 A 与事件 B，则事件 A 与事件 B 的各种关系及运算如图 1-1 所示.

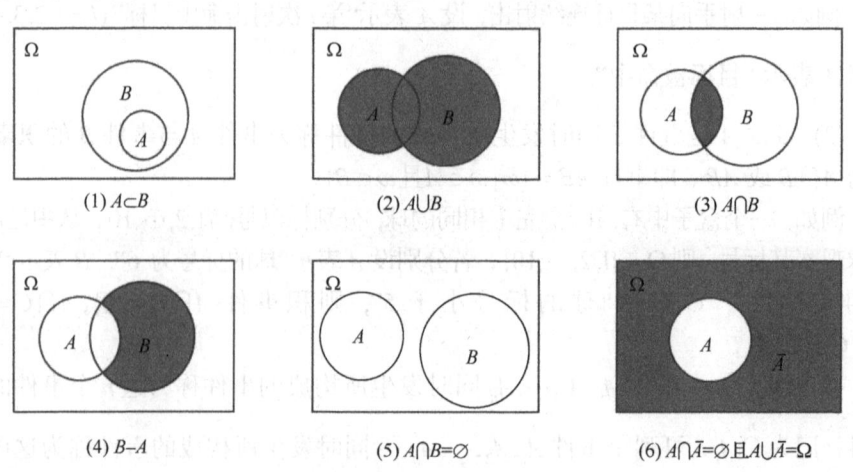

图 1-1　事件间的关系及其运算图

在进行事件运算时，经常要用到**事件的运算律**. 设 A,B,C 为事件，则有

交换律 $A\cup B = B\cup A$；$A\cap B = B\cap A$.

结合律 $(A\cup B)\cup C = A\cup(B\cup C)$；
$(A\cap B)\cap C = A\cap(B\cap C)$.

分配律 $(A\cup B)\cap C = (A\cap C)\cup(B\cap C)$；
$A\cup(B\cap C) = (A\cup B)\cap(A\cup C)$.

德·摩根律 $\overline{A\cup B} = \overline{A}\cap\overline{B}$；$\overline{A\cap B} = \overline{A}\cup\overline{B}$.

事件间的关系及其运算可以与集合间的关系和运算相对应，见表 1-1.

表 1-1   事件间的关系及其运算与集合间的关系对比表

符号	概率论的意义	集合论的意义
A	事件	集合
Ω	样本空间、必然事件	全集
$\varnothing$	不可能事件	空集
$A\subset B$	事件 A 发生导致事件 B 发生	集合 A 是 B 的子集
$A\cup B$	事件 A 与 B 至少有一个发生	集合 A 与 B 的并集
$A\cap B$	事件 A 与 B 同时发生	集合 A 与 B 的交集
$\overline{A}$	事件 A 不发生	集合 A 的补集

例 1   设 A,B,C 为三个事件，试用 A,B,C 表示下列事件.

(1) A 发生而 B 与 C 都不发生；   (2) A,B,C 中恰有一个发生；

(3) A,B,C 中至少有一个发生；   (4) A,B,C 中不多于两个发生；

(5) A,B 中至少有一个发生而 C 不发生；   (6) A,B,C 中恰有两个发生；

(7) A,B,C 不全发生.

解   (1) $A\overline{B}\overline{C}$，或 $A-B-C$；

(2) $A\overline{B}\overline{C}\cup \overline{A}B\overline{C}\cup \overline{A}\overline{B}C$；

(3) $A\cup B\cup C$，或 $A\overline{B}\overline{C}\cup \overline{A}B\overline{C}\cup \overline{A}\overline{B}C\cup AB\overline{C}\cup A\overline{B}C\cup \overline{A}BC\cup ABC$；

(4) $\overline{A}\overline{B}\overline{C}\cup A\overline{B}\overline{C}\cup \overline{A}B\overline{C}\cup \overline{A}\overline{B}C\cup AB\overline{C}\cup A\overline{B}C\cup \overline{A}BC$，或 $\overline{ABC}$；

(5) $(A\cup B)\overline{C}$；

(6) $AB\overline{C}\cup A\overline{B}C\cup \overline{A}BC$；

(7) $\overline{A}\cup\overline{B}\cup\overline{C}$，或 $\overline{ABC}$.

例 2   从一批产品中每次抽取一件产品进行检验(取后不放回)，设 A_i 表示"第 i 次取到合格品"($i=1,2,3$). 试用 A_1,A_2,A_3 表示下列事件.

(1) 三次都取到合格品；   (2) 至少有一次取到合格品；

(3) 三次中恰有两次取到合格品；   (4) 三次中最多有一次取到合格品.

解 (1) $A_1 A_2 A_3$；

(2) $A_1 \cup A_2 \cup A_3$；

(3) $A_1 A_2 \bar{A}_3 \cup A_1 \bar{A}_2 A_3 \cup \bar{A}_1 A_2 A_3$；

(4) $\bar{A}_1 \bar{A}_2 \cup \bar{A}_1 \bar{A}_3 \cup \bar{A}_2 \bar{A}_3$ 或 $\bar{A}_1 \bar{A}_2 \bar{A}_3 \cup A_1 \bar{A}_2 \bar{A}_3 \cup \bar{A}_1 A_2 \bar{A}_3 \cup \bar{A}_1 \bar{A}_2 A_3$.

习题 1.1

1. 请写出下列随机试验的样本空间 Ω.

(1) 同时掷两颗骰子，观察出现的点数之和；

(2) 记录上午 8 点到 12 点进入某超市的顾客人数；

(3) 生产某种产品直到得到 10 件正品为止，记录生产的产品总数；

(4) 将一尺之棰截成三段，观察各段的长度.

2. 甲、乙、丙三人同时练习射击，设 A_1, A_2, A_3 分别表示甲、乙、丙击中目标，试表述下列事件的具体意义.

(1) $\bar{A}_1 \cup \bar{A}_2 \cup \bar{A}_3$； (2) $\overline{A_1 \cup A_2}$； (3) $A_1 A_2 A_3 \cup \bar{A}_1 A_2 A_3$；

(4) $\overline{A_1 \cup A_2 \cup A_3}$； (5) $\overline{A_1 A_2}$； (6) $(A_1 \cup A_2)\bar{A}_3$.

3. 从一批产品中任取 n 件，以 A_i 表示"第 i 次取得正品" ($i = 1, 2, \cdots, n$)，试用 $A_1, A_2, \cdots, A_n$ 表示下列事件：

(1) 没有一件是次品； (2) 至少有一件是次品； (3) 仅有一件是次品.

4. 指出下列命题中哪些成立，哪些不成立.

(1) $A \cup B = A\bar{B} \cup B$； (2) $\overline{AB} = A \cup B$；

(3) $\overline{A \cup BC} = \bar{A}\bar{B}\bar{C}$； (4) $(AB)(A\bar{B}) = \varnothing$；

(5) 若 $A \subset B$，则 $A = AB$； (6) 若 $AB = \varnothing$，且 $C \subset A$，则 $BC = \varnothing$；

(7) 若 $A \subset B$，则 $\bar{B} \subset \bar{A}$； (8) 若 $B \subset A$，则 $A \cup B = A$.

5. 设 A, B, C 是试验 E 的三个事件，试简化下列各式.

(1) $(A \cup B) \cap (B \cup C)$； (2) $(A \cup B) \cap (A \cup \bar{B}) \cap (\bar{A} \cup B)$.

1.2 频率与概率

随机事件在一次随机试验中可能发生也可能不发生，人们希望知道某个事件在一次试验中发生的可能性的大小,并给出事件发生可能性大小的定量描述,这种定量描述就是随机事件的概率. 人们是通过频率认识概率的,频率描述了事件发生的频繁程度.

1. 频率

定义 1 设 Ω 为随机试验 E 的样本空间,A 是随机事件,假设在相同的条件下进行了 n 次重复试验,若在这 n 次试验中事件 A 发生了 n_A 次,则称比值 $\dfrac{n_A}{n}$ 为事件 A 发生的**频率**,记为 $f_n(A)$.

由定义 1 可知,频率具有如下基本性质:

(1) $0 \leqslant f_n(A) \leqslant 1$;

(2) $f_n(\Omega)=1$;

(3) 若事件 $A_1, A_2, \cdots, A_m$ 两两互不相容,则

$$f_n\left(\bigcup_{i=1}^m A_i\right) = \sum_{i=1}^m f_n(A_i).$$

事件 A 发生的频率表示事件 A 发生的频繁程度,频率越大表明事件 A 发生得越频繁,即事件 A 在一次试验中发生的可能性越大. 因而直观的想法是用频率来表示事件 A 在一次试验中发生的可能性的大小.

这是否可行呢?我们来看下面的试验. 历史上著名统计学家蒲丰(Buffon)、皮尔逊(Pearson)等都曾进行过大量掷硬币的试验,所得结果如表 1-2 所示.

表 1-2 掷硬币试验统计表

试验者	掷硬币次数	出现正面的次数	出现正面的频率
德·摩根	2048	1061	0.5181
蒲丰	4040	2048	0.5069
皮尔逊	12000	6019	0.5016
皮尔逊	24000	12012	0.5005
罗曼诺夫斯基	80640	39699	0.4923

在上述掷硬币的试验中出现正面的频率总在 0.5 附近摆动,并且随着试验次数的增加,它逐渐稳定于 0.5. 实践证明,频率具有随机波动性和稳定性,即使同样进行 n 次试验,事件 A 发生的次数 n_A 也可能会不同,从而频率也不相同,但这种波动的幅度通常会随着试验次数 n 的增加而减少,即随着 n 的增大 $f_n(A)$ 逐渐稳定于某个常数 p. 这个常数 p 客观上反映了事件 A 发生可能性的大小.

我们可以设计一个随机试验来测算随机事件 A 发生的频率. 随着计算机的出现, 人们便利用计算机来模拟一些随机试验, 称这种方法为**随机模拟法**, 也称为**蒙特卡罗**(Monte Carlo)**模拟方法**.

2. 概率的统计定义

定义 2 设事件 A 在 n 次重复试验中发生的次数为 n_A, 若当试验次数 n 充分大时, 频率 $f_n(A) = \dfrac{n_A}{n}$ 在某一数值 p 的附近摆动, 且摆动的幅度随着试验次数 n 的增加越来越小, 则称数值 p 为事件 A 的**概率**, 记为 $P(A) = p$.

由定义 2 可知
$$0 \leqslant P(A) \leqslant 1, \quad P(\Omega) = 1, \quad P(\varnothing) = 0.$$

根据概率的统计定义, 一个事件 A 发生的概率 $P(A)$ 可以由其频率近似, 即当试验次数充分大时用频率近似代替概率, $P(A) \approx \dfrac{n_A}{n}$. 概率的统计定义是人们早期对概率的认识, 具有局限性, 主要表现为需要进行大量的试验, 且不便于研究概率的性质等.

1933 年, 苏联数学家柯尔莫哥洛夫(A. N. Kolmogorov)提出了概率的公理化定义, 即以最少的几条本质特性刻画概率的概念, 使概率论成为一个严谨的数学分支.

3. 概率的公理化定义

定义 3 设随机试验 E 的样本空间为 Ω, 若对 E 的每一个事件 A 都赋于一个实数 $P(A)$, 且集合函数 $P(\cdot)$ 满足以下三个公理:

(1) **非负性**　$P(A) \geqslant 0$;

(2) **规范性**　$P(\Omega) = 1$;

(3) **可列可加性**　对于两两互不相容的可列个事件 $A_1, A_2, \cdots, A_n, \cdots$, 有
$$P\left(\bigcup_{i=1}^{\infty} A_i\right) = \sum_{i=1}^{\infty} P(A_i), \tag{1.1}$$

则称实数 $P(A)$ 为事件 A 的**概率**.

4. 概率的性质

由定义 3 可以导出概率的一些基本性质.

性质 1　不可能事件的概率为零, 即 $P(\varnothing) = 0$.

证　令 $A_n = \varnothing \ (n = 1, 2, \cdots)$, 则

$$\bigcup_{n=1}^{\infty} A_n = \varnothing, \text{ 且 } A_i A_j = \varnothing, i \neq j, i,j = 1,2,\cdots.$$

于是由概率的可列可加性得

$$P(\varnothing) = P\left(\bigcup_{n=1}^{\infty} A_n\right) = \sum_{n=1}^{\infty} P(A_n) = \sum_{n=1}^{\infty} P(\varnothing).$$

再由概率的非负性 $P(\varnothing) \geqslant 0$,得 $P(\varnothing) = 0$.

性质 2 若 $A_1, A_2, \cdots, A_n$ 是两两互不相容的事件,则

$$P(A_1 \cup A_2 \cup \cdots \cup A_n) = P(A_1) + P(A_2) + \cdots + P(A_n). \tag{1.2}$$

(1.2)式称为概率的**有限可加性**.

证 令 $A_{n+1} = A_{n+2} = \cdots = \varnothing$,则有 $A_i A_j = \varnothing (i \neq j, i,j = 1,2,\cdots)$,由概率的可列可加性以及性质 1 得

$$P(A_1 \cup A_2 \cup \cdots \cup A_n) = P\left(\bigcup_{i=1}^{\infty} A_i\right) = \sum_{i=1}^{n} P(A_i) + \sum_{i=n+1}^{\infty} P(A_i)$$

$$= P(A_1) + P(A_2) + \cdots + P(A_n).$$

性质 3 设 A 与 B 是两个事件,且 $A \subset B$,则

$$P(B - A) = P(B) - P(A); \tag{1.3}$$

$$P(B) \geqslant P(A). \tag{1.4}$$

证 由 $A \subset B$,得

$$B = A \cup (B - A), \text{ 且 } A(B - A) = \varnothing.$$

由概率的有限可加性得

$$P(B) = P(A) + P(B - A),$$

所以

$$P(B - A) = P(B) - P(A),$$

再由 $P(B - A) \geqslant 0$,可得

$$P(B) \geqslant P(A).$$

性质 4 对于任意事件 A,有

$$0 \leqslant P(A) \leqslant 1.$$

证 由定义 3 知 $P(A) \geqslant 0$. 再由 $A \subset \Omega$ 和性质 3 可得 $P(A) \leqslant P(\Omega) = 1$,所以

$$0 \leqslant P(A) \leqslant 1.$$

性质 5 对于任意事件 A,有

$$P(\overline{A}) = 1 - P(A). \tag{1.5}$$

证 因为 $A \cup \overline{A} = \Omega$, 且 $A\overline{A} = \varnothing$, 由性质 2 得

$$1 = P(\Omega) = P(A \cup \overline{A}) = P(A) + P(\overline{A}),$$

所以

$$P(\overline{A}) = 1 - P(A).$$

性质 6 对任意两个事件 A 与 B, 有

$$P(A \cup B) = P(A) + P(B) - P(AB). \tag{1.6}$$

证 因为 $A \cup B = A \cup (B - AB)$, 且 $A(B - AB) = \varnothing$, $AB \subset B$, 所以由性质 2 和性质 3 可得

$$P(A \cup B) = P(A) + P(B - AB) = P(A) + P(B) - P(AB).$$

(1.6)式可以推广到有限个事件的情形. 对于任意三个事件 A, B, C, 有

$$P(A \cup B \cup C) = P(A) + P(B) + P(C) - P(AB) - P(AC) - P(BC) + P(ABC). \tag{1.7}$$

对于任意 n 个事件 $A_1, A_2, \cdots, A_n$, 应用归纳法可得一般的加法公式

$$P(A_1 \cup A_2 \cup \cdots \cup A_n) = \sum_{i=1}^{n} P(A_i) - \sum_{1 \leqslant i < j \leqslant n} P(A_i A_j) + \sum_{1 \leqslant i < j < k \leqslant n} P(A_i A_j A_k)$$

$$+ \cdots + (-1)^{n-1} P(A_1 A_2 \cdots A_n). \tag{1.8}$$

例 1 已知 $P(A) = \dfrac{1}{2}$, $P(B) = \dfrac{1}{3}$, $P(AB) = \dfrac{1}{4}$, 求 $P(\overline{A}B)$, $P(A\overline{B})$.

解 $P(\overline{A}B) = P(B) - P(AB) = \dfrac{1}{3} - \dfrac{1}{4} = \dfrac{1}{12}$,

$P(A\overline{B}) = P(A) - P(AB) = \dfrac{1}{2} - \dfrac{1}{4} = \dfrac{1}{4}$.

例 2 已知 $P(\overline{A}) = 0.5$, $P(\overline{A}B) = 0.3$, $P(B) = 0.4$, 分别求

(1) $P(AB)$;　　(2) $P(A - B)$;　　(3) $P(A \cup B)$;　　(4) $P(\overline{AB})$.

解 (1) 由 $P(\overline{A}B) = P(B) - P(AB)$, 可得

$$P(AB) = P(B) - P(\overline{A}B) = 0.4 - 0.3 = 0.1.$$

(2) $P(A) = 1 - P(\overline{A}) = 1 - 0.5 = 0.5$, 则

$$P(A - B) = P(A) - P(AB) = 0.5 - 0.1 = 0.4.$$

(3) $P(A \cup B) = P(A) + P(B) - P(AB) = 0.5 + 0.4 - 0.1 = 0.8$.

(4) $P(\overline{AB}) = P(\overline{A \cup B}) = 1 - P(A \cup B) = 1 - 0.8 = 0.2$.

例3(订杂志问题)　某市发行 A,B,C 三种杂志,已知在市民中订阅 A 杂志的有 45%,订阅 B 杂志的有 35%,订阅 C 杂志的有 30%,同时订阅 A 杂志和 B 杂志的有 10%,同时订阅 A 杂志和 C 杂志的有 8%,同时订阅 B 杂志和 C 杂志的有 5%,同时订阅 A,B,C 杂志的有 3%. 试求下列事件的概率.

(1) 只订阅 A 杂志;　　(2) 只订阅 A 与 B 两种杂志;　　(3) 至少订阅一种杂志;

(4) 不订阅任何杂志;　　(5) 恰好订阅两种杂志.

解　设 A,B,C 分别表示该市民"订阅 A 杂志"、"订阅 B 杂志"和"订阅 C 杂志",由题设知

$$P(A)=0.45,\ P(B)=0.35,\ P(C)=0.30,\ P(AB)=0.10,\ P(AC)=0.08,$$
$$P(BC)=0.05,\ P(ABC)=0.03.$$

(1) 只订阅 A 杂志的事件为 $A\bar{B}\bar{C}$,因此

$$\begin{aligned}P(A\bar{B}\bar{C})&=P(A\overline{B\cup C})=P(A)-P(A(B\cup C))\\&=P(A)-P(AB\cup AC)\\&=P(A)-P(AB)-P(AC)+P(ABC)\\&=0.45-0.10-0.08+0.03=0.30.\end{aligned}$$

(2) 只订阅 A 与 B 两种杂志的事件为 $AB\bar{C}$,因此

$$P(AB\bar{C})=P(AB-ABC)=P(AB)-P(ABC)$$
$$=0.10-0.03=0.07.$$

(3) 至少订阅一种杂志的事件为 $A\cup B\cup C$,因此

$$\begin{aligned}P(A\cup B\cup C)&=P(A)+P(B)+P(C)-P(AB)-P(AC)-P(BC)+P(ABC)\\&=0.45+0.35+0.30-0.10-0.08-0.05+0.03\\&=0.90.\end{aligned}$$

(4) 不订阅任何杂志的事件为 $\bar{A}\bar{B}\bar{C}$,因此

$$P(\bar{A}\bar{B}\bar{C})=P(\overline{A\cup B\cup C})=1-P(A\cup B\cup C)=1-0.9=0.10.$$

(5) 恰好订阅两种杂志的事件为 $AB\bar{C}\cup A\bar{B}C\cup \bar{A}BC$,且 $AB\bar{C}$,$A\bar{B}C$,$\bar{A}BC$ 两两互不相容,由于

$$P(AB\bar{C})=P(AB)-P(ABC)=0.10-0.03=0.07,$$
$$P(A\bar{B}C)=P(AC)-P(ABC)=0.08-0.03=0.05,$$
$$P(\bar{A}BC)=P(BC)-P(ABC)=0.05-0.03=0.02,$$

因此

$$\begin{aligned}P(AB\bar{C}\cup A\bar{B}C\cup \bar{A}BC)&=P(AB\bar{C})+P(A\bar{B}C)+P(\bar{A}BC)\\&=0.07+0.05+0.02=0.14.\end{aligned}$$

例 4 已知事件 A 与 B 满足 $P(AB) = P(\overline{AB})$，记 $P(A) = p$，试求 $P(B)$.

解 $P(\overline{AB}) = P(\overline{A \cup B}) = 1 - P(A \cup B) = 1 - P(A) - P(B) + P(AB)$.

由 $P(AB) = P(\overline{AB})$，可得 $1 - P(A) - P(B) = 0$，所以

$$P(B) = 1 - P(A) = 1 - p.$$

例 5 设 A 与 B 是两个事件，且 $P(A) = 0.6$，$P(B) = 0.7$，问

(1) 在什么条件下 $P(AB)$ 取到最大值，最大值是多少？

(2) 在什么条件下 $P(AB)$ 取到最小值，最小值是多少？

解 由 $P(A \cup B) = P(A) + P(B) - P(AB)$，得

$$P(AB) = P(A) + P(B) - P(A \cup B).$$

(1) 当 $P(A \cup B)$ 最小时，$P(AB)$ 达到最大值.

当 $A \subset B$ 时，$P(A \cup B) = P(B) = 0.7$ 最小，$P(AB)$ 最大，且

$$P(AB) = 0.6 + 0.7 - 0.7 = 0.6.$$

(2) 当 $P(A \cup B)$ 最大时，$P(AB)$ 达到最小值.

因为 $P(A) + P(B) > 1$，所以当 $A \cup B = \Omega$ 时，$P(A \cup B) = 1$ 最大，$P(AB)$ 最小，且

$$P(AB) = 0.6 + 0.7 - 1 = 0.3.$$

1.2 节知识拓展

1.2 节自测题

习题 1.2

1. 设 $P(AB) = 0$，则下列说法中哪些是正确的.

(1) A 与 B 互不相容；　　　　　(2) AB 是不可能事件；

(3) AB 不一定是不可能事件；　　(4) $P(A) = 0$ 或 $P(B) = 0$；

(5) $P(A - B) = P(A)$.

2. 已知 $P(A) = 1/3$，$P(B) = 1/2$.

(1) 当 A 与 B 互不相容时，求 $P(\overline{A}B)$；　　(2) 当 $A \subset B$ 时，求 $P(\overline{A}B)$.

3. 已知 $P(A) = P(B) = P(C) = 1/4$，$P(AB) = 0$，$P(AC) = P(BC) = 1/16$，试求 A, B, C 都不发生的概率.

4. 已知 $P(A) = 0.7$，$P(A - B) = 0.3$，求 $P(\overline{AB})$.

5. 某人外出旅游两天，据天气预报，第一天下雨的概率为 0.6，第二天下雨的概率为 0.3，

两天都下雨的概率为 0.1, 试求

(1) 第一天下雨而第二天不下雨的概率;
(2) 第一天不下雨而第二天下雨的概率;
(3) 至少有一天下雨的概率;
(4) 两天都不下雨的概率;
(5) 至少有一天不下雨的概率.

6. 证明 $P(AB) = 1 - P(\overline{A}) - P(\overline{B}) + P(\overline{A}\overline{B})$.

7. 证明 $P(AB) = P(\overline{A}\overline{B})$ 的充要条件是 $P(A) + P(B) = 1$.

1.3 等可能概型

等可能概型又称为古典概型,其定义由法国数学家拉普拉斯(Laplace)提出,是概率论中最直观最简单的模型,也是实际中最常用的概率模型之一.

1. 等可能概型

定义 1 若随机试验 E 的样本空间 Ω 满足下列条件

(1) 样本点的总数有限, 即
$$\Omega = \{\omega_1, \omega_2, \cdots, \omega_n\};$$

(2) 每个基本事件的发生是等可能的, 即
$$P(\{\omega_1\}) = P(\{\omega_2\}) = \cdots = P(\{\omega_n\}),$$

则称试验 E 为**等可能概型**或**古典概型**.

根据定义 1, 我们有
$$1 = P(\Omega) = P\left(\bigcup_{j=1}^{n}\{\omega_j\}\right) = \sum_{j=1}^{n} P(\{\omega_j\}) = nP(\{\omega_i\}), \quad i = 1, 2, \cdots, n.$$

所以
$$P(\{\omega_i\}) = \frac{1}{n}, \quad i = 1, 2, \cdots, n.$$

设 A 为等可能概型 E 中的任一随机事件, A 包含 k 个样本点 $\omega_{i_1}, \omega_{i_2}, \cdots, \omega_{i_k}$, 即 $A = \bigcup_{j=1}^{k}\{\omega_{i_j}\}$, 则有

$$P(A) = P\left(\bigcup_{j=1}^{k}\{\omega_{i_j}\}\right) = \sum_{j=1}^{k} P(\{\omega_{i_j}\}) = \frac{k}{n}.$$

即
$$P(A) = \frac{k}{n} = \frac{A \text{ 包含的样本点个数}}{\Omega \text{ 包含的样本点个数}}. \tag{1.9}$$

等可能概型中概率计算的基本方法是先求出样本空间 Ω 包含的样本点总数 n，事件 A 包含的样本点数 k，再应用(1.9)式计算 $P(A)$. 通常要用到排列组合的知识来计算样本点的个数，也会结合古典概型计算方法与概率的运算性质来计算复杂事件的概率.

例 1 有 5 个人从第一层进入层数为十一层楼的电梯，假设每个人以相同的概率走出任一层(从第二层开始)，求 5 个人在不同楼层走出的概率.

解 5 个人从第二层开始走出电梯，有 10^5 种等可能结果，记 A 为 "5 个人在不同楼层走出"，则 A 有 P_{10}^5 种结果，于是

$$P(A) = \frac{P_{10}^5}{10^5} = \frac{189}{625}.$$

例 2 学校组织学生看电影，一组 10 个同学坐一排，求其中指定的 3 个同学坐在一起的概率.

解 10 个同学坐一排，有 10! 种可能坐法，记 A 为"指定的三个同学坐在一起"，则 A 有 $3! \times 8!$ 种坐法，于是

$$P(A) = \frac{3! \times 8!}{10!} = \frac{1}{15}.$$

例 3 一口袋内装有 6 只蓝球和 4 只红球. 从袋中取球两次，每次随机地取 1 只，考虑两种取球方式：(a) 每次取 1 只球，观察其颜色后放回袋中，再任取 1 只球. 这种取球方式称为**放回抽样**. (b) 每次取 1 只球不放回，这种取球方式称为**不放回抽样**. 试分别就以上两种抽样方式求

(1) 取到的两只球都是蓝球的概率；

(2) 取到的两只球颜色相同的概率；

(3) 取到的两只球中至少有 1 只是蓝球的概率.

解 设 A 表示"取到的两只球都是蓝球"，B 表示"取到的两只球都是红球"，C 表示"取到的两只球中至少有 1 只是蓝球". 则"取到两只球颜色相同"这一事件即为 $A \cup B$，而事件 $C = \overline{B}$.

(a) **放回抽样** 第一次从袋中取球有 10 只球可供抽取，第二次也有 10 只球可供抽取，共有 $10 \times 10 = 100$ 种取法，即样本点总数为 $n = 100$. 同理事件 A 包含 6×6 个样本点，事件 B 包含 4×4 个样本点，从而

$$P(A) = \frac{6 \times 6}{10 \times 10} = \frac{9}{25}, \quad P(B) = \frac{4 \times 4}{10 \times 10} = \frac{4}{25}.$$

由于 $AB = \varnothing$，因此

$$P(A \cup B) = P(A) + P(B) = \frac{13}{25}, \quad P(C) = P(\overline{B}) = 1 - P(B) = \frac{21}{25}.$$

(b) **不放回抽样** 由类似分析可得

$$P(A)=\frac{6\times 5}{10\times 9}=\frac{1}{3}, \quad P(B)=\frac{4\times 3}{10\times 9}=\frac{2}{15},$$

$$P(A\bigcup B)=P(A)+P(B)=\frac{7}{15}, \quad P(C)=P(\overline{B})=1-P(B)=\frac{13}{15}.$$

等可能概型的大部分问题都能形象化地用摸球模型来描述,以后我们经常研究摸球问题,意义也在于此.

例 4 设有 100 件产品,其中 10 件一等品. 今从中抽取 4 件,问其中恰有 2 件一等品的概率是多少?

解 从 100 件产品中任意抽取 4 件,样本空间 Ω 包含的样本点总数为 C_{100}^4. 设 A 表示"任取 4 件产品中恰有 2 件一等品",由乘法原理可知事件 A 所包含的基本事件数为 $C_{10}^2 C_{90}^2$,于是所求概率为

$$P(A)=\frac{C_{10}^2 C_{90}^2}{C_{100}^4}=\frac{2403}{52283}\approx 0.046.$$

例 5 书架上按任意次序排放 12 本书,其中有 4 本是数学书. 现从中任取 3 本书,求至少有一本是数学书的概率.

解 设 A_i 表示"取到 i 本数学书" ($i=1,2,3$),A 表示"取到的 3 本书中至少有一本数学书". 则 A_1, A_2, A_3 互不相容,且 $A=A_1\bigcup A_2\bigcup A_3$,于是

$$P(A)=P(A_1)+P(A_2)+P(A_3)=\frac{C_4^1 C_8^2}{C_{12}^3}+\frac{C_4^2 C_8^1}{C_{12}^3}+\frac{C_4^3 C_8^0}{C_{12}^3}=\frac{41}{55},$$

或

$$P(A)=1-P(\overline{A})=1-\frac{C_4^0 C_8^3}{C_{12}^3}=1-\frac{14}{55}=\frac{41}{55}.$$

例 6 (生日问题) 设每个人的生日在一年 365 天中的任一天是等可能的,即均为 $1/365$. 现随机选取 n ($n\leqslant 365$) 个人,分别求

(1) 他们的生日各不相同的概率;

(2) 其中至少有两个人生日相同的概率.

解 (1) 设 A 表示"n 个人生日各不相同",则

$$P(A)=\frac{P_{365}^n}{365^n}.$$

(2) 设 B 表示"至少有两个人生日相同",则

$$P(B)=1-P(A)=1-\frac{P_{365}^n}{365^n}.$$

可以计算 n 取不同值时的概率，列表如下(表 1-3)。

表 1-3　例 6 的表

n	10	20	30	40	50	60
$P(B)$	0.11695	0.41144	0.70632	0.89123	0.97037	0.99412

我们可以看到，当 n 充分大时，"至少有两个人生日相同"几乎是必然事件。

例 7 (彩票问题)　某彩票公司发行幸运 "35 选 7" 的彩票。"35 选 7" 方案是这样的：购买时从编号为 01, 02, ⋯, 35 的号码球中不重复地选出 7 个基本号码和一个特殊号码。中奖规则如下(表 1-4)。

表 1-4　中奖规则表

中奖级别	中奖规则
一等奖	7 个基本号码全中
二等奖	中 6 个基本号码及特殊号码
三等奖	中 6 个基本号码
四等奖	中 5 个基本号码及特殊号码
五等奖	中 5 个基本号码
六等奖	中 4 个基本号码及特殊号码
七等奖	中 4 个基本号码，或中 3 个基本号码及特殊号码

试讨论中奖的概率。

解　不重复选号是一种不放回抽样，设 p_i 表示中第 i 等奖的概率，则

$$p_1 = \frac{C_7^7}{C_{35}^7} = 0.149 \times 10^{-6}, \qquad p_2 = \frac{C_7^6 C_1^1}{C_{35}^7} = 1.04 \times 10^{-6},$$

$$p_3 = \frac{C_7^6 C_{27}^1}{C_{35}^7} = 2.8106 \times 10^{-5}, \qquad p_4 = \frac{C_7^5 C_1^1 C_{27}^1}{C_{35}^7} = 8.4318 \times 10^{-5},$$

$$p_5 = \frac{C_7^5 C_{27}^2}{C_{35}^7} = 1.096 \times 10^{-3}, \qquad p_6 = \frac{C_7^4 C_1^1 C_{27}^2}{C_{35}^7} = 1.827 \times 10^{-3},$$

$$p_7 = \frac{C_7^4 C_{27}^3 + C_7^3 C_1^1 C_{27}^3}{C_{35}^7} = 3.0448 \times 10^{-2}.$$

以 A 表示"中奖"，中奖的概率为

$$P(A) = p_1 + p_2 + \cdots + p_7 = 0.033485,$$

不中奖的概率为

$$P(\bar{A}) = 1 - P(A) = 0.966515.$$

这说明 100 个人中约有 3 人中奖,而中一等奖的概率只有 0.149×10^{-6},因此购买彩票要有平常心,期望值不宜太高.

2. 几何概型

如果将等可能概型中的样本点总数由有限个推广到无穷多个(不可数),就可得到几何概型的概念.

例如,某城市一个红绿灯路口,红灯时间是 60 秒,黄灯时间是 3 秒,绿灯时间为 45 秒,则出现绿灯的概率为

$$p = \frac{45}{108} = \frac{5}{12}.$$

例如,一个质点随机地落入区间 [1, 6] 上,该质点落在 [1, 6] 内任意一子区间上的可能性的大小与这个子区间的长度成比例,因此该质点落在区间 [2, 4] 上的概率为

$$p = \frac{\text{区间}[2,4]\text{的长度}}{\text{区间}[1,6]\text{的长度}} = \frac{4-2}{6-1} = \frac{2}{5}.$$

再如,如果在一个 $5 \times 10^4 \text{ km}^2$ 的海域里有表面积达 40km^2 的大陆架贮藏着石油. 假如在这一海域里随意地选定一点进行钻探,则钻到石油的概率为

$$p = \frac{\text{区域}G_1\text{的面积}}{\text{区域}G\text{的面积}} = \frac{40}{5 \times 10^4} = \frac{1}{1250}.$$

定义 2 随机试验 E 的样本空间是一个有界区域 Ω,并且任意一点落在测度(长度、面积、体积)相同的子区域(该子区域属于 Ω)内是等可能的,与子区域的形状位置无关,这类随机试验称为**几何概型**.

在几何概型中,事件 A ($A \subset \Omega$) 的概率计算公式为

$$P(A) = \frac{\mu(A)}{\mu(\Omega)}, \tag{1.10}$$

其中 $\mu(\Omega)$ 为样本空间的测度,$\mu(A)$ 为构成事件 A 的子区域的测度. 这类概率称为**几何概率**.

几何概率也满足概率的三个公理及其性质.

例 8 (三角形问题) 将长度为 a 的线段在其上任意两点处折成三段,试求这三段构成一个三角形的概率.

解 设 x, y 表示三段中前两段的长度,则第三段的长度为 $a - (x+y)$,样本空间

$\Omega = \{(x,y) | 0 < x < a, 0 < y < a, x+y < a\} = \triangle AOB$ 的内部所有点构成的集合. 这三段能构成三角形的充要条件是任意两边长度之和大于第三边, 即

$$\begin{cases} x+y > a-(x+y), \\ x+[a-(x+y)] > y, \\ y+[a-(x+y)] > x, \end{cases}$$

解得

$$\begin{cases} 0 < x < a/2, \\ 0 < y < a/2, \\ x+y > a/2. \end{cases}$$

其图形见图 1-2, 所以可以构成三角形的 (x,y) 集合为 $\triangle EFG$ (阴影部分), 所求概率为

$$p = \frac{\triangle EFG \text{的面积}}{\triangle AOB \text{的面积}} = \frac{\frac{1}{2}(a/2)^2}{a^2/2} = \frac{1}{4}.$$

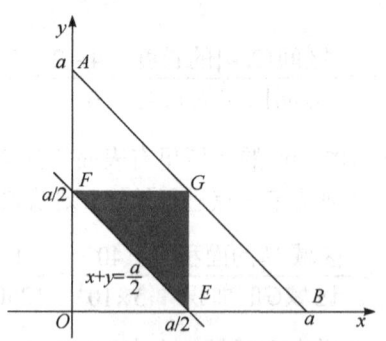

图 1-2 例 8 的图

例 9(会面问题) 甲、乙两人相约 8 点到 9 点在某地会面, 约定先到者等候后到者 20 min, 过时就可以离去. 试求这两人能够成功会面的概率.

解 以 8 点为零时刻, 设 x, y 分别表示甲、乙两人到达的时刻(单位: min), 则样本空间(见图 1-3) $\Omega = \{(x,y) | 0 \leq x \leq 60, 0 \leq y \leq 60\} =$ 正方形区域 $OABC$ 所构成的点集, 他们能够成功会面的充要条件为

$$\begin{cases} |x-y| \leq 20, \\ 0 \leq x \leq 60, \\ 0 \leq y \leq 60. \end{cases}$$

即他们能够成功会面的点的全体为区域 G (图 1-3),

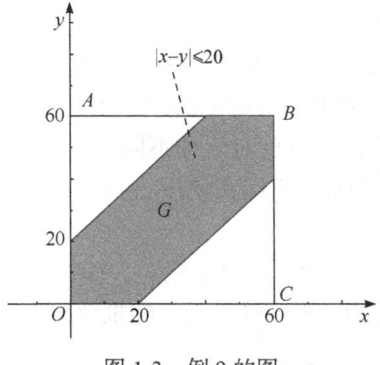

图 1-3 例 9 的图

$$G = \{(x,y) \mid -20 \leqslant x - y \leqslant 20, 0 \leqslant x \leqslant 60, 0 \leqslant y \leqslant 60\}.$$

则他们能够成功会面的概率为

$$p = \frac{G \text{ 的面积}}{\Omega \text{ 的面积}} = \frac{60^2 - 40^2}{60^2} = \frac{5}{9}.$$

例 10 (贝特朗奇论) 在半径为 1 的圆内随机地取一条弦,问其长超过该圆内接等边三角形的边长 $\sqrt{3}$ 的概率等于多少?

解 方法一 (图 1-4(a)) 弦长只跟它与圆心的距离有关,而与方向无关,因此可以假定它与某一直径垂直,当且仅当它与圆心的距离小于 1/2 时其长度才大于 $\sqrt{3}$,因此所求概率为 1/2.

方法二 (图 1-4(b)) 任何弦都与圆相交于两点,不失一般性,先固定其中一点在圆周上,以此点为顶点作一等边三角形,显然只有落此三角形内的弦才满足要求,这种弦的另一端跑过的弧长为整个圆周的 1/3,故所求概率为 1/3.

方法三 (图 1-4(c)) 弦长被其中心唯一确定,当且仅当其中点落在半径为 1/2 的同心圆内时弦长才大于 $\sqrt{3}$,此小同心圆的面积为大圆面积的 1/4,因此所求的概率为 1/4.

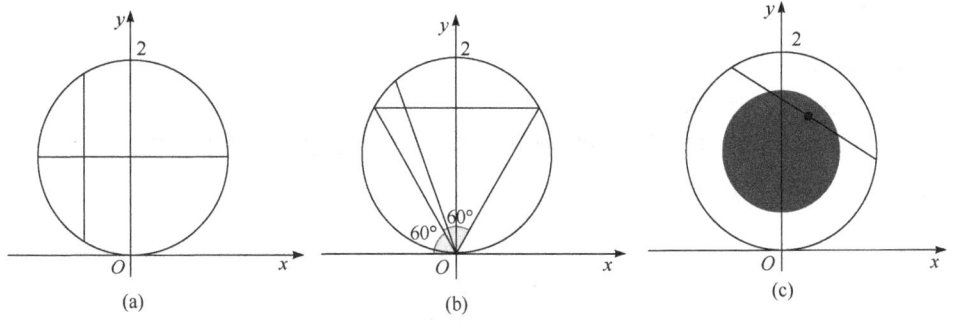

图 1-4 例 10 的图

同一问题有三种不同的答案,探究原因,发现是在取弦时采用了不同的等可能性假设.在第一种解法中,假定弦的中心落在直径上是等可能的;在第二种解法中假定弦的端点落在圆周上是等可能的;而第三种解法中又假定弦的中点落在圆内是等可能的.这三种答案是针对三种不同的随机试验,对于各自的随机试验而言,它们都是正确的.因此,我们在使用"随机"、"等可能"和"均匀"等名词时,应明确指明对应的随机试验.

1899 年贝特朗在巴黎出版了《概率论》,书中对几何概型提出了批评,并以生动的实例引起大家的注意.正是这种善意的批评,推动了概率论的发展.

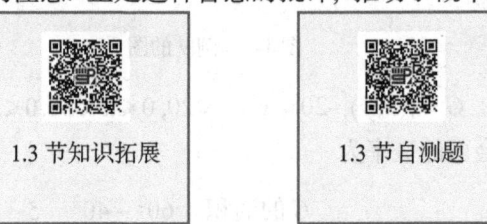

习题 1.3

1. 把 12 枚硬币任意投入三个盒中,求第一个盒子中没有硬币的概率.

2. 从数字 $1,2,\cdots,9$ 中重复地取 $n(n \geq 2)$ 次,每次取 1 个数字,求 n 次所取数字的乘积能被 10 整除的概率.

3. 甲袋中有 5 个白球和 3 个黑球,乙袋中有 4 个白球和 6 个黑球,从两个袋中各任取一球,求取到的两个球颜色相同的概率.

4. n 个人随机地围着一张圆桌而坐,求甲乙两人相邻而坐的概率.

5. 从区间 $(0,1)$ 中随机地取两个数,试求下列事件的概率.

(1) 两数之和小于 $\dfrac{6}{5}$;

(2) 两数之积小于 $\dfrac{1}{4}$.

6. 设有 n 个人,每个人都等可能地被分配到 N 个房间中的任一间 $(n \leq N)$,求下列事件的概率.

(1) 指定的 n 个房间里各有一人;

(2) 恰有 n 个房间各有一人.

7. 从数集 $\{1,2,3,4,5\}$ 中任意取出一数(取后放回),用 b_i 表示第 i 次取出的数 $(i=1,2,3)$,记 $\boldsymbol{b}=(b_1,b_2,b_3)^\mathrm{T}$,设三阶矩阵

$$A = \begin{pmatrix} 1 & 1 & 2 \\ 1 & 2 & 4 \\ 1 & 3 & 6 \end{pmatrix},$$

试求线性方程组 $AX = b$ 有解的概率.

8. 在线段 AB 上有一点 C 介于 A,B 之间，线段 AC 的长度 a 大于线段 CB 的长度 b，在线段 AC 上随机取一点 X，在线段 CB 上随机取一点 Y，求线段 AX, XY, YB 可构成一个三角形的概率.

1.4 条件概率

在概率论中，条件概率是一个十分重要的概念，理论研究与实际应用中的很多问题都涉及条件概率.

1. 条件概率

已知事件 A 发生的条件下事件 B 发生的概率记为 $P(B|A)$. 因为增加了"事件 A 发生"的信息，所以一般地 $P(B|A) \neq P(B)$. 先由一个简单的例子引入条件概率的定义.

例 1 甲、乙两台车床加工同一种零件，甲车床加工零件数为 40 件，其中 3 件为一等品；乙车床加工零件数为 60 个，其中 7 个为一等品. 现在从全部 100 个零件中任取 1 个零件，

(1) 求这个零件是甲车床加工的概率；
(2) 求这个零件是一等品的概率；
(3) 求这个零件是甲车床加工的一等品的概率；
(4) 若已知这个零件是次品，求它是甲车床加工的概率.

解 设 A 表示"这个零件是一等品"，B 表示"这个零件是甲车床加工的". 易得

(1) $P(B) = \dfrac{40}{100}$；　　　　(2) $P(A) = \dfrac{10}{100}$；

(3) $P(AB) = \dfrac{3}{100}$；　　　　(4) $P(B|A) = \dfrac{3}{10}$.

在例 1 中，显然有 $P(B|A) \neq P(B)$，且不难验证

$$P(B|A) = \frac{3}{10} = \frac{3/100}{10/100} = \frac{P(AB)}{P(A)}.$$

对于古典概型问题，设样本空间 Ω 包含的样本点数为 n，事件 A 包含的样本点数为 k_A，事件 AB 所含样本点数为 k_{AB}，则有

$$P(B|A) = \frac{k_{AB}}{k_A} = \frac{k_{AB}/n}{k_A/n} = \frac{P(AB)}{P(A)}.$$

定义 1 设 A 与 B 是两个事件，且 $P(A)>0$，则称

$$P(B|A)=\frac{P(AB)}{P(A)} \tag{1.11}$$

为在事件 A 发生的条件下事件 B 发生的**条件概率**.

不难验证，条件概率 $P(\cdot|A)$ 满足概率公理化定义中的三个条件，即

(1) **非负性** 对于每个事件 B，有 $P(B|A) \geqslant 0$.

(2) **规范性** $P(\Omega|A)=1$.

(3) **可列可加性** 设 $B_1, B_2, \cdots, B_n, \cdots$ 是两两不相容的事件，则有

$$P\left(\bigcup_{i=1}^{\infty}B_i \Big| A\right)=\sum_{i=1}^{\infty}(B_i|A).$$

从而概率的基本性质对条件概率也是成立的. 例如，对于任意的事件 A, B, C 有

$$P(B|A)=1-P(\overline{B}|A),$$

$$P((B\bigcup C)|A)=P(B|A)+P(C|A)-P(BC|A).$$

例 2 某人有一笔资金，他投资基金的概率为 0.58，投资股票的概率为 0.28，两项都投资的概率为 0.19.

(1) 若已知他已投资基金，问他投资股票的概率是多少？

(2) 若已知他已投资股票，问他投资基金的概率是多少？

解 设 A 表示"投资基金"，B 表示"投资股票"，则

$$P(A)=0.58, \quad P(B)=0.28, \quad P(AB)=0.19.$$

(1) $P(B|A)=\dfrac{P(AB)}{P(A)}=\dfrac{0.19}{0.58}=0.328$.

(2) $P(A|B)=\dfrac{P(AB)}{P(B)}=\dfrac{0.19}{0.28}=0.679$.

例 3 设一批产品的一等品占 60%、二等品占 30%、三等品占 10%，现从中任取一件进行检测，结果不是三等品. 求取得的产品是一等品的概率.

解 设 A_i 表示"取出的一件产品为 i 等品" $(i=1,2,3)$，则

$$P(A_1)=0.6, \quad P(A_2)=0.3, \quad P(A_3)=0.1,$$

所以

$$P(A_1|\overline{A_3})=\frac{P(A_1\overline{A_3})}{P(\overline{A_3})}=\frac{P(A_1)}{1-P(A_3)}=\frac{0.6}{0.9}=\frac{2}{3}.$$

例 4 某产品共有 10 件，其中 3 件一等品，其余全为二等品. 现在不放回地从中任取两次，每次抽取一件，若已知第一次取得的是一等品，则第二次取得的也

是一等品的概率是多少?

解 设 A 表示"第一次取得一等品",B 表示"第二次取得一等品",则所求概率为 $P(B|A)$.

方法一 用条件概率的定义,在原样本空间 Ω 中计算. 不放回地取两件产品共有 10×9 种取法,Ω 包含的样本点个数为90,A 包含的样本点个数为 3×9,AB 包含的样本点个数为 3×2,从而

$$P(A) = \frac{3 \times 9}{10 \times 9} = \frac{3}{10}, \quad P(AB) = \frac{3 \times 2}{10 \times 9} = \frac{1}{15},$$

所以

$$P(B|A) = \frac{P(AB)}{P(A)} = \frac{1/15}{3/10} = \frac{2}{9}.$$

方法二 由条件概率的含义,在事件 A 发生后,还剩下9件产品,其中只有2件是一等品,故 $P(B|A) = \frac{2}{9}$.

2. 乘法公式

在很多情况下,我们需要考虑多个事件同时发生的概率,为此需要引入下面的乘法公式.

当 $P(A) > 0$ 时,由 $P(B|A) = \frac{P(AB)}{P(A)}$,可得事件 A 与事件 B 的积事件的概率为

$$P(AB) = P(B|A)P(A). \tag{1.12}$$

同理当 $P(B) > 0$ 时,有

$$P(AB) = P(A|B)P(B). \tag{1.13}$$

(1.12)式和(1.13)式都称为**乘法公式**. 反复使用两个事件积的乘法公式,可得到三个事件积的乘法公式和 $n(n \geq 2)$ 个事件积的乘法公式.

如果 $P(A_1 A_2) > 0$,则有

$$P(A_1 A_2 A_3) = P(A_3 | A_1 A_2) P(A_2 | A_1) P(A_1). \tag{1.14}$$

如果 $P(A_1 A_2 \cdots A_{n-1}) > 0$,则有

$$P(A_1 A_2 \cdots A_{n-1} A_n) = P(A_n | A_1 A_2 \cdots A_{n-1}) P(A_{n-1} | A_1 A_2 \cdots A_{n-2}) \cdots P(A_2 | A_1) P(A_1). \tag{1.15}$$

例5 一批零件共100件,其中有10个次品,每次从其中任取一个零件,取后不放回.

(1) 若依次抽取 3 次, 求第 3 次才抽到合格品的概率;
(2) 如果取到一个合格品就不再取下去, 求在 3 次内取到合格品的概率.

解 设 A_i 表示"第 i 次抽到合格品"($i=1,2,3$).

(1) 应用乘法公式, 可得第 3 次才抽到合格品的概率为

$$P(\overline{A}_1\overline{A}_2 A_3) = P(\overline{A}_1)P(\overline{A}_2|\overline{A}_1)P(A_3|\overline{A}_1\overline{A}_2)$$

$$= \frac{10}{100} \times \frac{9}{99} \times \frac{90}{98} = 0.0083.$$

(2) 设 A 表示"在 3 次内取到合格品", 则

$A = A_1 \cup \overline{A}_1 A_2 \cup \overline{A}_1\overline{A}_2 A_3$, 且 $A_1, \overline{A}_1 A_2, \overline{A}_1\overline{A}_2 A_3$ 两两互不相容,

由概率的有限可加性与乘法公式, 可得

$$P(A) = P(A_1) + P(\overline{A}_1 A_2) + P(\overline{A}_1\overline{A}_2 A_3)$$

$$= P(A_1) + P(A_2|\overline{A}_1)P(\overline{A}_1) + P(A_3|\overline{A}_1\overline{A}_2)P(\overline{A}_2|\overline{A}_1)P(\overline{A}_1)$$

$$= \frac{90}{100} + \frac{90}{99} \times \frac{10}{100} + \frac{90}{98} \times \frac{9}{99} \times \frac{10}{100} = 0.9993.$$

例 6 (抓阄问题) 已知一个班有 30 名学生, 采用抓阄的方式分一张音乐会的入场券, 问每人获得入场券的机会是否均等?

解 设 A_i 表示"第 i 名学生抓到入场券", $i=1,2,\cdots,30$.

第 1 名学生抓到入场券的概率为

$$P(A_1) = \frac{1}{30},$$

由 $A_2 = (A_1 \cup \overline{A}_1)A_2 = \overline{A}_1 A_2$, 可得第 2 名学生抓到入场券的概率为

$$P(A_2) = P(\overline{A}_1 A_2) = P(A_2|\overline{A}_1)P(\overline{A}_1) = \frac{1}{29} \times \frac{29}{30} = \frac{1}{30},$$

同理, 第 i 名学生抓到入场券的概率为

$$P(A_i) = P(\overline{A}_1\overline{A}_2 \cdots \overline{A}_{i-1} A_i)$$

$$= P(A_i|\overline{A}_1\overline{A}_2\cdots\overline{A}_{i-1})P(\overline{A}_{i-1}|\overline{A}_1\overline{A}_2\cdots\overline{A}_{i-2})\cdots P(\overline{A}_2|\overline{A}_1)P(\overline{A}_1)$$

$$= \frac{1}{30-(i-1)} \times \frac{30-(i-1)}{30-(i-1)+1} \times \cdots \times \frac{28}{29} \times \frac{29}{30}$$

$$= \frac{1}{30}, \quad i=3,4,\cdots,30.$$

这说明每个人获得入场券的机会是均等的, 因此抓阄不用争先恐后.

例 7 (波利亚罐子模型) 设罐子中有 b 只黑球和 r 只红球, 现从中随机取出一只球, 观察颜色后将球放回, 并加进 c 只与取出球同色的球, 然后再从中任取一只球, 这样重复进行 n 次, 求其中前 k 次取出红球, 后 $n-k$ 次取出黑球的概率.

解 设 A_i 表示"第 i 次取出的是红球",$\overline{A}_i$ 表示"第 i 次取出的是黑球" ($i=1,2,\cdots,n$),B 表示"前 k 次取出红球,后 $n-k$ 次取出黑球",则 $B=A_1A_2\cdots A_k\overline{A}_{k+1}\cdots\overline{A}_{n-1}\overline{A}_n$,且

$$P(A_1)=\frac{r}{b+r},\quad P(A_2|A_1)=\frac{r+c}{b+r+c},\quad\cdots,\quad P(A_k|A_1A_2\cdots A_{k-1})=\frac{r+(k-1)c}{b+r+(k-1)c},$$

$$P(\overline{A}_{k+1}|A_1A_2\cdots A_k)=\frac{b}{b+r+kc},\quad P(\overline{A}_{k+2}|A_1A_2\cdots A_k\overline{A}_{k+1})=\frac{b+c}{b+r+(k+1)c},$$

……

$$P(\overline{A}_n|A_1A_2\cdots A_k\overline{A}_{k+1}\cdots\overline{A}_{n-1})=\frac{b+(n-k-1)c}{b+r+(n-1)c}.$$

应用乘法公式可得

$$\begin{aligned}P(B)&=P(A_1A_2\cdots A_k\overline{A}_{k+1}\cdots\overline{A}_{n-1}\overline{A}_n)\\&=P(A_1)P(A_2|A_1)\cdots P(A_k|A_1A_2\cdots A_{k-1})\\&\quad\cdot P(\overline{A}_{k+1}|A_1A_2\cdots A_k)\cdots P(\overline{A}_n|A_1A_2\cdots A_k\overline{A}_{k+1}\cdots\overline{A}_{n-1})\\&=\frac{r}{b+r}\frac{r+c}{b+r+c}\cdots\frac{r+(k-1)c}{b+r+(k-1)c}\frac{b}{b+r+kc}\cdots\frac{b+(n-k-1)c}{b+r+(n-1)c}.\end{aligned}$$

波利亚罐子模型是一个应用范围非常广泛的摸球模型,常用来作为描述传染病的数学模型. 当 $c=0$ 时,对应有放回摸球;当 $c=-1$ 时,对应不放回摸球.

因为函数 $f(x)=\dfrac{x}{b+x}=1-\dfrac{b}{b+x}(x>0,b>0)$ 为增函数,所以

$$P(A_1)<P(A_2|A_1)<P(A_3|A_1A_2)<\cdots<P(A_k|A_1A_2\cdots A_{k-1}),$$

这个式子说明当红球越来越多时,红球被取到的可能性也就越来越大,这就像某种传染病流行时的情况,如果不及时控制,则波及的范围也会越来越大.

3. 全概率公式

在概率论中,我们经常会遇到一些复杂事件的概率计算问题,全概率公式为处理这类问题,提供了一条有效途径. 全概率公式的基本思想是把一个复杂事件分解成为若干个互不相容的简单事件的和,再由简单事件的概率求得最后结果.

我们先给出样本空间划分的概念.

定义 2 设 Ω 为随机试验 E 的样本空间,$A_1,A_2,\cdots,A_n$ 为 E 的一组事件,若

(1) $A_iA_j=\varnothing$,$i\neq j$,$i,j=1,2,\cdots,n$;

(2) $\bigcup_{i=1}^{n}A_i=\Omega$,

则称 $A_1,A_2,\cdots,A_n$ 为样本空间 Ω 的一个**划分**.

例如,设随机试验 E 为"掷一枚骰子观察其出现的点数",它的样本空间为 $\Omega=\{1,2,3,4,5,6\}$,则 E 的一组事件 $A_1=\{1,2\}$,$A_2=\{3\}$,$A_3=\{4,5,6\}$ 是 Ω 的一个

划分; 而事件组 $B_1 = \{1,2,3\}$, $B_2 = \{3,4\}$, $B_3 = \{5,6\}$ 不是 Ω 的一个划分.

定理 1 设 Ω 为随机试验 E 的样本空间, A 为 E 的任意一个事件, $B_1, B_2, \cdots, B_n$ 为 Ω 的一个划分, 且 $P(B_i) > 0$ $(i = 1, 2, \cdots, n)$, 则

$$P(A) = P(A|B_1)P(B_1) + P(A|B_2)P(B_2) + \cdots + P(A|B_n)P(B_n). \qquad (1.16)$$

(1.16)式称为**全概率公式**.

证 事件 A 可表示为

$$A = A\Omega = A(B_1 \cup B_2 \cup \cdots \cup B_n) = AB_1 \cup AB_2 \cup \cdots \cup AB_n,$$

且 $(AB_i)(AB_j) = \varnothing$ $(i \neq j)$, 由 $P(B_i) > 0$ $(i = 1, 2, \cdots, n)$, 可得

$$\begin{aligned} P(A) &= P(AB_1) + P(AB_2) + \cdots + P(AB_n) \\ &= P(A|B_1)P(B_1) + P(A|B_2)P(B_2) + \cdots + P(A|B_n)P(B_n). \end{aligned}$$

在许多实际问题中, 若计算事件 A 的概率比较困难, 则可以利用全概率公式将问题转化为寻求样本空间的划分 $B_1, B_2, \cdots, B_n$ 及计算 $P(B_i)$ 和 $P(A|B_i)$ 的问题, 通常 $P(B_i)$, $P(A|B_i)$ 的值比较容易求出.

例 8 今有三个盒子, 第一个盒子内有 7 只红球和 3 只黄球; 第二个盒子内有 5 只蓝球和 5 只白球; 第三个盒子内有 8 只蓝球和 2 只白球. 先从第一个盒子中任取一球, 若取到红球则从第二个盒子中任取两球; 若从第一个盒子中取到黄球则从第三个盒子中任取两球, 求第二次取到的两球都是蓝球的概率.

解 设 A 表示"第二次取的两球为蓝球", B_1 表示"从第一个盒子中取一球为红球", B_2 表示"从第一个盒子中取一球为黄球", 易知 B_1, B_2 是样本空间的一个划分, 且

$$P(B_1) = \frac{7}{10}, \quad P(B_2) = \frac{3}{10}, \quad P(A|B_1) = \frac{C_5^2}{C_{10}^2} = \frac{2}{9}, \quad P(A|B_2) = \frac{C_8^2}{C_{10}^2} = \frac{28}{45}.$$

由全概率公式得

$$\begin{aligned} P(A) &= P(A|B_1)P(B_1) + P(A|B_2)P(B_2) \\ &= \frac{2}{9} \times \frac{7}{10} + \frac{28}{45} \times \frac{3}{10} = 0.342. \end{aligned}$$

4. 贝叶斯公式

前面我们给出了全概率公式, 其目的是计算复杂事件 A 发生的概率, 但是有些时候, 我们还要考虑在事件 A 发生的条件下某个事件 B_i 发生的概率, 为此有如下计算公式.

定理 2 设 Ω 为随机试验 E 的样本空间, A 为 E 的任意一个事件, $B_1, B_2, \cdots, B_n$ 为 Ω 的一个划分, 且 $P(A) > 0$, $P(B_i) > 0$ $(i = 1, 2, \cdots, n)$, 则

$$P(B_i|A) = \frac{P(A|B_i)P(B_i)}{\sum_{j=1}^{n} P(A|B_j)P(B_j)}, \quad i=1,2,\cdots,n. \tag{1.17}$$

(1.17)式称为**贝叶斯(Bayes)公式**.

证 由条件概率的定义、乘法公式及全概率公式,可得

$$P(B_i|A) = \frac{P(AB_i)}{P(A)} = \frac{P(A|B_i)P(B_i)}{\sum_{j=1}^{n} P(A|B_j)P(B_j)}, \quad i=1,2,\cdots,n.$$

注意 (1) 全概率公式和贝叶斯公式中要求事件组 $B_1, B_2, \cdots, B_n$ 为样本空间 Ω 的一个划分,但是如果 $B_1, B_2, \cdots, B_n$ 满足两两互不相容且 $A \subset \bigcup_{i=1}^{n} B_i$,则(1.16)式和(1.17)式仍然成立. 另外,当 $n = \infty$ 时这两个公式也成立.

(2) 如果我们把事件 A 看成"结果",把事件 $B_1, B_2, \cdots, B_n$ 看作是导致这个结果发生的几种可能的"原因",则可以形象地把全概率公式看成"由原因推结果"的公式,而贝叶斯公式可以看成是"由结果找原因"的公式,即由"结果" A 已经发生,可以算出每一个导致这个结果发生的原因的可能性的大小.

(3) $P(B_i)$ 称为 B_i 的**先验概率**,$P(B_i|A)$ 称为 B_i 的**后验概率**,贝叶斯公式表明我们可以通过事件 A 发生这个新信息,来对 B_i 的先验概率进行修正.

例9 某地区居民的肝癌发病率为 0.0004,现用甲胎蛋白法进行普查. 医学研究表明,化验结果可能会存在错误. 已知患有肝癌的人其化验结果 99% 呈阳性,而没患肝癌的人其化验结果 99.9% 呈阴性. 现某人的检验结果呈阳性,问他确实患有肝癌的概率是多少?

解 设 A 表示"检查结果呈阳性",B 表示"被检查者患有肝癌". 由题设可知

$$P(B) = 0.0004, \quad P(\bar{B}) = 0.9996, \quad P(A|B) = 0.99, \quad P(A|\bar{B}) = 0.001,$$

由贝叶斯公式得

$$\begin{aligned} P(B|A) &= \frac{P(A|B)P(B)}{P(A|B)P(B) + P(A|\bar{B})P(\bar{B})} \\ &= \frac{0.99 \times 0.0004}{0.99 \times 0.0004 + 0.001 \times 0.9996} \\ &= 0.284. \end{aligned}$$

这个结果表明,进行一次检查结果呈阳性的人患肝癌的可能性为 28.4%. 在实际中通常采用复查的方法来提高检验的精度. 如果对首次检查呈阳性的人群再进行复查,可取 $P(B) = 0.284$,设 C 表示"复查结果呈阳性",则

$$P(B|C) = \frac{P(C|B)P(B)}{P(C|B)P(B) + P(C|\bar{B})P(\bar{B})}$$

$$= \frac{0.99 \times 0.284}{0.99 \times 0.284 + 0.001 \times 0.716}$$

$$= 0.9975.$$

从结论来看，复查对于诊断一个人是否患有癌症具有重要意义. 通过复查对先验概率 0.0004 进行了修正，所以现实中经常采用复查的方法减少错检率.

例 10 设某工厂甲、乙、丙三个车间生产同一种产品，产量依次占全厂的份额 45%、35%、20%，且各车间的合格品率依次为 0.96、0.98、0.95. 现在从待出厂的产品中检查出了一件次品，问该产品是由哪个车间生产的可能性最大?

解 设 A 表示"任取一件产品为次品"，B_1, B_2, B_3 分别表示取到的产品是由甲、乙、丙车间生产的. 由题意知

$$P(B_1) = 0.45, \quad P(B_2) = 0.35, \quad P(B_3) = 0.20,$$
$$P(A|B_1) = 0.04, \quad P(A|B_2) = 0.02, \quad P(A|B_3) = 0.05.$$

由贝叶斯公式

$$P(B_i|A) = \frac{P(A|B_i)P(B_i)}{\sum_{i=1}^{3} P(A|B_i)P(B_i)}, \quad i = 1,2,3,$$

可得

$$P(B_1|A) = \frac{0.04 \times 0.45}{0.04 \times 0.45 + 0.02 \times 0.35 + 0.05 \times 0.20} \approx 0.514,$$

$$P(B_2|A) = \frac{0.02 \times 0.35}{0.04 \times 0.45 + 0.02 \times 0.35 + 0.05 \times 0.20} \approx 0.200,$$

$$P(B_3|A) = \frac{0.05 \times 0.20}{0.04 \times 0.45 + 0.02 \times 0.35 + 0.05 \times 0.20} \approx 0.286.$$

由此可知，该次品由甲车间生产的可能性最大.

在很多实际问题中，我们可以先用全概率公式把事件 A 发生的概率 $P(A)$ 算出来，再用条件概率公式计算条件概率 $P(B_i|A)$，其效果等价于贝叶斯公式.

例 11 在电报通信中不断发出信号 0 和 1，统计资料表明，发出 0 和 1 的概率分别为 0.6 和 0.4. 由于存在干扰，发出 0 时，分别以概率 0.7 和 0.1 接收到 0 和 1，以概率 0.2 收到模糊信号 "x"；发出 1 时，分别以概率 0.85 和 0.05 接收到 1 和 0，以概率 0.1 收到模糊信号 "x".

(1) 求收到模糊信号 "x" 的概率；

(2) 当收到模糊信号 "x" 时，译成哪个信号较好.

解 设 A_i 表示 "发出信号 i" $(i = 0, 1)$，B_i 表示 "收到信号 i" $(i = 0, 1, x)$. 则

$$P(A_0) = 0.6, \quad P(A_1) = 0.4, \quad P(B_x|A_0) = 0.2, \quad P(B_x|A_1) = 0.1.$$

(1) 由全概率公式得

$$P(B_x) = P(B_x|A_0)P(A_0) + P(B_x|A_1)P(A_1)$$
$$= 0.2 \times 0.6 + 0.1 \times 0.4 = 0.16.$$

(2) 由贝叶斯公式得

$$P(A_0|B_x) = \frac{P(B_x|A_0)P(A_0)}{P(B_x)} = \frac{0.2 \times 0.6}{0.16} = 0.75,$$

$$P(A_1|B_x) = 1 - P(A_0|B_x) = 1 - 0.75 = 0.25.$$

这表明当接收到模糊信号 "x" 时,将其译为信号 0 较好.

例 12 两台车床加工某零件,第一台出次品的概率是 0.03,第二台出次品的概率是 0.06,加工出来的零件放在一起,已知第一台加工的零件比第二台加工的零件多一倍.

(1) 求任取一个零件是合格品的概率;
(2) 如果取出的零件是次品,求它是由第二台车床加工的概率.

解 设 A 表示 "取到第一台车床加工的零件",B 表示 "取到合格品",则

$$P(A) = \frac{2}{3}, \quad P(B|A) = 0.97, \quad P(B|\overline{A}) = 0.94, \quad P(\overline{B}|\overline{A}) = 0.06.$$

(1) 由全概率公式得

$$P(B) = P(A)P(B|A) + P(\overline{A})P(B|\overline{A}) = \frac{2}{3} \times 0.97 + \frac{1}{3} \times 0.94 = 0.96.$$

(2) 由贝叶斯公式得

$$P(\overline{A}|\overline{B}) = \frac{P(\overline{A}\overline{B})}{P(\overline{B})} = \frac{P(\overline{A})P(\overline{B}|\overline{A})}{1-P(B)} = \frac{\frac{1}{3} \times 0.06}{0.04} = \frac{1}{2}.$$

例 13 一架长机与两架僚机一起飞往某地执行轰炸任务,三架飞机中只有长机有导航设备,若无导航设备则不能到达目的地. 在到达目的地之前,必须飞过敌方的高射炮阵地上空,这时任何一架飞机被击落的概率都是 0.2;到达目的地后,各架飞机独立地进行轰炸,炸毁目标的概率都是 0.3.

(1) 求目标被炸毁的概率;
(2) 如果目标被炸毁,问被哪种编队情况炸毁的可能性最大?

解 设 A_1 表示 "只有长机飞到目的地",A_2 表示 "长机与一架僚机飞到目的地",A_3 表示 "3 架飞机都飞到目的地",B 表示 "目标被炸毁".

(1) 由于 A_1, A_2, A_3 两两互不相容,且 $B \subset A_1 \cup A_2 \cup A_3$,因此由全概率公式可得

$$P(B) = \sum_{i=1}^{3} P(A_i)P(B|A_i).$$

下面分别计算 $P(A_i)$ 与 $P(B|A_i)$ ($i=1,2,3$),为此设 H_1 表示 "长机到达目的地",

H_2 表示"僚机甲到达目的地", H_3 表示"僚机乙到达目的地". 则

$$P(A_1) = P(H_1\overline{H}_2\overline{H}_3) = P(H_1)P(\overline{H}_2|H_1)P(\overline{H}_3|H_1\overline{H}_2)$$
$$= 0.8 \times 0.2 \times 0.2 = 0.032,$$
$$P(A_2) = P(H_1H_2\overline{H}_3 \cup H_1\overline{H}_2H_3)$$
$$= P(H_1H_2\overline{H}_3) + P(H_1\overline{H}_2H_3)$$
$$= P(H_1)P(H_2|H_1)P(\overline{H}_3|H_1H_2) + P(H_1)P(\overline{H}_2|H_1)P(H_3|H_1\overline{H}_2)$$
$$= 2(0.8 \times 0.8 \times 0.2) = 0.256,$$
$$P(A_3) = P(H_1H_2H_3) = P(H_1)P(H_2|H_1)P(H_3|H_1H_2)$$
$$= 0.8 \times 0.8 \times 0.8 = 0.512,$$
$$P(B|A_1) = 0.3,$$
$$P(B|A_2) = 1 - P(\overline{B}|A_2) = 1 - (1-0.3)^2 = 0.51,$$
$$P(B|A_3) = 1 - P(\overline{B}|A_3) = 1 - (1-0.3)^3 = 0.657,$$

所以目标被炸毁的概率为

$$P(B) = \sum_{i=1}^{3} P(A_i)P(B|A_i)$$
$$= 0.032 \times 0.3 + 0.256 \times 0.51 + 0.512 \times 0.657 = 0.4765.$$

(2) 由贝叶斯公式可得

$$P(A_1|B) = \frac{P(B|A_1)P(A_1)}{P(B)} = \frac{0.3 \times 0.032}{0.4765} \approx 0.0201,$$

同理可得

$$P(A_2|B) \approx 0.2740, \quad P(A_3|B) \approx 0.7059.$$

综上所述,目标被炸毁是被三架飞机都飞到目的地进行轰炸的可能性最大.

1.4 节知识拓展

1.4 节自测题

习题 1.4

1. 盒中有 12 只乒乓球,其中有 3 只旧球和 9 只新球,第一次比赛时从中任取了 3 只来用,赛后仍放回盒中(取到的新球赛后变为旧球),第二次比赛时再从盒中任取 3 只,

(1) 求第二次比赛所取出的 3 只球中有 2 只新球的概率;

(2) 若第二次比赛所取出的 3 只球中有 2 只新球，求第一次比赛中取到的 3 只球中恰有一只新球的概率.

2. 玻璃杯成箱出售，每箱 20 只，假设各箱含 0, 1, 2 只次品的概率相应为 0.8, 0.1 和 0.1. 某顾客欲买一箱玻璃杯，在购买时，售货员任取一箱，而顾客随机地查看 4 只，若无次品则买下该箱玻璃杯，否则退回. 试求：

(1) 顾客买下该箱玻璃杯的概率 α；

(2) 在顾客买下的一箱玻璃杯中确实没有次品的概率 β.

3. 保险公司把被保险人分为"谨慎"、"一般"和"冒失"三类. 统计资料表明上述三种人在一年中发生理赔事故的概率分别是 0.05, 0.15, 0.3；如果"谨慎"的被保险人占 20%，"一般"的被保险人占 50%，"冒失"的被保险人占 30%，现已知某保险人在一年内发生了理赔事故，求他属于"谨慎"的被保险人的概率是多少.

4. 有三个一模一样的盘子，一号盘子中有 30 颗水果糖和 10 颗巧克力糖，二号盘子中有 12 颗水果糖和 18 颗巧克力糖，三号盘子中有 25 颗水果糖和 15 颗巧克力糖. 现从中随机选择一个盘子，然后从中摸出一颗糖发现是水果糖，试求这颗糖来自一号盘子的概率.

5. 由过去的资料可知，在出口罐头导致的索赔事件中，有 50% 是质量问题，30% 是数量短缺问题，20% 是包装问题. 又知在质量问题的争议中，经过协商解决的占 40%；在数量短缺问题中，经过协商解决的占 60%；在包装问题中，经过协商解决的占 75%. 如果出现一件索赔事件，在争议中经过协商解决了，问这一事件不属于质量问题的概率是多少？

6. 制造一种零件可采用两种工艺，第一种工艺有三道工序，每道工序的废品率分别为 0.1, 0.2, 0.3；第二种工艺有两道工序，每道工序的废品率都是 0.3；如果使用第一种工艺，合格品中的一级品率为 0.9；而用第二种工艺，合格品中的一级品率只有 0.8. 试问哪一种工艺能保证得到一级品的概率较大？

7. 一猎人用猎枪向一只野兔射击，第一枪距离野兔 200 米远，如果未击中，他追到距野兔 150 米远处再进行第二次射击，如果仍未击中，他追到距离野兔 100 米远处再进行第三次射击，此时击中的概率为 $\frac{1}{2}$. 如果这个猎人射击的命中率与他到野兔的距离平方成反比，求猎人击中野兔的概率.

1.5 事件的相互独立性

1. 两个事件的独立性

由乘法公式可知，对于两个事件 A, B，当 $P(B) > 0$ 时，有 $P(AB) = P(A|B)P(B)$，因此一般情况下，$P(AB) \neq P(A)P(B)$. 那么在什么情况下，$P(AB) = P(A)P(B)$ 成立呢？先看一个简单例子.

引例 设随机试验 E 为"掷甲、乙两颗骰子，观察出现的点数"，以 A 表示"甲骰子出现偶数点"，B 表示"乙骰子出现偶数点"，则事件 A 的发生与否对事件 B 没有影响，B 的发生与否对 A 也没有影响. 此时有

$$P(A) = \frac{1}{2}, \quad P(B) = \frac{1}{2}, \quad P(AB) = \frac{1}{4}.$$

从而有

$$P(AB) = P(A)P(B).$$

定义 1 设 A 与 B 是两个事件，如果等式

$$P(AB) = P(A)P(B) \tag{1.18}$$

成立，则称事件 A 与事件 B **相互独立**.

由定义 1 可知，必然事件 Ω 与任何事件都是相互独立的.

定理 1 设 A 与 B 是两个事件.

(1) 若 $P(A) > 0$，则 A 与 B 相互独立的充分必要条件为 $P(B|A) = P(B)$.

(2) 若 A 与 B 相互独立，则 $\overline{A}$ 与 B，A 与 $\overline{B}$，$\overline{A}$ 与 $\overline{B}$ 都相互独立.

证 (1) 若 A 与 B 相互独立，则有

$$P(AB) = P(A)P(B),$$

又 $P(A) > 0$，所以

$$P(B|A) = \frac{P(AB)}{P(A)} = \frac{P(A)P(B)}{P(A)} = P(B).$$

反之，若 $P(B|A) = P(B)$，由乘法公式可得

$$P(AB) = P(A)P(B|A) = P(A)P(B).$$

从而 A 与 B 相互独立.

(2) 若 A 与 B 相互独立，则

$$P(\overline{A}B) = P(B) - P(AB) = P(B) - P(A)P(B)$$
$$= [1 - P(A)]P(B) = P(\overline{A})P(B),$$

故 $\overline{A}$ 与 B 相互独立，同理可证其他情况.

例 1 设 A 与 B 相互独立，且 $P(A) = p$，$P(B) = q$，求 $P(A \cup B)$，$P(A \cup \overline{B})$，$P(\overline{A} \cup \overline{B})$.

解 $P(A \cup B) = P(A) + P(B) - P(A)P(B) = p + q - pq$，

$P(A \cup \overline{B}) = P(A) + P(\overline{B}) - P(A)P(\overline{B}) = p + (1-q) - p(1-q) = 1 - q + pq$，

$P(\overline{A} \cup \overline{B}) = P(\overline{AB}) = 1 - P(A)P(B) = 1 - pq$.

例 2 已知 A 与 B 相互独立，且 $P(\overline{A}\overline{B}) = 1/9$，$P(A\overline{B}) = P(\overline{A}B)$，求 $P(A)$，$P(B)$.

解 由 $P(A\overline{B}) = P(\overline{A}B)$，得 $P(A) = P(B)$，从而

$$P(\overline{A}\overline{B}) = P(\overline{A})P(\overline{B}) = (1-P(A))(1-P(B)) = (1-P(A))^2.$$

再由 $P(\overline{A}\overline{B}) = 1/9$，得 $(1-P(A))^2 = \dfrac{1}{9}$，解得

$$P(A) = P(B) = \dfrac{2}{3}.$$

例 3 甲、乙两人各自独立地对同一目标射击一次，命中率分别为 0.5 和 0.4，现已知目标被命中，问它是乙击中的概率是多少？

解 设 A 表示"甲击中目标"，B 表示"乙击中目标"，C 表示"目标被命中"。由题意知 A 与 B 相互独立，且 $C = A \cup B$，

$$\begin{aligned}P(C) &= P(A \cup B) = P(A) + P(B) - P(A)P(B) \\ &= 0.5 + 0.4 - 0.5 \times 0.4 = 0.7,\end{aligned}$$

从而所求的概率为

$$P(B\mid C) = \dfrac{P(BC)}{P(C)} = \dfrac{P(B)}{P(C)} = \dfrac{0.4}{0.7} = 0.57.$$

2. 多个事件的独立性

定义 2 对于三个事件 A, B, C，如果下面的四个等式同时成立：

$$\begin{cases} P(AB) = P(A)P(B), \\ P(AC) = P(A)P(C), \\ P(BC) = P(B)P(C), \\ P(ABC) = P(A)P(B)P(C), \end{cases} \quad (1.19)$$

则称 A, B, C 相互独立。

需要指出的是，由前三个等式不能推出第四个等式，只有四个等式同时成立时才称 A, B, C 相互独立。请看下面的例子。

例如，一个质地均匀的正四面体，第 1 面染红色，第 2 面染黄色，第 3 面染蓝色，第 4 面染红、黄、蓝三色(各占一部分)。在桌面上将此四面体任意抛掷一次，观察和桌面接触的那一面出现的颜色。设 A 表示"出现红色"，B 表示"出现黄色"，C 表示"出现蓝色"，则有

$$P(A) = \dfrac{1}{2}, \quad P(B) = \dfrac{1}{2}, \quad P(C) = \dfrac{1}{2},$$

$$P(AB) = \dfrac{1}{4}, \quad P(AC) = \dfrac{1}{4}, \quad P(BC) = \dfrac{1}{4}, \quad P(ABC) = \dfrac{1}{4}.$$

显然

$$P(AB)=P(A)P(B),\quad P(AC)=P(A)P(C),\quad P(BC)=P(B)P(C),$$

这表明 A,B,C 两两相互独立，但是

$$P(ABC)\neq P(A)P(B)P(C),$$

所以 A,B,C 不相互独立.

定义 3 对于 n 个事件 $A_1,A_2,\cdots,A_n$，若下面的等式同时成立：

$$P(A_iA_j)=P(A_i)P(A_j),\quad 1\leqslant i<j\leqslant n;$$
$$P(A_iA_jA_k)=P(A_i)P(A_j)P(A_k),\quad 1\leqslant i<j<k\leqslant n;$$
$$P(A_iA_jA_kA_l)=P(A_i)P(A_j)P(A_k)P(A_l),\quad 1\leqslant i<j<k<l\leqslant n;$$
$$\cdots\cdots$$
$$P(A_1A_2\cdots A_n)=P(A_1)P(A_2)\cdots P(A_n),$$

则称 $A_1,A_2,\cdots,A_n$ **相互独立**.

注意 在定义 3 中包含的等式总数为

$$C_n^2+C_n^3+\cdots+C_n^n=(1+1)^n-C_n^1-C_n^0=2^n-n-1.$$

n 个事件 $A_1,A_2,\cdots,A_n$ 相互独立是指其中任何一个事件发生的概率都不受其他事件发生的影响. 由定义 3，我们可以得到如下结论.

定理 2 设 $A_1,A_2,\cdots,A_n$ 是 n 个事件.

(1) 若 $A_1,A_2,\cdots,A_n$ 相互独立，则其中任意 k 个事件 $A_{i_1},A_{i_2},\cdots,A_{i_k}$ ($2\leqslant k\leqslant n$) 也相互独立.

(2) 若 $A_1,A_2,\cdots,A_n$ 相互独立，则其中任意 k 个事件的对立事件与其余的事件组成的 n 个事件也相互独立.

证明略.

在一些具体问题中，应用定义证明事件的相互独立性往往是比较困难的，这时可以根据实际情况来判断事件的相互独立性.

例如，买彩票中大奖的概率非常小，但仍有许多人抱着"早中、晚中、早晚要中"的侥幸心理. 我们来算算中大奖的概率，不妨设某彩票每周开奖一次，中大奖的概率为 10^{-7}，某彩民每周买一张彩票，并坚持了十年(按每年 52 周计算)之久，那么他从未中大奖的概率是多少？该彩民每次中大奖的概率为 10^{-7}，不中大奖的概率是 $1-10^{-7}$；该彩民十年共购买 520 次彩票，由实际情况可知，每次开奖相互独立，由此可得他十年从未中大奖的概率为

$$p = (1-10^{-7})^{520} \approx 0.999948.$$

例 4 在如图 1-5 所示的电路图中,每个元件开启的概率为 p,假定各个元件是否开启是相互独立的,求这个电路畅通的概率.

解 设 A 表示"电路畅通", A_i 表示"元件 i 开启"($i=1,2,3,4,5,6$),则 $A_1, A_2, \cdots, A_6$ 相互独立,且

$$A = A_1 A_2 \bigcup A_3 A_4 \bigcup A_5 A_6, \quad P(A_i) = p, \quad i = 1, 2, \cdots, 6,$$

所以

$$\begin{aligned} P(A) &= P(A_1 A_2) + P(A_3 A_4) + P(A_5 A_6) \\ &\quad - P(A_1 A_2 A_3 A_4) - P(A_3 A_4 A_5 A_6) - P(A_1 A_2 A_5 A_6) \\ &\quad + P(A_1 A_2 A_3 A_4 A_5 A_6) \\ &= 3p^2 - 3p^4 + p^6. \end{aligned}$$

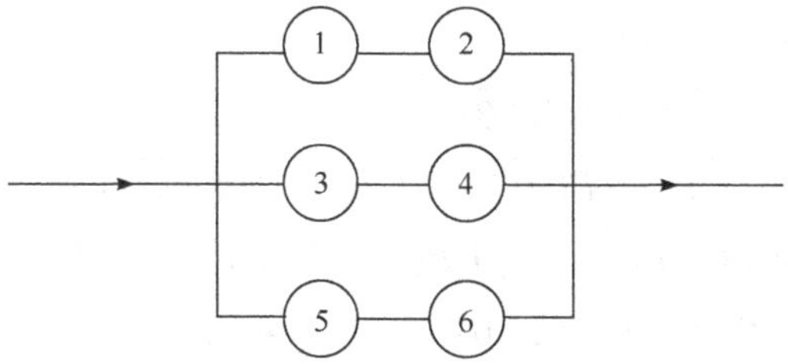

图 1-5 例 4 的图

例 5 甲、乙、丙三人进行比赛,规定每局两个人比赛,胜者再与第三人比赛,依次循环,直至有一人连胜两局为止,此时获胜者即为冠军.假设每次比赛双方取胜的概率均为 0.5,若甲、乙两人先比赛,求甲得冠军的概率.

解 设 A 表示"甲得冠军", A_i 表示"第 i 局甲获胜", B_i 表示"第 i 局乙获胜", C_i 表示"第 i 局丙获胜",则 A_i, B_i, C_i 相互独立,且

$$P(A_i) = P(B_i) = P(C_i) = 0.5,$$

从而

$$\begin{aligned} P(A) &= [P(A_1 A_2) + P(A_1 C_2 B_3 A_4 A_5) + P(A_1 C_2 B_3 A_4 C_5 B_6 A_7 A_8) + \cdots] \\ &\quad + [P(B_1 C_2 A_3 A_4) + P(B_1 C_2 A_3 B_4 C_5 A_6 A_7) + \cdots] \\ &= (0.5^2 + 0.5^5 + 0.5^8 + \cdots) + (0.5^4 + 0.5^7 + \cdots) \\ &= \frac{0.5^2}{1 - 0.5^3} + \frac{0.5^4}{1 - 0.5^3} = \frac{5}{14}. \end{aligned}$$

例6 某工人负责维修甲、乙、丙三台机床，在任意时刻这三台机床不需要维修的概率分别为 0.8, 0.9, 0.6. 设这三台机床是否需要维修是相互独立的. 试求：

(1) 机床需要工人维修的概率；

(2) 机床因无人维修而停工的概率.

解 设 A 表示"机床甲不需要工人维修"，B 表示"机床乙不需要工人维修"，C 表示"机床丙不需要工人维修"，设 D 表示"机床需要工人维修"，H 表示"机床因无人维修而停工". 则 A, B, C 相互独立，且

$$P(A)=0.8, \quad P(B)=0.9, \quad P(C)=0.6.$$

(1) 机床需要维修相当于至少有一台机床需要维修，即 $D=\overline{A}\cup\overline{B}\cup\overline{C}=\overline{ABC}$，所以

$$P(D)=P(\overline{ABC})=1-P(ABC)=1-P(A)P(B)P(C)$$
$$=1-0.8\times0.9\times0.6=0.568.$$

(2) 机床因无人维修而停工相当于至少有两台机床需要维修，即 $H=\overline{A}\,\overline{B}\cup\overline{A}\,\overline{C}\cup\overline{B}\,\overline{C}$，所以

$$P(H)=P(\overline{A}\,\overline{B}\cup\overline{A}\,\overline{C}\cup\overline{B}\,\overline{C})$$
$$=P(\overline{A}\,\overline{B})+P(\overline{A}\,\overline{C})+P(\overline{B}\,\overline{C})-2P(\overline{A}\,\overline{B}\,\overline{C})$$
$$=P(\overline{A})P(\overline{B})+P(\overline{A})P(\overline{C})+P(\overline{B})P(\overline{C})-2P(\overline{A})P(\overline{B})P(\overline{C})$$
$$=0.2\times0.1+0.2\times0.4+0.1\times0.4-2\times0.2\times0.1\times0.4$$
$$=0.124.$$

例7 一批产品共 100 件，其中有 4 件次品，其余皆为正品. 每次从中任取一件产品进行检验，检验后放回；连续检验 3 次，如发现有次品则认为这批产品不合格；但检验时，一件正品被误判为次品的概率为 0.05，而一件次品被误判为正品的概率为 0.01，求这批产品被检验为合格品的概率.

解 设 A_i 表示"第 i 次取出的产品被检验为合格品"，B 表示"任取一件产品是次品"，C 表示"这批产品被检验为合格品"，则 A_1, A_2, A_3 相互独立，且

$$P(B)=\frac{4}{100}, \quad P(\overline{B})=\frac{96}{100}, \quad P(A_i|B)=0.01, \quad P(A_i|\overline{B})=0.95,$$

由全概率公式得

$$P(A_i)=P(A_i|B)P(B)+P(A_i|\overline{B})P(\overline{B})$$
$$=0.01\times\frac{4}{100}+0.95\times\frac{96}{100}=0.9124,$$

所以这批产品被检验为合格品的概率为

$$P(C)=P(A_1A_2A_3)=0.9124^3=0.7595.$$

1.5 节知识拓展

1.5 节自测题

习题 1.5

1. 设电路由 A,B,C 三个元件组成,若元件 A,B,C 发生故障的概率分别是 0.3,0.2,0.2,各元件独立工作. 分别求下列三种情况下电路发生故障的概率.

(1) A,B,C 三个元件串联;

(2) A,B,C 三个元件并联;

(3) B 与 C 并联后再与 A 串联.

2. 加工一件产品要经过三道工序,第一、二、三道工序不出废品的概率分别为 0.9,0.95,0.8,若假定各工序是否出废品相互独立,求一件经过这三道工序加工的产品为合格品的概率.

3. 为了寻找一本专著,某学生决定到三个图书馆去试一试,每个图书馆有这本书的概率为 50%,且如果有这本书,则已借出的概率为 50%. 已知各图书馆藏书是相互独立的,求该学生能借到这本书的概率.

4. 设某电子元件使用寿命在 1000 小时以上的概率为 0.2,求 3 个电子元件在使用 1000 小时后,最多只有一个坏的概率.

5. 某机构有一个 9 人组成的顾问小组,每个顾问贡献正确意见的可能性是 0.7. 现在该机构对某事是否可行分别征求各位顾问意见,并按多数人意见作出决策,求作出正确决策的概率.

6. 假设某厂生产的每台仪器,可以直接出厂的概率为 0.70,需进一步调试的概率为 0.30,经调试后以概率 0.80 可以出厂,以概率 0.20 定为不合格品不能出厂. 现该厂新生产 $n(n \geqslant 2)$ 台仪器(假设各台仪器的生产过程相互独立),试求:

(1) 这些仪器全部能出厂的概率;

(2) 这些仪器中恰好有两件不能出厂的概率;

(3) 这些仪器中至少有两件不能出厂的概率.

7. 试证明下列各题:

(1) $P(A\overline{B} \cup \overline{A}B) = P(A)+P(B)-2P(AB)$;

(2) 若 A_1 与 A_2 同时发生时 A 发生,则 $P(A) \geqslant P(A_1)+P(A_2)-1$;

(3) 若 $A_1A_2A_3 \subset A$,则有 $P(A) \geqslant P(A_1)+P(A_2)+P(A_3)-2$;

(4) 设有三个事件 A,B,C,其中 $P(B)>0$,$P(C)>0$,B 和 C 相互独立,则

$$P(A|B) = P(A|BC)P(C)+P(A|B\overline{C})P(\overline{C});$$

(5) 若两两相互独立的三个事件 A,B,C 满足条件：

$$ABC = \emptyset, \quad P(A) = P(B) = P(C) < \frac{1}{2}, \quad P(A \cup B \cup C) = \frac{9}{16},$$

则 $P(A) = \frac{1}{4}$.

测 验 题 1

一、填空题

1. 设 A 与 B 是两个随机事件，则 $P[(\overline{A} \cup B)(A \cup B)(\overline{A} \cup \overline{B})(A \cup \overline{B})] = $ _____.

2. 已知 $P(A) = 0.7$，$P(A-B) = 0.3$，则 $P(\overline{AB}) = $ _____.

3. 设 A, B, C 是随机事件，A 与 C 互不相容，$P(AB) = \frac{1}{2}$，$P(C) = \frac{1}{3}$，则 $P(AB|\overline{C}) = $ _____.

二、选择题

1. 设 A 与 B 是两个相互独立的随机事件，下列正确的为( ).

   (A) $P(AB) = P(A)P(B)$；　　　　(B) $P(A \cup B) = P(A) + P(B)$；
   (C) $P(A-B) = P(A)P(\overline{B})$；　　(D) $P(\overline{AB}) = P(\overline{A})P(\overline{B})$；
   (E) $P(\overline{A} \cup \overline{B}) = 1$；　　　　　(F) $\overline{A}$ 与 $\overline{B}$ 一定相容；
   (G) $\overline{A}$ 与 B 一定相容.

2. 事件 A,B 同时发生时，事件 C 必发生，则下列正确的为( ).

   (A) $P(AB) = P(C)$；　　　　　(B) $P(C) = P(A \cup B)$；
   (C) $P(C) = P(A) + P(B) - 1$；　(D) $P(C) \geqslant P(AB)$.

三、计算机

1. 设两个相互独立的事件 A 和事件 B 都不发生的概率为 $\frac{1}{9}$，事件 A 发生且事件 B 不发生的概率与事件 A 不发生且 B 事件发生的概率相等，求 $P(A)$ 为多少？

2. 甲、乙两个学生独立地参加同一门课程的考试，已知甲、乙各获 90 分以上的概率分别是 $\frac{2}{3}, \frac{3}{5}$，则其中至少有一个人取得 90 分以上的概率是多少？

3. 已知 $P(A) = a$，$P(B) = b$，$P(A \cup B) = c$，求 $P(AB), P(A\overline{B}), P(\overline{AB}), P(A|\overline{B})$.

4. 已知 $P(A|B) = 1$，试求 $P(\overline{B}|\overline{A})$.

5. $P(\overline{A}) = 0.3, P(B) = 0.4, P(A\overline{B}) = 0.5$，求 $P(B|A \cup \overline{B})$.

6. 现有一批产品共 100 只，次品率为 0.1，现在不放回抽取三次，每次抽取一只，求第三次才取到合格品的概率.

7. 某工厂的仓库中有同样规格的产品 6 箱,由甲、乙、丙三个车间生产,产量依次为 3 箱、2 箱、1 箱,三个车间的次品率分别为 $\frac{1}{20}, \frac{1}{15}, \frac{1}{10}$. 现在从 6 箱产品中任取出一箱,再从该箱中任取一件. 求:

(1) 取得的产品是次品的概率;

(2) 若已知取得的产品是次品,推断它最可能是哪个车间生产的?

8. 口袋中有一个球,不知它的颜色是黑还是白,现在先往口袋中放入一个白球,然后从口袋中任取一个球,发现取出的是白球,试求口袋中原来那个球是白球的概率.

9. 假设只考虑天气的两种情况: 有雨或者无雨. 若已知今天天气情况,明天天气保持不变的概率为 p,变的概率为 $1-p$. 设第一天无雨,试求第 3 天也无雨的概率.

10. 若 $P(A) > 0$,求证 $P(B|A) \geqslant 1 - \frac{P(\overline{B})}{P(A)}$.

第 1 章测试题

第 2 章

随机变量及其分布

为了全面研究随机试验的结果,揭示随机现象的统计规律性,需要将随机试验的结果数量化,在本章中我们将用实数来表示随机试验的各种可能的结果,即引入随机变量的概念. 用随机变量描述随机现象是近代概率论中最重要的方法.

2.1 随机变量

在现实生活中有一些随机现象,样本点本身就是用数量表示的,由于样本出现的随机性,其数量也呈现不确定性. 如手机的寿命、股票的价格、人的身高等. 当然也存在着大量随机试验,其结果不是数,例如,在观察新生儿的性别试验中,其样本空间为 $\Omega = \{男,女\}$. 这时我们可以定义一个函数 $X = X(\omega)$,约定当新生儿为男孩时 $X(\omega) = 1$;当新生儿为女孩时 $X(\omega) = 0$. 这样的函数 X 的取值具有不确定性,人们常常称这种函数为随机变量.

定义 1 设 $\Omega = \{\omega\}$ 为随机试验 E 的样本空间,如果 $X = X(\omega)$ 是定义在 Ω 上的单值实值函数,即对于每一个样本点 ω 都有唯一确定的实数 $X = X(\omega)$ 与之对应,则称 X 为**随机变量**.

随机变量常用英文大写字母 X,Y,Z 等或者希腊字母 ξ,η,ζ 等表示,随机变量的取值常用英文小写字母 x,y,z 等表示.

例 1 考察"将一枚均匀硬币抛掷 3 次,观察正面 H、反面 T 出现的情况"这个试验,样本空间为

$$\Omega = \{HHH, HHT, HTH, THH, HTT, THT, TTH, TTT\},$$

定义 X 为 3 次抛掷硬币试验中正面 H 出现的次数,由于试验结果的出现是随机的,所以 X 的取值也是随机的,X 的取值与样本点有如下对应关系:

ω	HHH	HHT	HTH	THH	HTT	THT	TTH	TTT
X	3	2	2	2	1	1	1	0

$\{X=1\}$ 表示事件 $A=\{HTT, THT, TTH\}$，且有

$$P\{X=1\}=P(A)=\frac{3}{8},$$

它表示将一枚硬币抛掷3次出现1次正面的概率. 同理,将一枚硬币抛掷3次至少出现2次正面的概率为

$$P\{X\geqslant 2\}=\frac{4}{8}=\frac{1}{2}.$$

例2 在一款随机模拟掷一颗均匀骰子的游戏中,若掷出偶数点,屏幕出现1;若掷出奇数点,屏幕出现 0. 其样本空间为 $\Omega=\{偶数点,奇数点\}$. 若以 X 表示电子屏幕出现的数字,则 X 是定义在样本空间 Ω 上的随机变量,且

$$X=\begin{cases}1, & 掷出偶数点,\\ 0, & 掷出奇数点.\end{cases}$$

由于骰子是均匀的六面体,则每个点数出现的可能性是相同的,因此奇偶点出现的可能性也是均等的,且

$$P\{X=1\}=P\{掷出偶数点\}=\frac{1}{2}.$$

例3 在测试手机寿命的试验中,样本空间为 $\Omega=\{t\mid t\geqslant 0\}$,定义手机寿命(单位: h)为 $X=X(t)=t$,则 $P\{X\leqslant a\}$ 表示手机寿命不超过 a h 的概率.

一般地,对于实数集的某个子集 D,随机变量 X 在 D 内取值记为 $\{X\in D\}$,它表示事件 $A=\{\omega\mid X(\omega)\in D\}$,即使随机变量 X 的取值落入 D 内的样本点组成的事件.

随机变量的取值由试验结果确定,在试验之前不能预知它取什么值,且它的取值有一定的概率. 这说明随机变量与普通函数有着本质的区别. 另外随机变量的定义域为样本空间 Ω,样本点 ω 不一定是实数,这一点也与一般函数不同.

从以上例子可以看出,引入随机变量后,对随机现象统计规律的研究,就由对事件及事件概率的研究转化为随机变量及其取值规律的研究. 人们可以利用高等数学的方法对随机试验的结果进行广泛而深入的研究和讨论. 随机变量分为两大类: 离散型和非离散型,其中非离散型随机变量又分为连续型和混合型. 本章主要讨论离散型随机变量和连续型随机变量.

2.1 节知识拓展

2.1 节自测题

习题 2.1

1. 从一副扑克牌中任取 5 张,用随机变量 X 表示取到黑桃的张数,写出 X 的可能取值.

2. 某公交车站台每间隔 5 分钟有一辆 1 路公共汽车到达. 某乘客到达该站台时间是随机的,以 X 表示他等车的时间,试用 X 表示事件 "他等车时间不超过 2 分钟".

3. 一箱中装有编号为 1,2,3,4 的 4 只同样大小的乒乓球,现从该箱内随机取出 2 只,以 X 表示被取出球的最小号码,写出 X 的所有可能取值,并说明 X 所取的值表示的随机试验的结果.

4. 随机观察有两个孩子的家庭,若用 X 表示女孩的个数,写出 X 的可能取值.

2.2 离散型随机变量及其分布

定义 1 如果随机变量 X 的所有可能取值为有限个或者可列无限个,则称 X 为**离散型随机变量**.

设离散型随机变量 X 的所有可能取值为 $x_1, x_2, \cdots$,对于每一个 x_i,$\{X = x_i\}$ 都是样本空间 Ω 上的一个事件,则 X 取各个可能值的概率为

$$P\{X = x_k\} = p_k, \quad k = 1, 2, \cdots. \tag{2.1}$$

称 (2.1) 式为 X 的**概率分布**或**分布律**.

随机变量 X 的分布律也可以用如下表格的形式表示:

X	x_1	x_2	$\cdots$	x_k	$\cdots$
p_k	p_1	p_2	$\cdots$	p_k	$\cdots$

由概率的性质可知,离散型随机变量 X 的分布律具有下述两个性质:

(1) **非负性** $P\{X = x_k\} = p_k \geqslant 0, \quad k = 1, 2, \cdots;$ (2.2)

(2) **归一性** $\sum\limits_{k=1}^{\infty} p_k = 1.$ (2.3)

以上两条是分布律的充分必要条件.

例 1 设随机变量 X 的分布律为

X	-1	0	1	2	3
p_k	0.16	$a/10$	a^2	$a/5$	0.3

求常数 a 的值.

解 由分布律的性质可得

$$\begin{cases} 0.16 + a/10 + a^2 + a/5 + 0.3 = 1, \\ a \geqslant 0, \end{cases}$$

解得 $a = 0.6$.

例 2 某篮球运动员独立地多次投篮,每次投篮的投中率为 $p(0<p<1)$. 以 X 表示该运动员首次投中所需的投篮次数,求 X 的分布律.

解 X 的所有可能取值为 $k=1,2,3,\cdots$,事件 $\{X=k\}$ 表示"独立投篮 k 次,前 $k-1$ 次均没有投中而第 k 次投中",则 $\{X=k\}$ 的概率为

$$P\{X=k\} = pq^{k-1},$$

其中 $q = 1-p$ $(k=1,2,3,\cdots)$.

若随机变量 X 的分布律为

$$P\{X=k\} = pq^{k-1}, \quad k=1,2,3,\cdots, \tag{2.4}$$

其中 $0<p<1$,$q=1-p$,则称 X 服从参数为 p 的**几何分布**,记为 $X \sim G(p)$.

例 3 袋中有 6 只球,其中 2 只红球 4 只白球. 现在不放回地从中任取 3 只球, (1) 求取到的红球数 X 的分布律; (2) 求至少取到 1 只红球的概率.

解 (1) 随机变量 X 的可能取值为 $0,1,2$,由古典概型的计算方法可得

$$P\{X=k\} = \frac{C_2^k C_4^{3-k}}{C_6^3}, \quad k=0,1,2,$$

即 X 的分布律为

X	0	1	2
p_k	$\frac{1}{5}$	$\frac{3}{5}$	$\frac{1}{5}$

(2) 事件"至少取到 1 只红球"可以用 $\{X \geqslant 1\}$ 来表示,所以

$$P\{X \geqslant 1\} = P\{X=1\} + P\{X=2\} = \frac{3}{5} + \frac{1}{5} = \frac{4}{5}.$$

一般地,如果某产品总数为 N,其中一等品的个数为 M,从中任取 n 个产品, 以 X 表示取出的 n 个产品中的一等品数,则 X 的分布律为

$$P\{X=k\} = \frac{C_M^k C_{N-M}^{n-k}}{C_N^n}, \quad k=0,1,2,\cdots,\tau, \tag{2.5}$$

其中 $\tau = \min(n,M)$,且 $M \leqslant N$, $n \leqslant N$, n,N,M 均为正整数,则称 X 服从参数为 n,M,N 的**超几何分布**,记为 $X \sim H(n,M,N)$.

例 4 设在掷骰子试验中,若掷出"1"点视为抛掷成功 1 次,则每次掷骰子成

功的概率都是 $\frac{1}{6}$. 以 X 表示直到抛掷成功 3 次为止所需的抛掷次数，求 X 的分布律.

解 X 的所有可能取值为 $3,4,5,\cdots$，前 3 次掷骰子都掷出"1"点的概率为

$$P\{X=3\}=\left(\frac{1}{6}\right)^3,$$

$\{X=4\}$ 表示第 4 次掷出"1"点且前 3 次中恰好掷出 2 次"1"点，而前 3 次掷出 2 次"1"点的概率为 $C_3^2\left(\frac{1}{6}\right)^2\frac{5}{6}$，第 4 次掷出"1"点的概率 $\frac{1}{6}$，由此可得

$$P\{X=4\}=C_3^2\left(\frac{1}{6}\right)^2\frac{5}{6}\frac{1}{6}=C_3^2\left(\frac{1}{6}\right)^3\frac{5}{6}.$$

一般地，$\{X=k\}$ ($k=3,4,5,\cdots$) 表示第 k 次掷骰子时才抛掷出 3 次"1"点，其概率为

$$P\{X=k\}=C_{k-1}^2\left(\frac{1}{6}\right)^3\left(\frac{5}{6}\right)^{k-3}.$$

在例 4 中，随机变量 X 可以看作是独立重复随机试验中直到成功 r 次为止所需的试验次数，设 p ($0<p<1$) 为一次试验中成功的概率，则 X 的分布律为

$$P\{X=k\}=C_{k-1}^{r-1}q^{k-r}p^r, \quad k=r, r+1,\cdots, \tag{2.6}$$

其中 $q=1-p$，则称 X 服从参数为 r 与 p 的**负二项分布**或**帕斯卡(Pascal)分布**. 当 $r=1$ 时，帕斯卡分布即为几何分布.

帕斯卡分布是一种常用的离散型分布. 帕斯卡曾于 1654 年与费马在通信中研讨有关概率问题，他们的研究被认为共同奠定了概率论和组合分析的基础. 在他的《算术三角形》一书中，建立了概率论的基本原理和若干重要的组合定理. 帕斯卡分布即由帕斯卡首先引入并载于此书中.

2.2 节知识拓展

2.2 节自测题

习题 2.2

1. 将一枚均匀硬币掷 3 次，以 X 表示出现正面的次数，求 X 的分布律.
2. 设随机变量 X 的分布律为 $P\{X=k\}=\frac{a}{2^k}$ ($k=1,2,3,4$)，求常数 a 的值.
3. 将一颗均匀骰子抛掷两次，X 表示"掷出点数之和"，Y 表示"掷出的最大点数"，Z 表

示"掷出6点的次数",分别求 X, Y, Z 的分布律.

4. 袋中有 8 只白球、2 只黑球,从中随机抽取 3 次,每次取 1 只球.

(1) 当有放回抽样时,求取到黑球数 X 的分布律;

(2) 当不放回抽样时,求取到黑球数 Y 的分布律.

5. 某人参加青年志愿者的选拔. 采用现场答题的方式来进行, 已知在备选的 10 道试题中, 他能答对其中的 6 题. 选拔方式规定从备选题中随机抽出 3 题进行测试, 至少答对 2 题才能入选. (1)求此人答对试题数 X 的分布律; (2)求此人能入选的概率.

6. 某制药厂分别独立地组织两组技术人员试制不同类型的新药, 每组成功的概率均为 0.4, 而当只有第一组成功时, 每年的销售额可达 40 万元; 当只有第二组成功时, 每年的销售额可达 60 万元; 若两组都成功, 则销售额为 100 万; 若两组都失败则销售额为 0. 以 X 表示这两种新药的年销售额, 求 X 的分布律.

2.3 常用的离散型随机变量

下面介绍三种常用的离散型随机变量及其分布.

定义 1 若随机试验 E 只有 A 与 $\bar{A}$ 两种对立的可能结果, 则称随机试验 E 为**伯努利试验**. 将伯努利试验 E 独立地重复进行 n 次, 则称这 n 次试验为 n **重伯努利试验**或**伯努利概型**.

这里的"重复"是指在每次试验中 $P(A) = p$ 保持不变;"独立"是指各次试验的结果互不影响.

伯努利试验是概率论中一种重要的数学模型, 它有着广泛的实际应用背景. 如观察一件产品是否合格、一次试验是否成功、掷一枚硬币是否出现正面、新生儿是否为男性等等. 再比如, 掷一颗骰子观察出现的点数是不是"6"点, 则该试验为一个伯努利试验. 而将一颗骰子掷 n 次, 每次出现的点数要么是"6"点, 要么不是"6"点, 则也可认为是 n 重伯努利试验.

1. (0-1)分布

定义 2 若随机变量 X 的可能取值为 0 和 1, 其分布律为

$$P\{X = k\} = p^k (1-p)^{1-k}, \quad k = 0, 1; \ 0 < p < 1, \tag{2.7}$$

则称 X 服从参数为 p 的(0-1)**分布**.

(0-1)分布的分布律也可表示成

X	0	1
p_k	$1-p$	p

事实上，(0-1)分布描述了一次伯努利试验 E 中事件 A 发生次数 X 的分布律．其分布参数 $p = P\{X=1\} = P(A)$．

若随机试验的结果只有 A 与 $\bar{A}$ 两个可能结果，如产品是否合格，试验是否成功等，都可以定义一个服从(0-1)分布的随机变量

$$X = \begin{cases} 1, & A \text{ 发生}, \\ 0, & A \text{ 不发生}. \end{cases}$$

2. 二项分布

若以随机变量 X 表示 n 重伯努利试验中事件 A 发生的次数，且记 $P(A) = p$．显然，随机变量 X 的所有可能取值为 $0,1,2,\cdots,n$．则事件 $\{X = k\}$ 表示 n 重伯努利试验中事件 A 恰好发生 k 次．下面求 X 的分布律．

事件 A 在任意指定的 k 次试验中发生，而在其他 $n-k$ 次试验中不发生的概率均为 $p^k(1-p)^{n-k}$；事件 $\{X = k\}$ 总共包含 C_n^k 个这样的情况且互不相容，所以 X 的分布律为

$$P\{X=k\} = C_n^k p^k q^{n-k}, \quad k=0,1,2,\cdots,n,$$

其中 $0 < p < 1$，$q = 1-p$．

定义 3　若随机变量 X 的分布律为

$$P\{X=k\} = C_n^k p^k q^{n-k}, \quad k=0,1,2,\cdots,n, \tag{2.8}$$

其中 $0 < p < 1$，$q = 1-p$，则称 X 服从参数为 n, p 的**二项分布**，记为 $X \sim b(n,p)$．

容易验证：

(1) $P\{X=k\} = C_n^k p^k (1-p)^{n-k} \geqslant 0$；

(2) $\sum\limits_{k=0}^{n} P\{X=k\} = \sum\limits_{k=0}^{n} C_n^k p^k (1-p)^{n-k} = (p+q)^n = 1$．

注意到 $C_n^k p^k (1-p)^{n-k}$ 正好是二项式 $(p+q)^n$ 的展开式的通项，因此称该分布为二项分布．

特别地，当 $n=1$ 时，二项分布的分布律为

$$P\{X=k\} = p^k (1-p)^{1-k}, \quad k=0,1.$$

这就是(0-1)分布，因此当 X 服从参数为 p 的(0-1)分布时，常记为 $X \sim b(1,p)$．

对于二项分布，当参数 n, p 的值给定时，$P\{X=k\}$ 的值就依赖于 k．图 2-1 分别给出 $n=10, p=0.4$ 和 $n=30, p=0.4$ 时二项分布的图形，从图 2-1 可以看出概率值 $P\{X=k\}$ 先是随 k 增加而上升到最大值，随后再递减．

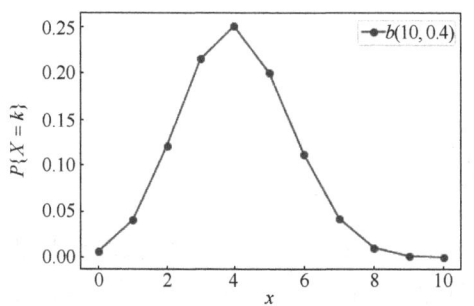
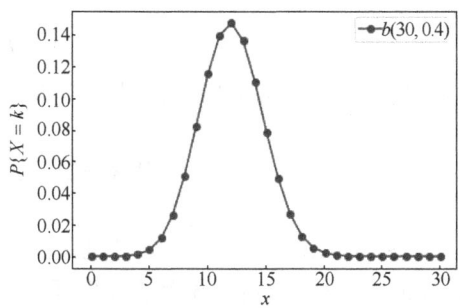

图 2-1　n,p 取不同值时的二项分布

事实上，由

$$\frac{P\{X=k\}}{P\{X=k-1\}}=\frac{C_n^k p^k q^{n-k}}{C_n^{k-1} p^{k-1} q^{n-k+1}}=1+\frac{(n+1)p-k}{kq}$$

可知，当 $k<(n+1)p$ 时，$P\{X=k\}$ 单调增加；当 $k>(n+1)p$ 时，$P\{X=k\}$ 单调下降，从而当 k 在 $(n+1)p$ 附近时，$P\{X=k\}$ 达到最大值. 可以证明，当 $(n+1)p$ 为整数时，$k=(n+1)p$ 和 $k=(n+1)p-1$ 都使 $P\{X=k\}$ 最大；当 $(n+1)p$ 不是整数时，$k=[(n+1)p]$ 使 $P\{X=k\}$ 最大，其中 $[x]$ 表示不超过 x 的最大整数. 使 $P\{X=k\}$ 达到最大值的 k 称为 X 的**最可能取值**.

例 1　某运动员独立射击 10 次，每次中靶的概率为 0.4.
(1) 求该运动员至少中靶 2 次的概率；
(2) 求该运动员最可能的中靶次数.

解　将该运动员独立射击 10 次看成是一个 10 重伯努利试验，设 X 为该运动员 10 次射击的中靶次数，则 $X\sim b(10,0.4)$，X 的分布律为

$$P\{X=k\}=C_{10}^k 0.4^k 0.6^{10-k},\quad k=0,1,2,\cdots,10.$$

(1) 该运动员至少中靶 2 次的概率为

$$P\{X\geqslant 2\}=1-P\{X=0\}-P\{X=1\}$$
$$=1-0.6^{10}-10\times 0.4\times 0.6^9\approx 0.9536.$$

(2) 因为 $(n+1)p=11\times 0.4=4.4$，取整后为 4，所以该运动员最可能的中靶次数为 4 次，即进行 10 次射击中靶 4 次的概率最大.

例 2　设随机变量 $X\sim b(3,p)$，且 $P\{X\geqslant 1\}=\dfrac{19}{27}$，求 $P\{X=2\}$.

解　由 $X\sim b(3,p)$，得

$$P\{X\geqslant 1\}=1-P\{X=0\}=1-(1-p)^3.$$

再由 $P\{X\geqslant 1\}=19/27$，可得

$$1-(1-p)^3 = 19/27,$$

解得 $p = 1/3$, 从而 $X \sim b(3, 1/3)$, 故

$$P\{X=2\} = C_3^2 \left(\frac{1}{3}\right)^2 \left(1-\frac{1}{3}\right) = \frac{2}{9}.$$

例 3 设一架多引擎飞机的每一个引擎在飞行中正常运行的概率均为 p ($0<p<1$),且各引擎是否正常运行是相互独立的. 如果有至少 50% 的引擎能正常运行飞机就可以成功飞行,问 p 满足什么条件才能使得 4 引擎飞机比 2 引擎飞机更可靠?

解 设一架 4 引擎飞机能正常运行的引擎数为 X, 一架 2 引擎飞机能正常运行的引擎数为 Y. 由于各引擎是否正常运行是相互独立的,且每个引擎在飞行中正常运行的概率均为 p, 因此 $X \sim b(4,p)$, $Y \sim b(2,p)$.

一架 4 引擎飞机能成功飞行的概率为

$$P\{X \geqslant 2\} = C_4^2 p^2 (1-p)^2 + C_4^3 p^3 (1-p) + C_4^4 p^4 = 6p^2 - 8p^3 + 3p^4.$$

一架 2 引擎飞机能成功飞行的概率为

$$P\{Y \geqslant 1\} = C_2^1 p(1-p) + C_2^2 p^2 = 2p - p^2.$$

要使 4 引擎飞机比 2 引擎飞机更为可靠,只要

$$6p^2 - 8p^3 + 3p^4 \geqslant 2p - p^2, \quad 即 (3p-2)(p-1)^2 p \geqslant 0,$$

解得 $p \geqslant \frac{2}{3}$, 于是当每个引擎正常运行的概率 $p \geqslant \frac{2}{3}$ 时, 4 引擎飞机比 2 引擎飞机更可靠.

例 4 有甲、乙两种味道和颜色极为相似的酒各 4 杯,如果从中挑 4 杯恰好能将甲种酒全部挑出来,算是试验成功 1 次.

(1) 假设某人没有品鉴能力,问他试验成功 1 次的概率是多少?

(2) 某人声称他通过品尝能区分这两种酒,他连续试验 10 次,结果成功 3 次,试问他是猜对的还是确有区分能力?(设各次试验是相互独立的.)

解 (1) 由于此人无品尝区别能力,只能随机地去猜,事件"试验成功 1 次"指的是随机地从 8 杯中任选 4 杯恰好都是甲种酒,将该事件记为 A, 则事件 A 发生的概率为

$$p = P(A) = \frac{C_4^4}{C_8^4} = \frac{1}{70}.$$

(2) 先不妨假设此人对这两种酒没有区分能力,则在 1 次试验中成功的概率为 $1/70$. 以 X 表示在 10 次独立重复试验中成功的次数,则 $X \sim b\left(10, \dfrac{1}{70}\right)$,10 次试验中成功 3 次的概率为

$$P\{X=3\} = C_{10}^{3}\left(\dfrac{1}{70}\right)^{3}\left(1-\dfrac{1}{70}\right)^{7} \approx 0.0003.$$

如果某事件出现的概率很小 (通常在 5% 以下),这样的事件称为**小概率事件**. "小概率事件在一次试验中几乎不可能发生",这是人们通过大量实践,对小概率事件总结出来的一条广泛使用的原理,称为**实际推断原理**. 本例中在假设此人没有区分能力的条件下,做 10 次试验而成功 3 次是小概率事件. 这样的事件在一次试验中应该是几乎不会发生的,而实际情况是这样的事件居然发生了,故假设此人对这两种酒没有区分能力是不成立的,即可以认为此人对这两种酒具有区分能力.

例 5 在掷骰子游戏中,将一对均匀的骰子抛掷 25 次,试讨论事件 "至少出现一次双六" 和事件 "完全不出现双六" 哪一个发生的可能性大.

解 将一对均匀的骰子抛掷一次看作一次随机试验,以 A 表示 "出现双六",则 $P(A) = \dfrac{1}{36}$. 设 X 表示将一对均匀的骰子抛掷 25 次出现双六的次数,则 $X \sim b\left(25, \dfrac{1}{36}\right)$,

$$P\{X=k\} = C_{25}^{k}\left(\dfrac{1}{36}\right)^{k}\left(1-\dfrac{1}{36}\right)^{25-k}, \quad k=0,1,2,\cdots,25.$$

"完全不出现双六" 的概率为

$$P\{X=0\} = C_{25}^{0}\left(\dfrac{1}{36}\right)^{0}\left(1-\dfrac{1}{36}\right)^{25} \approx 0.4945,$$

"至少出现一次双六" 的概率为

$$P\{X \geqslant 1\} = 1 - P\{X=0\} \approx 1 - 0.4945 = 0.5055,$$

显然有

$$P\{X \geqslant 1\} > P\{X=0\}.$$

由此可知,事件 "至少出现一次双六" 比事件 "完全不出现双六" 发生的可能性要大.

3. 泊松分布

定义 4 若随机变量 X 的分布律为

$$P\{X=k\} = \frac{\lambda^k}{k!}e^{-\lambda}, \quad k=0,1,2,\cdots, \tag{2.9}$$

其中 $\lambda > 0$ 是常数，则称随机变量 X 服从参数为 λ 的**泊松(Poisson)分布**，记为 $X \sim \pi(\lambda)$.

容易验证泊松分布的分布律满足

(1) **非负性** $P\{X=k\} = \dfrac{\lambda^k}{k!}e^{-\lambda} \geqslant 0$;

(2) **归一性** $\sum\limits_{k=0}^{\infty}P\{X=k\} = \sum\limits_{k=0}^{\infty}\dfrac{\lambda^k}{k!}e^{-\lambda} = e^{-\lambda}\sum\limits_{k=0}^{\infty}\dfrac{\lambda^k}{k!} = e^{-\lambda}\cdot e^{\lambda} = 1$.

泊松分布的图形见图 2-2. 泊松分布的图形取决于 λ 值的大小，λ 值愈小分布的图形愈偏；λ 值愈大分布的图形愈趋于对称.

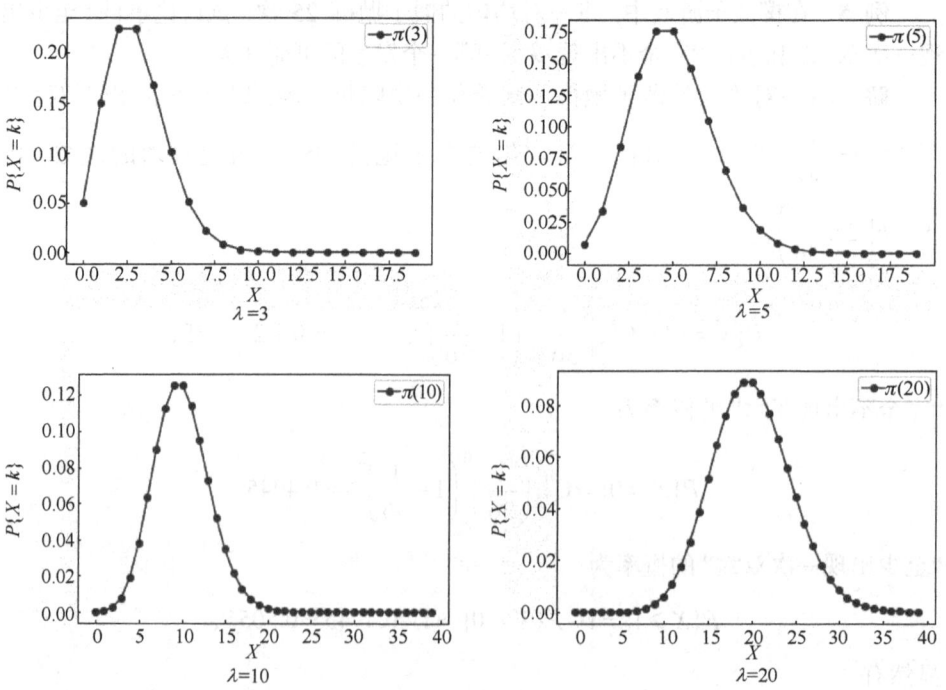

图 2-2 泊松分布

泊松分布是概率论中重要的分布之一，这个概率分布可以用来刻画许多随机现象，在很多领域有广泛的应用. 比如一部手机一小时内收到的信息数；图书馆一天接待的读者数；某股票价格在给定的时间区间内出现涨停的次数；某路口一段时间内的车流量；某公共汽车站在单位时间内来站乘车的乘客数；宇宙中单位体积内星球的个数；田地中单位面积内植株的数目；放射性物质经过某单位区域的质点数；显微镜下某单元区域的微生物数目等等均服从或近似服从泊松分布.

下述定理刻画了二项分布与泊松分布之间的关系，该定理由法国数学家泊松于 1837 年首次给出，所以又称为泊松定理.

定理 1(泊松定理) 设 $\lambda > 0$ 是一常数，n 是正整数，若 $np_n = \lambda$，则对任一固定的非负整数 k，有

$$\lim_{n \to \infty} C_n^k p_n^k (1-p_n)^{n-k} = \frac{\lambda^k}{k!} e^{-\lambda}.$$

证 由 $p_n = \dfrac{\lambda}{n}$ 得

$$C_n^k p_n^{\ k}(1-p_n)^{n-k} = \frac{n(n-1)\cdots(n-k+1)}{k!}\left(\frac{\lambda}{n}\right)^k\left(1-\frac{\lambda}{n}\right)^{n-k}$$

$$= \frac{\lambda^k}{k!} \cdot 1 \cdot \left(1-\frac{1}{n}\right)\left(1-\frac{2}{n}\right)\cdots\left(1-\frac{k-1}{n}\right)\left(1-\frac{\lambda}{n}\right)^n\left(1-\frac{\lambda}{n}\right)^{-k},$$

对任意给定的非负整数 k，有

$$\lim_{n \to \infty}\left(1-\frac{\lambda}{n}\right)^{-k} = 1, \quad \lim_{n \to \infty}\left(1-\frac{\lambda}{n}\right)^n = e^{-\lambda}, \quad \lim_{n \to \infty}\left(1-\frac{i}{n}\right) = 1, \quad i = 1,2,\cdots,k-1.$$

所以

$$\lim_{n \to \infty} C_n^k p_n^k (1-p_n)^{n-k} = \frac{\lambda^k}{k!} e^{-\lambda}.$$

在二项分布中，当 n 很大且 p 很小时，计算一些事件发生的概率比较复杂. 该定理表明可以用泊松分布近似二项分布，这样可以减少二项分布中的计算量. 泊松分布的概率值可通过附表 3 查阅.

注 由泊松定理可知，在二项分布 $b(n,p)$ 中，当 n 很大 p 很小时，有

$$C_n^k p^k (1-p)^{n-k} \approx \frac{\lambda^k}{k!} e^{-\lambda}, \tag{2.10}$$

其中 $\lambda = np$. 在实际计算中，当 $n \geqslant 20$，$p \leqslant 0.05$ 时，(2.10)式的近似效果较好，特别当 $n \geqslant 100$，$np \leqslant 10$ 时效果更好. 图 2-3 直观地反映了泊松分布近似二项分布的效果.

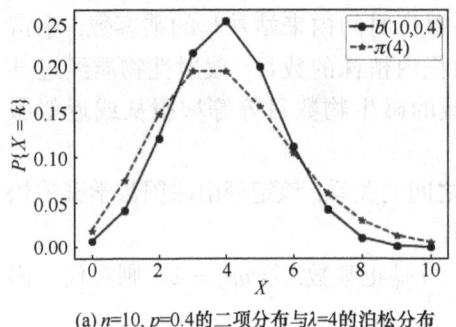
(a) $n=10, p=0.4$ 的二项分布与 $\lambda=4$ 的泊松分布

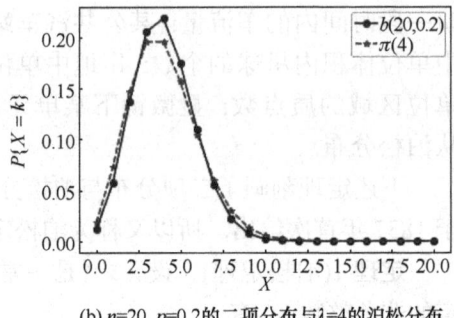
(b) $n=20, p=0.2$ 的二项分布与 $\lambda=4$ 的泊松分布

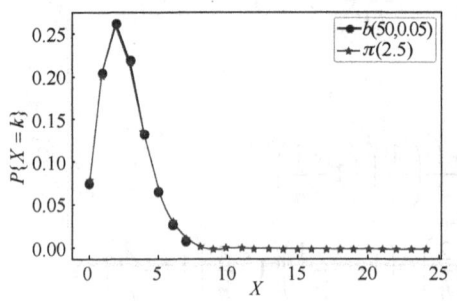
(c) $n=50, p=0.05$ 的二项分布与 $\lambda=2.5$ 的泊松分布

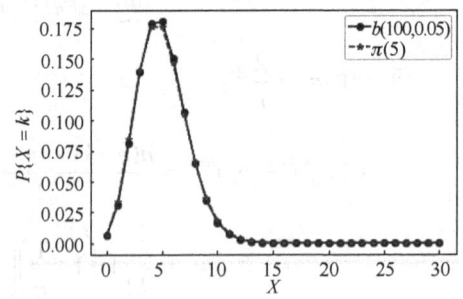
(d) $n=100, p=0.05$ 的二项分布与 $\lambda=5$ 的泊松分布

图 2-3 二项分布和泊松分布对比图

例 6 设随机变量 $X \sim \pi(\lambda)$，且 $P\{X=2\} = P\{X=3\}$，求 $P\{X=4\}$．

解 由 $P\{X=2\} = P\{X=3\}$，得 $\dfrac{\lambda^2 \mathrm{e}^{-\lambda}}{2!} = \dfrac{\lambda^3 \mathrm{e}^{-\lambda}}{3!}$，解得 $\lambda = 3$，因此

$$P\{X=4\} = \dfrac{3^4 \mathrm{e}^{-3}}{4!} \approx 0.1680.$$

例 7 某城市福利彩票每年中一等奖的获奖人次服从参数为 $\lambda=4$ 的泊松分布，试求该城市每年至少有 5 人次中一等奖的概率．

解 设该城市福利彩票每年中一等奖的人次为 X，则 $X \sim \pi(4)$，即

$$P\{X=k\} = \dfrac{4^k \mathrm{e}^{-4}}{k!}, \quad k = 0, 1, \cdots.$$

该城市每年至少 5 人次中一等奖的概率为

$$P\{X \geqslant 5\} = \sum_{k=5}^{\infty} \dfrac{4^k \mathrm{e}^{-4}}{k!} = 0.3712.$$

例 8 保险业务员向客户推销商业保险，假设每个客户购买该保险的概率为 0.01，求 800 个客户中至少有两个客户购买该保险的概率．

解 设 800 个客户中购买该商业保险的人数为 X，则 $X \sim b(800, 0.01)$，即
$$P\{X=k\} = C_{800}^k \times 0.01^k \times 0.99^{800-k}, \quad k = 0, 1, \cdots, 800.$$
所求概率为
$$\begin{aligned}P\{X \geqslant 2\} &= 1 - P\{X=0\} - P\{X=1\} \\ &= 1 - C_{800}^0 0.01^0 \times 0.99^{800} - C_{800}^1 0.01 \times 0.99^{799} \\ &= 1 - 0.99^{800} - 800 \times 0.01 \times 0.99^{799}.\end{aligned}$$
用泊松分布近似计算，取 $\lambda = np = 800 \times 0.01 = 8$，由泊松定理得
$$C_{800}^k 0.01^k \times 0.99^{800-k} \approx \frac{8^k}{k!} e^{-8},$$
从而
$$P\{X \geqslant 2\} \approx 1 - \frac{8^0}{0!} e^{-8} - \frac{8}{1!} e^{-8} = 1 - 9e^{-8} \approx 0.9970.$$

例 8 告诉我们这样一个事实：虽然每个客户购买保险的概率很小 ($p=0.01$)，但向很多客户 (n=800 人) 推销后，则至少有两个客户买保险的概率几乎接近于 1；这说明只要推销人员能够找到足够多的客户，卖掉保险几乎是必然的。另外，这个例子也说明小概率事件虽然在一次试验中几乎不会发生，但在大量独立重复试验中几乎必然会发生。

2.3 节知识拓展

2.3 节自测题

习题 2.3

1. 某人从家到单位的上班途中有 6 个路口，假设他在各个路口遇到红灯的事件是相互独立的，并且概率都是 $\frac{1}{3}$. 设 X 为此人在上班途中遇到红灯的次数.

(1) 求 X 的分布律；

(2) 求此人在上班途中至少遇到一次红灯的概率.

2. 设随机变量 $X \sim b(2, p)$，$Y \sim b(4, p)$，已知 $P\{X \geqslant 1\} = \frac{5}{9}$，求 $P\{Y \geqslant 1\}$.

3. 某气象站天气预报的准确率为 80%.

(1) 求 5 次预报中恰有 4 次准确的概率；

(2) 求 5 次预报中至少有 4 次准确的概率.

4. 某商店每月销售冰箱的台数服从参数为 $\lambda=4$ 的泊松分布.

(1) 求该商店每月至少销售 5 台冰箱的概率;

(2) 在上月没有库存的情况下，为了以 99% 的把握保证不脱销，问商店至少应进多少台冰箱？

5. 若某保险销售员向潜在的客户推销某种保险，客户购买该保险的概率为 0.005，现向 1000 个客户推销. (1) 求恰有 10 人购买该保险的概率；(2) 求不超过 15 人购买该保险的概率.

6. 某商场装有 5 个同类型的供水设备，调查表明在任一时刻 t 每个设备使用的概率为 0.1，试求：

(1) 在同一时刻恰有 2 台设备被使用的概率;

(2) 在同一时刻至少有 3 台设备被使用的概率;

(3) 在同一时刻至多有 3 台设备被使用的概率;

(4) 在同一时刻至少有 1 台设备被使用的概率.

7. (自由随机游动) 一平面上的质点，从原点出发做随机游动，若每秒走一步(步长为 1)，向右走的概率为 $p(0<p<1)$，向上走的概率为 $q=1-p$.

(1) 已知该质点 8 秒走到 $A(5,3)$，求它是前 5 步均向右走，后 3 步均向上走到 $A(5,3)$ 的概率.

(2) 该质点 8 秒走到点 $A(5,3)$ 的概率为多少？

2.4 随机变量的分布函数

随机变量的分布律简单、方便、直观，但是它只能刻画离散型随机变量的概率分布，而对于非离散型随机变量 X 的概率分布无法像离散型随机变量那样进行描述，因此需要用新的工具来刻画它们的概率分布. 实际上，人们对非离散型随机变量感兴趣的是它落入某一区间内的概率是多少. 例如，手机的寿命介于 10000 小时到 20000 小时的概率，成年男子的身高介于 170cm 到 180cm 的概率. 因此研究随机变量落入某一区间内的概率更有实际意义.

对于给定的 x_1, x_2，当 $x_1 < x_2$ 时，有

$$P\{x_1 < X \leqslant x_2\} = P\{X \leqslant x_2\} - P\{X \leqslant x_1\},$$

由此可知，对于任意实数 x，只要知道 $P\{X \leqslant x\}$，就可计算 X 的取值落在区间 $(x_1, x_2]$ 的概率. 因此可用 $P\{X \leqslant x\}$ 来描述随机变量 X 的概率分布.

定义 1 设 X 是一个随机变量，x 是任意实数，称函数

$$F(x) = P\{X \leqslant x\}$$

为 X 的**分布函数**，记为 $X \sim F(x)$.

若把随机变量看作是数轴上随机点的坐标，则 $F(x)$ 表示 X 落在区间 $(-\infty, x]$ 内的概率. $F(x)$ 随着 x 取值的变化而变化，一旦 x 确定了，$F(x)$ 也就相应地确定了，其值等于 $P\{X \leqslant x\}$，因此 $F(x)$ 是一个普通的实值函数，其定义域为实数集 **R**.

分布函数 $F(x)$ 具有以下三个基本性质:

(1) **单调性** $F(x)$ 是单调不减函数,即对任意的 $x_1 < x_2$,有 $F(x_1) \leqslant F(x_2)$.

(2) **有界性** 对任意实数 x,有 $0 \leqslant F(x) \leqslant 1$,且

$$F(-\infty) = \lim_{x \to -\infty} F(x) = 0, \quad F(+\infty) = \lim_{x \to +\infty} F(x) = 1.$$

(3) **右连续性** $F(x)$ 是 x 的右连续函数,即对任意的 x,有

$$F(x+0) = \lim_{t \to x+0} F(t) = F(x).$$

以上三个性质是分布函数的基本性质. 可以证明满足上述三个基本性质的函数可作为某个随机变量的分布函数. 从而这三个基本性质成为判断某个函数是否为分布函数的充分必要条件.

有了随机变量 X 的分布函数,随机变量 X 落入区间 $(x_1, x_2]$ $(x_1 < x_2)$ 的概率就可用分布函数来表示

$$P\{x_1 < X \leqslant x_2\} = P\{X \leqslant x_2\} - P\{X \leqslant x_1\} = F(x_2) - F(x_1). \tag{2.11}$$

下面给出几个重要的概率计算公式:

(1) $P\{X > x_0\} = 1 - P\{X \leqslant x_0\} = 1 - F(x_0)$;

(2) $P\{X < x_0\} = F(x_0 - 0)$,事实上

$$P\{X < x_0\} = \lim_{n \to \infty} P\left\{X \leqslant x_0 - \frac{1}{n}\right\} = \lim_{n \to \infty} F\left(x_0 - \frac{1}{n}\right) = F(x_0 - 0);$$

(3) $P\{X = x_0\} = P\{X \leqslant x_0\} - P\{X < x_0\} = F(x_0) - F(x_0 - 0)$;

(4) $P\{X \geqslant x_0\} = 1 - P\{X < x_0\} = 1 - F(x_0 - 0)$;

(5) $P\{x_1 \leqslant X \leqslant x_2\} = P\{X \leqslant x_2\} - P\{X < x_1\} = F(x_2) - F(x_1 - 0)$.

由此可见,分布函数完全刻画了随机变量的概率分布.

例1 设随机变量 X 的分布函数为

$$F(x) = A + B \arctan x, \quad -\infty < x < +\infty,$$

求常数 A 与 B 的值.

解 由分布函数的性质 $F(+\infty) = 1$,$F(-\infty) = 0$,可得

$$\begin{cases} A + \dfrac{\pi}{2} B = 1, \\ A - \dfrac{\pi}{2} B = 0, \end{cases}$$

解得 $A = \dfrac{1}{2}$,$B = \dfrac{1}{\pi}$.

例2 设随机变量 X 的分布律为

X	0	1	2
p_k	$\frac{1}{3}$	$\frac{1}{6}$	$\frac{1}{2}$

求 X 的分布函数,并求 $P\left\{X\leqslant\frac{1}{2}\right\}$, $P\left\{\frac{1}{2}<X\leqslant\frac{3}{2}\right\}$, $P\{1\leqslant X\leqslant 3\}$.

解 X 的分布函数为 $F(x)=P\{X\leqslant x\}$.

当 $x<0$ 时, $F(x)=0$;

当 $0\leqslant x<1$ 时, $F(x)=P\{X=0\}=\frac{1}{3}$;

当 $1\leqslant x<2$ 时, $F(x)=P\{X=0\}+P\{X=1\}=\frac{1}{3}+\frac{1}{6}=\frac{1}{2}$;

当 $x\geqslant 2$ 时, $F(x)=P\{X=0\}+P\{X=1\}+P\{X=2\}=\frac{1}{3}+\frac{1}{6}+\frac{1}{2}=1$.

所以

$$F(x)=\begin{cases}0, & x<0,\\ \frac{1}{3}, & 0\leqslant x<1,\\ \frac{1}{2}, & 1\leqslant x<2,\\ 1, & x\geqslant 2.\end{cases}$$

如图 2-4 所示, $F(x)$ 的图形呈阶梯状, $x=0,1,2$ 为间断点,跳跃值分别为 $\frac{1}{3},\frac{1}{6},\frac{1}{2}$. 从而有

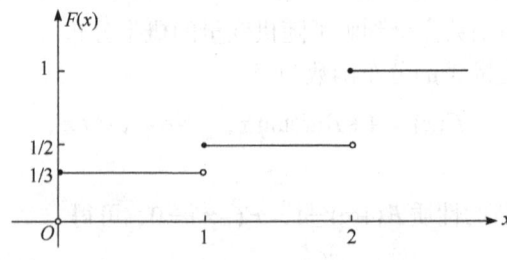

图 2-4 分布函数 $F(x)$ 的图形

$$P\left\{X\leqslant\frac{1}{2}\right\}=F\left(\frac{1}{2}\right)=\frac{1}{3},$$

$$P\left\{\frac{1}{2}<X\leqslant\frac{3}{2}\right\}=F\left(\frac{3}{2}\right)-F\left(\frac{1}{2}\right)=\frac{1}{2}-\frac{1}{3}=\frac{1}{6},$$

$$P\{1 \leqslant X \leqslant 3\} = P\{X=1\} + P\{1 < X \leqslant 3\} = \frac{1}{6} + F(3) - F(1) = \frac{2}{3}.$$

一般地, 对离散型随机变量而言, 若已知 X 的分布律为

$$P\{X = x_k\} = p_k, \quad k = 1, 2, \cdots,$$

则 X 的分布函数

$$F(x) = P\{X \leqslant x\} = \sum_{x_k \leqslant x} p_k, \tag{2.12}$$

其中求和符号表示对所有满足 $x_k \leqslant x$ 的 p_k 求和.

离散型随机变量 X 的分布函数 $F(x)$ 有如下两个特点:

(1) $F(x)$ 是一个单调非降的阶梯函数;

(2) $F(x)$ 在每一个可能取值 x_k 处 (只要 $P\{X = x_k\} = p_k > 0$), 都有一个跳跃间断点, 其跃度为 $F(x_k) - F(x_k - 0) = p_k$.

反之, 由离散型随机变量的分布函数可唯一地确定其分布律. 因此离散型随机变量的分布律和分布函数是相互唯一确定的.

例 3 已知离散型随机变量 X 的分布函数为

$$F(x) = \begin{cases} 0, & x < -1, \\ a, & -1 \leqslant x < 1, \\ \dfrac{2}{3} - a, & 1 \leqslant x < 2, \\ a + b, & x \geqslant 2, \end{cases}$$

且 $P\{X = 2\} = \dfrac{1}{2}$, 试确定常数 a, b 的值, 并求 X 的分布律.

解 由分布函数 $F(x)$ 的性质

$$P\{X = 2\} = F(2) - F(2 - 0), \quad F(+\infty) = 1,$$

可得

$$\begin{cases} (a + b) - \left(\dfrac{2}{3} - a\right) = 2a + b - \dfrac{2}{3} = \dfrac{1}{2}, \\ a + b = 1, \end{cases}$$

解得 $a = \dfrac{1}{6}, b = \dfrac{5}{6}$. 因此有

$$F(x) = \begin{cases} 0, & x < -1, \\ \dfrac{1}{6}, & -1 \leqslant x < 1, \\ \dfrac{1}{2}, & 1 \leqslant x < 2, \\ 1, & x \geqslant 2. \end{cases}$$

由于 X 的分布函数 $F(x)$ 的间断点为 $-1,1,2$，相应的跳跃值分别为 $\dfrac{1}{6},\dfrac{1}{3},\dfrac{1}{2}$，因此 X 的分布律为

X	-1	1	2
p_k	$1/6$	$1/3$	$1/2$

例 4 已知随机变量 X 的分布函数为

$$F(x)=\begin{cases}0, & x<0,\\ ax, & 0\leqslant x\leqslant 1,\\ \dfrac{1}{2}, & 1<x<2,\\ 1, & x\geqslant 2.\end{cases}$$

(1) 求常数 a 的值； (2) 求 $P\left\{\dfrac{1}{2}<X<3\right\}$.

解 (1) 由分布函数 $F(x)$ 的右连续性知 $F(1)=F(1+0)$，可得 $a=\dfrac{1}{2}$.

(2) $P\left\{\dfrac{1}{2}<X<3\right\}=F(3-0)-F\left(\dfrac{1}{2}\right)=1-\dfrac{1}{2}=\dfrac{1}{2}$.

2.4 节知识拓展

2.4 节自测题

习题 2.4

1. 设随机变量 X 的分布律为

X	-1	2	3
p_k	$1/4$	$1/2$	$1/4$

求 X 的分布函数，并求 $P\left\{X\leqslant\dfrac{1}{2}\right\}, P\left\{\dfrac{3}{2}<X\leqslant\dfrac{5}{2}\right\}, P\{2\leqslant X<3\}$.

2. 已知离散型随机变量 X 的分布函数为

$$F(x)=\begin{cases}0, & x<0,\\ 0.2, & 0\leqslant x<2,\\ 0.5, & 2\leqslant x<3,\\ 1, & x\geqslant 3.\end{cases}$$

求 X 的分布律及 $P\left\{\dfrac{1}{2} \leqslant X \leqslant 3\right\}$.

3. 设随机变量 X 的分布函数为

$$F(x) = \begin{cases} c, & x < -1, \\ \dfrac{1}{8}, & x = -1, \\ ax + b, & -1 < x < 1, \\ 1, & x \geqslant 1, \end{cases}$$

且 $P\{X = 1\} = \dfrac{1}{4}$，试求常数 a, b, c 的值.

4. 设随机变量 X 的分布函数为

$$F(x) = \begin{cases} 0, & x < 0, \\ Ax^2, & 0 \leqslant x \leqslant 1, \\ 1, & x > 1. \end{cases}$$

(1) 求常数 A 的值; (2) 分别求 X 落在区间 $\left(-1, \dfrac{1}{2}\right)$ 和 $\left(\dfrac{1}{3}, 2\right)$ 内的概率.

5. 设随机变量 X 的分布律为

$$P\{X = k\} = \dfrac{k}{15}, \quad k = 1, 2, 3, 4, 5,$$

其分布函数为 $F(x)$，试求 $P\left\{\dfrac{1}{3} < X < \dfrac{7}{2}\right\}$, $P\left\{1 \leqslant X \leqslant \dfrac{5}{2}\right\}$, $F\left(\dfrac{1}{3}\right)$.

6. 设随机变量 X 的分布函数为

$$F(x) = \begin{cases} 0, & x < 0, \\ x^2, & 0 \leqslant x \leqslant 1, \\ 1, & x > 1. \end{cases}$$

现在对 X 独立重复观察 4 次，求其中有 3 次落入 (0.25, 0.75) 内的概率.

2.5 连续型随机变量及其分布

连续型随机变量是一类重要的非离散型随机变量，连续型随机变量的所有可能取值充满某个区间 (a, b)，在这个区间内有不可列无限个实数，因此描述连续型随机变量的概率分布不能再用分布律形式表示了．这一节我们要给出连续型随机变量的定义、性质及其概率计算．先看一个例子．

例 1 向一个半径为 2 米的靶子射击，假设每次射击都中靶，且击中靶上任一同心圆盘上点的概率与该圆盘的面积成正比．设 X 表示弹着点与靶心的距离，求 X 的分布函数．

解 由分布函数的定义 $F(x) = P\{X \leq x\}$，可得

当 $x < 0$ 时，$\{X \leq x\}$ 为不可能事件，$F(x) = 0$；

当 $0 \leq x \leq 2$ 时，$F(x) = P\{X \leq x\} = P\{0 \leq X \leq x\} = kx^2$；

由 $P\{0 \leq X \leq 2\} = 1$，得 $4k = 1$，即 $k = \dfrac{1}{4}$，于是 $F(x) = \dfrac{1}{4}x^2$；

当 $x \geq 2$ 时，$F(x) = P\{X \leq x\} = 1$.

综上所述，X 的分布函数 $F(x)$ 为

$$F(x) = \begin{cases} 0, & x < 0, \\ \dfrac{1}{4}x^2, & 0 \leq x < 2, \\ 1, & x \geq 2. \end{cases}$$

$F(x)$ 的图形是一条连续曲线，如图 2-5 所示.

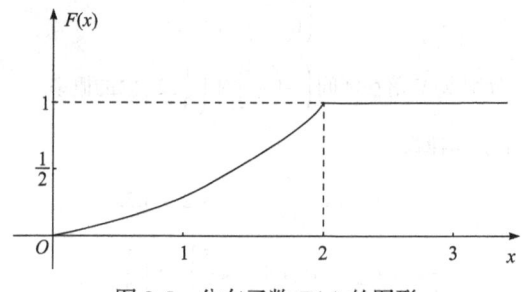

图 2-5 分布函数 $F(x)$ 的图形

进一步，$F(x)$ 可以表示为 $F(x) = \displaystyle\int_{-\infty}^{x} f(t)\mathrm{d}t$，其中 $f(t) = \begin{cases} \dfrac{1}{2}t, & 0 \leq t < 2, \\ 0, & \text{其他} \end{cases}$ 是一非负可积函数，这就是要讨论的连续型随机变量的概率分布.

定义 1 设 $F(x)$ 是随机变量 X 的分布函数，若存在非负函数 $f(x)$，使得对任意实数 x，有

$$F(x) = \int_{-\infty}^{x} f(t)\mathrm{d}t, \tag{2.13}$$

则称 X 为**连续型随机变量**，称 $f(x)$ 为 X 的**概率密度**或**密度函数**.

概率密度 $f(x)$ 的基本性质：

(1) **非负性** $f(x) \geq 0$；

(2) **归一性** $\displaystyle\int_{-\infty}^{+\infty} f(x)\mathrm{d}x = 1$.

任何一个满足以上两条性质的函数，都可以作为某连续型随机变量的概率密度. 以上两条性质是确定或判别某个函数是否为概率密度的充要条件. 概率密度

归一性的几何意义见图 2-6，即曲线 $y = f(x)$ 与 x 轴之间所夹区域的面积为 1.

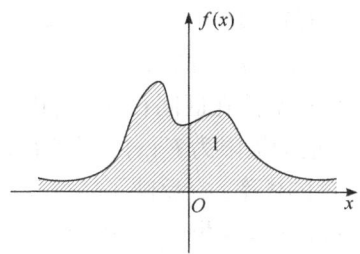

图 2-6　概率密度的几何意义

连续型随机变量还具有如下性质.

性质 1　连续型随机变量 X 的分布函数 $F(x)$ 是连续函数.

性质 2　连续型随机变量 X 取任意给定常数 a 的概率为零，即 $P\{X = a\} = 0$.

事实上，由 $F(x)$ 的连续性有

$$P\{X = a\} = F(a) - F(a-0) = F(a) - F(a) = 0.$$

这个性质说明概率为零的事件不一定是不可能事件，相应的概率为 1 的事件也不一定是必然事件. 由于连续型随机变量取某一指定值的概率为零，故在事件 "$a < X \leqslant b$" 中增减 "$X = a$" 或 "$X = b$"，不影响其概率，即

$$P\{a < X \leqslant b\} = P\{a \leqslant X < b\} = P\{a \leqslant X \leqslant b\}$$

$$= P\{a < x < b\} = F(b) - F(a) = \int_a^b f(x)\mathrm{d}x.$$

其中 a 可以为 $-\infty$，b 可为 $+\infty$，这给计算带来很大方便. 而这个性质在离散型随机变量场合是不成立的，在离散型随机变量场合计算概率要 "点点计较".

一般地，$P\{X \in I\} = \int_{x \in I} f(x)\mathrm{d}x$，其中 I 为任意区间，$f(x)$ 为 X 的概率密度. 利用概率密度可以求任意事件的概率，所以概率密度完整刻画了连续型随机变量的概率分布. 由定积分的几何意义可知随机变量 X 落在区间 $(x_1, x_2]$ 内的概率等于图 2-7 中阴影部分的面积.

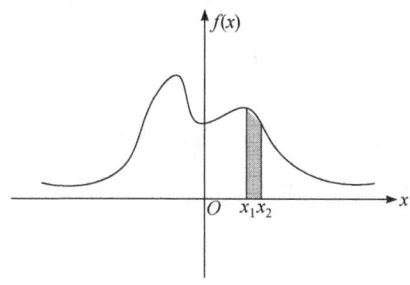

图 2-7　随机变量 X 落在区间 $(x_1, x_2]$ 内的概率

性质 3 若 $f(x)$ 在点 x 处连续，则 $F(x)$ 在点 x 处可导，且 $F'(x) = f(x)$.

"概率密度"可以这样理解：取定一个点 x，则按分布函数的定义，事件 $\{x < X \leq x+h\}$ 的概率应为 $F(x+h) - F(x)$（其中 $h > 0$ 且为常数），所以比值 $[F(x+h) - F(x)]/h$ 可以理解为 X 落在区间 $(x, x+h]$ 内的概率. 当 $f(x)$ 在 x 点处连续时，令 $h \to 0$，则这个比值的极限为 $F'(x)$，且 $F'(x) = f(x)$，也就是 X 在 x 点处(无穷小区间段内)单位长度的概率，它反映了概率在 x 点附近的"密集程度". 其与物理学中线密度的定义类似，可以设想一条极细的无穷长的金属杆，总质量为 1，概率密度相当于杆上各点的质量密度，故称 $f(x)$ 为概率密度. $f(x)$ 在 x_0 点处的函数值 $f(x_0)$ 的大小反映了随机变量 X 在点 x_0 附近取值的密集程度，而不表示 X 在 x_0 处取值的概率大小.

概率密度 $f(x)$ 的值虽不是概率，但乘以微元 $\mathrm{d}x$ 就可得 X 落在小区间 $(x, x+\mathrm{d}x)$ 上概率的近似值，即

$$P\{x < X < x + \mathrm{d}x\} \approx f(x)\mathrm{d}x.$$

另外 $f(x)\mathrm{d}x$ 在连续型随机变量的理论中所起的作用与 $P\{X = x_k\} = p_k$ 在离散型随机变量理论中所起的作用相类似. 很多相邻的微元累积就得 X 在 (a, b) 上取值的积分，这个积分值不是别的，就是 X 在 (a, b) 上取值的概率，即

$$P\{a < x < b\} = \int_a^b f(x)\mathrm{d}x.$$

特别地，$f(x)$ 在 $(-\infty, x)$ 上的积分就是 X 的分布函数 $F(x)$，即

$$F(x) = \int_{-\infty}^x f(t)\mathrm{d}t.$$

由以上性质可以看出，连续型随机变量与离散型随机变量的分布函数有许多不同之处. 除了上述两种分布之外，还存在大量既非离散又非连续的分布，例如 X 的分布函数 $F(x)$ 为

$$F(x) = \begin{cases} 0, & x < 0, \\ \dfrac{1+x}{2}, & 0 \leq x < 1, \\ 1, & x \geq 1. \end{cases}$$

$F(x)$ 的图形如图 2-8 所示.

从图 2-8 可以看出，X 的分布函数 $F(x)$ 既不是阶梯函数也不是连续函数，所以它既不是离散型的也不是连续型的分布. 这是新的一类分布，称 X 为**混合型随机变量**.

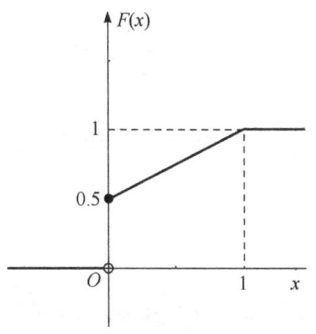

图 2-8 $F(x)$ 的图形

例 2 设随机变量 X 的概率密度为

$$f(x) = \begin{cases} x, & 0 < x < 1, \\ 2-x, & 1 \leqslant x < 2, \\ 0, & \text{其他}. \end{cases}$$

试求 X 的分布函数 $F(x)$.

解 随机变量 X 的分布函数为 $F(x) = \int_{-\infty}^{x} f(t)\mathrm{d}t$.

当 $x < 0$ 时,$F(x) = \int_{-\infty}^{x} f(t)\mathrm{d}t = 0$;

当 $0 \leqslant x < 1$ 时,$F(x) = \int_{-\infty}^{x} t\mathrm{d}t = \int_{0}^{x} t\mathrm{d}t = \dfrac{x^2}{2}$;

当 $1 \leqslant x < 2$ 时,$F(x) = \int_{-\infty}^{x} f(t)\mathrm{d}t = \int_{0}^{1} t\mathrm{d}t + \int_{1}^{x} (2-t)\mathrm{d}t = -\dfrac{x^2}{2} + 2x - 1$;

当 $x \geqslant 2$ 时,$F(x) = \int_{-\infty}^{x} f(t)\mathrm{d}t = \int_{0}^{1} t\mathrm{d}t + \int_{1}^{2} (2-t)\mathrm{d}t = 1$.

综上所述,X 的分布函数 $F(x)$ 为

$$F(x) = \begin{cases} 0, & x < 0, \\ \dfrac{x^2}{2}, & 0 \leqslant x < 1, \\ -\dfrac{x^2}{2} + 2x - 1, & 1 \leqslant x < 2, \\ 1, & x \geqslant 2. \end{cases}$$

例 3 设随机变量 X 的概率密度为

$$f(x) = \begin{cases} a\cos x, & |x| \leqslant \dfrac{\pi}{2}, \\ 0, & \text{其他}. \end{cases}$$

(1) 求常数 a 的值; (2) 求 $P\left\{0 < X < \dfrac{\pi}{4}\right\}$; (3) 求 X 的分布函数 $F(x)$.

解 (1) $\int_{-\infty}^{+\infty} f(x)\mathrm{d}x = \int_{-\frac{\pi}{2}}^{\frac{\pi}{2}} a\cos x\mathrm{d}x = 2a$. 由 $\int_{-\infty}^{+\infty} f(x)\mathrm{d}x = 1$, 可得 $2a=1$, 所以 $a = \dfrac{1}{2}$.

(2) $P\left\{0 < X < \dfrac{\pi}{4}\right\} = \int_0^{\frac{\pi}{4}} f(x)\mathrm{d}x = \int_0^{\frac{\pi}{4}} \dfrac{1}{2}\cos x\mathrm{d}x = \dfrac{\sqrt{2}}{4}$.

(3) 随机变量 X 的分布函数为 $F(x) = \int_{-\infty}^{x} f(t)\mathrm{d}t$.

当 $x < -\dfrac{\pi}{2}$ 时, $F(x) = \int_{-\infty}^{x} f(t)\mathrm{d}t = 0$;

当 $-\dfrac{\pi}{2} \leqslant x < \dfrac{\pi}{2}$ 时, $F(x) = \int_{-\infty}^{x} f(x)\mathrm{d}x = \int_{-\frac{\pi}{2}}^{x} \dfrac{1}{2}\cos x\mathrm{d}x = \dfrac{1}{2}(1 + \sin x)$;

当 $x \geqslant \dfrac{\pi}{2}$ 时, $F(x) = \int_{-\frac{\pi}{2}}^{\frac{\pi}{2}} \dfrac{1}{2}\cos x\mathrm{d}x = 1$.

于是 X 的分布函数为

$$F(x) = \begin{cases} 0, & x < -\dfrac{\pi}{2}, \\ \dfrac{1}{2}(1 + \sin x), & -\dfrac{\pi}{2} \leqslant x < \dfrac{\pi}{2}, \\ 1, & x \geqslant \dfrac{\pi}{2}. \end{cases}$$

2.5 节拓展知识

2.5 节自测题

习题 2.5

1. 设连续型随机变量 X 的分布函数为

$$F(x) = \begin{cases} 0, & x < 1, \\ a\ln x + bx + 1, & 1 \leqslant x < \mathrm{e}, \\ 1, & x \geqslant \mathrm{e}. \end{cases}$$

(1) 确定常数 a 与 b 的值; (2) 求 $P\{1 \leqslant X \leqslant 2\}$; (3) 求 X 的概率密度.

2. 设随机变量 X 的概率密度为

$$f(x) = \begin{cases} kx, & 0 \leqslant x < 3, \\ 2 - \dfrac{x}{2}, & 3 \leqslant x < 4, \\ 0, & 其他. \end{cases}$$

(1) 确定常数 k 的值; (2) 求 X 的分布函数; (3) 求 $P\left\{1 < X \leqslant \dfrac{7}{2}\right\}$.

3. 以 X 表示某银行从早晨开始营业起直到第一位顾客到达的等待时间(单位: min), X 的分布函数为

$$F(x) = \begin{cases} 1 - e^{-0.4x}, & x \geqslant 0, \\ 0, & x < 0. \end{cases}$$

求下述事件的概率.

(1) 至多等待 3 分钟; (2) 至少等待 4 分钟; (3) 等待 3 分钟至 4 分钟之间;

(4) 等待至多 3 分钟或至少 4 分钟; (5) 恰好等待 2.5 分钟.

4. 设连续型随机变量 X 的分布函数为

$$F(x) = \begin{cases} 0, & x < 0, \\ 2ax^2, & 0 \leqslant x < 1, \\ 1, & x \geqslant 1. \end{cases}$$

(1) 求常数 a 的值; (2) 求 X 落在区间 $(0.3, 0.7)$ 内的概率; (3) 求 X 的概率密度.

5. 设随机变量 X 具有概率密度

$$f(x) = \begin{cases} Ax^2, & 0 < x < 2, \\ A(4-x), & 2 \leqslant x < 4, \\ 0, & 其他. \end{cases}$$

(1) 求常数 A 的值; (2) 求 $P\{1 < X < 3\}$; (3) 求条件概率 $P\{X > 1 | X < 3\}$.

2.6 常用的连续型随机变量

下面介绍三种常用的连续型随机变量及其分布.

1. 指数分布

定义 1 若随机变量 X 的概率密度为

$$f(x) = \begin{cases} \lambda e^{-\lambda x}, & x \geqslant 0, \\ 0, & x < 0, \end{cases}$$

则称 X 服从参数为 λ 的**指数分布**, 记作 $X \sim \text{Exp}(\lambda)$, 其中常数 $\lambda > 0$. 指数分布的分布函数为

$$F(x) = \begin{cases} 1-e^{-\lambda x}, & x \geqslant 0, \\ 0, & x < 0. \end{cases}$$

X 的概率密度 $f(x)$ 和分布函数 $F(x)$ 的图形如图 2-9 所示.

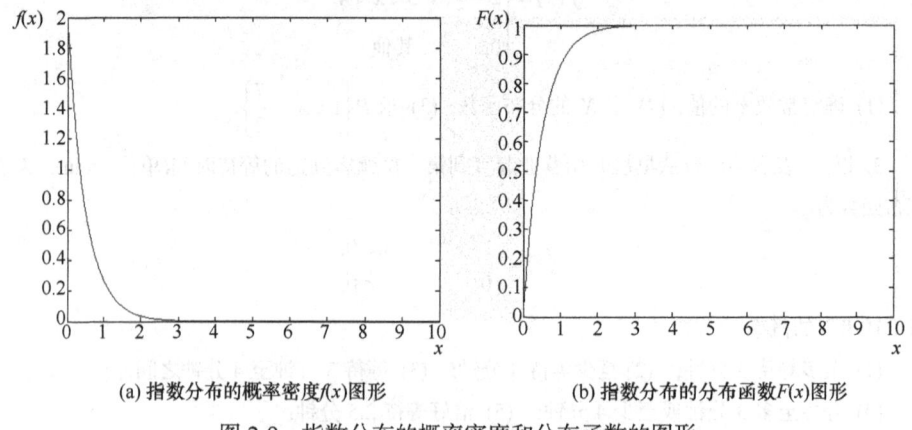

(a) 指数分布的概率密度 $f(x)$ 图形　　　(b) 指数分布的分布函数 $F(x)$ 图形

图 2-9　指数分布的概率密度和分布函数的图形

例 1　设某顾客在银行窗口等待服务的时间(单位: min) X 服从参数为 $\lambda = \dfrac{1}{5}$ 的指数分布. 若等待时间超过 10min 他就离开, 假设他一个月内要来银行 5 次. 以 Y 表示一个月内他没有等到服务而离开窗口的次数, 求 Y 的分布律及该顾客每月至少有 1 次没有等到服务而离开窗口的概率.

解　由题意知 $Y \sim b(5, p)$, 其中 $p = P\{X > 10\}$, X 的概率密度为

$$f(x) = \begin{cases} \dfrac{1}{5}e^{-\frac{x}{5}}, & x \geqslant 0, \\ 0, & x < 0. \end{cases}$$

因此

$$p = P\{X > 10\} = \int_{10}^{+\infty} \frac{1}{5} e^{-\frac{x}{5}} dx = e^{-2},$$

该顾客至少有 1 次没有等到服务而离开窗口的概率为

$$P\{Y \geqslant 1\} = 1 - P\{Y = 0\} = 1 - (1 - e^{-2})^5 = 0.5167.$$

若一个元器件(或一台设备或一个系统)遇到外来冲击时即告失效, 则首次冲击到来的时间服从指数分布. 许多电子产品的寿命分布可认为或者近似服从指数分布.

指数分布具有无记忆性, 即对任意的 $s \geqslant 0, t \geqslant 0$, 有

$$P\{X > s+t | X > s\} = P\{X > t\}. \tag{2.14}$$

事实上

$$P\{X>s+t|X>s\} = \frac{P\{(X>s+t)\cap(X>s)\}}{P\{X>s\}}$$

$$= \frac{P\{X>s+t\}}{P\{X>s\}} = \frac{e^{-\lambda(s+t)}}{e^{-\lambda s}} = e^{-\lambda t} = P\{X>t\}.$$

若以 X 表示某电子元件的寿命，则(2.14)式意味着一个已经使用了 s 小时未损坏的电子元件，能够再继续使用 t 小时以上的概率，与一个新的元件能使用 t 小时以上的概率相同．这似乎有些不可思议，实际上，它表明该电子元件的损坏纯粹是由随机因素造成的，电子元件的衰老作用并不显著．

2. 均匀分布

定义 2 若随机变量 X 的概率密度为

$$f(x) = \begin{cases} \dfrac{1}{b-a}, & a \leqslant x \leqslant b, \\ 0, & \text{其他}, \end{cases}$$

则称 X 在区间 $[a,b]$ 上服从**均匀分布**，记为 $X \sim U[a,b]$．其分布函数为

$$F(x) = \begin{cases} 0, & x<a, \\ \dfrac{x-a}{b-a}, & a \leqslant x < b, \\ 1, & x \geqslant b. \end{cases}$$

$f(x)$ 和 $F(x)$ 的图形如图 2-10 所示．

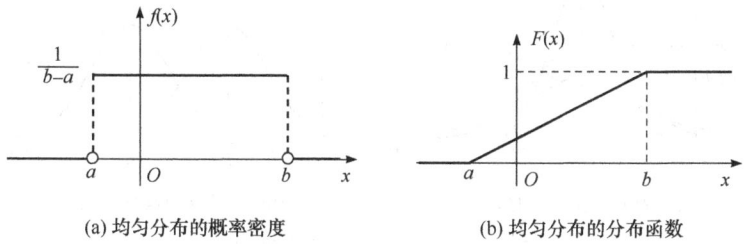

(a) 均匀分布的概率密度　　(b) 均匀分布的分布函数

图 2-10　均匀分布的概率密度和分布函数的图形

若 $X \sim U[a,b]$，则对于任一长度为 l 的子区间 $(c,c+l) \subset [a,b]$，有

$$P\{c<X \leqslant c+l\} = \int_c^{c+l} f(x)dx = \int_c^{c+l} \frac{1}{b-a}dx = \frac{l}{b-a}.$$

这表明 X 落在 $[a,b]$ 的子区间内的概率与该子区间的长度成正比，而与子区间的位置无关；即向区间 $[a,b]$ 随机投点，则点落在任意相等长度的小区间上的可能性是相等的．

例2 已知某公交车是整点发车,某乘客随机地到达车站,其等待时间 X 服从均匀分布,求该乘客等待时间少于 10 min 的概率.

解 由题目条件可得 $X \sim U[0, 60]$,其概率密度为

$$f(x) = \begin{cases} \dfrac{1}{60}, & 0 \leqslant x \leqslant 60, \\ 0, & \text{其他}. \end{cases}$$

该乘客等待时间少于 10 min 的概率为

$$P\{X \leqslant 10\} = \int_{-\infty}^{10} f(x) \mathrm{d}x = \int_{0}^{10} \frac{1}{60} \mathrm{d}x = \frac{1}{6}.$$

3. 正态分布

定义 3 若随机变量 X 的概率密度为

$$f(x) = \frac{1}{\sqrt{2\pi}\sigma} \mathrm{e}^{-\frac{(x-\mu)^2}{2\sigma^2}}, \quad -\infty < x < +\infty,$$

则称 X 服从参数为 μ 和 σ 的**正态分布**或**高斯(Gauss)分布**,也称 X 为正态变量,记为 $X \sim N(\mu, \sigma^2)$,其中 μ 和 σ 均为常数,且 $\sigma > 0$.

图 2-11 给出了在 μ 和 σ 变化时,相应正态分布的概率密度曲线的变化情况.

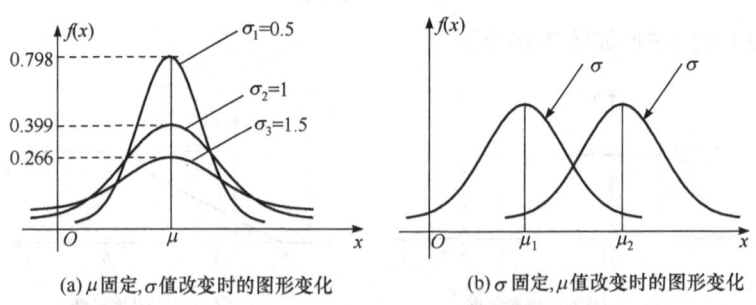

(a) μ 固定, σ 值改变时的图形变化　　(b) σ 固定, μ 值改变时的图形变化

图 2-11　正态分布的概率密度的图形

$f(x)$ 除满足概率密度的基本性质之外,还有下面一些特性.

(1) 概率密度曲线关于 $x = \mu$ 对称,即对于任意 $h > 0$,有

$$P\{\mu - h < X \leqslant \mu\} = P\{\mu < X \leqslant \mu + h\}.$$

(2) 概率密度曲线在 $x = \mu \pm \sigma$ 处有拐点且以 x 轴为渐近线.

(3) 当 $x = \mu$ 时,$f(x)$ 取到最大值 $f(\mu) = \dfrac{1}{\sqrt{2\pi}\sigma}$,由图 2-11(a)可以看出,当固

定 μ 时,σ 越小 $f(x)$ 的曲线越高而瘦,σ 越大 $f(x)$ 的曲线越矮而胖. σ 称为**形状参数**.

(4) 由图 2-11(b)知,固定 σ 改变 μ 的值,则图形沿着 x 轴平移,而不改变其形状,可见正态分布的概率密度曲线的位置完全由参数 μ 所确定,μ 称为**位置参数**.

(5) x 离 μ 越远,则 $f(x)$ 的值越小,这表明对于同样长度的区间离 μ 越远,则 X 落在这个区间上的概率越小.

若 $X \sim N(\mu, \sigma^2)$,则 X 的分布函数为

$$F(x) = \frac{1}{\sqrt{2\pi}\sigma} \int_{-\infty}^{x} e^{-\frac{(t-\mu)^2}{2\sigma^2}} dt,$$

它的图形如图 2-12 所示.

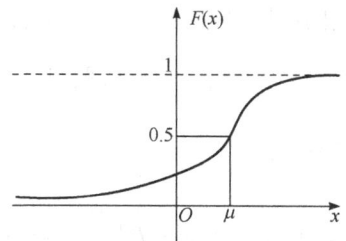

图 2-12 正态分布的分布函数的图形

正态分布是概率论与数理统计中最重要的分布. 在自然现象和社会现象中,大量的随机变量都服从或近似服从正态分布. 例如:测量误差、某班级同学的考试成绩、成年男性的身高或体重、产品的质量指标等.

实践经验和理论研究表明,当一个量可以看成由许多微小的、独立的随机因素的叠加作用的结果时,这个量一般服从或近似服从正态分布. 例如,手机的使用寿命受原料、工艺、保管、使用环境等因素的影响,而每种因素在正常状态下都不会对手机的使用寿命产生主导作用,因此手机的使用寿命在正常状态下服从正态分布. 在历史上德国数学家高斯在研究测量误差时首次引入正态分布来刻画误差的分布特性,所以正态分布又称为高斯分布.

特别地,当正态分布中的参数 $\mu = 0$,$\sigma = 1$ 时,则称之为**标准正态分布**,记为 $X \sim N(0,1)$,其概率密度记为 $\varphi(x)$,分布函数记为 $\Phi(x)$,即有

$$\varphi(x) = \frac{1}{\sqrt{2\pi}} e^{-\frac{x^2}{2}}, \quad \Phi(x) = \frac{1}{\sqrt{2\pi}} \int_{-\infty}^{x} e^{-\frac{t^2}{2}} dt.$$

由 $\varphi(-x) = \varphi(x)$,容易得到

$$\Phi(-x) = 1 - \Phi(x), \tag{2.15}$$

对于标准正态分布函数,只能通过数值算法得到近似值,因此人们编制了标准正态分布表以供查询(见附表 2). 由于标准正态变量的概率密度 $\varphi(x)$ 是偶函数,因此在编制标准正态分布表时,仅编制 $x \geqslant 0$ 的情况,当自变量为负值时,可利用(2.15)式结合查表计算. 例如

$$\Phi(-1.96) = 1 - \Phi(1.96) = 1 - 0.975 = 0.025.$$

例 3 设随机变量 $X \sim N(0,1)$,求 $P\{1 < X \leqslant 2\}$,$P\{|X| \leqslant 1.54\}$.

解 $P\{1 < X \leqslant 2\} = \Phi(2) - \Phi(1) = 0.9772 - 0.8413 = 0.1359$;

$$\begin{aligned} P\{|X| \leqslant 1.54\} &= P\{-1.54 \leqslant X \leqslant 1.54\} = \Phi(1.54) - \Phi(-1.54) \\ &= \Phi(1.54) - [1 - \Phi(1.54)] = 2\Phi(1.54) - 1 \\ &= 2 \times 0.9382 - 1 = 0.8764. \end{aligned}$$

对于一般正态分布,我们可以通过线性变换将其标椎化.

定理 1 若随机变量 $X \sim N(\mu, \sigma^2)$,则随机变量 $Y = \dfrac{X-\mu}{\sigma} \sim N(0,1)$.

证 $Y = \dfrac{X-\mu}{\sigma}$ 的分布函数为

$$F_Y(y) = P\{Y \leqslant y\} = P\left\{\dfrac{X-\mu}{\sigma} \leqslant y\right\}$$

$$= P\{X \leqslant \mu + \sigma y\} = \dfrac{1}{\sqrt{2\pi}\sigma} \int_{-\infty}^{\mu+\sigma y} e^{-\frac{(t-\mu)^2}{2\sigma^2}} dt.$$

令 $\dfrac{t-\mu}{\sigma} = s$,得

$$F_Y(y) = \dfrac{1}{\sqrt{2\pi}} \int_{-\infty}^{y} e^{-\frac{s^2}{2}} ds.$$

所以 $Y = \dfrac{X-\mu}{\sigma}$ 的概率密度为

$$f_Y(y) = F_Y'(y) = \dfrac{1}{\sqrt{2\pi}} e^{-\frac{y^2}{2}}, \quad -\infty < y < +\infty,$$

由此可知

$$Y = \dfrac{X-\mu}{\sigma} \sim N(0,1).$$

由定理 1 可知,若 $X \sim N(\mu, \sigma^2)$,则它的分布函数 $F(x)$ 可写成

$$F(x) = P\{X \leqslant x\} = P\left\{\dfrac{X-\mu}{\sigma} \leqslant \dfrac{x-\mu}{\sigma}\right\} = \Phi\left(\dfrac{x-\mu}{\sigma}\right).$$

从而对于任意区间 $(x_1, x_2]$，有

$$P\{x_1 < X \leqslant x_2\} = \Phi\left(\frac{x_2 - \mu}{\sigma}\right) - \Phi\left(\frac{x_1 - \mu}{\sigma}\right). \tag{2.16}$$

例如，设随机变量 $X \sim N(1, 4)$，则

$$P\{0 < X \leqslant 1.6\} = \Phi\left(\frac{1.6 - 1}{2}\right) - \Phi\left(\frac{0 - 1}{2}\right)$$
$$= \Phi(0.3) - \Phi(-0.5) = \Phi(0.3) - [1 - \Phi(0.5)]$$
$$= 0.6179 - 1 + 0.6915 = 0.3094.$$

对于正态分布有 "3σ 准则"，即若 $X \sim N(\mu, \sigma^2)$，则（见图 2-13）

$$P\{|X - \mu| < \sigma\} = 0.6826,$$
$$P\{|X - \mu| < 2\sigma\} = 0.9544,$$
$$P\{|X - \mu| < 3\sigma\} = 0.9974.$$

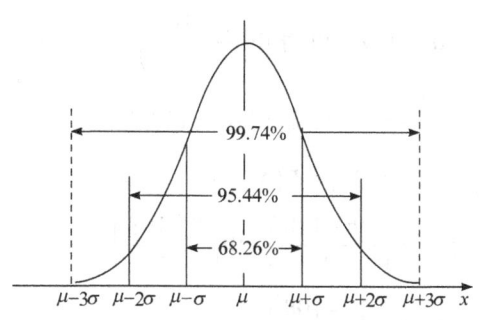

图 2-13　3σ 准则

"3σ 准则" 在实际工作中很有用，工业生产上用的控制图和一些产品质量指数都是根据 "3σ 准则" 制定的.

例 4　设随机变量 $X \sim N(d, 0.5^2)$，(1) 若 $d = 90$，求 X 小于 89 的概率；(2) 若要求 X 至少为 80 的概率不低于 0.99，求 d 的最小值.

解　(1) 所求概率为

$$P\{X < 89\} = P\left\{\frac{X - 90}{0.5} \leqslant \frac{89 - 90}{0.5}\right\} = \Phi(-2)$$
$$= 1 - \Phi(2) = 1 - 0.9772 = 0.0228.$$

(2) 依题意，所求 d 满足

$$P\{X \geqslant 80\} = P\left\{\frac{X - d}{0.5} \geqslant \frac{80 - d}{0.5}\right\}$$

$$= 1 - P\left\{\frac{X-d}{0.5} < \frac{80-d}{0.5}\right\}$$

$$= 1 - \Phi\left(\frac{80-d}{0.5}\right) = \Phi\left(\frac{d-80}{0.5}\right),$$

要使 X 至少为 80 的概率不低于 0.99, 只要 $\Phi\left(\frac{d-80}{0.5}\right) \geqslant 0.99$; 由 $\Phi(2.33) = 0.99$ 和分布函数的单调非减性, 可得 $\frac{d-80}{0.5} \geqslant 2.33$, 解得 $d \geqslant 81.165$, d 的最小值为 $d = 81.165$.

例 5 设随机变量 $X \sim N(108, 9)$.

(1) 求常数 a, 使得 $P\{X < a\} = 0.9$;

(2) 求常数 b, 使得 $P\{|X - b| > b\} = 0.01$;

(3) 求常数 c, 使得 $P\{X > c\} = P\{X \leqslant c\}$.

解 (1) 由 $P\{X < a\} = 0.9$, 可得 $\Phi\left(\frac{a-108}{3}\right) = 0.9$, 查标准正态分布表可得 $\Phi(1.29) = 0.9$, 于是 $\frac{a-108}{3} = 1.29$, 解得 $a = 111.87$.

(2) $P\{|X - b| > b\} = P\{X > 2b\} + P\{X < 0\}$

$$= 1 - \Phi\left(\frac{2b-108}{3}\right) + \Phi\left(\frac{0-108}{3}\right)$$

$$\approx 1 - \Phi\left(\frac{2b-108}{3}\right),$$

由 $P\{|X - b| > b\} = 0.01$, 可得 $1 - \Phi\left(\frac{2b-108}{3}\right) = 0.01$, 即 $\Phi\left(\frac{2b-108}{3}\right) \approx 0.99$, 查标准正态分布表可知 $\Phi\{2.33\} = 0.99$, 所以 $\frac{2b-108}{3} = 2.33$, 解得 $b = 57.495$.

(3) 由 $P\{X > c\} = P\{X \leqslant c\}$, 得 $P\{X \leqslant c\} = 0.5$, 即 $\Phi\left(\frac{c-108}{3}\right) = 0.5$. 查标准正态分布表可得 $\frac{c-108}{3} = 0$, 解得 $c = 108$.

例 6 从南郊某地到东区飞机场有两条路可走, 第一条路较短但交通拥挤, 所需时间(单位: min) $X \sim N(50, 256)$; 第二条路线略长, 所需时间 $Y \sim N(60, 16)$, 若离登机时间只有 70 min, 问应走哪一条路线赶飞机比较合适?

解 走第一条路线能及时赶到机场的概率为

$$P\{X<70\}=\Phi\left(\frac{70-50}{16}\right)=\Phi(1.25)=0.8944,$$

而走第二条路线能及时赶到机场的概率为

$$P\{X<70\}=\Phi\left(\frac{70-60}{4}\right)=\Phi(2.5)=0.9938.$$

所以为了尽可能赶上飞机, 应走第二条路线比较合适.

例 7 一大批产品的重量(单位: g)服从正态分布, 其中优良产品占比三分之二, 其重量 $X_1 \sim N(55, 5^2)$; 一般产品占比三分之一, 其重量 $X_2 \sim N(45, 5^2)$.

(1) 从中任取一件产品, 求其重量大于 50 g 的概率;

(2) 从中任取两件产品, 求它们的重量都小于 50 g 的概率.

解 (1) 设 A 表示任取一产品其重量大于 50 g, B_1 表示任取一件产品为优良产品, B_2 表示任取一件产品为一般产品, 则 $P(B_1)=\frac{2}{3}$, $P(B_2)=\frac{1}{3}$,

$$P(A|B_1)=P\{X_1>50\}=1-\Phi\left(\frac{50-55}{5}\right)=0.8413,$$

$$P(A|B_2)=P\{X_2>50\}=1-\Phi\left(\frac{50-45}{5}\right)=0.1587,$$

由全概率公式得

$$\begin{aligned}P(A)&=P(B_1)P(A|B_1)+P(B_2)P(A|B_2)\\&=\frac{2}{3}\times0.8413+\frac{1}{3}\times0.1587\approx0.6138.\end{aligned}$$

(2) 设 Y 表示任取两件产品中大于 50 g 的件数, 每件产品重量大于 50 g 的概率为 $p=0.6138$, 小于 50 g 的概率为 $q=1-p=0.3862$, 则 $Y \sim b(2,p)$, 于是所求概率为

$$P\{Y=0\}=C_2^0 p^0 q^2=0.3862^2\approx0.1492.$$

设随机变量 $X \sim N(0,1)$, 若实数 $\alpha(0<\alpha<1)$, 满足条件

$$P\{X>z_\alpha\}=\int_{z_\alpha}^{+\infty}\varphi(x)\mathrm{d}x=\alpha,$$

则称 z_α 为标准正态分布的**上 α 分位点**, 如图 2-14 所示.

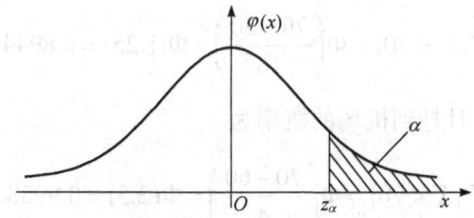

图 2-14 标准正态分布的上 α 分位点

对于给定的 $\alpha(0<\alpha<1)$，由

$$P\{X>z_\alpha\}=\int_{z_\alpha}^{+\infty}\varphi(x)\mathrm{d}x=1-\Phi(z_\alpha)=\alpha$$

得 $\Phi(z_\alpha)=1-\alpha$，再反查标准正态分布表可得标准正态分布的上 α 分位点 z_α．例如 $\Phi(1.96)=0.975=1-0.025$，于是 $z_{0.025}=1.96$．

2.6 节知识拓展

2.6 节自测题

习题 2.6

1. 设随机变量 X 服从参数为 $\lambda=2$ 的指数分布，试确定常数 a，使 $P\{X>a\}=\dfrac{1}{2}$．

2. 设修理某机器所用的时间 X（单位：h）服从参数为 $\lambda=0.5$ 的指数分布，求该机器出现故障时一小时内可以修好的概率．

3. 已知某类元件的使用寿命 T 服从参数 $\lambda=\dfrac{1}{10000}$ 的指数分布（单位：h）．

(1) 从这类元件中任取 1 件，求其使用寿命超过 5000 小时的概率；

(2) 从这类元件中任取 10 件，求寿命超过 5000 小时的元件数 X 的分布律．

4. 设随机变量 $K\sim U[0,5]$，求方程 $4x^2+4xK+K+2=0$ 有实根的概率．

5. 设在一次数学考试中，考生的考试成绩服从正态分布 $N(80,36)$，求考试成绩在区间 $[68,92]$ 上的概率．

6. 某种螺丝钉的长度（单位：cm）$X\sim N(10.05,0.0036)$，规定长度在 $[9.93,10.17]$ 上为合格品．现从一批产品中任取 5 个螺丝钉进行检验，求至少有一个螺丝钉不合格的概率．

7. 某工厂生产的某种金属元件的硬度（单位：$\mathrm{kgf/mm^2}$）$X\sim N(180,100)$，某客户从一大批元件中任取 10 件，若硬度低于 160 $\mathrm{kgf/mm^2}$ 的元件件数多于 2 件便拒绝购买．问这批金属元件能被购买的概率是多少？

8. 设某仪器需安装一个电子元件，要求电子元件的使用寿命（单位：h）不低于 1000 h 即可．

现有甲乙两厂的电子元件可供选择,甲厂生产的电子元件的寿命 $X \sim N(1100, 50^2)$,乙厂生产的电子元件的寿命 $Y \sim N(1150, 100^2)$,请问选择哪家的产品更合适?

2.7 随机变量的函数的分布

前面我们讨论了随机变量 X 的概率分布,但是在许多理论与实际问题中,往往需要讨论随机变量的函数的概率分布,例如在测量圆的面积时,已知圆的半径的测量值 X 的概率分布,如何求圆的面积 $Y = \pi X^2$ 的概率分布.这一节我们讨论如何由随机变量 X 的概率分布导出函数 $Y = g(X)$ 的概率分布,这里 $y = g(x)$ 是已知的函数.我们分两种情况进行讨论.

1. 离散型随机变量的函数的分布

例 1 设随机变量 X 的分布律为

X	-1	0	1
p_k	0.3	0.4	0.3

分别求 $Y = 2X - 1$ 与 $Z = X^2$ 的分布律.

解 随机变量 $Y = 2X - 1$ 的可能取值为 $-3, -1, 1$,且

$$P\{Y = -3\} = P\{2X - 1 = -3\} = P\{X = -1\} = 0.3,$$

$$P\{Y = -1\} = P\{2X - 1 = -1\} = P\{X = 0\} = 0.4,$$

$$P\{Y = 1\} = P\{2X - 1 = 1\} = P\{X = 1\} = 0.3,$$

所以 Y 的分布律为

Y	-3	-1	1
p_k	0.3	0.4	0.3

$Z = X^2$ 的可能取值为 $0, 1$,且

$$P\{Z = 0\} = P\{X^2 = 0\} = P\{X = 0\} = 0.4,$$

$$P\{Y = 1\} = P\{X^2 = 1\} = P\{X = -1\} + P\{X = 1\} = 0.6,$$

故 $Z = X^2$ 的分布律为

Z	0	1
p_k	0.4	0.6

这个例子阐明了求离散型随机变量 X 的函数 $Y = g(X)$ 的分布律的一般方法:

设离散型随机变量 X 的分布律为

$$P\{X = x_k\} = p_k, \quad k = 1, 2, \cdots.$$

当 $Y = X^2$ 时，$Y = g(x_k)$，此时 Y 的所有可能取值为

$$y_1 = g(x_1), y_2 = g(x_2), \cdots, y_k = g(x_k), \cdots.$$

如果 Y 的取值互不相同，则随机变量 $Y = g(X)$ 的分布律为

$$P\{Y = g(x_k)\} = P\{X = x_k\} = p_k, \quad k = 1, 2, \cdots,$$

如果 Y 的取值中有相同的，只要将 Y 取相同值对应的概率求和即可，即

$$P\{Y = y_k\} = \sum_{g(x_i) = y_k} P\{X = x_i\}, \quad k = 1, 2, \cdots.$$

例 2 设随机变量 X 的分布律为

X	-2	-1	0	1	3
p_k	0.3	0.2	0.1	0.3	0.1

试分别求随机变量 $Y = 3|X| + 1$ 与 $Z = \sin\dfrac{\pi X}{2} - 3$ 的分布律.

解 $Y = 3|X| + 1$ 的可能取值为 $1, 4, 7, 10$，Y 取这些值的概率分别为

$$P\{Y = 1\} = P\{3|X| + 1 = 1\} = P\{X = 0\} = 0.1,$$
$$P\{Y = 4\} = P\{3|X| + 1 = 4\} = P\{X = -1\} + P\{X = 1\} = 0.2 + 0.3 = 0.5,$$
$$P\{Y = 7\} = P\{3|X| + 1 = 7\} = P\{X = -2\} = 0.3,$$
$$P\{Y = 10\} = P\{3|X| + 1 = 10\} = P\{X = 3\} = 0.1,$$

所以 Y 的分布律为

Y	1	4	7	10
p_k	0.1	0.5	0.3	0.1

$Z = \sin\dfrac{\pi X}{2} - 3$ 的可能取值为 $-4, -3, -2$，Z 取这些值的概率分别为

$$P\{Z = -4\} = P\left\{\sin\dfrac{\pi X}{2} - 3 = -4\right\} = P\{X = -1\} + P\{X = 3\} = 0.3,$$
$$P\{Z = -3\} = P\left\{\sin\dfrac{\pi X}{2} - 3 = -3\right\} = P\{X = -2\} + P\{X = 0\} = 0.3 + 0.1 = 0.4,$$
$$P\{Z = -2\} = P\left\{\sin\dfrac{\pi X}{2} - 3 = -2\right\} = P\{X = 1\} = 0.3,$$

所以 $Z = \sin\dfrac{\pi X}{2} - 3$ 的分布律为

Z	-4	-3	-2
p_k	0.3	0.4	0.3

2. 连续型随机变量函数的分布

设 X 为连续型随机变量，其概率密度为 $f_X(x)$，$Y = g(X)$ 的分布函数为

$$F_Y(y) = P\{Y \leqslant y\} = P\{g(X) \leqslant y\} = \int_{g(x) \leqslant y} f_X(x) \mathrm{d}x,$$

当 $Y = g(X)$ 为连续型随机变量时，对分布函数 $F_Y(y)$ 关于 y 求导，可得 Y 的概率密度 $f_Y(y)$．

例 3 设随机变量 X 的概率密度为

$$f(x) = \begin{cases} \dfrac{x}{8}, & 0 < x < 4, \\ 0, & \text{其他.} \end{cases}$$

求 $Y = 2X + 8$ 的分布函数及其概率密度．

解 先求 Y 的分布函数 $F_Y(y)$．由于 $0 < X < 4$，因此 $Y = 2X + 8$ 的可能取值为 $8 < Y < 16$，由分布函数的定义知

当 $y < 8$ 时，$F_Y(y) = P\{Y \leqslant y\} = 0$；

当 $y \geqslant 16$ 时，$F_Y(y) = P\{Y \leqslant y\} = 1$；

当 $8 \leqslant y < 16$ 时，

$$F_Y(y) = P\{Y \leqslant y\} = P\{2X + 8 \leqslant y\}$$
$$= P\left\{X \leqslant \frac{y-8}{2}\right\} = \int_0^{\frac{y-8}{2}} \frac{x}{8} \mathrm{d}x = \frac{(y-8)^2}{64}.$$

综上可得 $Y = 2X + 8$ 的分布函数为

$$F_Y(y) = \begin{cases} 0, & y < 8, \\ \dfrac{(y-8)^2}{64}, & 8 \leqslant y < 16, \\ 1, & y \geqslant 16. \end{cases}$$

对 $F_Y(y)$ 关于 y 求导，可得 $Y = 2X + 8$ 的概率密度

$$f_Y(y) = \begin{cases} \dfrac{y-8}{32}, & 8 < y < 16, \\ 0, & \text{其他.} \end{cases}$$

例 4 设随机变量 X 服从参数为 λ 的指数分布，求随机变量 $Y = 5X - 1$ 的分

布函数及其概率密度.

解 X 的概率密度和分布函数分别为

$$f(x) = \begin{cases} \lambda e^{-\lambda x}, & x \geqslant 0, \\ 0, & x < 0; \end{cases} \qquad F(x) = \begin{cases} 1 - e^{-\lambda x}, & x \geqslant 0, \\ 0, & x < 0. \end{cases}$$

由于 X 取非负值,因此 $Y = 5X - 1 \geqslant -1$.

当 $y \leqslant -1$ 时,$F_Y(y) = P\{Y \leqslant y\} = 0$;

当 $y > -1$ 时,

$$F_Y(y) = P\{Y \leqslant y\} = P\{5X - 1 \leqslant y\} = P\left\{X \leqslant \frac{y+1}{5}\right\}$$

$$= F_X\left(\frac{y+1}{5}\right) = 1 - e^{-\frac{\lambda}{5}(y+1)}.$$

所以 $Y = 5X - 1$ 的分布函数为

$$F_Y(y) = \begin{cases} 1 - e^{-\frac{\lambda}{5}(y+1)}, & y \geqslant -1, \\ 0, & y < -1. \end{cases}$$

对 $F_Y(y)$ 关于 y 求导,可得 $Y = 5X - 1$ 的概率密度

$$f_Y(y) = \begin{cases} \frac{\lambda}{5} e^{-\frac{\lambda}{5}(y+1)}, & y \geqslant -1, \\ 0, & y < -1. \end{cases}$$

例 5 设随机变量 $X \sim N(0,1)$,求随机变量 $Y = e^X$ 的概率密度.

解 由于 X 取全体实数,因此 $Y = e^X$ 在 $[0, +\infty)$ 上取值.

当 $y \leqslant 0$ 时,$F_Y(y) = P\{Y \leqslant y\} = P\{e^X \leqslant y\} = 0$;

当 $y > 0$ 时,因为 $g(x) = e^x$ 是 x 的严格单调增函数,所以 $\{e^X \leqslant y\} = \{X \leqslant \ln y\}$,从而

$$F_Y(y) = P\{Y \leqslant y\} = P\{X \leqslant \ln y\} = \int_{-\infty}^{\ln y} f_X(x) dx = \frac{1}{\sqrt{2\pi}} \int_{-\infty}^{\ln y} e^{-\frac{x^2}{2}} dx,$$

对 $F_Y(y)$ 关于 y 求导,可得 $Y = e^X$ 的概率密度

$$f_Y(y) = \begin{cases} \dfrac{1}{y\sqrt{2\pi}} e^{-\frac{(\ln y)^2}{2}}, & y > 0, \\ 0, & y \leqslant 0. \end{cases}$$

此例中 $X = \ln Y \sim N(0,1)$.一般地,若随机变量 X 满足 $\ln X \sim N(\mu, \sigma^2)$,则称 X 服

从对数正态分布.

例 6 设随机变量 X 在区间 $[0,\pi]$ 上服从均匀分布, 求随机变量 $Y=\sin X$ 的概率密度.

解 $Y=\sin X$ 的分布函数 $F_Y(y)=P\{Y\leqslant y\}=P\{\sin X\leqslant y\}$, 因为 $X\in[0,\pi]$, 所以 $Y=\sin X\in[0,1]$.

当 $y<0$ 时, $\{\sin X\leqslant y\}$ 是不可能事件, 因而 $F_Y(y)=0$.

当 $0\leqslant y<1$ 时,

$$F_Y(y)=P\{0\leqslant X\leqslant \arcsin y\}+P\{\pi-\arcsin y\leqslant X\leqslant \pi\}$$
$$=\int_0^{\arcsin y}\frac{1}{\pi}\mathrm{d}x+\int_{\pi-\arcsin y}^{\pi}\frac{1}{\pi}\mathrm{d}x=\frac{2}{\pi}\arcsin y.$$

当 $y\geqslant 1$ 时, $\{\sin X\leqslant y\}$ 是必然事件, 从而 $F_Y(y)=1$, 对 $F_Y(y)$ 关于 y 求导, 可得 $Y=\sin X$ 的概率密度

$$f_Y(y)=\begin{cases}\dfrac{2}{\pi\sqrt{1-y^2}}, & 0<y<1,\\ 0, & \text{其他}.\end{cases}$$

分布函数法是求随机变量函数 $Y=g(X)$ 的概率分布的主要方法, 它适用范围广泛. 当 $y=g(x)$ 是严格单调函数时, 我们有如下定理.

定理 1 设连续型随机变量 X 的概率密度为 $f_X(x)$, 函数 $y=g(x)$ 处处可导, 且有 $g'(x)>0$ (或 $g'(x)<0$), 则 $Y=g(X)$ 是连续型随机变量, 其概率密度为

$$f_Y(y)=\begin{cases}f_X[h(y)]|h'(y)|, & \alpha<y<\beta,\\ 0, & \text{其他},\end{cases}\tag{2.17}$$

其中 $\alpha=\min(g(-\infty),g(+\infty))$, $\beta=\max(g(-\infty),g(+\infty))$, $h(y)$ 是 $g(x)$ 的反函数, 即 $x=h(y)$.

证 不妨设 $y=g(x)$ 是严格递增的可导函数, 这时它的反函数 $h(y)$ 也是严格单调递增函数, 且 $h'(y)>0$, 记 $\alpha=g(-\infty)$, $\beta=g(+\infty)$, 这意味着 $y=g(x)$ 仅在区间 (α,β) 内取值. $Y=g(X)$ 的分布函数为

$$F_Y(y)=P\{g(X)\leqslant y\}.$$

当 $y<\alpha$ 时, $F_Y(y)=P\{g(X)\leqslant y\}=0$;

当 $y\geqslant \beta$ 时, $F_Y(y)=P\{g(X)\leqslant y\}=1$;

当 $\alpha\leqslant y<\beta$ 时,

$$F_Y(y)=P\{g(X)\leqslant y\}=P\{X\leqslant h(y)\}=\int_{-\infty}^{h(y)}f_X(x)\mathrm{d}x.$$

对 $F_Y(y)$ 关于 y 求导,可得 $Y = g(X)$ 的概率密度

$$f_Y(y) = \begin{cases} f_X[h(y)]h'(y), & \alpha < y < \beta, \\ 0, & \text{其他}. \end{cases}$$

同理可证,当 $y = g(x)$ 是严格递减函数且可导时,有

$$f_Y(y) = \begin{cases} f_X[h(y)][-h'(y)], & \alpha < y < \beta, \\ 0, & \text{其他}. \end{cases}$$

综合以上两种情况,可得

$$f_Y(y) = \begin{cases} f_X[h(y)]|h'(y)|, & \alpha < y < \beta, \\ 0, & \text{其他}. \end{cases}$$

注 若 $f_X(x)$ 在有限区间 $[a,b]$ 以外等于零,则只需假设在 $[a,b]$ 上有 $g'(x) > 0$(或 $g'(x) < 0$)即可,此时 $\alpha = \min(g(a), g(b))$,$\beta = \max(g(a), g(b))$.

当 $y = g(x)$ 是分段单调函数时,可将其定义域划分成 n 个严格单调的子区间,使得在每个子区间上 $y = g(x)$ 及其反函数 $x = h(y)$ 都满足定理 1 的条件,则有

$$f_Y(y) = \sum_{i=1}^n f_X[h_i(y)]|h_i'(y)|.$$

例 7 设随机变量 $X \sim N(\mu, \sigma^2)$. 试证明 $Y = aX + b(a \neq 0)$ 也服从正态分布.

证 X 的概率密度为

$$f_X(x) = \frac{1}{\sqrt{2\pi}\sigma} e^{-\frac{(x-\mu)^2}{2\sigma^2}}, \quad -\infty < x < +\infty.$$

$y = ax + b$ 的反函数为 $h(y) = \dfrac{y-b}{a}$,且 $h'(y) = \dfrac{1}{a}$,于是 $Y = aX + b$ 的概率密度为

$$f_Y(y) = \frac{1}{|a|} f_X\left(\frac{y-b}{a}\right) = \frac{1}{|a|} \frac{1}{\sqrt{2\pi}\sigma} e^{-\frac{\left(\frac{y-b}{a}-\mu\right)^2}{2\sigma^2}} = \frac{1}{|a|\sigma\sqrt{2\pi}} e^{-\frac{[y-(b+a\mu)]^2}{2(a\sigma)^2}},$$

即

$$Y = aX + b \sim N(a\mu + b, a^2\sigma^2).$$

特别,若取 $a = \dfrac{1}{\sigma}$,$b = -\dfrac{\mu}{\sigma}$,则 $Y = \dfrac{X-\mu}{\sigma} \sim N(0,1)$.

由例 7 可以看出正态变量的线性变换仍为正态变量,如若 $X \sim N(10, 2^2)$,则 $Y = 3X + 5$ 的分布为 $Y \sim N(35, 6^2)$.

若 $X \sim N(0, \sigma^2)$,则 $Y = -X \sim N(0, \sigma^2)$. 可见,只要 $\mu = 0$,X 与 $Y = -X$ 有相

同的分布. 但这两个随机变量是不相等的, 所以我们要明确, 分布相同与随机变量相等是两个完全不同的概念.

例 8 设随机变量 X 的分布函数 $F(x)$ 为严格单调递增的连续函数.
(1) 求 $Y = F(X)$ 的概率密度;
(2) 求 $Z = -2\ln(F(X)+1)$ 的概率密度.

解 (1) 由分布函数的性质可知, $0 \leqslant F(x) \leqslant 1$; 又因 $F(x)$ 是严格单调增加的连续函数, 故 $y = F(x)$ 存在反函数 $x = F^{-1}(y)$. $Y = F(X)$ 的分布函数为
$$F_Y(y) = P\{Y \leqslant y\} = P\{F(X) \leqslant y\}.$$

当 $y < 0$ 时, $F_Y(y) = P\{Y \leqslant y\} = 0$;

当 $y \geqslant 1$ 时, $F_Y(y) = P\{Y \leqslant y\} = 1$;

当 $0 \leqslant y < 1$ 时, $F_Y(y) = P\{F(X) \leqslant y\} = P\{X \leqslant F^{-1}(y)\} = F[F^{-1}(y)] = y$;

对 Y 的分布函数 $F_Y(y)$ 关于 y 求导, 可得 Y 的概率密度
$$f_Y(y) = \begin{cases} 1, & 0 < y < 1, \\ 0, & \text{其他}, \end{cases}$$

即 $Y = F(X)$ 服从 $[0,1]$ 上的均匀分布.

(2) 由问题(1)可知, 随机变量 $Y = F(X)$ 在 $[0,1]$ 上服从均匀分布, 因而随机变量 $Z = -2\ln(Y+1)$ 在 $[-2\ln 2, 0]$ 上取值, 并且函数 $z = -2\ln(y+1)$ 是单调递减函数, 其反函数为 $y = h(z) = e^{-\frac{z}{2}} - 1$, 由此可得 $Z = -2\ln(F(X)+1)$ 的概率密度
$$f_Z(z) = |h'(z)| f_Y\left(e^{-\frac{z}{2}} - 1\right) = \begin{cases} \dfrac{1}{2} e^{-\frac{z}{2}}, & -2\ln 2 < z < 0, \\ 0, & \text{其他}. \end{cases}$$

例 9 设随机变量 X 在 $[-1,2]$ 上服从均匀分布, 求
$$Y = \begin{cases} 0, & X < 0, \\ X^2 + 1, & X \geqslant 0 \end{cases}$$
的分布函数.

解 由 X 在 $[-1,2]$ 上服从均匀分布, 可知 Y 在 $\{0\} \cup [1,5]$ 上取值, 其分布函数为
$$F_Y(y) = P\{Y \leqslant y\}.$$

当 $y < 0$ 时, $F_Y(y) = P\{Y \leqslant y\} = 0$;

当 $0 \leqslant y < 1$ 时, $F_Y(y) = P\{Y \leqslant y\} = P\{Y = 0\} = P\{X < 0\} = \dfrac{1}{3}$;

当 $1 \leqslant y < 5$ 时, $F_Y(y) = P\{Y \leqslant y\} = P\{(X^2 + 1 \leqslant y) \cup (Y = 0)\}$

$$= P\{0 \leqslant X \leqslant \sqrt{y-1}\} + P\{X < 0\}$$
$$= \frac{\sqrt{y-1}+1}{3};$$

当 $y \geqslant 5$ 时, $F_Y(y) = 1$.

所以 Y 的分布函数为

$$F_Y(y) = \begin{cases} 0, & y < 0, \\ \dfrac{1}{3}, & 0 \leqslant y < 1, \\ \dfrac{\sqrt{y-1}+1}{3}, & 1 \leqslant y < 5, \\ 1, & y \geqslant 5. \end{cases}$$

注 本例中虽然 X 是连续型随机变量, 但是 Y 的分布函数 $F_Y(y)$ 既不是连续型随机变量的分布函数也不是离散型随机变量的分布函数, Y 是一种混合型随机变量.

2.7 节知识拓展

2.7 节自测题

习题 2.7

1. 已知随机变量 X 的分布律为

X	-1	0	1	2
p_k	0.1	0.4	0.2	0.3

求 $\dfrac{1}{X+2}$ 及 $|X|$ 的分布律.

2. 设随机变量 X 在 $[0,1]$ 上服从均匀分布, 求随机变量 $Y = \ln X$ 的概率密度.

3. 若随机变量 X 服从参数为 λ 的指数分布, 证明 $Y = 1 - \mathrm{e}^{-\lambda X}$ 在 $[0,1]$ 上服从均匀分布.

4. 设随机变量 $X \sim N(0,1)$, 求 $Y = 2X^2 + 1$ 的概率密度.

5. 设随机变量 X 的概率密度为 $f_X(x) = \dfrac{1}{\pi(1+x^2)}$, 求随机变量 $Y = 1 - \sqrt[3]{X}$ 的概率密度.

6. 设随机变量 $X \sim N(0,1)$, 求 $Y = |X|$ 的概率密度.

7. 设一设备开机后无故障工作的时间 X (单位: h)服从参数为 $\lambda = \dfrac{1}{5}$ 的指数分布, 该设备定时开机, 一旦出现故障就自动关机, 且在无故障的情况下工作 2 h 便关机. 求设备每次开机后无

故障工作时间 Y 的分布函数.

8. 设随机变量 X 在 $[-1,9]$ 上服从均匀分布,随机变量 Y 是 X 的函数

$$Y = \begin{cases} -1, & X < 1, \\ 1, & X = 1, \\ 2, & 1 < X \leqslant 6, \\ 3, & 6 < X \leqslant 9. \end{cases}$$

求 Y 的分布函数.

测 验 题 2

一、选择题

1. 设随机变量 X 的分布函数为

$$F(x) = \begin{cases} 0, & x < 1, \\ \ln x, & 1 \leqslant x < e, \\ 1, & x \geqslant e. \end{cases}$$

则 $P\{0 < X < 3\}$ 为( ).

(A) 1;   (B) 1/2;   (C) 1/4;   (D) 0.

2. 若 $P\{X \geqslant x_1\} = 1 - \alpha$,$P\{X \leqslant x_2\} = 1 - \beta$,其中 $x_1 < x_2$,则 $P\{x_1 \leqslant X \leqslant x_2\}$ 为( ).

(A) $1 - \alpha + \beta$;   (B) $1 - \alpha - \beta$;   (C) $\alpha + \beta$;   (D) $\alpha + \beta - 1$.

3. 学生完成一道作业题的时间 X 是一个随机变量(单位:h),其密度函数为

$$f(x) = \begin{cases} cx^2 + x, & 0 \leqslant x < 0.5, \\ 0, & 其他. \end{cases}$$

则常数 c 的值和 20 min 内完成一道作业的概率分别为( ).

(A) 21, 7/27;   (B) 21, 17/54;   (C) 27, 17/54;   (D) 27, 7/27.

4. 某加油站每周补给一次油,如果这个加油站每周的销售量(单位: kg)为一随机变量 X,其密度函数为

$$f(x) = \begin{cases} 0.05\left(1 - \dfrac{x}{100}\right)^4, & 0 < x < 100, \\ 0, & 其他. \end{cases}$$

要把一周内断油的概率控制在 5% 以下,该加油站的储油罐储油量至少为(整数)( ).

(A) 44;   (B) 45;   (C) 46;   (D) 47.

5. 设随机变量 X 和 Y 同分布,X 的概率密度为

$$f(x) = \begin{cases} \dfrac{3}{8} x^2, & 0 < x < 2, \\ 0, & 其他. \end{cases}$$

已知事件 $A=\{X>a\}$ 与 $B=\{Y>a\}$ 相互独立，且 $P(A\cup B)=3/4$，则常数 a 为( )．

(A) $\sqrt[3]{2}$；　　　　(B) $\sqrt[3]{5}$；　　　　(C) $\sqrt{2}$；　　　　(D) $\sqrt[3]{4}$．

6. 设随机变量 X 的概率密度为

$$f(x)=\begin{cases}\dfrac{1}{2}\cos\dfrac{x}{2}, & 0\leqslant x<\pi,\\ 0, & 其他.\end{cases}$$

对 X 独立重复观察 4 次，Y 表示观察值大于 $\dfrac{\pi}{3}$ 的次数，则 $P\{Y\leqslant 1\}$ 为( )．

(A) 1/4；　　　　(B) 5/16；　　　　(C) 7/16；　　　　(D) 1/16．

7. 设 X 服从泊松分布，且已知 $P\{X=1\}=P\{X=2\}$，则 $P\{X=4\}$ 为( )．

(A) $\dfrac{2}{3}e^{-2}$；　　(B) $\dfrac{1}{3}e^{-2}$；　　(C) $\dfrac{1}{24}e^{-1}$；　　(D) $\dfrac{1}{3}e^{-1}$．

8. 在 $(0,1)$ 上任取一点记为 X，则 $P\left\{X^2-\dfrac{3}{4}X+\dfrac{1}{8}\geqslant 0\right\}$ 为( )．

(A) 1/4；　　　　(B) 3/4；　　　　(C) 1/2；　　　　(D) 3/8．

9. 若随机变量 $K\sim N(\mu,\sigma^2)$，而方程 $x^2+4x+K=0$ 无实根的概率为 0.5，则下列结论正确的是( )．

(A) $\mu=4,\sigma=1$；　　　　　　　　(B) $\mu=2,\sigma$ 任意；

(C) $\mu=4,\sigma$ 任意；　　　　　　　(D) μ,σ 均无法确定．

10. 设随机变量 X 和 Y 均服从正态分布，且 $X:N(\mu,4^2),Y:N(\mu,5^2)$，$p_1=P\{X\leqslant\mu-4\}$，$p_2=P\{Y\geqslant\mu+5\}$，则 p_1 与 p_2 的大小关系为( )．

(A) $p_1>p_2$；　　(B) $p_1<p_2$；　　(C) $p_1=p_2$；　　(D) 无法确定．

二、计算题

1. 设随机变量 X 服从正态分布 $N(0,\sigma^2)$，若 $P\{|X|>k\}=0.1$，求 $P\{X<k\}$．

2. 设随机变量 X 服从正态分布 $N(\mu,\sigma^2)$，试问随着 σ 的增大，概率 $P\{|X-\mu|<\sigma\}$ 是如何变化的？

3. 设随机变量 X 的分布函数为

$$F(x)=\begin{cases}0, & x<0,\\ 1/4, & 0\leqslant x<1,\\ 1/3, & 1\leqslant x<3,\\ 1/2, & 3\leqslant x<6,\\ 1, & x\geqslant 6.\end{cases}$$

试求 X 的分布律及 $P\{X<3\},P\{X\leqslant 3\},P\{X>1\},P\{X\geqslant 1\}$．

4. 某仪器装了 3 个独立工作的同型号电子元件，其寿命（单位：h）都服从同一指数分布，概率密度为

$$f(x)=\begin{cases} \dfrac{1}{600}e^{-\frac{1}{600}x}, & x \geqslant 0, \\ 0, & 其他. \end{cases}$$

试求该仪器在最初使用的 200h 内至少有一个此种电子元件损坏的概率.

5. 设随机变量 X 服从 $[-1,1]$ 上的均匀分布,试求 $Y=1-X$ 的概率密度.

6. 设随机变量 X 服从 $[-1,1]$ 上的均匀分布,试求 $Y=|X|$ 的概率密度.

第 2 章测试题

第 3 章

多维随机变量及其分布

我们在第 2 章研究了单个随机变量及其分布,已经认识到随机变量是刻画随机现象及其规律性的重要工具,但在很多实际问题中随机试验的结果需要用两个或两个以上的随机变量进行描述,例如研究某地区学龄前儿童的发育情况时,就要同时测量儿童的身高 X 和体重 Y,需要把它们作为一个整体 (X,Y) 进行研究. 本章讨论多维随机变量及其分布,重点讨论二维随机变量及其分布,然后再推广到一般情形.

3.1 多维随机变量及其分布

1. n 维随机变量及其分布

定义 1 设随机试验 E 的样本空间为 $\Omega = \{\omega\}$,$X_1 = X_1(\omega)$,$X_2 = X_2(\omega)$,$\cdots$,$X_n = X_n(\omega)$ 是定义在 Ω 上的随机变量,则由它们构成的向量 $(X_1, X_2, \cdots, X_n)$ 称为 **n 维随机变量**或 **n 维随机向量**.

定义 2 对于任意 n 个实数 $x_1, x_2, \cdots, x_n$,称 n 元函数

$$F(x_1, x_2, \cdots, x_n) = P\{X_1 \leqslant x_1, X_2 \leqslant x_2, \cdots, X_n \leqslant x_n\} \tag{3.1}$$

为 n 维随机变量 $(X_1, X_2, \cdots, X_n)$ 的**分布函数**或 $X_1, X_2, \cdots, X_n$ 的**联合分布函数**.

2. 二维随机变量及其分布

定义 3 设随机试验 E 的样本空间为 $\Omega = \{\omega\}$,如果 $X = X(\omega)$,$Y = Y(\omega)$ 是定义在 Ω 上的随机变量,则由它们构成的向量 (X, Y) 称为**二维随机变量**或**二维随机向量**.

二维随机变量 (X, Y) 的性质不仅与 X 及 Y 本身有关,而且还依赖于两者之间的相互关系,因此逐个地讨论 X 和 Y 的性质是不够的,还需要将 (X, Y) 作为一个

整体来研究. 与一维随机变量分布函数类似, 也用分布函数来描述二维随机变量的概率分布.

定义 4 设 (X,Y) 是二维随机变量, 对于任意实数 x,y, 称二元函数

$$F(x,y)=P\{(X\leqslant x)\bigcap(Y\leqslant y)\}\xlongequal{记成}P\{X\leqslant x,Y\leqslant y\} \qquad (3.2)$$

为二维随机变量 (X,Y) 的**分布函数**或 X 与 Y 的**联合分布函数**.

如果将二维随机变量 (X,Y) 看成平面上随机点的坐标, 那么分布函数 $F(x,y)$ 在 (x,y) 处的函数值, 就是随机点 (X,Y) 落在以 (x,y) 为顶点的左下方的无穷矩形区域(见图 3-1 中阴影部分)内的概率.

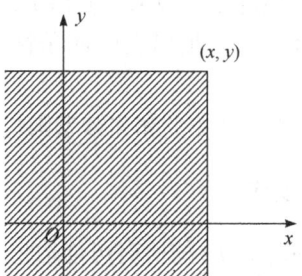

图 3-1 以 (x,y) 为顶点的左下方无穷直角区域

由分布函数 $F(x,y)$ 的几何意义, 借助于图 3-2 容易导出随机点 (X,Y) 落在矩形区域 $\{x_1<x\leqslant x_2,y_1<y\leqslant y_2\}$ 内的概率为

$$P\{x_1<X\leqslant x_2,y_1<Y\leqslant y_2\}=F(x_2,y_2)-F(x_2,y_1)-F(x_1,y_2)+F(x_1,y_1). \qquad (3.3)$$

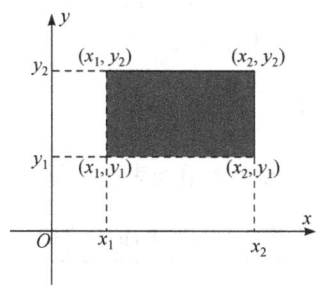

图 3-2 二维随机变量 (X,Y) 落在矩形区域的情况

二维随机变量 (X,Y) 的分布函数 $F(x,y)$ 具有以下基本性质:

(1) **单调性** $F(x,y)$ 是关于变量 x 和 y 的单调不减函数, 即
对于任意固定的 y, 当 $x_1<x_2$ 时, $F(x_1,y)\leqslant F(x_2,y)$;
对于任意固定的 x, 当 $y_1<y_2$ 时, $F(x,y_1)\leqslant F(x,y_2)$.

(2) **有界性** $0 \leqslant F(x,y) \leqslant 1$，并且

$$F(+\infty,+\infty) = \lim_{\substack{x \to +\infty \\ y \to +\infty}} F(x,y) = 1, \quad F(-\infty,-\infty) = \lim_{\substack{x \to -\infty \\ y \to -\infty}} F(x,y) = 0.$$

对于任意固定的 x，$F(x,-\infty) = \lim_{y \to -\infty} F(x,y) = 0$；

对于任意固定的 y，$F(-\infty,y) = \lim_{x \to -\infty} F(x,y) = 0$.

(3) **右连续性** $F(x,y)$ 关于 x 右连续，关于 y 也右连续，即

$$F(x,y) = F(x+0,y), \quad F(x,y) = F(x,y+0).$$

(4) **非负性** 对于任意的 (x_1,y_1)，(x_2,y_2) $(x_1 < x_2, y_1 < y_2)$，有

$$F(x_2,y_2) - F(x_1,y_2) - F(x_2,y_1) + F(x_1,y_1) \geqslant 0.$$

反之，如果二元函数 $F(x,y)$ 满足以上的四条性质，则 $F(x,y)$ 必可为某个二维随机变量 (X,Y) 的分布函数.

以下重点讨论二维离散型随机变量和连续型随机变量.

3. 二维离散型随机变量及其分布

定义 5 若二维随机变量 (X,Y) 的所有可能取值是有限多对或可列无限多对，则称 (X,Y) 为**二维离散型随机变量**. 若 (X,Y) 的所有可能取值为 (x_i,y_j) $(i,j=1,2,\cdots)$，则称事件 $\{X=x_i, Y=y_j\}$ 发生的概率

$$P\{X=x_i, Y=y_j\} = p_{ij}, \quad i,j = 1,2,\cdots \tag{3.4}$$

为 (X,Y) 的**分布律**或 X 与 Y 的**联合分布律**.

二维离散型随机变量 (X,Y) 的分布律 p_{ij} 满足

(1) **非负性** $p_{ij} \geqslant 0$，$i,j = 1,2,\cdots$；

(2) **归一性** $\sum_{i=1}^{\infty} \sum_{j=1}^{\infty} p_{ij} = 1$.

二维随机变量 (X,Y) 的分布律常用如表 3-1 所示.

表 3-1 (X,Y) 的分布律

X \ Y	y_1	y_2	$\cdots$	y_j	$\cdots$
x_1	p_{11}	p_{12}	$\cdots$	p_{1j}	$\cdots$
x_2	p_{21}	p_{22}	$\cdots$	p_{2j}	$\cdots$
$\vdots$	$\vdots$	$\vdots$		$\vdots$	
x_i	p_{i1}	p_{i2}	$\cdots$	p_{ij}	$\cdots$
$\vdots$	$\vdots$	$\vdots$		$\vdots$	

离散型随机变量 (X,Y) 的**分布函数**为

$$F(x,y) = P\{X \leqslant x, Y \leqslant y\} = \sum_{x_i \leqslant x} \sum_{y_j \leqslant y} p_{ij}, \quad (3.5)$$

其中和式是对一切满足 $x_i \leqslant x, y_j \leqslant y$ 的 i,j 求和.

离散型随机变量 (X,Y) 落在区域 D 上的**概率**为

$$P\{(X,Y) \in D\} = \sum_{(x_i, y_j) \in D} p_{ij}. \quad (3.6)$$

例 1 设随机变量 X 是从 $0,1,2,3$ 四个整数中随机取到的一个数，随机变量 Y 随机地取不大于 X 的非负整数，试求 (X,Y) 的分布律.

解 X 的所有可能取值为 $0,1,2,3$，Y 取不大于 X 的非负整数，由乘法公式可得 (X,Y) 的分布律为

$$P\{X=i, Y=j\} = P\{Y=j | X=i\} P\{X=i\} = \frac{1}{i+1} \times \frac{1}{4}, \quad i=0,1,2,3, \ 0 \leqslant j \leqslant i,$$

其表格形式为

X \ Y	0	1	2	3
0	1/4	0	0	0
1	1/8	1/8	0	0
2	1/12	1/12	1/12	0
3	1/16	1/16	1/16	1/16

例 2 将三本书随机地放到编号为 $1,2,3$ 的三个抽屉中，设 X 为放到 1 号抽屉中书的数量，Y 为放到 2 号抽屉中书的数量，求 (X,Y) 的分布律.

解 X 的可能取值为 $0,1,2,3$，Y 的可能取值为 $0,1,2,3$，且 $X+Y \leqslant 3$. 由古典概型可得

$$P\{X=0, Y=0\} = \frac{1}{3^3} = \frac{1}{27}, \quad P\{X=0, Y=1\} = \frac{3}{3^3} = \frac{1}{9},$$

$$P\{X=0, Y=2\} = \frac{1}{9}, \quad P\{X=0, Y=3\} = \frac{1}{27}.$$

同理可得

$$P\{X=1, Y=0\} = \frac{1}{9}, \ P\{X=1, Y=1\} = \frac{2}{9}, \ P\{X=1, Y=2\} = \frac{1}{9}, \ P\{X=1, Y=3\} = 0,$$

$$P\{X=2, Y=0\} = \frac{1}{9}, \ P\{X=2, Y=1\} = \frac{1}{9}, \ P\{X=2, Y=2\} = 0, \ P\{X=2, Y=3\} = 0,$$

$P\{X=3,Y=0\}=\dfrac{1}{27}$, $P\{X=3,Y=1\}=P\{X=3,Y=2\}=P\{X=3,Y=3\}=0$.

所以 (X,Y) 的分布律为

X \ Y	0	1	2	3
0	$\dfrac{1}{27}$	$\dfrac{1}{9}$	$\dfrac{1}{9}$	$\dfrac{1}{27}$
1	$\dfrac{1}{9}$	$\dfrac{2}{9}$	$\dfrac{1}{9}$	0
2	$\dfrac{1}{9}$	$\dfrac{1}{9}$	0	0
3	$\dfrac{1}{27}$	0	0	0

4. 二维连续型随机变量及其分布

定义 6 设二维随机变量 (X,Y) 的分布函数为 $F(x,y)$，若存在非负函数 $f(x,y)$ 使得对任意实数 x,y，有

$$F(x,y)=\int_{-\infty}^{y}\int_{-\infty}^{x}f(u,v)\mathrm{d}u\mathrm{d}v, \tag{3.7}$$

则称 (X,Y) 为**二维连续型随机变量**，称 $f(x,y)$ 为 (X,Y) 的**概率密度**或 X 与 Y 的**联合概率密度**.

概率密度 $f(x,y)$ 具有以下性质：

(1) **非负性**　$f(x,y)\geqslant 0$；

(2) **归一性**　$\int_{-\infty}^{+\infty}\int_{-\infty}^{+\infty}f(x,y)\mathrm{d}x\mathrm{d}y=1$.

反之，如果二元函数 $f(x,y)$ 满足上述两条性质，则 $f(x,y)$ 必可为某个二维连续型随机变量的概率密度.

(3) 若 $f(x,y)$ 在点 (x,y) 处连续，则有

$$\dfrac{\partial^2 F(x,y)}{\partial x\partial y}=f(x,y).$$

(4) 设 D 是 xOy 平面上的任意一个区域，则有

$$P\{(X,Y)\in D\}=\iint_{D}f(x,y)\mathrm{d}x\mathrm{d}y.$$

由二重积分的几何意义可知，概率 $P\{(X,Y)\in D\}$ 等于以 D 为底、曲面

$z=f(x,y)$ 为顶的曲顶柱体的体积,见图 3-3. 由概率密度的归一性可知,xOy 平面与曲面 $z=f(x,y)$ 之间空间区域的体积为 1.

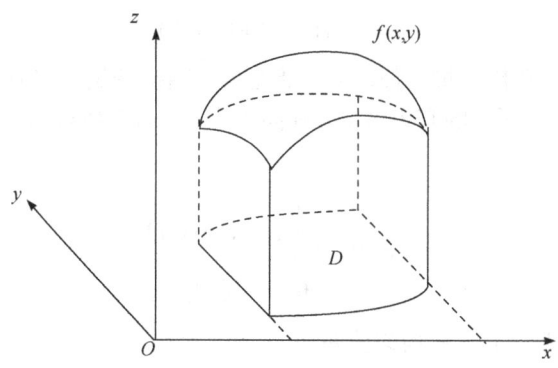

图 3-3 概率密度的几何意义

例 3 设随机变量 (X,Y) 的概率密度为

$$f(x,y)=\begin{cases}k\mathrm{e}^{-(2x+3y)}, & x>0,y>0,\\ 0, & \text{其他}.\end{cases}$$

(1) 确定常数 k 的值; (2) 求 (X,Y) 的分布函数; (3) 求 $P\{0<X\leqslant 1,0<Y\leqslant 2\}$.

解 (1) $\int_{-\infty}^{+\infty}\int_{-\infty}^{+\infty}f(x,y)\mathrm{d}x\mathrm{d}y=\int_{0}^{+\infty}\int_{0}^{+\infty}k\mathrm{e}^{-(2x+3y)}\mathrm{d}x\mathrm{d}y=\dfrac{k}{6}$,

由 $\int_{-\infty}^{+\infty}\int_{-\infty}^{+\infty}f(x,y)\mathrm{d}x\mathrm{d}y=1$,可得 $\dfrac{k}{6}=1$, $k=6$,于是

$$f(x,y)=\begin{cases}6\mathrm{e}^{-(2x+3y)}, & x>0,y>0,\\ 0, & \text{其他}.\end{cases}$$

(2) (X,Y) 的分布函数为

$$F(x,y)=\int_{-\infty}^{y}\int_{-\infty}^{x}f(u,v)\mathrm{d}u\mathrm{d}v.$$

当 $x\leqslant 0$ 或 $y\leqslant 0$ 时, $F(x,y)=0$;

当 $x>0,y>0$ 时, $F(x,y)=\int_{0}^{y}\int_{0}^{x}6\mathrm{e}^{-(2u+3v)}\mathrm{d}u\mathrm{d}v=(1-\mathrm{e}^{-2x})(1-\mathrm{e}^{-3y})$;

所以

$$F(x,y)=\begin{cases}(1-\mathrm{e}^{-2x})(1-\mathrm{e}^{-3y}), & x>0,y>0,\\ 0, & \text{其他}.\end{cases}$$

(3) 由(3.3)式可得

$$P\{0 < X \leqslant 1, 0 < Y \leqslant 2\} = F(1,2) + F(0,0) - F(1,0) - F(0,2)$$
$$= (1-\mathrm{e}^{-2})(1-\mathrm{e}^{-6}).$$

与一维连续型随机变量类似,在二维连续型随机变量中也有几个常用的分布.

设 D 为 xOy 平面上的有界区域,其面积为 S,若二维随机变量 (X,Y) 的概率密度为

$$f(x,y) = \begin{cases} \dfrac{1}{S}, & (x,y) \in D, \\ 0, & \text{其他}, \end{cases} \tag{3.8}$$

则称 (X,Y) 在区域 D 上服从**均匀分布**.

随机变量 (X,Y) 在区域 D 上服从均匀分布意味着 (X,Y) 在区域 D 内的任何子区域内取值的概率只与该子区域的面积成正比,而与该子区域在 D 内的位置无关.

若二维随机变量 (X,Y) 的概率密度为

$$f(x,y) = \frac{1}{2\pi\sigma_1\sigma_2\sqrt{1-\rho^2}} \mathrm{e}^{-\frac{1}{2(1-\rho^2)}\left[\frac{(x-\mu_1)^2}{\sigma_1^2} - 2\rho\frac{(x-\mu_1)(y-\mu_2)}{\sigma_1\sigma_2} + \frac{(y-\mu_2)^2}{\sigma_2^2}\right]}, \quad -\infty < x < +\infty, -\infty < y < +\infty, \tag{3.9}$$

其中 $\mu_1, \mu_2, \sigma_1, \sigma_2, \rho$ 都是常数,且 $\sigma_1 > 0, \sigma_2 > 0$,$-1 < \rho < 1$,则称 (X,Y) 服从参数为 $\mu_1, \mu_2, \sigma_1, \sigma_2, \rho$ 的**二维正态分布**,记为 $(X,Y) \sim N(\mu_1, \mu_2, \sigma_1^2, \sigma_2^2, \rho)$.

设 $(X,Y) \sim N(\mu_1, \mu_2, \sigma_1^2, \sigma_2^2, \rho)$,下面给出 $\mu_1 = \mu_2 = 0, \sigma_1 = \sigma_2 = 1$,参数 ρ 取不同的值时的图形,见图 3-4～图 3-8.

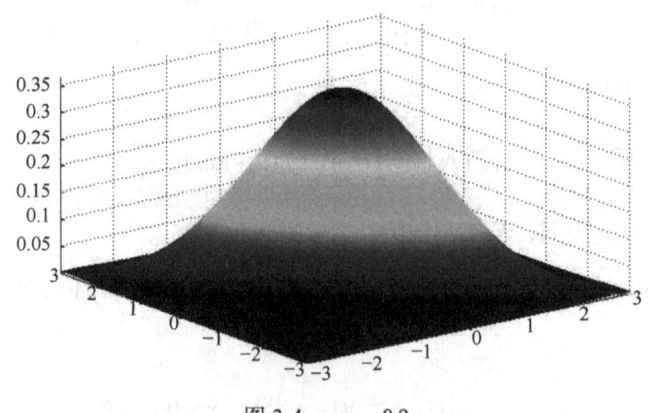

图 3-4　$\rho = -0.9$

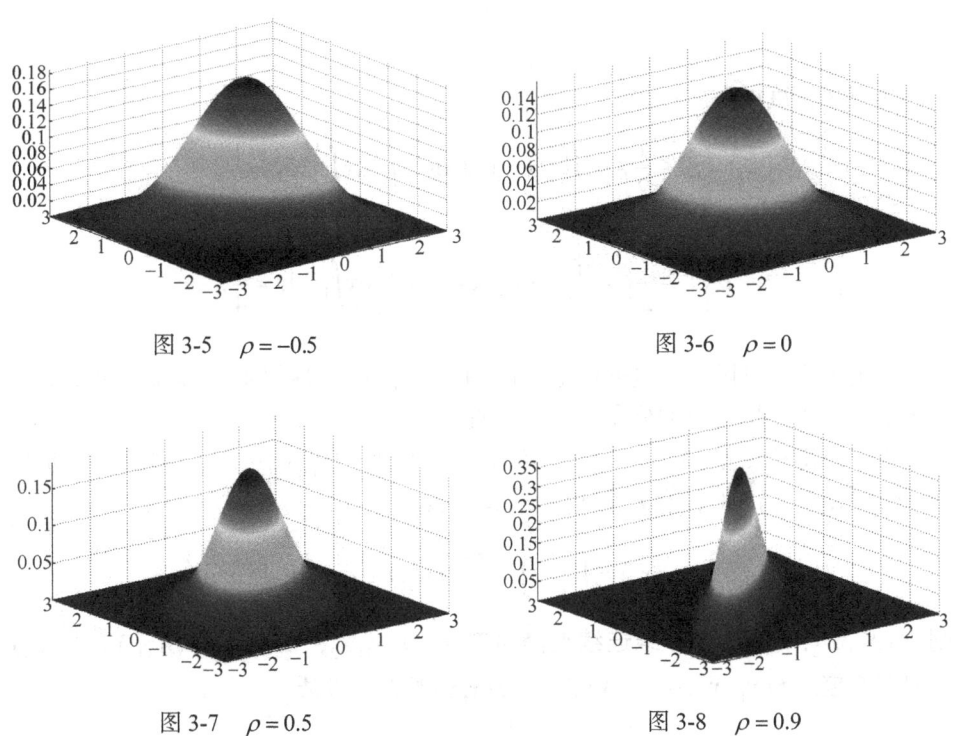

图 3-5 $\rho = -0.5$

图 3-6 $\rho = 0$

图 3-7 $\rho = 0.5$

图 3-8 $\rho = 0.9$

例 4 设二维随机变量 (X,Y) 在区域 $D = \{(x,y) | 0 < x \leqslant 1, 0 < y \leqslant x\}$ 上服从均匀分布，试求 $P\left\{X \leqslant \dfrac{1}{2}\right\}$，$P\left\{Y \geqslant \dfrac{1}{2}\right\}$，$P\left\{X - Y \geqslant \dfrac{1}{2}\right\}$.

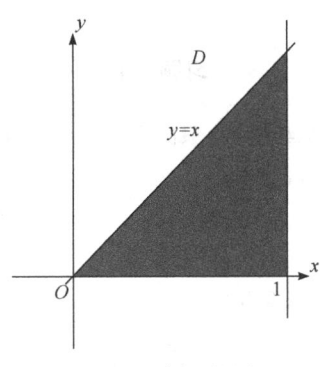

图 3-9 例 4 的图

解 由于区域 D 的面积为 $\dfrac{1}{2}$（图 3-9），因此 (X,Y) 的概率密度为

$$f(x,y) = \begin{cases} 2, & (x,y) \in D, \\ 0, & 其他. \end{cases}$$

由概率密度的性质可得

$$P\left\{X \leqslant \frac{1}{2}\right\} = \iint_{x \leqslant \frac{1}{2}} f(x,y)\mathrm{d}x\mathrm{d}y = \int_0^{\frac{1}{2}} \mathrm{d}x \int_0^x 2\mathrm{d}y = \frac{1}{4},$$

$$P\left\{Y \geqslant \frac{1}{2}\right\} = \iint_{y \geqslant \frac{1}{2}} f(x,y)\mathrm{d}x\mathrm{d}y = \int_{\frac{1}{2}}^1 \mathrm{d}x \int_{\frac{1}{2}}^x 2\mathrm{d}y = \frac{1}{4}.$$

以上关于二维随机变量的讨论，不难推广到 $n(n>2)$ 维随机变量的情况．它具有类似于二维随机变量的分布函数的性质．

设 n 维随机变量 $(X_1, X_2, \cdots, X_n)$ 的分布函数为 $F(x_1, x_2, \cdots, x_n)$，若存在非负函数 $f(x_1, x_2, \cdots, x_n)$，对任意 n 个实数 $x_1, x_2, \cdots, x_n$，总有

$$F(x_1, x_2, \cdots, x_n) = \int_{-\infty}^{x_n} \cdots \int_{-\infty}^{x_2} \int_{-\infty}^{x_1} f(t_1, t_2, \cdots, t_n) \mathrm{d}t_1 \mathrm{d}t_2 \cdots \mathrm{d}t_n,$$

则称 $(X_1, X_2, \cdots, X_n)$ 为 n 维**连续型随机变量**，$f(x_1, x_2, \cdots, x_n)$ 称为 $(X_1, X_2, \cdots, X_n)$ 的**概率密度**．$f(x_1, x_2, \cdots, x_n)$ 具有与 $f(x,y)$ 类似的性质．

3.1 节知识拓展

3.1 节自测题

习题 3.1

1. 盒子里装有 3 只黑球、2 只红球和 2 只白球，从中任取 4 只球，以 X 表示取到的黑球数，以 Y 表示取到的红球数，求 (X,Y) 的分布律．

2. 设随机变量 (X,Y) 在区域 $D = \{(x,y) | x^2 + y^2 \leqslant 1\}$ 上服从均匀分布，求 (X,Y) 的概率密度．

3. 设随机变量 (X,Y) 的概率密度为

$$f(x,y) = \begin{cases} k\left(2 - \sqrt{x^2 + y^2}\right), & x^2 + y^2 \leqslant 4, \\ 0, & 其他. \end{cases}$$

(1) 求常数 k 的值； (2) 求 $P\{X^2 + Y^2 \leqslant 1\}$．

4. 设二维随机变量 (X,Y) 在区域 $D = \{(x,y) | 0 \leqslant x \leqslant 1, 0 < y < 2\}$ 上服从均匀分布，令

$$U = \begin{cases} 1, & X > Y, \\ 0, & X \leqslant Y, \end{cases} \quad V = \begin{cases} 1, & 2X > Y, \\ 0, & 2X \leqslant Y. \end{cases}$$

求 U 与 V 的联合分布律.

5. 设二维随机变量 $(X,Y) \sim N(0,0,1,1,0)$,记 $F(x,y)$ 为 (X,Y) 的分布函数,求 $F(0,0)$.

3.2 边缘分布

二维随机变量 (X,Y) 作为一个整体具有概率分布,而 X 和 Y 都是随机变量,也具有各自的概率分布,且 X 的分布和 Y 的分布往往都与 (X,Y) 的分布有密切的联系,本节讨论它们之间的联系.

1. 边缘分布函数

定义 1 设随机变量 (X,Y) 的分布函数为 $F(x,y)$,X 和 Y 的分布函数为 $F_X(x)$ 与 $F_Y(y)$,则称 $F_X(x)$ 与 $F_Y(y)$ 为 (X,Y) 关于 X 和 Y 的**边缘分布函数**.

由边缘分布函数的定义,可得 (X,Y) 关于 X 的边缘分布函数为

$$F_X(x) = P(X \leqslant x) = P\{X \leqslant x, Y < +\infty\} = \lim_{y \to +\infty} F(x,y),$$

即

$$F_X(x) = \lim_{y \to +\infty} F(x,y) = F(x, +\infty), \tag{3.10}$$

同理可得 (X,Y) 关于 Y 的边缘分布函数为

$$F_Y(y) = \lim_{x \to +\infty} F(x,y) = F(+\infty, y). \tag{3.11}$$

综上所述,(X,Y) 关于 X 和 Y 的边缘分布函数都可由 (X,Y) 的分布函数唯一确定.

例 1 已知二维随机变量 (X,Y) 的分布函数为

$$F(x,y) = A(B + \arctan x)(C + \arctan y), \quad -\infty < x < +\infty, -\infty < y < +\infty.$$

(1) 试确定常数 A, B, C 的值;(2) 分别求 (X,Y) 关于 X 和 Y 的边缘分布函数.

解 (1) 由分布函数的性质,

$$\lim_{\substack{x \to +\infty \\ y \to +\infty}} F(x,y) = 1, \quad \lim_{x \to -\infty} F(x,y) = 0, \quad \lim_{y \to -\infty} F(x,y) = 0,$$

可得

$$\begin{cases} A\left(B + \dfrac{\pi}{2}\right)\left(C + \dfrac{\pi}{2}\right) = 1, \\ A\left(B - \dfrac{\pi}{2}\right)(C + \arctan y) = 0, \\ A(B + \arctan x)\left(C - \dfrac{\pi}{2}\right) = 0. \end{cases}$$

解得 $A = \dfrac{1}{\pi^2}$, $B = \dfrac{\pi}{2}$, $C = \dfrac{\pi}{2}$, 从而 (X,Y) 的分布函数为

$$F(x,y) = \frac{1}{\pi^2}\left(\frac{\pi}{2} + \arctan x\right)\left(\frac{\pi}{2} + \arctan y\right).$$

(2) (X,Y) 关于 X 和 Y 的边缘分布函数分别为

$$F_X(x) = F(x,+\infty) = \lim_{y \to +\infty} F(x,y) = \frac{1}{\pi}\left(\frac{\pi}{2} + \arctan x\right), \quad -\infty < x < +\infty,$$

$$F_Y(y) = F(+\infty,y) = \lim_{x \to +\infty} F(x,y) = \frac{1}{\pi}\left(\frac{\pi}{2} + \arctan y\right), \quad -\infty < y < +\infty.$$

2. 二维离散型随机变量的边缘分布

定义 2 设随机变量 (X,Y) 的分布律为

$$P\{X = x_i, Y = y_j\} = p_{ij}, \quad i,j = 1,2,\cdots,$$

X 和 Y 的分布律分别称为 (X,Y) **关于** X **和关于** Y **的边缘分布律**.

(X,Y) 关于 X 的**边缘分布律**为

$$P\{X = x_i\} = P\left\{X = x_i, \bigcup_{j=1}^{\infty}(Y = y_j)\right\}$$

$$= \sum_{j=1}^{\infty} P(X = x_i, Y = y_j) = \sum_{j=1}^{\infty} p_{ij}, \quad i = 1,2,\cdots,$$

同理, (X,Y) 关于 Y 的**边缘分布律**为

$$P\{Y = y_j\} = \sum_{i=1}^{\infty} p_{ij}, \quad j = 1,2,\cdots.$$

分别记 (X,Y) **关于** X **和关于** Y **的边缘分布律**为

$$p_{i\cdot} = \sum_{j=1}^{\infty} p_{ij}, \quad i = 1,2,\cdots, \tag{3.12}$$

$$p_{\cdot j} = \sum_{i=1}^{\infty} p_{ij}, \quad j = 1,2,\cdots. \tag{3.13}$$

(X,Y) 的分布律及其边缘分布律通常可用下面的表格(表 3-2)表示.

表 3-2 (X,Y) 的分布律及其边缘分布律

X \ Y	y_1	y_2	...	y_j	...	$p_{i\cdot}$
x_1	p_{11}	p_{12}	...	p_{1j}	...	$p_{1\cdot}$
x_2	p_{21}	p_{22}	...	p_{2j}	...	$p_{2\cdot}$
$\vdots$	$\vdots$	$\vdots$		$\vdots$		$\vdots$
x_i	p_{i1}	p_{i2}	...	p_{ij}	...	$p_{i\cdot}$
$\vdots$	$\vdots$	$\vdots$		$\vdots$		
$p_{\cdot j}$	$p_{\cdot 1}$	$p_{\cdot 2}$	...	$p_{\cdot j}$	...	1

例 2 将一硬币抛掷三次，X 表示在三次抛掷中出现正面的次数，Y 表示三次抛掷中出现正面次数与反面次数之差的绝对值，试分别求出 (X,Y) 的分布律以及 (X,Y) 关于 X 和 Y 的边缘分布律.

解 由题意可知 $X \sim b(3, 0.5)$，X 的可能取值为 0, 1, 2, 3. 由

$$Y = |X - (3-X)| = |2X - 3|$$

可得 Y 的可能取值为 1, 3，所以

$$P\{X=0, Y=3\} = P\{X=0\} = \left(\frac{1}{2}\right)^3 = \frac{1}{8},$$

$$P\{X=1, Y=1\} = P\{X=1\} = C_3^1 \left(\frac{1}{2}\right)\left(\frac{1}{2}\right)^2 = \frac{3}{8},$$

$$P\{X=2, Y=1\} = P\{X=2\} = C_3^2 \left(\frac{1}{2}\right)^2 \left(\frac{1}{2}\right) = \frac{3}{8},$$

$$P\{X=3, Y=3\} = P\{X=3\} = \left(\frac{1}{2}\right)^3 = \frac{1}{8},$$

而 $\{X=0, Y=1\}, \{X=1, Y=3\}, \{X=2, Y=3\}, \{X=3, Y=1\}$ 均为不可能事件，故 (X,Y) 的分布律及其边缘分布律为

X \ Y	1	3	$p_{i\cdot}$
0	0	$\frac{1}{8}$	$\frac{1}{8}$
1	$\frac{3}{8}$	0	$\frac{3}{8}$
2	$\frac{3}{8}$	0	$\frac{3}{8}$
3	0	$\frac{1}{8}$	$\frac{1}{8}$
$p_{\cdot j}$	$\frac{3}{4}$	$\frac{1}{4}$	1

例3 已知随机变量 X 和 Y 的分布律分别为

X	-1	0	1
p_k	$\frac{1}{4}$	$\frac{1}{2}$	$\frac{1}{4}$

Y	0	1
p_k	$\frac{1}{2}$	$\frac{1}{2}$

且 $P\{XY=0\}=1$,求随机变量 (X,Y) 的分布律.

解 因为 $P\{XY=0\}=1$,所以 $P\{XY \neq 0\}=0$,由此可得
$$P\{X=-1, Y=1\}=0, \quad P\{X=1, Y=1\}=0.$$
故 (X,Y) 的分布律及其边缘分布律为

X \\ Y	0	1	$p_{i\cdot}$
-1	p_{11}	0	$\frac{1}{4}$
0	p_{21}	p_{22}	$\frac{1}{2}$
1	p_{31}	0	$\frac{1}{4}$
$p_{\cdot j}$	$\frac{1}{2}$	$\frac{1}{2}$	1

由联合分布律与边缘分布律的关系,可得
$$P\{X=-1\}=p_{11}+0=\frac{1}{4}, \quad P\{X=1\}=p_{31}+0=\frac{1}{4},$$
$$P\{Y=1\}=0+p_{22}+0=\frac{1}{2}, \quad P\{X=0\}=p_{21}+p_{22}=\frac{1}{2},$$
解得
$$p_{11}=\frac{1}{4}, \quad p_{31}=\frac{1}{4}, \quad p_{22}=\frac{1}{2}, \quad p_{21}=0.$$
故 (X,Y) 的分布律为

X \\ Y	0	1
-1	$\frac{1}{4}$	0
0	0	$\frac{1}{2}$
1	$\frac{1}{4}$	0

由以上例子可以看出,已知联合分布律就可以确定边缘分布律;反之,已知

边缘分布律，则需要加上一定的条件才能确定联合分布律.

3. 二维连续型随机变量的边缘分布

定义 3 若(X,Y)为二维连续型随机变量，那么X和Y也是连续型随机变量，X和Y的概率密度$f_X(x)$和$f_Y(y)$分别称为(X,Y)**关于X和Y的边缘概率密度**.

记二维随机变量(X,Y)的概率密度为$f(x,y)$，由

$$F_X(x) = F(x, +\infty) = \int_{-\infty}^{x} \left(\int_{-\infty}^{+\infty} f(t,y) \mathrm{d}y \right) \mathrm{d}t,$$

可得(X,Y)关于X的边缘概率密度为

$$f_X(x) = \int_{-\infty}^{+\infty} f(x,y) \mathrm{d}y. \tag{3.14}$$

同理，(X,Y)关于Y的边缘概率密度为

$$f_Y(y) = \int_{-\infty}^{+\infty} f(x,y) \mathrm{d}x. \tag{3.15}$$

例 4 设随机变量(X,Y)的概率密度为

$$f(x,y) = \begin{cases} \mathrm{e}^{-y}, & 0 < x < y, \\ 0, & \text{其他}. \end{cases}$$

分别求(X,Y)关于X和Y的边缘概率密度(图 3-10).

解 (X,Y)关于X的边缘概率密度为

$$f_X(x) = \int_{-\infty}^{+\infty} f(x,y) \mathrm{d}y.$$

当$x > 0$时，$f_X(x) = \int_x^{+\infty} \mathrm{e}^{-y} \mathrm{d}y = \mathrm{e}^{-x}$；

当$x \leqslant 0$时，$f_X(x) = 0$.

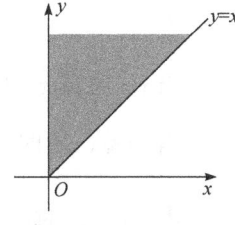

图 3-10 例 4 的图

所以

$$f_X(x) = \begin{cases} \mathrm{e}^{-x}, & x > 0, \\ 0, & x \leqslant 0. \end{cases}$$

同理可得(X,Y)关于Y的边缘概率密度为

$$f_Y(y) = \begin{cases} y\mathrm{e}^{-y}, & y > 0, \\ 0, & y \leqslant 0. \end{cases}$$

例 5 设连续型随机变量(X,Y)在区域$D = \{(x,y) \mid |x+y| \leqslant 1, |x-y| \leqslant 1\}$上服从均匀分布(图 3-11)，分别求$(X,Y)$关于$X$和$Y$的边缘概率密度$f_X(x)$和$f_Y(y)$.

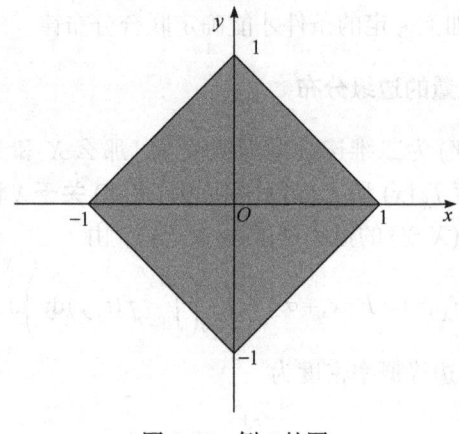

图 3-11 例 5 的图

解 区域 D 是以 $(-1,0),(0,1),(1,0),(0,-1)$ 为顶点的正方形区域，其面积 $S_D=2$，因此 (X,Y) 的概率密度为

$$f(x,y)=\begin{cases}\dfrac{1}{2}, & (x,y)\in D,\\ 0, & (x,y)\notin D.\end{cases}$$

(X,Y) 关于 X 的边缘概率密度为

$$f_X(x)=\int_{-\infty}^{+\infty}f(x,y)\mathrm{d}y,$$

当 $x<-1$ 或 $x>1$ 时，$f_X(x)=0$；

当 $-1\leqslant x<0$ 时，$f_X(x)=\int_{-1-x}^{x+1}\dfrac{1}{2}\mathrm{d}y=1+x$；

当 $0\leqslant x<1$ 时，$f_X(x)=\int_{x-1}^{1-x}\dfrac{1}{2}\mathrm{d}y=1-x$.

所以

$$f_X(x)=\begin{cases}1+x, & -1\leqslant x<0,\\ 1-x, & 0\leqslant x<1,\\ 0, & \text{其他}.\end{cases}$$

同理可得 (X,Y) 关于 Y 的边缘概率密度为

$$f_Y(y)=\begin{cases}1+y, & -1\leqslant y<0,\\ 1-y, & 0<y\leqslant 1,\\ 0, & \text{其他}.\end{cases}$$

例 6 设随机变量 $(X,Y)\sim N(\mu_1,\mu_2,\sigma_1^2,\sigma_2^2,\rho)$，试分别求 (X,Y) 关于 X 和 Y

的边缘概率密度.

解 (X,Y) 的概率密度为

$$f(x,y) = \frac{1}{2\pi\sigma_1\sigma_2\sqrt{1-\rho^2}} e^{-\frac{1}{2(1-\rho^2)}\left[\frac{(x-\mu_1)^2}{\sigma_1^2} - 2\rho\frac{(x-\mu_1)(y-\mu_2)}{\sigma_1\sigma_2} + \frac{(y-\mu_2)^2}{\sigma_2^2}\right]}, \quad -\infty < x < +\infty, -\infty < y < +\infty,$$

(X,Y) 关于 X 的边缘概率密度为

$$f_X(x) = \int_{-\infty}^{+\infty} f(x,y)\,\mathrm{d}y.$$

由于

$$\frac{(y-\mu_2)^2}{\sigma_2^2} - 2\rho\frac{(x-\mu_1)(y-\mu_2)}{\sigma_1\sigma_2} = \left(\frac{y-\mu_2}{\sigma_2} - \rho\frac{x-\mu_1}{\sigma_1}\right)^2 - \rho^2\frac{(x-\mu_1)^2}{\sigma_1^2},$$

因此

$$f_X(x) = \frac{1}{2\pi\sigma_1\sigma_2\sqrt{1-\rho^2}} e^{-\frac{(x-\mu_1)^2}{2\sigma_1^2}} \int_{-\infty}^{+\infty} e^{-\frac{1}{2(1-\rho^2)}\left(\frac{y-\mu_2}{\sigma_2} - \rho\frac{x-\mu_1}{\sigma_1}\right)^2} \mathrm{d}y.$$

令 $t = \frac{1}{\sqrt{1-\rho^2}}\left(\frac{y-\mu_2}{\sigma_2} - \rho\frac{x-\mu_1}{\sigma_1}\right)$,则有

$$f_X(x) = \frac{1}{2\pi\sigma_1} e^{-\frac{(x-\mu_1)^2}{2\sigma_1^2}} \int_{-\infty}^{+\infty} e^{-\frac{t^2}{2}}\,\mathrm{d}t = \frac{1}{\sqrt{2\pi}\sigma_1} e^{-\frac{(x-\mu_1)^2}{2\sigma_1^2}}, \quad -\infty < x < +\infty,$$

即

$$X \sim N(\mu_1, \sigma_1^2).$$

同理可得 (X,Y) 关于 Y 的边缘概率密度为

$$f_Y(y) = \frac{1}{\sqrt{2\pi}\sigma_2} e^{-\frac{(y-\mu_2)^2}{2\sigma_2^2}}, \quad -\infty < y < +\infty,$$

即

$$Y \sim N(\mu_2, \sigma_2^2).$$

注 由例 6 可以看出,二维正态分布的边缘分布是一维正态分布. 同时我们也可以看出,因为一维正态分布的概率密度中不含有参数 ρ,所以仅仅由边缘分布不能导出联合分布.

例 7 设随机变量 (X,Y) 的概率密度为

$$f(x,y) = \frac{1}{2\pi} e^{-\frac{x^2+y^2}{2}} (1+\sin x \sin y), \quad -\infty < x < +\infty, -\infty < y < +\infty,$$

试分别求 (X,Y) 关于 X 和 Y 的边缘概率密度.

解 (X,Y) 关于 X 的边缘概率密度为

$$\begin{aligned} f_X(x) &= \int_{-\infty}^{+\infty} f(x,y) \mathrm{d}y = \frac{1}{2\pi} \int_{-\infty}^{+\infty} e^{-\frac{x^2+y^2}{2}} (1+\sin x \sin y) \mathrm{d}y \\ &= \frac{1}{2\pi} e^{-\frac{x^2}{2}} \int_{-\infty}^{+\infty} e^{-\frac{y^2}{2}} (1+\sin x \sin y) \mathrm{d}y \\ &= \frac{1}{\sqrt{2\pi}} e^{-\frac{x^2}{2}} \int_{-\infty}^{+\infty} \frac{1}{\sqrt{2\pi}} e^{-\frac{y^2}{2}} \mathrm{d}y + \frac{1}{2\pi} e^{-\frac{x^2}{2}} \int_{-\infty}^{+\infty} e^{-\frac{y^2}{2}} \sin x \sin y \, \mathrm{d}y \\ &= \frac{1}{\sqrt{2\pi}} e^{-\frac{x^2}{2}}, \quad -\infty < x < +\infty. \end{aligned}$$

同理可得 (X,Y) 关于 Y 的边缘概率密度为

$$f_Y(y) = \frac{1}{\sqrt{2\pi}} e^{-\frac{y^2}{2}}, \quad -\infty < y < +\infty.$$

所以 $X \sim N(0,1)$,$Y \sim N(0,1)$.

注 由例 7 可知,边缘分布为正态分布的随机变量的联合分布不一定是二维正态分布.

由以上讨论可知,联合分布可以唯一确定边缘分布,但反之不一定成立.

3.2 节知识拓展

3.2 节自测题

习题 3.2

1. 设随机变量 (X,Y) 的分布律为

Y \ X	-1	0	1
0	$\frac{1}{4}$	0	$\frac{1}{4}$
1	0	$\frac{1}{2}$	0

分别求 (X,Y) 关于 X 和 Y 的边缘分布律.

2. 设随机变量 (X,Y) 的概率密度为
$$f(x,y)=\begin{cases} xy, & 0\leqslant x\leqslant 1,\ 0\leqslant y\leqslant 2,\\ 0, & \text{其他}, \end{cases}$$
分别求 (X,Y) 关于 X 和 Y 的边缘概率密度.

3. 设随机变量 X_i ($i=1,2$) 的分布律为

X	−1	0	1
p_k	$\frac{1}{4}$	$\frac{1}{2}$	$\frac{1}{4}$

且满足 $P\{X_1X_2=0\}=1$. (1) 求 (X_1,X_2) 的分布律; (2) 求 $P\{X_1=X_2\}$, $P\{X_1>X_2\}$.

4. 设随机变量 (X,Y) 的概率密度为
$$f(x,y)=\begin{cases} a\mathrm{e}^{-2y}, & 0<x<2y,\\ 0, & \text{其他}. \end{cases}$$
(1) 求常数 a 的值; (2) 分别求 (X,Y) 关于 X 和 Y 的边缘概率密度.

5. 已知随机变量 (X,Y) 的分布函数为
$$F(x,y)=\frac{1}{p^2}\left(\frac{3p}{4}+\frac{\arctan x}{2}\right)\left(\frac{3p}{4}+\frac{\arctan y}{2}\right),\quad -\infty<x<+\infty,-\infty<y<+\infty.$$
(1) 求 p 的值; (2) 分别求 (X,Y) 关于 X 和 Y 的边缘概率密度.

6. 设随机变量 (X,Y) 的概率密度为
$$f(x,y)=\begin{cases} 6\mathrm{e}^{-2x-3y}, & x>0,y>0,\\ 0, & \text{其他}, \end{cases}$$
分别求 (X,Y) 关于 X 和 Y 的边缘概率密度.

7. 设随机变量 (X,Y) 在区域 $G=\{(x,y)\mid 0<x\leqslant 1,0<y\leqslant x\}$ 上服从均匀分布,分别求 (X,Y) 关于 X 和 Y 的边缘概率密度.

3.3 二维随机变量的条件分布

前面我们研究了随机变量 X 和 Y 的联合分布和边缘分布. 在实际中, 有时还要研究在给定一个随机变量取某个或某些值条件下, 求另一个随机变量的概率分布问题.

1. 二维离散型随机变量的条件分布

设二维随机变量 (X,Y) 的分布律为
$$P\{X=x_i,Y=y_j\}=p_{ij},\quad i,j=1,2,\cdots,$$
(X,Y) 关于 X 和 Y 的边缘分布律分别为

$$p_{i\cdot} = P\{X = x_i\} = \sum_{j=1}^{+\infty} p_{ij}, \quad i = 1, 2, \cdots,$$

$$p_{\cdot j} = P\{Y = y_j\} = \sum_{i=1}^{+\infty} p_{ij}, \quad j = 1, 2, \cdots,$$

当 $P\{Y = y_j\} > 0$ 时，在事件 $\{Y = y_j\}$ 发生的条件下事件 $\{X = x_i\}$ 发生的概率为

$$P\{X = x_i | Y = y_j\} = \frac{P\{X = x_i, Y = y_j\}}{P\{Y = y_j\}} = \frac{p_{ij}}{p_{\cdot j}}, \quad i = 1, 2, \cdots. \tag{3.16}$$

同理，当 $P\{X = x_i\} > 0$ 时，有

$$P\{Y = y_j | X = x_i\} = \frac{P\{X = x_i, Y = y_j\}}{P\{X = x_i\}} = \frac{p_{ij}}{p_{i\cdot}}, \quad j = 1, 2, \cdots, \tag{3.17}$$

于是我们可以给出离散型随机变量的条件分布律的定义.

定义 1 设二维离散型随机变量 (X, Y) 的分布律为

$$P\{X = x_i, Y = y_j\} = p_{ij}, \quad i, j = 1, 2, \cdots,$$

若 $P\{Y = y_j\} > 0$，则称(3.16)式为在 $Y = y_j$ 条件下随机变量 X 的**条件分布律**. 同样，若 $P\{X = x_i\} > 0$，则称(3.17)式为在 $X = x_i$ 条件下随机变量 Y 的**条件分布律**.

由此可知，如果已知 X 和 Y 的联合分布律，就可以通过(3.16)式和(3.17)式求出相应的条件分布律.

在 $Y = y_j (j = 1, 2, \cdots)$ 的条件下随机变量 X 的**条件分布函数**可表示为

$$F_{X|Y}(x | y_j) = P\{X \leqslant x | Y = y_j\} = \sum_{x_i \leqslant x} P\{X = x_i | Y = y_j\} = \frac{1}{p_{\cdot j}} \sum_{x_i \leqslant x} p_{ij}. \tag{3.18}$$

在 $X = x_i (i = 1, 2, \cdots)$ 的条件下随机变量 Y 的**条件分布函数**可表示为

$$F_{Y|X}(y | x_i) = P\{Y \leqslant y | X = x_i\} = \sum_{y_j \leqslant y} P\{Y = y_j | X = x_i\} = \frac{1}{p_{i\cdot}} \sum_{y_j \leqslant y} p_{ij}. \tag{3.19}$$

例 1 已知一口袋里有 2 只白球和 3 只黑球，从袋中随机地取球两次，每次取 1 球，取后不放回. 定义随机变量

$$X = \begin{cases} 1, & 第一次取出的是白球, \\ 0, & 第一次取出的是黑球; \end{cases}$$

$$Y = \begin{cases} 1, & 第二次取出的是白球, \\ 0, & 第二次取出的是黑球. \end{cases}$$

(1) 分别求随机变量 (X,Y) 的分布律及其边缘分布律；
(2) 分别求在 $X=0$ 和 $X=1$ 的条件下，随机变量 Y 的条件分布律.

解 由

$$P\{X=0,Y=0\}=P\{X=0\}P\{Y=0|X=0\}=\frac{3}{5}\times\frac{2}{4}=\frac{3}{10},$$

$$P\{X=0,Y=1\}=P\{X=0\}P\{Y=1|X=0\}=\frac{3}{5}\times\frac{2}{4}=\frac{3}{10},$$

$$P\{X=1,Y=0\}=P\{X=1\}P\{Y=0|X=1\}=\frac{3}{5}\times\frac{2}{4}=\frac{3}{10},$$

$$P\{X=1,Y=1\}=P\{X=1\}P\{Y=1|X=1\}=\frac{2}{5}\times\frac{1}{4}=\frac{1}{10},$$

可得随机变量 (X,Y) 的分布律及其边缘分布律为

X \ Y	0	1	$p_i.$
0	3/10	3/10	6/10
1	3/10	1/10	4/10
$p_{.j}$	6/10	4/10	1

由(3.17)式 可得在 $X=0$ 的条件下 Y 的条件分布律为

$$P\{Y=0|X=0\}=\frac{3}{10}\bigg/\frac{6}{10}=\frac{1}{2},\quad P\{Y=1|X=0\}=\frac{3}{10}\bigg/\frac{6}{10}=\frac{1}{2},$$

即

Y	0	1
$P\{Y=y_j|X=0\}$	1/2	1/2

同理，在 $X=1$ 的条件下 Y 的条件分布律为

Y	0	1
$P\{Y=y_j|X=1\}$	3/4	1/4

2. 二维连续型随机变量的条件分布

设 (X,Y) 是二维连续型随机变量，因为对于任意实数 x,y，随机事件 $\{X=x\}$ 和 $\{Y=y\}$ 发生的概率都是 0，所以不能直接应用条件概率公式得到 X 或 Y 的条件分布．下面我们用极限的方法来求二维连续型随机变量的条件分布.

定义 2 设 (X,Y) 是二维连续型随机变量，y 为给定的值，且对于任意给定的

$\varepsilon > 0$，有 $P\{y-\varepsilon < Y \leqslant y+\varepsilon\} > 0$. 若对于任意的实数 x，极限

$$\lim_{\varepsilon \to 0^+} P\{X \leqslant x \mid y-\varepsilon < Y \leqslant y+\varepsilon\} = \lim_{\varepsilon \to 0^+} \frac{P\{X \leqslant x, y-\varepsilon < Y \leqslant y+\varepsilon\}}{P\{y-\varepsilon < Y \leqslant y+\varepsilon\}} \quad (3.20)$$

存在，则称该极限为在条件 $Y = y$ 下随机变量 X 的**条件分布函数**，记为 $F_{X|Y}(x|y)$.

同理，若极限

$$\lim_{\varepsilon \to 0^+} P\{Y \leqslant y \mid x-\varepsilon < X \leqslant x+\varepsilon\} = \lim_{\varepsilon \to 0^+} \frac{P\{Y \leqslant y, x-\varepsilon < X \leqslant x+\varepsilon\}}{P\{x-\varepsilon < X \leqslant x+\varepsilon\}} \quad (3.21)$$

存在，则称该极限为在条件 $X = x$ 下随机变量 Y 的**条件分布函数**，记为 $F_{Y|X}(y|x)$.

设二维随机变量 (X,Y) 的分布函数为 $F(x,y)$，其概率密度 $f(x,y)$ 在点 (x,y) 处连续，(X,Y) 关于 Y 的边缘概率密度 $f_Y(y)$ 在 y 处连续，且 $f_Y(y) > 0$，则有

$$F_{X|Y}(x|y) = \lim_{\varepsilon \to 0^+} \frac{P\{X \leqslant x, y-\varepsilon < Y \leqslant y+\varepsilon\}}{P\{y-\varepsilon < Y \leqslant y+\varepsilon\}} = \lim_{\varepsilon \to 0^+} \frac{F(x,y+\varepsilon) - F(x,y-\varepsilon)}{F_Y(y+\varepsilon) - F_Y(y-\varepsilon)}$$

$$= \lim_{\varepsilon \to 0^+} \frac{(F(x,y+\varepsilon) - F(x,y-\varepsilon))/2\varepsilon}{(F_Y(y+\varepsilon) - F_Y(y-\varepsilon))/2\varepsilon} = \int_{-\infty}^{x} \frac{f(u,y)}{f_Y(y)} du. \quad (3.22)$$

若记 $f_{X|Y}(x|y)$ 为条件 $Y = y$ 下随机变量 X 的条件概率密度，则由上式可得

$$f_{X|Y}(x|y) = \frac{f(x,y)}{f_Y(y)}. \quad (3.23)$$

类似地，可以得到在 $X = x$ 的条件下随机变量 Y 的条件分布函数和条件概率密度分别为

$$F_{Y|X}(y|x) = \int_{-\infty}^{y} \frac{f(x,v)}{f_X(x)} dv, \quad (3.24)$$

$$f_{Y|X}(y|x) = \frac{f(x,y)}{f_X(x)}. \quad (3.25)$$

由(3.23)式和(3.25)式可得

$$f(x,y) = f_Y(y) f_{X|Y}(x|y) = f_X(x) f_{Y|X}(y|x). \quad (3.26)$$

例2 设随机变量 (X,Y) 在圆盘 $D = \{(x,y) \mid x^2 + y^2 \leqslant r^2\}$ 上服从均匀分布，分别求条件概率密度 $f_{X|Y}(x|y)$ 和 $f_{Y|X}(y|x)$.

解 根据题意，随机变量 (X,Y) 的概率密度为

$$f(x,y) = \begin{cases} \dfrac{1}{\pi r^2}, & x^2 + y^2 \leqslant r^2, \\ 0, & \text{其他}. \end{cases}$$

(X,Y) 关于 X 的边缘概率密度为

$$f_X(x) = \int_{-\infty}^{+\infty} f(x,y)\mathrm{d}y = \begin{cases} \int_{-\sqrt{r^2-x^2}}^{\sqrt{r^2-x^2}} \dfrac{1}{\pi r^2} \mathrm{d}y, & -r \leqslant x \leqslant r, \\ 0, & \text{其他}. \end{cases}$$

$$= \begin{cases} \dfrac{2}{\pi r^2}\sqrt{r^2-x^2}, & -r \leqslant x \leqslant r, \\ 0, & \text{其他}. \end{cases}$$

同理可得 (X,Y) 关于 Y 的边缘概率密度为

$$f_Y(y) = \begin{cases} \dfrac{2}{\pi r^2}\sqrt{r^2-y^2}, & -r \leqslant y \leqslant r, \\ 0, & \text{其他}. \end{cases}$$

于是当 $-r < y < r$ 时, 在 $Y = y$ 的条件下 X 的条件概率密度为

$$f_{X|Y}(x|y) = \frac{f(x,y)}{f_Y(y)} = \begin{cases} \dfrac{1}{2\sqrt{r^2-y^2}}, & -\sqrt{r^2-y^2} \leqslant x \leqslant \sqrt{r^2-y^2}, \\ 0, & \text{其他}. \end{cases}$$

同理, 当 $-r < x < r$ 时, 在 $X = x$ 的条件下 Y 的条件概率密度为

$$f_{Y|X}(y|x) = \frac{f(x,y)}{f_X(x)} = \begin{cases} \dfrac{1}{2\sqrt{r^2-x^2}}, & -\sqrt{r^2-x^2} \leqslant y \leqslant \sqrt{r^2-x^2}, \\ 0, & \text{其他}. \end{cases}$$

例 3 设随机变量 (X,Y) 在 $Y = y$ 的条件下 X 的条件概率密度为

$$f_{X|Y}(x|y) = \begin{cases} \dfrac{3x^2}{y^3}, & 0 < x < y < 1, \\ 0, & \text{其他}, \end{cases}$$

又已知随机变量 Y 的边缘概率密度为

$$f_Y(y) = \begin{cases} 5y^4, & 0 < y < 1, \\ 0, & \text{其他}. \end{cases}$$

试分别求 (X,Y) 关于 X 的边缘概率密度 $f_X(x)$ 和概率 $P\{X > 0.5\}$.

解 由于 (X,Y) 关于 X 的概率密度为

$$f(x,y) = f_Y(y) f_{X|Y}(x|y) = \begin{cases} 15x^2 y, & 0 < x < y, 0 < y < 1, \\ 0, & \text{其他}, \end{cases}$$

所以(X,Y)关于X的边缘概率密度为

$$f_X(x)=\int_{-\infty}^{+\infty}f(x,y)\mathrm{d}y=\begin{cases}\dfrac{15}{2}x^2(1-x^2),&0<x<1,\\0,&\text{其他},\end{cases}$$

从而

$$P\{X>0.5\}=\int_{0.5}^{\infty}f_X(x)\mathrm{d}x=\int_{0.5}^{1}\dfrac{15}{2}x^2(1-x^2)\mathrm{d}x=\dfrac{47}{64}.$$

3.3 节知识拓展

3.3 节自测题

习题 3.3

1. 已知随机变量(X,Y)的分布律为

Y \ X	0	1	2
0	1/8	1/8	3/8
1	1/8	1/8	1/8

求在$Y=0$的条件下X的条件分布律.

2. 已知随机变量(X,Y)的分布律为

Y \ X	1	2	3
0	1/4	1/8	0
1	0	1/3	0
2	1/6	0	1/8

(1) 求在$Y=2$的条件下X的条件分布律;(2)求在$X=2$的条件下Y的条件分布律.

3. 已知$(X,Y)\sim N(\mu_1,\mu_2,\sigma_1^2,\sigma_2^2;\rho)$,分别求$(X,Y)$关于$X$和$Y$的条件概率密度$f_{X|Y}(x|y)$和$f_{Y|X}(y|x)$.

4. 已知随机变量(X,Y)的概率密度为

$$f(x,y)=\begin{cases}1,&|y|<x,0<x<1,\\0,&\text{其他},\end{cases}$$

分别求条件概率密度 $f_{X|Y}(x|y)$ 和 $f_{Y|X}(y|x)$.

3.4 随机变量的独立性

随机变量的独立性是十分重要的概念. 在本节中, 我们将给出两个随机变量独立性的概念, 并推广到 $n(n>2)$ 个随机变量的情形.

1. 两个随机变量的独立性

定义 1 设 (X,Y) 为二维随机变量, 若对任意的实数 x,y, 均有

$$P\{X \leqslant x, Y \leqslant y\} = P\{X \leqslant x\}P\{Y \leqslant y\}, \tag{3.27}$$

则称**随机变量 X 与 Y 相互独立**.

设随机变量 (X,Y) 的分布函数和边缘分布函数分别为 $F(x,y)$ 和 $F_X(x), F_Y(y)$, 由定义 1 可知随机变量 X 与 Y 相互独立等价于

$$F(x,y) = F_X(x)F_Y(y). \tag{3.28}$$

由定义 1 容易导出以下结论:

若 (X,Y) 是离散型随机变量, 则 X 与 Y 相互独立的充分必要条件是

$$p_{ij} = p_i. p_{.j}, \quad i,j = 1, 2, \cdots. \tag{3.29}$$

若 (X,Y) 是连续型随机变量, 则 X 与 Y 相互独立的充分必要条件是

$$f(x,y) = f_X(x)f_Y(y) \tag{3.30}$$

几乎处处成立.

例 1 设袋中装有标号为 1, 2, 3, 4, 5 的五只小球, 从中任取三只小球观察其标号, 记这三只小球中的最小号码为 X, 最大号码为 Y. (1)求 X 与 Y 的联合分布律; (2)判断 X 与 Y 是否相互独立.

解 (1)易得 X 与 Y 的联合分布律和边缘分布如下:

X \ Y	3	4	5	$P\{X=x_i\}$
1	$\frac{1}{10}$	$\frac{1}{5}$	$\frac{3}{10}$	$\frac{3}{5}$
2	0	$\frac{1}{10}$	$\frac{1}{5}$	$\frac{3}{10}$
3	0	0	$\frac{1}{10}$	$\frac{1}{10}$
$P\{Y=y_j\}$	$\frac{1}{10}$	$\frac{3}{10}$	$\frac{3}{5}$	1

(2) 因为

$$P\{X=1\}P\{Y=3\} = \frac{3}{5} \times \frac{1}{10} = \frac{3}{50} \neq \frac{1}{10} = P\{X=1, Y=3\},$$

所以 X 与 Y 不相互独立.

例 2 设随机变量 (X,Y) 的概率密度为

$$f(x,y) = \begin{cases} xy, & 0 \leqslant x \leqslant 1, 0 \leqslant y \leqslant 2, \\ 0, & \text{其他}. \end{cases}$$

试判断 X 与 Y 是否相互独立.

解 (X,Y) 关于 X 的边缘概率密度为

$$f_X(x) = \int_{-\infty}^{+\infty} f(x,y) \mathrm{d}y = \begin{cases} \int_0^2 xy \mathrm{d}y, & 0 \leqslant x \leqslant 1, \\ 0, & \text{其他}. \end{cases}$$

即

$$f_X(x) = \begin{cases} 2x, & 0 \leqslant x \leqslant 1, \\ 0, & \text{其他}. \end{cases}$$

同理可得 (X,Y) 关于 Y 的边缘概率密度为

$$f_Y(y) = \begin{cases} \dfrac{1}{2}y, & 0 \leqslant y \leqslant 2, \\ 0, & \text{其他}. \end{cases}$$

显然, 对任意实数 x,y, 有 $f(x,y) = f_X(x)f_Y(y)$, 故 X 与 Y 相互独立.

例 3 设 X 与 Y 是两个相互独立的随机变量, X 在区间 $[0,1]$ 上服从均匀分布, Y 服从参数 $\lambda = 1/2$ 的指数分布. 求关于 t 的二次方程 $t^2 + 2Xt + Y = 0$ 有实根的概率.

解 X 与 Y 的概率密度分别为

$$f_X(x) = \begin{cases} 1, & 0 < x < 1, \\ 0, & \text{其他}, \end{cases} \quad f_Y(y) = \begin{cases} \dfrac{1}{2}\mathrm{e}^{-\frac{y}{2}}, & y \geqslant 0, \\ 0, & y < 0. \end{cases}$$

由 X 与 Y 相互独立可得 (X,Y) 的概率密度

$$f(x,y) = f_X(x)f_Y(y) = \begin{cases} \dfrac{1}{2}\mathrm{e}^{-\frac{y}{2}}, & 0 < x < 1, y > 0, \\ 0, & \text{其他}. \end{cases}$$

方程 $t^2 + 2Xt + Y = 0$ 有实根的充要条件为

$$\Delta = (2X)^2 - 4Y \geqslant 0, \text{ 即 } Y \leqslant X^2.$$

从而所求概率为

$$P\{Y \leqslant X^2\} = \iint_{y \leqslant x^2} f(x,y)\mathrm{d}x\mathrm{d}y = \int_0^1 \mathrm{d}x \int_0^{x^2} \frac{1}{2}\mathrm{e}^{-\frac{y}{2}}\mathrm{d}y = \int_0^1 \left(1 - \mathrm{e}^{-\frac{x^2}{2}}\right)\mathrm{d}x$$

$$= 1 - \sqrt{2\pi} \int_0^1 \frac{1}{\sqrt{2\pi}} \mathrm{e}^{-\frac{x^2}{2}}\mathrm{d}x = 1 - \sqrt{2\pi}\left[\Phi(1) - \Phi(0)\right] \approx 0.1445.$$

例 4 设随机变量 (X,Y) 在 $G = \{(x,y) \mid 0 < x \leqslant 1,\ 0 < y \leqslant x\}$ 上服从均匀分布，令

$$U = \begin{cases} 1, & Y > \frac{2}{3}X, \\ 0, & Y \leqslant \frac{2}{3}X, \end{cases} \qquad V = \begin{cases} 1, & Y > \frac{1}{3}X, \\ 0, & Y \leqslant \frac{1}{3}X. \end{cases}$$

试求 (U,V) 的分布律，并判断 U 与 V 是否相互独立.

解 由题意知 (X,Y) 的概率密度为

$$f(x,y) = \begin{cases} 2, & (x,y) \in G, \\ 0, & \text{其他}. \end{cases}$$

所以

$$P\{U=0, V=0\} = P\left\{Y \leqslant \frac{2}{3}X, Y \leqslant \frac{1}{3}X\right\} = P\left\{Y \leqslant \frac{1}{3}X\right\}$$

$$= \iint_{y \leqslant \frac{x}{3}} f(x,y)\mathrm{d}x\mathrm{d}y = \int_0^1 \mathrm{d}x \int_0^{\frac{x}{3}} 2\mathrm{d}y = \frac{1}{3},$$

$$P\{U=0, V=1\} = P\left\{Y \leqslant \frac{2}{3}X, Y > \frac{1}{3}X\right\} = P\left\{\frac{1}{3}X < Y \leqslant \frac{2}{3}X\right\}$$

$$= \iint_{\frac{1}{3}x < y \leqslant \frac{2}{3}x} f(x,y)\mathrm{d}x\mathrm{d}y = \int_0^1 \mathrm{d}x \int_{\frac{x}{3}}^{\frac{2x}{3}} 2\mathrm{d}y = \frac{1}{3},$$

$$P\{U=1, V=0\} = P\left\{Y > \frac{2}{3}X, Y < \frac{1}{3}X\right\} = 0,$$

$$P\{U=1, V=1\} = P\left\{Y > \frac{2}{3}X, Y > \frac{1}{3}X\right\} = P\left\{Y > \frac{2}{3}X\right\}$$

$$= \iint_{y > \frac{2}{3}x} f(x,y)\mathrm{d}x\mathrm{d}y = \int_0^1 \mathrm{d}x \int_{\frac{2x}{3}}^{x} 2\mathrm{d}y = \frac{1}{3}.$$

于是 (U,V) 的分布律和边缘分布律为

U \ V	0	1	$p_{i\cdot}$
0	$\frac{1}{3}$	$\frac{1}{3}$	$\frac{2}{3}$
1	0	$\frac{1}{3}$	$\frac{1}{3}$
$p_{\cdot j}$	$\frac{1}{3}$	$\frac{2}{3}$	1

因为 $p_{11} \neq p_{1\cdot} p_{\cdot 1}$，即 $\frac{1}{3} \neq \frac{2}{3} \times \frac{1}{3}$，所以 U 与 V 不相互独立.

例 5 设随机变量 (X,Y) 的概率密度为

$$f(x,y) = \begin{cases} 4xy, & 0 \leq x \leq 1, 0 \leq x \leq 1, \\ 0, & 其他. \end{cases}$$

试问 X 与 Y 是否相互独立?

解 (X,Y) 关于 X 的边缘概率密度为

$$f_X(x) = \int_{-\infty}^{+\infty} f(x,y)\,\mathrm{d}y = \begin{cases} \int_0^1 4xy\,\mathrm{d}y, & 0 \leq x \leq 1, \\ 0, & 其他. \end{cases}$$

即

$$f_X(x) = \begin{cases} 2x, & 0 \leq x \leq 1, \\ 0, & 其他. \end{cases}$$

同理可得 (X,Y) 关于 Y 的边缘概率密度为

$$f_Y(y) = \begin{cases} 2y, & 0 \leq y \leq 1, \\ 0, & 其他. \end{cases}$$

显然, 对任意实数 x,y，均有 $f(x,y) = f_X(x)f_Y(y)$，故 X 与 Y 相互独立.

例 6 设随机变量 (X,Y) 服从正态分布 $N(\mu_1,\mu_2,\sigma_1^2,\sigma_2^2,\rho)$，试证明 X 与 Y 相互独立的充分必要条件是 $\rho = 0$.

证 (X,Y) 的概率密度为

$$f(x,y) = \frac{1}{2\pi\sigma_1\sigma_2\sqrt{1-\rho^2}} e^{-\frac{1}{2(1-\rho^2)}\left[\frac{(x-\mu_1)^2}{\sigma_1^2} - 2\rho\frac{(x-\mu_1)(y-\mu_2)}{\sigma_1\sigma_2} + \frac{(y-\mu_2)^2}{\sigma_2^2}\right]}, \quad -\infty < x < +\infty, -\infty < y < +\infty.$$

由 3.2 节例 6 可知, (X,Y) 关于 X 和 Y 的边缘概率密度分别为

$$f_X(x) = \int_{-\infty}^{+\infty} f(x,y)\,\mathrm{d}y = \frac{1}{\sqrt{2\pi}\,\sigma_1} e^{-\frac{(x-\mu_1)^2}{2\sigma_1^2}}, \quad -\infty < x < +\infty,$$

$$f_Y(y) = \int_{-\infty}^{+\infty} f(x,y)\,\mathrm{d}x = \frac{1}{\sqrt{2\pi}\,\sigma_2} e^{-\frac{(y-\mu_2)^2}{2\sigma_2^2}}, \quad -\infty < y < +\infty.$$

从而
$$f_X(x)f_Y(y)=\frac{1}{2\pi\sigma_1\sigma_2}e^{-\frac{1}{2}\left[\frac{(x-\mu_1)^2}{\sigma_1^2}+\frac{(y-\mu_2)^2}{\sigma_2^2}\right]}.$$

先证充分性. 当 $\rho=0$ 时,
$$f(x,y)=\frac{1}{2\pi\sigma_1\sigma_2}e^{-\frac{1}{2}\left[\frac{(x-\mu_1)^2}{\sigma_1^2}+\frac{(y-\mu_2)^2}{\sigma_2^2}\right]}=f_X(x)f_Y(y)$$

所以对于任意的实数 x,y, 等式 $f(x,y)=f_X(x)f_Y(y)$ 成立, 故 X 与 Y 相互独立.

再证必要性. 若 X 与 Y 相互独立, 则 $f(x,y)=f_X(x)f_Y(y)$, 由此可得 $\rho=0$.

综上所述, X 与 Y 相互独立的充分必要条件是 $\rho=0$.

以上是两个随机变量相互独立性的讨论, 下面将其推广到 n 个随机变量的情形.

2. n 个随机变量的独立性

定义 2 设 $(X_1,X_2,\cdots,X_n)$ 为 n 维随机变量, 若对任意实数 $x_1,x_2,\cdots,x_n$, 均有
$$P\{X_1\leqslant x_1,X_2\leqslant x_2,\cdots,X_n\leqslant x_n\}=P\{X_1\leqslant x_1\}P\{X_2\leqslant x_2\}\cdots P\{X_n\leqslant x_n\},$$
则称随机变量 $X_1,X_2,\cdots,X_n$ **相互独立**.

若随机变量 $(X_1,X_2,\cdots,X_n)$ 的分布函数及其关于 X_k 的边缘分布函数分别记为
$$F(x_1,x_2,\cdots,x_n), \quad F_{X_k}(x_k), \quad k=1,2,\cdots,n,$$
则随机变量 $X_1,X_2,\cdots,X_n$ 相互独立的充要条件为
$$F(x_1,x_2,\cdots,x_n)=F_{X_1}(x_1)F_{X_2}(x_2)\cdots F_{X_n}(x_n).$$

假设 F,F_1,F_2 依次为随机变量 $(X_1,X_2,\cdots,X_m,Y_1,Y_2,\cdots,Y_n),(X_1,X_2,\cdots,X_m)$ 和 $(Y_1,Y_2,\cdots,Y_n)$ 的分布函数, 若对于所有的 $x_1,x_2,\cdots,x_m,y_1,y_2,\cdots,y_n$ 均有
$$F(x_1,x_2,\cdots,x_m,y_1,y_2,\cdots,y_n)=F_1(x_1,x_2,\cdots,x_m)F_2(y_1,y_2,\cdots,y_n).$$
则称 $(X_1,X_2,\cdots,X_m)$ 与 $(Y_1,Y_2,\cdots,Y_n)$ **相互独立**.

关于随机变量函数的独立性有以下结论.

设 $(X_1,X_2,\cdots,X_m)$ 与 $(Y_1,Y_2,\cdots,Y_n)$ 相互独立, h 与 g 是连续函数, 则 $h(X_1,X_2,\cdots,X_m)$ 与 $g(Y_1,Y_2,\cdots,Y_n)$ 也相互独立.

3.4 节知识拓展

3.4 节自测题

习题 3.4

1. 设随机变量 X 与 Y 相互独立，且 X 与 Y 的联合分布以及边缘分布的部分数据列表如下，求表中的未知数据.

X \ Y	y_1	y_2	y_3	$P\{X=x_i\}$
x_1		$\dfrac{1}{4}$		
x_2	$\dfrac{1}{12}$			
$P\{Y=y_j\}$	$\dfrac{1}{8}$			1

2. 设随机变量 X 与 Y 相互独立，X 在区间 $(0,2)$ 上服从均匀分布，Y 服从参数 $\lambda=1$ 的指数分布.
(1) 求 $P\{-1<X<1, 0<Y<2\}$；(2) 求 $P\{X+Y>1\}$.

3. 设随机变量 (X,Y) 的概率密度为

$$f(x,y)=\begin{cases} kxe^{-x(y+1)}, & x>0, y>0, \\ 0, & \text{其他.} \end{cases}$$

(1) 求常数 k 的值；(2) 分别求 (X,Y) 关于 X 和 Y 的边缘概率密度；(3) 判断 X 与 Y 是否相互独立.

4. 设随机变量 X_i ($i=1,2$) 的分布律为

X_i	-1	0	1
p_k	$\dfrac{1}{6}$	$\dfrac{2}{3}$	$\dfrac{1}{6}$

且满足 $P\{X_1X_2=0\}=1$，求 (X_1,X_2) 的分布律；并判断 X_1 与 X_2 是否相互独立.

5. 在某市场上甲种产品的需求量(单位：kg)服从 [2000, 4000] 上的均匀分布，乙种产品的需求量(单位：kg)服从 [3000, 6000] 上的均匀分布，且两种产品的需求量是相互独立的. 试求两种产品需求量相差不超过 1000kg 的概率.

6. 在时长为 2 秒的任何时刻，信号进入收音机是等可能的，若收到两个相互独立的这种信号的时间间隔小于 1 毫秒，则信号将产生相互干扰，试求两信号相互干扰的概率.

3.5 多维随机变量的函数的分布

在第 2 章已经讨论过一维随机变量的函数的分布，本节讨论二维和多维随机变量的函数的分布.

1. 离散型随机变量的函数的分布

设离散型随机变量 (X,Y) 的分布律为

$$P\{X = x_i, Y = y_j\} = p_{ij}, \quad i,j = 1,2,\cdots,$$

$z = g(x,y)$ 为二元函数，则 (X,Y) 的函数 $Z = g(X,Y)$ 也是离散型随机变量，现在求 $Z = g(X,Y)$ 的分布律.

例 1 已知随机变量 X 与 Y 的联合分布律为

X \ Y	-1	0	1
1	0.07	0.28	0.15
2	0.09	0.22	0.19

分别求 $U = X + Y$，$V = XY$ 的分布律.

解 $U = X + Y$ 的所有可能取值为 $0,1,2,3$，且

$P\{U = 0\} = P\{X + Y = 0\} = P\{X = 1, Y = -1\} = 0.07$，
$P\{U = 1\} = P\{X = 1, Y = 0\} + P\{X = 2, Y = -1\} = 0.28 + 0.09 = 0.37$，
$P\{U = 2\} = P\{X = 1, Y = 1\} + P\{X = 2, Y = 0\} = 0.15 + 0.22 = 0.37$，
$P\{U = 3\} = P\{X = 2, Y = 1\} = 0.19$.

所以 $U = X + Y$ 的分布律为

U	0	1	2	3
p_k	0.07	0.37	0.37	0.19

同理可得 $V = XY$ 的分布律为

V	-2	-1	0	1	2
p_k	0.09	0.07	0.50	0.15	0.19

由例 1 可知，当 $X = x_i, Y = y_j$ 时，$Z = g(X,Y)$ 相应的值为 $z = g(x_i, y_j)$，且有

$$P\{Z = g(x_i, y_j)\} = p_{ij}, \quad i,j = 1,2,\cdots.$$

如果 Z 的取值互不相同，则上式即为 $Z = g(X,Y)$ 的分布律；如果 Z 的取值 z_k 有相同的，这时只须将取相同值 $z_k = g(x_i, y_j)$ 对应的概率 p_{ij} 相加即可得到 $\{Z = z_k\}$ 的概率. 由此可得 $Z = g(X,Y)$ 的分布律.

例 2 设随机变量 X 与 Y 相互独立，它们分别服从参数为 λ_1 和 λ_2 的泊松分布，证明 $Z = X + Y$ 服从参数为 $\lambda_1 + \lambda_2$ 的泊松分布.

证 X 和 Y 的分布律分别为

$$P\{X=k\} = \frac{\lambda_1^k}{k!} \mathrm{e}^{-\lambda_1}, \quad k = 0,1,2,\cdots,$$

$$P\{Y=l\} = \frac{\lambda_2^l}{l!} \mathrm{e}^{-\lambda_2}, \quad l = 0,1,2,\cdots,$$

由此可知 $Z = X + Y$ 的所有可能取值为 $0,1,2,\cdots$，且

$$P\{Z=i\} = P\{X+Y=i\} = \sum_{k=0}^{i} P\{X=k, Y=i-k\}$$

$$= \sum_{k=0}^{i} P\{X=k\} P\{Y=i-k\}$$

$$= \sum_{k=0}^{i} \frac{\lambda_1^k}{k!} \mathrm{e}^{-\lambda_1} \times \frac{\lambda_2^{i-k}}{(i-k)!} \mathrm{e}^{-\lambda_2}$$

$$= \mathrm{e}^{-(\lambda_1+\lambda_2)} \frac{1}{i!} \sum_{k=0}^{i} C_i^k \lambda_1^k \lambda_2^{i-k}$$

$$= \frac{(\lambda_1+\lambda_2)^i}{i!} \mathrm{e}^{-(\lambda_1+\lambda_2)}, \quad i = 0,1,2,\cdots.$$

故

$$Z = X + Y \sim \pi(\lambda_1 + \lambda_2).$$

注 例 2 说明相互独立的泊松分布具有可加性. 类似地，相互独立的二项分布也具有可加性，即若 $X \sim b(n_1, p), Y \sim b(n_2, p)$，且相互独立，则 $X + Y \sim b(n_1 + n_2, p)$，请读者自行完成证明.

2. 连续型随机变量的函数的分布

二维连续型随机变量的函数类型繁多，下面介绍几个常用的连续型随机变量函数的概率分布.

1) $Z = X + Y$ 的分布

设 (X, Y) 的概率密度为 $f(x, y)$，则 $Z = X + Y$ 的分布函数为

$$F_Z(z) = P\{Z \leqslant z\} = P\{X+Y \leqslant z\}$$

$$= \iint\limits_{x+y \leqslant z} f(x,y) \mathrm{d}x \mathrm{d}y = \int_{-\infty}^{+\infty} \left(\int_{-\infty}^{z-y} f(x,y) \mathrm{d}x \right) \mathrm{d}y,$$

令 $x = u - y$，得

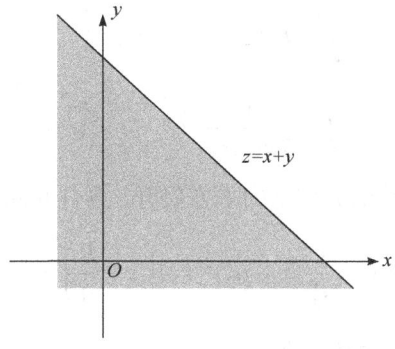

图 3-12 $x+y \leqslant z$ 的区域

$$F_Z(z) = \int_{-\infty}^{z}\left(\int_{-\infty}^{+\infty} f(u-y,y)\mathrm{d}y\right)\mathrm{d}u,$$

所以 Z 的概率密度为

$$f_Z(z) = \int_{-\infty}^{+\infty} f(z-y,y)\mathrm{d}y. \tag{3.31}$$

同理可得

$$f_Z(z) = \int_{-\infty}^{+\infty} f(x,z-x)\mathrm{d}x. \tag{3.32}$$

特别,当 X 与 Y 相互独立时,有

$$f_Z(z) = \int_{-\infty}^{+\infty} f_X(z-y)f_Y(y)\mathrm{d}y, \tag{3.33}$$

$$f_Z(z) = \int_{-\infty}^{+\infty} f_X(x)f_Y(z-x)\mathrm{d}x. \tag{3.34}$$

(3.33)式与(3.34)式称为 f_X 与 f_Y 的**卷积公式**,记为 $f_X * f_Y$.

例 3 (正态分布的可加性) 设随机变量 X 与 Y 相互独立,且都服从正态分布 $X \sim N(\mu_1,\sigma_1^2), Y \sim N(\mu_2,\sigma_2^2)$,求 $Z = X+Y$ 的概率密度 $f_Z(z)$.

解 X 与 Y 的概率密度分别为

$$f_X(x) = \frac{1}{\sqrt{2\pi}\,\sigma_1}\mathrm{e}^{-\frac{(x-\mu_1)^2}{2\sigma_1^2}}, \quad -\infty < x < +\infty,$$

$$f_Y(y) = \frac{1}{\sqrt{2\pi}\,\sigma_2}\mathrm{e}^{-\frac{(y-\mu_2)^2}{2\sigma_2^2}}, \quad -\infty < y < +\infty.$$

由(3.33)式可得 Z 的概率密度为

$$f_Z(z) = \int_{-\infty}^{+\infty} f_X(z-y) f_Y(y) \mathrm{d}y$$

$$= \int_{-\infty}^{+\infty} \frac{1}{2\pi \sigma_1 \sigma_2} \mathrm{e}^{-\frac{1}{2\sigma_1^2}(z-y-\mu_1)^2} \mathrm{e}^{-\frac{1}{2\sigma_2^2}(y-\mu_2)^2} \mathrm{d}y,$$

对上式被积函数中的指数部分按 y 的平方展开，再合并同类项，得到

$$\frac{1}{\sigma_1^2}(z-y-\mu_1)^2 + \frac{1}{\sigma_2^2}(y-\mu_2)^2 = A\left(y - \frac{B}{A}\right)^2 + \frac{(z-\mu_1-\mu_2)^2}{\sigma_1^2 + \sigma_2^2},$$

其中 $A = \dfrac{1}{\sigma_1^2} + \dfrac{1}{\sigma_2^2}$，$B = \dfrac{z-\mu_1}{\sigma_1^2} + \dfrac{\mu_2}{\sigma_2^2}$. 于是

$$f_Z(z) = \frac{1}{2\pi \sigma_1 \sigma_2} \mathrm{e}^{-\frac{(z-\mu_1-\mu_2)^2}{2(\sigma_1^2+\sigma_2^2)}} \int_{-\infty}^{+\infty} \mathrm{e}^{-\frac{A}{2}(y-B/A)^2} \mathrm{d}y$$

$$= \frac{1}{\sqrt{2\pi}\sigma_1 \sigma_2 \sqrt{A}} \mathrm{e}^{-\frac{(z-\mu_1-\mu_2)^2}{2(\sigma_1^2+\sigma_2^2)}} \int_{-\infty}^{+\infty} \frac{1}{\sqrt{2\pi}\sqrt{1/A}} \mathrm{e}^{-\frac{(y-B/A)^2}{2(\sqrt{1/A})^2}} \mathrm{d}y$$

$$= \frac{1}{\sqrt{2\pi(\sigma_1^2+\sigma_2^2)}} \mathrm{e}^{-\frac{(z-\mu_1-\mu_2)^2}{2(\sigma_1^2+\sigma_2^2)}},$$

所以

$$Z = X + Y \sim N(\mu_1+\mu_2, \sigma_1^2 + \sigma_2^2).$$

由例 3 可知，两个相互独立的服从正态分布的随机变量之和仍服从正态分布. 更一般地，我们有如下结论.

设 $X_1, X_2, \cdots, X_n$ 相互独立，且 $X_i \sim N(\mu_i, \sigma_i^2)$ ($i=1,2,\cdots,n$)，则它们的线性组合 $Z = \sum_{i=1}^{n} k_i X_i$ 仍服从正态分布. 即

$$Z = \sum_{i=1}^{n} k_i X_i \sim N\left(\sum_{i=1}^{n} k_i \mu_i, \sum_{i=1}^{n} k_i^2 \sigma_i^2\right), \tag{3.35}$$

其中 $k_1, k_2, \cdots, k_n$ 为常数.

2) $M = \max(X_1, X_2, \cdots, X_n)$ 和 $N = \min(X_1, X_2, \cdots, X_n)$ 的分布

某地区要修筑大坝防洪减灾，根据该地区近 n 年中最大的年降雨量和最小的年降雨量作为大坝的高度和宽度的参考数据. 若记 X_i 为该地区第 i 年的降雨量，那么 n 年中最大的年降雨量就是 $M = \max(X_1, X_2, \cdots, X_n)$，最小年降雨量就是 $N = \min(X_1, X_2, \cdots, X_n)$. 现实生活中类似的最大值和最小值问题有很多，因此研

究随机变量的最大值和最小值的概率分布是一件很有意义的工作. 下面我们讨论多个随机变量的最大值和最小值的分布.

一般地, 若随机变量 $X_1, X_2, \cdots, X_n$ 相互独立, 其分布函数分别为 $F_{X_1}(x_1)$, $F_{X_2}(x_2), \cdots, F_{X_n}(x_n)$, 则可以求出 $M = \max(X_1, X_2, \cdots, X_n)$ 和 $N = \min(X_1, X_2, \cdots, X_n)$ 的分布函数.

$M = \max(X_1, X_2, \cdots, X_n)$ 的分布函数为

$$\begin{aligned} F_M(z) &= P\{M \leqslant z\} = P\{\max(X_1, X_2, \cdots, X_n) \leqslant z\} \\ &= P\{X_1 \leqslant z, X_2 \leqslant z, \cdots, X_n \leqslant z\} \\ &= P\{X_1 \leqslant z\} P\{X_2 \leqslant z\} \cdots P\{X_n \leqslant z\} \\ &= F_{X_1}(z) F_{X_2}(z) \cdots F_{X_n}(z). \end{aligned} \tag{3.36}$$

$N = \min(X_1, X_2, \cdots, X_n)$ 的分布函数为

$$\begin{aligned} F_N(z) &= P\{N \leqslant z\} = 1 - P\{N > z\} \\ &= 1 - P\{\min(X_1, X_2, \cdots, X_n) > z\} \\ &= 1 - P\{X_1 > z, X_2 > z, \cdots, X_n > z\} \\ &= 1 - P\{X_1 > z\} P\{X_2 > z\} \cdots P\{X_n > z\} \\ &= 1 - [1 - F_{X_1}(z)][1 - F_{X_2}(z)] \cdots [1 - F_{X_n}(z)]. \end{aligned} \tag{3.37}$$

特别地, 当 $X_1, X_2, \cdots, X_n$ 独立同分布时, 有

$$F_M(z) = [F(z)]^n, \quad F_N(z) = 1 - [1 - F(z)]^n, \tag{3.38}$$

其中 $F(x)$ 为 X_i 的分布函数.

例 4 某银行自助服务区有两台自助取款机, 现有甲、乙、丙三人同时进入该自助服务区取款, 假设甲、乙两人首先开始取款, 又假设各人取款所需时间是相互独立的且都服从参数为 $\lambda (\lambda > 0)$ 的指数分布, 求丙在自助服务区花费时间的概率密度.

解 假设甲、乙、丙三人在自助服务区取款时间分别为 X_1, X_2, X_3, 则 X_1, X_2, X_3 独立同分布, 概率密度与分布函数分别为

$$f_i(x) = \begin{cases} \lambda e^{-\lambda x}, & x \geqslant 0, \\ 0, & x < 0, \end{cases} \quad i = 1, 2, 3,$$

$$F_i(x) = \begin{cases} 1 - e^{-\lambda x}, & x \geqslant 0, \\ 0, & x < 0, \end{cases} \quad i = 1, 2, 3,$$

由题意可知, 丙在自助服务区花费时间 T 是等待时间 T_1 与取款时间 X_3 之和, 即 $T = T_1 + X_3$, 其中 $T_1 = \min(X_1, X_2)$, 且 T_1 与 X_3 相互独立. 记 T_1 的概率密度为 $g(y)$, 下面先求 $g(y)$, 再求 T 的概率密度 $f(t)$. $T_1 = \min(X_1, X_2)$ 的分布函数为

$$G(y) = 1-[1-F_1(y)][1-F_2(y)] = \begin{cases} 1-e^{-2\lambda y}, & y \geqslant 0, \\ 0, & y < 0. \end{cases}$$

从而 $T_1 = \min(X_1, X_2)$ 的概率密度为

$$g(y) = G'(y) = \begin{cases} 2\lambda e^{-2\lambda y}, & y \geqslant 0, \\ 0, & y < 0. \end{cases}$$

这表明 $T_1 = \min(X_1, X_2)$ 服从参数为 2λ 的指数分布. $T = T_1 + X_3$ 的概率密度为

$$f_T(t) = \int_{-\infty}^{+\infty} g(t-x) f_3(x) \mathrm{d}x.$$

当 $t < 0$ 时, $f(t) = 0$;

当 $t \geqslant 0$ 时, $f_T(t) = \int_0^t \lambda e^{-\lambda x} \cdot 2\lambda e^{-2\lambda(t-x)} \mathrm{d}x = 2\lambda^2 e^{-2\lambda t} \int_0^t e^{\lambda x} \mathrm{d}x = 2\lambda e^{-\lambda t}(1-e^{-\lambda t})$.

所以丙在自助服务区花费时间 T 的概率密度为

$$f_T(t) = \begin{cases} 2\lambda e^{-\lambda t}(1-e^{-\lambda t}), & t \geqslant 0, \\ 0, & t < 0. \end{cases}$$

3) $Z = X^2 + Y^2$ 的概率分布

设二维随机变量 (X, Y) 的概率密度为 $f(x, y)$. 则 $Z = X^2 + Y^2$ 的分布函数为

$$F_Z(z) = P\{X^2 + Y^2 \leqslant z\} = \iint_{x^2+y^2 \leqslant z} f(x, y) \mathrm{d}x \mathrm{d}y.$$

当 $z \leqslant 0$ 时, $F_Z(z) = 0$;
当 $z > 0$ 时, 令 $x = r\cos\theta, y = r\sin\theta$, 则

$$F_Z(z) = P\{Z \leqslant z\} = \int_0^{\sqrt{z}} \int_0^{2\pi} f(r\cos\theta, r\sin\theta) r \mathrm{d}\theta \mathrm{d}r,$$

将 $F_Z(z)$ 关于 z 求导, 可得 $Z = X^2 + Y^2$ 的概率密度

$$f_Z(z) = \begin{cases} \dfrac{1}{2} \int_0^{2\pi} f(\sqrt{z}\cos\theta, \sqrt{z}\sin\theta) \mathrm{d}\theta, & z \geqslant 0, \\ 0, & z < 0. \end{cases} \tag{3.39}$$

例 5 设随机变量 X 与 Y 相互独立, 且都服从标准正态分布, 求随机变量 $Z = X^2 + Y^2$ 的概率密度.

解 X 与 Y 的概率密度分别为

$$f_X(x) = \frac{1}{\sqrt{2\pi}} e^{-\frac{x^2}{2}}, \quad -\infty < x < +\infty,$$

$$f_Y(y)=\frac{1}{\sqrt{2\pi}}\mathrm{e}^{-\frac{y^2}{2}},\quad -\infty<y<+\infty,$$

因为 X 与 Y 相互独立，根据(3.39)式，当 $z\geqslant 0$ 时，Z 的概率密度为

$$f_Z(z)=\frac{1}{2}\int_0^{2\pi}f_X(\sqrt{z}\cos\theta)f_Y(\sqrt{z}\sin\theta)\mathrm{d}\theta$$

$$=\frac{1}{2}\int_0^{2\pi}\frac{1}{\sqrt{2\pi}}\mathrm{e}^{-\frac{z\cos^2\theta}{2}}\frac{1}{\sqrt{2\pi}}\mathrm{e}^{-\frac{z\sin^2\theta}{2}}\mathrm{d}\theta=\frac{1}{4\pi}\mathrm{e}^{-\frac{z}{2}}\int_0^{2\pi}\mathrm{d}\theta=\frac{1}{2}\mathrm{e}^{-\frac{z}{2}},$$

从而

$$f_Z(z)=\begin{cases}\dfrac{1}{2}\mathrm{e}^{-\frac{z}{2}}, & z\geqslant 0,\\ 0, & z<0.\end{cases}$$

即 $Z=X^2+Y^2$ 服从参数 $\lambda=\dfrac{1}{2}$ 的指数分布.

4) $Z=X/Y$ 的概率分布

设二维随机变量 (X,Y) 的概率密度为 $f(x,y)$，则 $Z=X/Y$ 的分布函数

$$F_Z(z)=P\{Z\leqslant z\}=P\left\{\frac{X}{Y}\leqslant z\right\}=\iint_{G_1}f(x,y)\mathrm{d}x\mathrm{d}y+\iint_{G_2}f(x,y)\mathrm{d}x\mathrm{d}y,$$

其中 G_1, G_2 是图 3-13 中的阴影部分. 因此

$$F_Z(z)=\int_0^{+\infty}\mathrm{d}y\int_{-\infty}^{yz}f(x,y)\mathrm{d}x+\int_{-\infty}^0\mathrm{d}y\int_{yz}^{+\infty}f(x,y)\mathrm{d}x.$$

由此可得 $Z=X/Y$ 的概率密度

$$f_Z(z)=\int_0^{+\infty}f(yz,y)y\mathrm{d}y-\int_{-\infty}^0 f(yz,y)y\mathrm{d}y=\int_{-\infty}^{+\infty}|y|f(yz,y)\mathrm{d}y. \tag{3.40}$$

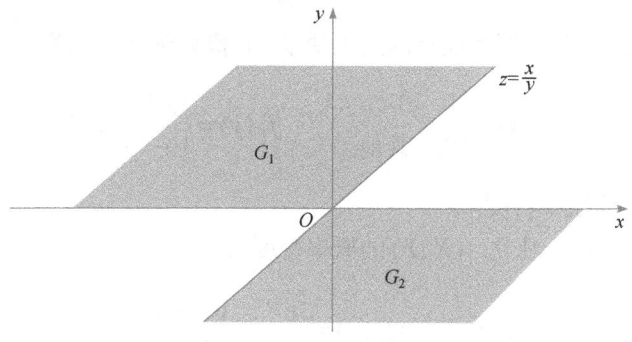

图 3-13 $x/y\leqslant z$ 的区域

例 6 设随机变量 X 与 Y 相互独立,分别服从参数为 λ_1, λ_2 的指数分布,求 $Z = X/Y$ 的概率密度.

解 X 与 Y 的概率密度分别为

$$f_X(x) = \begin{cases} \lambda_1 e^{-\lambda_1 x}, & x \geq 0, \\ 0, & x < 0, \end{cases} \lambda_1 > 0, \quad f_Y(y) = \begin{cases} \lambda_2 e^{-\lambda_2 y}, & y \geq 0, \\ 0, & y < 0, \end{cases} \lambda_2 > 0,$$

因为 X 与 Y 相互独立,由(3.40)式可得 $Z = X/Y$ 的概率密度

$$f_Z(z) = \int_{-\infty}^{+\infty} |y| f_X(yz) f_Y(y) \mathrm{d}y.$$

当 $z > 0$ 时,$f_Z(z) = \lambda_1 \lambda_2 \int_0^{+\infty} y e^{-(\lambda_1 z + \lambda_2) y} \mathrm{d}y = \dfrac{\lambda_1 \lambda_2}{\lambda_1 z + \lambda_2}$;

当 $z \leq 0$ 时,$f_Z(z) = 0$.

从而 Z 的概率密度为

$$f_Z(z) = \begin{cases} \dfrac{\lambda_1 \lambda_2}{\lambda_1 z + \lambda_2}, & z \geq 0, \\ 0, & z < 0. \end{cases}$$

一般地,我们可以将上面讨论的求二维随机变量概率密度的方法总结如下.

设二维连续型随机变量 (X, Y) 的概率密度为 $f(x, y)$,随机变量 $Z = g(X, Y)$ 是 X 和 Y 的函数,若 $z = g(x, y)$ 为二元连续函数,则 $Z = g(X, Y)$ 的分布函数为

$$F_Z(z) = P\{Z \leq z\} = P\{g(X, Y) \leq z\} = \iint\limits_{g(x,y) \leq z} f(x, y) \mathrm{d}x\mathrm{d}y.$$

当 $F_Z(z)$ 可导时,Z 的概率密度为

$$f_Z(z) = \frac{\mathrm{d}F_Z(z)}{\mathrm{d}z}.$$

例 7 设 X 与 Y 是相互独立的随机变量,其概率密度分别为

$$f_X(x) = \begin{cases} 1, & 0 < x < 1, \\ 0, & \text{其他}, \end{cases} \quad f_Y(y) = \begin{cases} e^{-y}, & y > 0, \\ 0, & y \leq 0. \end{cases}$$

试求 $Z = 2X + Y$ 的概率密度.

解 X 与 Y 相互独立,(X, Y) 的概率密度为

$$f(x, y) = f_X(x) f_Y(y) = \begin{cases} e^{-y}, & 0 < x < 1, y > 0, \\ 0, & \text{其他}. \end{cases}$$

$Z = 2X + Y$ 的分布函数为

$$F_Z(z) = P\{Z \leqslant z\} = P\{2X + Y \leqslant z\} = \iint\limits_{2x+y \leqslant z} f(x,y) \mathrm{d}x \mathrm{d}y.$$

下面分三种情况进行讨论(对应的情况见图 3-14(a)～图 3-14(c)).

当 $z < 0$ 时，$F_Z(z) = 0$；

当 $0 \leqslant z < 2$ 时，$F_Z(z) = \int_0^{z/2} \mathrm{d}x \int_0^{z-2x} \mathrm{e}^{-y} \mathrm{d}y = \dfrac{1}{2}(z + \mathrm{e}^{-z} - 1)$；

当 $z \geqslant 2$ 时，$F_Z(z) = \int_0^1 \mathrm{d}x \int_0^{z-2x} \mathrm{e}^{-y} \mathrm{d}y = 1 - \dfrac{1}{2}(\mathrm{e}^2 - 1)\mathrm{e}^{-z}$.

所以 $Z = 2X+Y$ 的分布函数为

$$F_Z(z) = \begin{cases} 0, & z < 0, \\ \dfrac{1}{2}(z + \mathrm{e}^{-z} - 1), & 0 \leqslant z < 2, \\ 1 - \dfrac{1}{2}(\mathrm{e}^2 - 1)\mathrm{e}^{-z}, & z \geqslant 2. \end{cases}$$

对上面的分布函数关于 Z 求导可得 $Z=2X+Y$ 的概率密度为

$$f_Z(z) = \begin{cases} 0, & z < 0, \\ \dfrac{1}{2}(1 - \mathrm{e}^{-z}), & 0 \leqslant z < 2, \\ \dfrac{1}{2}(\mathrm{e}^2 - 1)\mathrm{e}^{-z}, & z \geqslant 2. \end{cases}$$

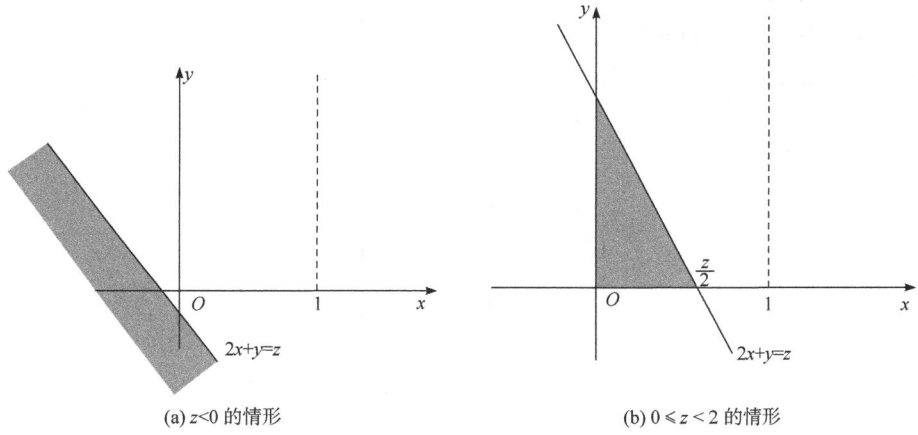

(a) $z<0$ 的情形　　　　　　　　(b) $0 \leqslant z < 2$ 的情形

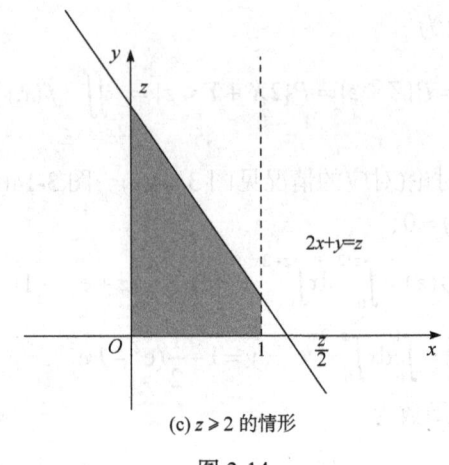

(c) $z > 2$ 的情形

图 3-14

例 8 设 (X,Y) 在区域 $D = \{(x,y)|0 \leqslant x \leqslant 2, 0 \leqslant y \leqslant 1\}$ 上服从均匀分布，试求 $Z = XY$ 的概率密度.

解 (X,Y) 的概率密度为

$$f(x,y) = \begin{cases} \dfrac{1}{2}, & (x,y) \in D, \\ 0, & \text{其他}. \end{cases}$$

由此可得 $Z = XY$ 的分布函数为

$$F_Z(z) = P\{Z \leqslant z\} = P\{XY \leqslant z\} = \iint\limits_{xy \leqslant z} f(x,y)\mathrm{d}x\mathrm{d}y.$$

由图 3-15 可知

当 $z \leqslant 0$ 时，$F_Z(z) = 0$；

当 $0 < z < 2$ 时，

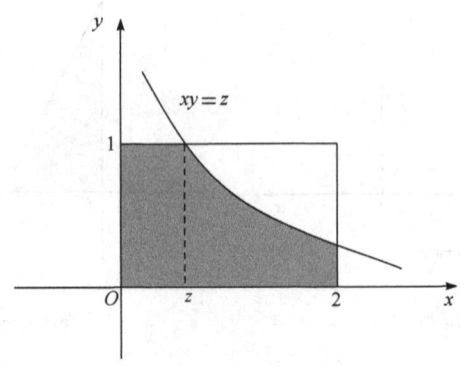

图 3-15　例 8 的图

$$F_Z(z) = P\{XY \leqslant z\} = 1 - P\{XY > z\} = 1 - \frac{1}{2}\int_z^2 dx \int_{z/x}^1 dy = \frac{1}{2}(1+\ln 2 - \ln z)z;$$

当 $z \geqslant 2$ 时, $F_Z(z) = 1$.

所以 $Z = XY$ 的分布函数为

$$F_Z(z) = \begin{cases} 0, & z < 0, \\ \frac{1}{2}(1+\ln 2 - \ln z)z, & 0 \leqslant z < 2, \\ 1, & z \geqslant 2. \end{cases}$$

其概率密度为

$$f_Z(z) = \begin{cases} \frac{1}{2}(\ln 2 - \ln z), & 0 < z < 2, \\ 0, & \text{其他}. \end{cases}$$

例 9 设随机变量 X 与 Y 相互独立, Y 的概率密度为 $f_Y(y)$, X 的分布律为

X	1	2	3
p_k	0.2	0.3	0.5

求 $Z = X + Y$ 的概率密度.

解 由 X 与 Y 相互独立, 可得 $Z = X + Y$ 的分布函数为

$$\begin{aligned} F_Z(z) &= P(X+Y \leqslant z) \\ &= P\{X=1, Y \leqslant z-1\} + P\{X=2, Y \leqslant z-2\} + P\{X=3, Y \leqslant z-3\} \\ &= P\{X=1\}P\{Y \leqslant z-1\} + P\{X=2\}P\{Y \leqslant z-2\} + P\{X=3\}P\{Y \leqslant z-3\} \\ &= 0.2 F_Y(z-1) + 0.3 F_Y(z-2) + 0.5 F_Y(z-3). \end{aligned}$$

于是 $Z = X + Y$ 的概率密度为

$$f_Z(z) = 0.2 f_Y(z-1) + 0.3 f_Y(z-2) + 0.5 f_Y(z-3).$$

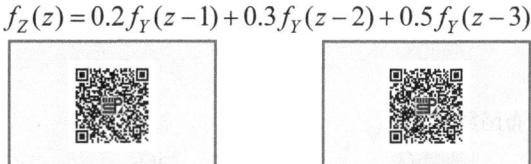

3.5 节知识拓展　　　3.5 节自测题

习题 3.5

1. 设随机变量 (X, Y) 的分布律为

X \ Y	0	1	2
0	$\frac{1}{8}$	$\frac{1}{4}$	0
1	$\frac{1}{8}$	$\frac{1}{4}$	$\frac{1}{4}$

(1) 分别求 $Z_1 = \max(X, Y)$ 和 $Z_2 = \min(X, Y)$ 的分布律;

(2) 分别求 $W_1 = X + Y$ 和 $W_2 = X - Y$ 的分布律.

2. 设随机变量 X 与 Y 相互独立, 且 $X \sim b(m, p)$ 和 $Y \sim b(n, p)$, 证明 $X+Y$ 服从二项分布 $b(m+n, p)$.

3. 设随机变量 X 与 Y 相互独立, 且 $X \sim N(\mu, \sigma^2)$, $Y \sim U[-\pi, \pi]$, 求 $Z = X + Y$ 的概率密度.

4. 设系统 L 由两个相互独立的子系统 L_1 和 L_2 连接而成, 连接的方式分别为(1)串联,(2)并联,(3)备用(当系统 L_1 损坏时, 系统 L_2 开始工作). 设 L_1, L_2 的寿命分别为 X, Y, 且它们分别服从参数为 $\lambda = \alpha$ 和 $\lambda = \beta$ 的指数分布, 其中 $\alpha > 0, \beta > 0$, 试分别就以上三种连接方式写出系统 L 的寿命 Z 的概率密度.

5. 设随机变量 X 与 Y 相互独立, $X \sim U[0, 1]$, Y 的分布律为
$$P\{Y=1\} = 0.3, \quad P\{Y=2\} = 0.7,$$
求 $Z = X + Y$ 的概率密度 $f_Z(z)$.

6. 设随机变量 X 与 Y 独立同分布, 其概率密度为
$$f(x) = \begin{cases} \dfrac{100}{x^2}, & x > 100, \\ 0, & \text{其他}. \end{cases}$$
求随机变量 $Z = X / Y$ 的概率密度.

测 验 题 3

一、填空题

1. 设 (X, Y) 的分布函数为
$$F(x, y) = A\left(B + \arctan\frac{x}{2}\right)\left(C + \arctan\frac{y}{3}\right), \quad -\infty < x, y < \infty,$$
则常数 $A = \underline{\qquad}$, $B = \underline{\qquad}$, $C = \underline{\qquad}$.

2. 设随机变量 (X, Y) 的概率密度为
$$f(x, y) = \begin{cases} k(6 - x - y), & 0 < x < 2, 2 < y < 4, \\ 0, & \text{其他}, \end{cases}$$
则常数 $k = \underline{\qquad}$.

3. 设二维随机变量 (X,Y) 的分布函数为
$$F(x,y) = \frac{1}{\pi^2}\left(\frac{\pi}{2} + \arctan x\right)\left(\frac{\pi}{2} + \arctan y\right), \quad -\infty < x, y < +\infty,$$
则 (X,Y) 关于 X 的边缘分布函数为_____，(X,Y) 关于 Y 的边缘分布函数为_____.

4. 设 (X,Y) 的概率密度为
$$f(x,y) = \begin{cases} e^{-y}, & 0 < x < y, \\ 0, & 其他, \end{cases}$$
则 (X,Y) 关于 X 和 Y 的边缘分布函数 $F_X(x), F_Y(y)$ 分别为_____.

5. 设随机变量 X 与 Y 相互独立，且 X 与 Y 的联合分布及边缘分布的部分数据列表如下，求表中的未知数.

X\Y	y_1	y_2	y_3	$P\{X=x_i\}$
x_1		1/8		
x_2	1/8			
$P\{Y=y_j\}$	1/6			1

二、选择题

1. 设二维随机变量 (X,Y) 服从正态分布 $N(1,0,1,1,0)$，则 $P\{XY-Y<0\}$ 为( ).

(A) $\frac{1}{2}$;   (B) $\frac{1}{3}$;   (C) $\frac{1}{4}$;   (D) $\frac{1}{5}$.

2. 在区间 $(0,1)$ 中随机地取两个数，则这两个数之差的绝对值小于 $\frac{1}{2}$ 的概率为( ).

(A) $\frac{1}{2}$;   (B) $\frac{2}{3}$;   (C) $\frac{1}{4}$;   (D) $\frac{3}{4}$.

3. 设随机变量 X 与 Y 相互独立，X 的分布律为 $P\{X=i\} = \frac{1}{3}(i=-1,0,1)$，$Y$ 的概率密度为 $f_Y(y) = \begin{cases} 1, & 0 \le y \le 1, \\ 0, & 其他, \end{cases}$ 记 $Z = X+Y$，则 $P\left\{Z \le \frac{1}{2} \mid X=0\right\}$ 等于( ).

(A) $\frac{1}{2}$;   (B) $\frac{1}{3}$;   (C) $\frac{1}{4}$;   (D) $\frac{1}{5}$.

4. 设二维随机变量 (X,Y) 的概率密度为
$$f(x,y) = \begin{cases} 2-x-y, & 0<x<1, \ 0<y<1, \\ 0, & 其他, \end{cases}$$
则 $P\{X>2Y\}$ 等于( ).

(A) $\frac{7}{12}$;   (B) $\frac{11}{12}$;   (C) $\frac{7}{24}$;   (D) $\frac{11}{24}$.

5. 设随机变量 X 与 Y 相互独立，且均服从区间 $[0,3]$ 上的均匀分布，则 $P(\max\{X,Y\} \le 1)$ 等于( ).

(A) $\dfrac{1}{6}$； (B) $\dfrac{1}{7}$； (C) $\dfrac{1}{8}$； (D) $\dfrac{1}{9}$．

三、计算题

1. 设 X 与 Y 相互独立，其概率密度分别为

$$f_X(x)=\begin{cases}1, & 0\leqslant x\leqslant 1,\\ 0, & 其他.\end{cases} \quad f_Y(y)=\begin{cases}\mathrm{e}^{-y}, & y>0,\\ 0, & 其他.\end{cases}$$

求 $Z=2X+Y$ 的概率密度 $f_Z(z)$．

2. 设随机变量 X 和 Y 相互独立，它们的联合概率密度为

$$f(x,y)=\begin{cases}\dfrac{3}{2}\mathrm{e}^{-3x}, & x>0, 0\leqslant y\leqslant 2,\\ 0, & 其他.\end{cases}$$

(1) 求边缘概率密度 $f_X(x), f_Y(y)$；
(2) 求 $Z=\max(X,Y)$ 的分布函数 $F_{\max}(z)$；
(3) 求 $W=\min(X,Y)$ 的概率密度 $f_{\min}(z)$．

3. 设 (X,Y) 的概率密度为

$$f(x,y)=\begin{cases}\dfrac{k}{2}x\mathrm{e}^{-x(y+1)}, & x>0, y>0,\\ 0, & 其他.\end{cases}$$

(1) 求常数 k 的值；
(2) 分别求 (X,Y) 关于 X 和 Y 的边缘概率密度；
(3) 判断 X 与 Y 是否相互独立．

4. 已知 (X,Y) 的取值为 $(0,0), (-1,1), (-1,1/3), (2,0)$，且相应概率依次为 $1/6, 1/3, 1/12, 5/12$，求 (X,Y) 的分布律，并写出 Y 的边缘分布律．

5. 设 X 与 Y 的分布律分别为

X	0	1
$P\{X=x_i\}$	1/3	2/3

Y	-1	0	1
$P\{Y=y_j\}$	1/3	1/3	1/3

$P\{X^2=Y^2\}=1$，求 $P\{X=1, Y=1\}$．

6. 设随机变量 X 与 Y 满足 $P\{X\geqslant 0, Y\geqslant 0\}=\dfrac{3}{7}, P\{X\geqslant 0\}=P\{Y\geqslant 0\}=\dfrac{4}{7}$，求 $P(\max(X,Y)\geqslant 0)$．

第 3 章测试题

第 4 章

随机变量的数字特征

随机变量的概率分布完整地描述了随机变量取值的统计规律,但实际中要得到随机变量的概率分布有时很困难,并且在很多情况下不需要完全获知随机变量的概率分布,而只需知道它的某些数字特征就够了. 例如,在评价粮食产量时人们往往关心的是平均亩产量;再比如,在考察某种型号电子元件的寿命时,人们关心的是这种电子元件的平均寿命. 这种能够反映随机变量的某些特征的数量称为数字特征. 随机变量的数字特征很多,本章将主要介绍随机变量的常用数字特征:数学期望、方差、协方差和相关系数等.

4.1 数 学 期 望

1. 随机变量的数学期望

为了引出数学期望的概念,首先来看一个简单的例子.

例 1 某射手进行射击训练,已知在 100 次射击中命中环数与次数记录如下:

环数	8	9	10
次数	30	10	60

试求该射手的平均成绩.

解 该射手的平均环数为

$$\frac{8\times 30+9\times 10+10\times 60}{100}=8\times\frac{30}{100}+9\times\frac{10}{100}+10\times\frac{60}{100}=9.3(环).$$

在例 1 中,若设 X 为该射手命中的环数,则 $\frac{30}{100},\frac{10}{100},\frac{60}{100}$ 分别是事件 $\{X=8\},\{X=9\},\{X=10\}$ 在这 100 次射击中发生的频率. 当射击次数充分大时,这些事件发生的频率收敛于其发生的概率 p_k,该射手命中的平均环数收敛于

$\sum_{k=8}^{10} k p_k$，这个值就称为随机变量 X 的**数学期望**或**均值**. 它反映了随机变量 X 平均取值的大小.

定义 1 设离散型随机变量 X 的分布律为

$$P\{X = x_k\} = p_k, \quad k = 1, 2, \cdots.$$

如果级数 $\sum_{k=1}^{\infty} x_k p_k$ 绝对收敛，则称该级数的和为 X 的**数学期望**，简称**期望**或**均值**，记为 $E(X)$，即

$$E(X) = \sum_{k=1}^{\infty} x_k p_k, \tag{4.1}$$

如果级数 $\sum_{k=1}^{\infty} x_k p_k$ 不绝对收敛，则称 X 的数学期望不存在.

在定义 1 中要求级数 $\sum_{k=1}^{\infty} x_k p_k$ 绝对收敛，目的是要保证 X 的数学期望是唯一的，即级数求和与顺序无关，亦即 X 的数学期望应由其分布律唯一确定.

若 X 为连续型随机变量，其概率密度为 $f(x)$，在数轴上插入分点 $x_0 < x_1 < \cdots < x_n < \cdots$，则 X 落在小区间 (x_k, x_{k+1}) 内的概率为

$$p_k = \int_{x_k}^{x_{k+1}} f(x) \mathrm{d}x = f(\xi_k)(x_{k+1} - x_k) = f(\xi_k) \Delta x_k, \quad \xi_k \in (x_k, x_{k+1}),$$

它与离散型随机变量的 p_k 类似. 当所有的 Δx_k 都充分小时，连续型随机变量 X 的数学期望可以表示为

$$\lim_{\max(\Delta x_k) \to 0} \sum_k x_k f(\xi_k) \Delta x_k = \int_{-\infty}^{+\infty} x f(x) \mathrm{d}x.$$

定义 2 设连续型随机变量 X 的概率密度为 $f(x)$，若积分 $\int_{-\infty}^{+\infty} x f(x) \mathrm{d}x$ 绝对收敛，则称该积分的值为 X 的**数学期望**，简称**期望**或**均值**，记为 $E(X)$，即

$$E(X) = \int_{-\infty}^{+\infty} x f(x) \mathrm{d}x. \tag{4.2}$$

若积分 $\int_{-\infty}^{+\infty} x f(x) \mathrm{d}x$ 不绝对收敛，则称 X 的数学期望不存在.

例 2 设随机变量 X 的分布律为

$$p_k = P\left\{X = (-1)^{k+1} \frac{3^k}{k}\right\} = \frac{2}{3^k}, \quad k = 1, 2, \cdots.$$

证明 X 的数学期望不存在.

证 因为 $\sum\limits_{k=1}^{\infty}|x_k p_k| = \sum\limits_{k=1}^{\infty}\left|(-1)^{k+1}\dfrac{3^k}{k}\cdot\dfrac{2}{3^k}\right| = \sum\limits_{k=1}^{\infty}\dfrac{2}{k}$,而 $\sum\limits_{k=1}^{\infty}\dfrac{2}{k}$ 不收敛,故 $\sum\limits_{k=1}^{\infty}x_k p_k$ 不绝对收敛,所以由定义 1 可知 X 的数学期望不存在.

类似地,设随机变量 X 服从柯西(Cauchy)分布,其概率密度为

$$f(x) = \dfrac{1}{\pi(1+x^2)}, \quad -\infty < x < \infty,$$

容易验证 X 的数学期望不存在.

例 3 经过长期观察积累,某射手在每次射击时命中的环数 X 的分布情况如下所示.

X	5	6	7	8	9	10
$P\{X=x_i\}$	0.05	0.05	0.1	0.1	0.2	0.5

求 X 的数学期望.

解 $E(X) = \sum\limits_{k=1}^{6} x_k p_k = 5\times0.05 + 6\times0.05 + 7\times0.1 + 8\times0.1 + 9\times0.2 + 10\times0.5$
$= 8.85.$

例 4 设某玩具横向摇摆的随机振幅 X 服从瑞利(Rayleigh)分布,其概率密度为

$$f(x) = \begin{cases} \dfrac{1}{\sigma^2} x \mathrm{e}^{-\frac{x^2}{2\sigma^2}}, & x > 0, \\ 0, & x \leqslant 0, \end{cases}$$

其中 $\sigma > 0$.求(1) X 的数学期望;(2)该玩具遇到摇摆振幅大于平均振幅的概率.

解 (1) $E(X) = \int_{-\infty}^{+\infty} x f(x)\mathrm{d}x = \int_{0}^{+\infty} \dfrac{1}{\sigma^2} x^2 \mathrm{e}^{-\frac{x^2}{2\sigma^2}}\mathrm{d}x = \sqrt{\dfrac{\pi}{2}}\sigma$;

(2) $P\{X > E(X)\} = P\left\{X > \sqrt{\dfrac{\pi}{2}}\sigma\right\} = \int_{\sqrt{\frac{\pi}{2}}\sigma}^{+\infty} \dfrac{1}{\sigma^2} x \mathrm{e}^{-\frac{x^2}{2\sigma^2}}\mathrm{d}x = \mathrm{e}^{-\frac{\pi}{4}}$.

2. 随机变量的函数的数学期望

前面给出了随机变量数学期望的定义,但在很多情况下我们需要计算随机变量的函数的数学期望,为此我们有下面的结论.

定理 1 设 $Y = g(X)$ 是随机变量 X 的函数.

(1) 设 X 为离散型随机变量,其分布律为

$$P\{X = x_k\} = p_k, \quad k = 1, 2, \cdots,$$

若级数 $\sum_{k=1}^{\infty} g(x_k) p_k$ 绝对收敛,则

$$E(Y) = E[g(X)] = \sum_{k=1}^{\infty} g(x_k) p_k. \tag{4.3}$$

(2) 设 X 为连续型随机变量,其概率密度为 $f(x)$,若积分 $\int_{-\infty}^{+\infty} g(x)f(x)\mathrm{d}x$ 绝对收敛,则

$$E(Y) = E[g(X)] = \int_{-\infty}^{+\infty} g(x)f(x)\mathrm{d}x. \tag{4.4}$$

注 由定理 1 可知,在已知 X 的分布的情况下,可以不求 $Y = g(X)$ 的分布,就能求出 Y 的数学期望,这样往往比先求 Y 的分布再求 Y 的期望更简单一些.

我们可将定理 1 推广到多维随机变量的函数的情形.

定理 2 设 $Z = g(X, Y)$ 是随机变量 X 与 Y 的函数.

(1) 设 (X, Y) 为离散型随机变量,其分布律为

$$P\{X = x_i, Y = y_j\} = p_{ij}, \quad i, j = 1, 2, \cdots,$$

若级数 $\sum_{i=1}^{\infty} \sum_{j=1}^{\infty} g(x_i, y_j) p_{ij}$ 绝对收敛,则

$$E(Z) = E[g(X, Y)] = \sum_{i=1}^{\infty} \sum_{j=1}^{\infty} g(x_i, y_j) p_{ij}. \tag{4.5}$$

(2) 设 (X, Y) 为连续型随机变量,其概率密度为 $f(x, y)$,若积分 $\int_{-\infty}^{+\infty} \int_{-\infty}^{+\infty} g(x, y) f(x, y) \mathrm{d}x\mathrm{d}y$ 绝对收敛,则

$$E(Z) = E[g(X, Y)] = \int_{-\infty}^{+\infty} \int_{-\infty}^{+\infty} g(x, y) f(x, y) \mathrm{d}x\mathrm{d}y. \tag{4.6}$$

例 5 工厂生产的某种设备的寿命 X(单位: 年)服从参数为 $\lambda = 1/4$ 的指数分布,工厂规定出售的设备若在一年内损坏可予以调换. 工厂出售一台设备可盈利 300 元,调换一台设备厂方需花费 600 元. 试求厂方出售一台设备净盈利的数学期望.

解 X 的概率密度为

$$f(x) = \begin{cases} \dfrac{1}{4} \mathrm{e}^{-\frac{1}{4}x}, & x \geq 0, \\ 0, & x < 0. \end{cases}$$

一台设备在一年内损坏的概率为

$$P\{X<1\}=\int_{-\infty}^{1}f(x)\mathrm{d}x=\frac{1}{4}\int_{0}^{1}\mathrm{e}^{-\frac{1}{4}x}\mathrm{d}x=1-\mathrm{e}^{-\frac{1}{4}},$$

该设备的寿命超过一年的概率

$$P\{X\geqslant 1\}=1-P\{X<1\}=1-\left(1-\mathrm{e}^{-\frac{1}{4}}\right)=\mathrm{e}^{-\frac{1}{4}}.$$

设 Y 表示出售一台设备的净盈利，易知

$$Y=g(X)=\begin{cases}-300, & X<1,\\ 300, & X\geqslant 1.\end{cases}$$

所以

$$E(Y)=-300P\{X<1\}+300P\{X\geqslant 1\}=-300\left(1-\mathrm{e}^{-\frac{1}{4}}\right)+300\mathrm{e}^{-\frac{1}{4}}\approx 167.28.$$

例 6 设二维随机变量 (X,Y) 的概率密度为

$$f(x,y)=\begin{cases}Ax(1+3y^2), & 0<x<2,\ 0<y<1,\\ 0, & \text{其他}.\end{cases}$$

求常数 A 的值，$E(X)$，$E(Y)$ 和 $E(XY)$.

解 由 $\int_{-\infty}^{+\infty}\int_{-\infty}^{+\infty}f(x,y)\mathrm{d}x\mathrm{d}y=1$，得 $\int_{0}^{1}\mathrm{d}y\int_{0}^{2}Ax(1+3y^2)\mathrm{d}x=1$，解得 $A=\frac{1}{4}$，从而 (X,Y) 的概率密度为

$$f(x,y)=\begin{cases}\dfrac{1}{4}x(1+3y^2), & 0<x<2,\ 0<y<1,\\ 0, & \text{其他}.\end{cases}$$

由定理 2 可得

$$E(X)=\int_{-\infty}^{+\infty}\int_{-\infty}^{+\infty}xf(x,y)\mathrm{d}x\mathrm{d}y=\int_{0}^{2}\mathrm{d}x\int_{0}^{1}\frac{1}{4}x^2(1+3y^2)\mathrm{d}y=\frac{4}{3},$$

$$E(Y)=\int_{-\infty}^{+\infty}\int_{-\infty}^{+\infty}yf(x,y)\mathrm{d}x\mathrm{d}y=\int_{0}^{2}\mathrm{d}x\int_{0}^{1}\frac{1}{4}xy(1+3y^2)\mathrm{d}y=\frac{5}{8},$$

$$E(XY)=\int_{-\infty}^{+\infty}\int_{-\infty}^{+\infty}xyf(x,y)\mathrm{d}x\mathrm{d}y=\int_{0}^{2}\mathrm{d}x\int_{0}^{1}\frac{1}{4}x^2y(1+3y^2)\mathrm{d}y=\frac{5}{6}.$$

例 7 在长为 h 的线段上任取两点，试求这两点间距离的数学期望.

解 将该线段放在数轴区间 $[0,h]$ 上，设任取两点的坐标为 X 与 Y，X 与 Y 相互独立，且都服从 $[0,h]$ 上的均匀分布，于是 X 与 Y 的概率密度分别为

$$f_X(x) = \begin{cases} \dfrac{1}{h}, & 0 \leqslant x \leqslant h, \\ 0, & \text{其他}, \end{cases} \quad f_Y(y) = \begin{cases} \dfrac{1}{h}, & 0 \leqslant y \leqslant h, \\ 0, & \text{其他}. \end{cases}$$

由 X 与 Y 相互独立可得 (X,Y) 的概率密度为

$$f(x,y) = f_X(x)f_Y(y) = \begin{cases} \dfrac{1}{h^2}, & 0 \leqslant x \leqslant h, \ 0 \leqslant y \leqslant h, \\ 0, & \text{其他}. \end{cases}$$

由定理 2 可得

$$E(|X-Y|) = \int_{-\infty}^{+\infty}\int_{-\infty}^{+\infty} |x-y| f(x,y) \mathrm{d}x\mathrm{d}y = \int_0^h \int_0^h |x-y| \frac{1}{h^2} \mathrm{d}x\mathrm{d}y$$

$$= \frac{1}{h^2}\left[\int_0^h \int_0^x (x-y)\mathrm{d}y\mathrm{d}x + \int_0^h \int_x^h (y-x)\mathrm{d}y\mathrm{d}x\right] = \frac{h}{3}.$$

3. 数学期望的性质

现在给出数学期望的几个常用性质,在下面的讨论中,所遇到的随机变量的数学期望均假设存在,且只对连续型随机变量给予证明,对离散型随机变量的证明只需将积分换为级数求和即可.

根据数学期望的定义和前面的定理可得数学期望的基本性质.

性质 1 设 C 为常数,则 $E(C) = C$.

性质 2 设 C 为常数,X 为随机变量,则

$$E(CX) = CE(X).$$

性质 3 设 X 与 Y 为两个随机变量,则

$$E(X+Y) = E(X) + E(Y).$$

性质 4 设 X 与 Y 是相互独立的随机变量,则

$$E(XY) = E(X)E(Y).$$

证 性质1和性质2由读者自己证明. 下面以连续型随机变量为例给出性质3和性质4的证明. 设随机变量 (X,Y) 的概率密度为 $f(x,y)$,(X,Y) 关于 X 和 Y 的边缘概率密度分别为 $f_X(x)$ 与 $f_Y(y)$,则

$$E(X+Y) = \int_{-\infty}^{+\infty}\int_{-\infty}^{+\infty}(x+y)f(x,y)\mathrm{d}x\mathrm{d}y$$

$$= \int_{-\infty}^{+\infty}\int_{-\infty}^{+\infty}xf(x,y)\mathrm{d}x\mathrm{d}y + \int_{-\infty}^{+\infty}\int_{-\infty}^{+\infty}yf(x,y)\mathrm{d}x\mathrm{d}y$$

$$= E(X) + E(Y).$$

当 X 与 Y 相互独立时,因此 $f(x,y) = f_X(x)f_Y(y)$,于是

$$E(XY) = \int_{-\infty}^{+\infty}\int_{-\infty}^{+\infty} xyf(x,y)\mathrm{d}x\mathrm{d}y = \int_{-\infty}^{+\infty}\int_{-\infty}^{+\infty} xyf_X(x)f_Y(y)\mathrm{d}x\mathrm{d}y$$

$$= \int_{-\infty}^{+\infty} xf_X(x)\mathrm{d}x \int_{-\infty}^{+\infty} yf_Y(y)\mathrm{d}y = E(X)E(Y).$$

以上性质可以推广到 n 个随机变量的情形.

推论 1 设 $X_1, X_2, \cdots, X_n$ 为 n 个随机变量,$a_1, a_2, \cdots, a_n$ 为常数,则

$$E(a_1X_1 + a_2X_2 + \cdots + a_nX_n) = a_1E(X_1) + a_2E(X_2) + \cdots + a_nE(X_n).$$

推论 2 若 $X_1, X_2, \cdots, X_n$ 为 n 个相互独立的随机变量,则

$$E(X_1X_2\cdots X_n) = E(X_1)E(X_2)\cdots E(X_n).$$

例 8 某班 n 名同学每人准备一份礼物参加联欢会,会前先将礼物集中存放在一起并编号,然后每人随机地拿到一个号码,再去领取该号码对应的礼物,试求恰好拿到自己准备的礼物的人数 X 的数学期望.

解 由于 X 的分布律不容易求出,所以我们可以应用数学期望的性质来求 X 的期望,引入随机变量

$$X_i = \begin{cases} 1, & \text{第}i\text{名同学拿到自己准备的礼物}, \\ 0, & \text{第}i\text{名同学没有拿到自己准备的礼物}, \end{cases} \quad i = 1, 2, \cdots, n.$$

显然有 $X = \sum_{i=1}^{n} X_i$,$X_i \sim b\left(1, \dfrac{1}{n}\right)$. 且

$$E(X_i) = \frac{1}{n}, \quad i = 1, 2, \cdots, n,$$

从而

$$E(X) = E\left(\sum_{i=1}^{n} X_i\right) = \sum_{i=1}^{n} E(X_i) = n \cdot \frac{1}{n} = 1.$$

例 9 某超市某种商品的每周需求量 X (单位: kg)服从[10, 30]上的均匀分布,超市每销售 1kg 商品可获利 500 元;若供大于求则降价处理,每处理 1kg 商品亏损 100 元;若供不应求,则可从外部调剂供应,此时每销售 1kg 商品可获利 300 元.

(1) 为使超市销售该商品所获利润的期望值不少于 9280 元,最小进货量应该是多少?

(2) 为使超市销售该商品期望利润最大,最佳进货量应是多少?

解 设 x_0 为该商品的进货量,Y 为该商品的销售利润,依题意有

$$Y = g(X) = \begin{cases} 500x_0 + 300(X - x_0), & X \geq x_0, \\ 500X - 100(x_0 - X), & X < x_0, \end{cases}$$

即

$$Y = \begin{cases} 300X + 200x_0, & X \geq x_0, \\ 600X - 100x_0, & X < x_0. \end{cases}$$

由 X 服从 $[10,30]$ 上的均匀分布，可得 X 的概率密度为

$$f_X(x) = \begin{cases} \dfrac{1}{20}, & 10 \leq x \leq 30, \\ 0, & 其他. \end{cases}$$

于是销售利润的期望值为

$$\begin{aligned} E(Y) &= E[g(X)] = \int_{-\infty}^{+\infty} g(x) f(x) \,\mathrm{d}x = \frac{1}{20} \int_{10}^{30} g(x) \,\mathrm{d}x \\ &= \frac{1}{20} \int_{10}^{x_0} (600x - 100x_0) \,\mathrm{d}x + \frac{1}{20} \int_{x_0}^{30} (300x + 200x_0) \,\mathrm{d}x \\ &= -\frac{15}{2} x_0^2 + 350 x_0 + 5250. \end{aligned}$$

记 $H(x_0) = -\dfrac{15}{2} x_0^2 + 350 x_0 + 5250$.

(1) 要使 $E(Y) \geq 9280$，只需

$$-\frac{15}{2} x_0^2 + 350 x_0 + 5250 \geq 9280,$$

解得 $x_0 \geq 20.67$. 所以为使商店所获利润的期望值不少于 9280 元, 最小进货量为 20.67kg.

(2) 因为 $H'(x_0) = -15x_0 + 350$，令 $H'(x_0) = 0$ 可得

$$-15x_0 + 350 = 0,$$

解得最佳进货量为 $x_0 = 23.33$ (kg).

4.1 节知识拓展

4.1 节自测题

习题 4.1

1. 设离散型随机变量 X 的分布律为

X	-1	0	2
p_k	0.1	0.3	0.6

求 $E(X)$，$E(X+1)$，$E(X^2-2)$.

2. 某工程队完成一项任务所需时间 T（单位：天）服从参数为 $\mu=100$，$\sigma^2=25$ 的正态分布，奖励办法规定：若该项任务在 100 天之内完成则得奖励 10000 元；若在 100 天至 115 天内完成，则得奖励 1000 元；若完成时间超过 115 天，则罚款 5000 元. 试求该工程队获得的平均奖励金额.

3. 设随机变量 (X,Y) 服从二维正态分布，其概率密度为

$$f(x,y)=\frac{1}{2\pi}e^{-\frac{x^2+y^2}{2}}, \quad -\infty<x<+\infty, -\infty<y<+\infty,$$

求 $Z=2X^2+3Y^2$ 的数学期望.

4. 设随机变量 X 的概率密度为

$$f(x)=\begin{cases} ax, & 0<x<2, \\ b+cx, & 2<x<4, \\ 0, & 其他. \end{cases}$$

已知 $E(X)=2$，$P\{1<X<3\}=\dfrac{3}{4}$.

(1) 求常数 a,b,c 的值； (2) 求 $Y=e^X$ 的数学期望.

5. 将 n 只球随机放入 m 个袋子里去，设每只球落入各个袋子里是等可能的，求有球的袋子数 X 的数学期望 $E(X)$.

4.2 方　　差

随机变量 X 的数学期望是反映 X 的平均值大小的数字特征，在实际应用中有时还需要考察 X 与其平均值的偏离程度的大小. 例如，有一批灯管，其平均寿命 $E(X)=1500h$，为了判断这批灯管质量的好坏，我们还需要进一步考察灯管的寿命 X 与其平均寿命 $E(X)$ 的偏离程度的大小，那么用什么来表示随机变量 X 与其平均值 $E(X)$ 的偏离程度呢？如果用偏差 $X-E(X)$ 表示，这是一个随机变量，但其平均值为 $E[X-E(X)]=0$. 如果用 $E\{|X-E(X)|\}$ 表示，则不方便进行数学分析. 为了便于计算，通常用 $E\{[X-E(X)]^2\}$ 来表示 X 与 $E(X)$ 的偏离程度.

1. 方差的概念

定义 1　设 X 是一个随机变量，若 $E\{[X-E(X)]^2\}$ 存在，则称其为 X 的**方差**，

记为 $D(X)$，即

$$D(X) = E\{[X - E(X)]^2\}. \tag{4.7}$$

称 $\sqrt{D(X)}$ 为 X 的**均方差**或**标准差**，记为 σ_X 或 $\sigma(X)$.

注 随机变量 X 的方差 $D(X)$ 是反映 X 的取值与 $E(X)$ 的偏离程度的大小的一个数字特征，其值越小表明 X 与 $E(X)$ 的偏离程度越小，X 的取值越集中在 $E(X)$ 的附近；反之，其值越大表明 X 与 $E(X)$ 的偏离程度越大，X 的取值越分散. 因此 $D(X)$ 是刻画 X 取值分散程度的一个量.

由定义 1 可知，随机变量 X 的方差是 X 的函数的数学期望. 于是若 X 为离散型随机变量，则

$$D(X) = E\{[X - E(X)]^2\} = \sum_{k=1}^{\infty}[x_k - E(X)]^2 p_k,$$

其中 $p_k = P\{X = x_k\}$，$k = 1, 2, \cdots$.

若 X 为连续型随机变量，则有

$$D(X) = E\{[X - E(X)]^2\} = \int_{-\infty}^{+\infty}[x - E(x)]^2 f(x)\,\mathrm{d}x,$$

其中 $f(x)$ 为 X 的概率密度.

计算随机变量 X 的方差有如下的常用公式：

$$D(X) = E(X^2) - [E(X)]^2. \tag{4.8}$$

事实上，

$$D(X) = E\{[X - E(X)]^2\} = E\{X^2 - 2XE(X) + [E(X)]^2\}$$
$$= E(X^2) - 2E(X)E(X) + [E(X)]^2$$
$$= E(X^2) - [E(X)]^2.$$

由此可知，要计算方差只要计算 X 与 X^2 的期望即可.

例 1 设随机变量 X 服从参数为 p 的 (0-1) 分布，求 X 的数学期望与方差.

解 X 的分布律为

$$P\{X = 1\} = p, \quad P\{X = 0\} = 1 - p = q, \quad 0 < p < 1,$$

于是

$$E(X) = 0 \times q + 1 \times p = p, \quad E(X^2) = 0^2 \times q + 1^2 \times p = p,$$
$$D(X) = E(X^2) - [E(X)]^2 = p - p^2 = pq.$$

例 2 设随机变量 X 服从参数为 λ 的泊松分布，求 X 的数学期望与方差.

解 X 的分布律为

$$P\{X=k\} = \frac{\lambda^k \mathrm{e}^{-\lambda}}{k!}, \quad k = 0,1,2,\cdots.$$

于是

$$E(X) = \sum_{k=0}^{\infty} k \times \frac{\lambda^k}{k!} \mathrm{e}^{-\lambda} = \sum_{k=1}^{\infty} \frac{\lambda^k}{(k-1)!} \mathrm{e}^{-\lambda},$$

令 $j = k-1$,则

$$E(X) = \lambda \sum_{j=0}^{\infty} \frac{\lambda^j}{j!} \mathrm{e}^{-\lambda} = \lambda,$$

$$E(X^2) = \sum_{k=0}^{\infty} k^2 \times \frac{\lambda^k}{k!} \mathrm{e}^{-\lambda} = \sum_{k=1}^{\infty} k \frac{\lambda^k}{(k-1)!} \mathrm{e}^{-\lambda}$$

$$= \lambda \left(\sum_{k=1}^{\infty} (k-1) \frac{\lambda^{k-1}}{(k-1)!} \mathrm{e}^{-\lambda} + \sum_{k=1}^{\infty} \frac{\lambda^{k-1}}{(k-1)!} \mathrm{e}^{-\lambda} \right) = \lambda^2 + \lambda,$$

所以

$$D(X) = E(X^2) - [E(X)]^2 = (\lambda^2 + \lambda) - \lambda^2 = \lambda.$$

例3 设随机变量 X 服从正态分布 $N(\mu, \sigma^2)$,求 X 的数学期望与方差.

解 X 的概率密度为

$$f(x) = \frac{1}{\sqrt{2\pi}\sigma} \mathrm{e}^{-\frac{(x-\mu)^2}{2\sigma^2}}, \quad -\infty < x < +\infty,$$

X 的数学期望为

$$E(X) = \int_{-\infty}^{+\infty} x f(x) \mathrm{d}x = \int_{-\infty}^{+\infty} x \frac{1}{\sqrt{2\pi}\sigma} \mathrm{e}^{-\frac{(x-\mu)^2}{2\sigma^2}} \mathrm{d}x,$$

令 $t = \dfrac{x - \mu}{\sigma}$,得

$$E(X) = \frac{1}{\sqrt{2\pi}} \int_{-\infty}^{+\infty} (\sigma t + \mu) \mathrm{e}^{-\frac{t^2}{2}} \mathrm{d}t = \frac{\mu}{\sqrt{2\pi}} \int_{-\infty}^{+\infty} \mathrm{e}^{-\frac{t^2}{2}} \mathrm{d}t = \mu.$$

X 的方差为

$$D(X) = E\{[X - E(X)]^2\} = \int_{-\infty}^{+\infty} (x - \mu)^2 f(x) \mathrm{d}x$$

$$= \frac{1}{\sqrt{2\pi}\sigma} \int_{-\infty}^{+\infty} (x - \mu)^2 \mathrm{e}^{-\frac{(x-\mu)^2}{2\sigma^2}} \mathrm{d}x,$$

令 $t = \dfrac{x-\mu}{\sigma}$，得

$$D(X) = \dfrac{\sigma^2}{\sqrt{2\pi}} \int_{-\infty}^{+\infty} t^2 e^{-\frac{t^2}{2}} dt = -\dfrac{\sigma^2}{\sqrt{2\pi}} \int_{-\infty}^{+\infty} t\, de^{-\frac{t^2}{2}}$$

$$= -\dfrac{\sigma^2}{\sqrt{2\pi}} \left[te^{-\frac{t^2}{2}} \Big|_{-\infty}^{+\infty} - \int_{-\infty}^{+\infty} e^{-\frac{t^2}{2}} dt \right]$$

$$= \sigma^2 \int_{-\infty}^{+\infty} \dfrac{1}{\sqrt{2\pi}} e^{-\frac{t^2}{2}} dt = \sigma^2.$$

由例 3 可知，正态分布的两个参数 μ 与 σ^2 分别是该随机变量的数学期望和方差.

例 4 随机变量 X 在区间 $[a,b]$ 上服从均匀分布，求 X 的数学期望和方差.

解 X 的概率密度为

$$f(x) = \begin{cases} \dfrac{1}{b-a}, & a \leqslant x \leqslant b, \\ 0, & \text{其他}. \end{cases}$$

X 的数学期望为

$$E(X) = \int_{-\infty}^{+\infty} x f(x) dx = \dfrac{1}{b-a} \int_a^b x\, dx = \dfrac{a+b}{2},$$

X 的方差为

$$D(X) = \int_{-\infty}^{+\infty} [x - E(X)]^2 f(x) dx = \int_a^b \left(x - \dfrac{a+b}{2}\right)^2 \dfrac{1}{b-a} dx = \dfrac{(b-a)^2}{12}.$$

例 5 设随机变量 X 服从参数为 λ 的指数分布，求 X 的数学期望和方差.

解 X 的概率密度为

$$f(x) = \begin{cases} \lambda e^{-\lambda x}, & x \geqslant 0, \\ 0, & x < 0. \end{cases}$$

X 的数学期望为

$$E(X) = \int_{-\infty}^{+\infty} x f(x) dx = \int_0^{+\infty} x \lambda e^{-\lambda x} dx = \dfrac{1}{\lambda},$$

又

$$E(X^2) = \int_{-\infty}^{+\infty} x^2 f(x) \mathrm{d}x = \int_0^{+\infty} x^2 \lambda \mathrm{e}^{-\lambda x} \mathrm{d}x = \frac{2}{\lambda^2}.$$

故 X 的方差为

$$D(X) = E(X^2) - [E(X)]^2 = \frac{2}{\lambda^2} - \frac{1}{\lambda^2} = \frac{1}{\lambda^2}.$$

例 6 若随机变量 X 的概率密度为

$$f(x) = \begin{cases} \dfrac{x^{\alpha-1}}{\beta^\alpha \Gamma(\alpha)} \mathrm{e}^{-\frac{x}{\beta}}, & x > 0, \\ 0, & x \leqslant 0, \end{cases}$$

其中 $\Gamma(\alpha) = \int_0^\infty x^{\alpha-1} \mathrm{e}^{-x} \mathrm{d}x$, $\alpha > 0, \beta > 0$, 则称 X 服从参数为 α, β 的 Γ 分布, 记为 $X \sim \Gamma(\alpha, \beta)$, 求 X 的数学期望和方差.

解 X 与 X^2 的数学期望分别为

$$E(X) = \int_{-\infty}^{+\infty} x f(x) \mathrm{d}x = \int_0^{+\infty} x \frac{x^{\alpha-1}}{\beta^\alpha \Gamma(\alpha)} \mathrm{e}^{-\frac{x}{\beta}} \mathrm{d}x = \frac{\beta}{\Gamma(\alpha)} \int_0^{+\infty} \left(\frac{x}{\beta}\right)^\alpha \mathrm{e}^{-\frac{x}{\beta}} \mathrm{d}\left(\frac{x}{\beta}\right)$$

$$= \beta \frac{\Gamma(\alpha+1)}{\Gamma(\alpha)} = \alpha\beta,$$

$$E(X^2) = \int_{-\infty}^{+\infty} x^2 f(x) \mathrm{d}x = \int_0^{+\infty} x^2 \frac{x^{\alpha-1}}{\beta^\alpha \Gamma(\alpha)} \mathrm{e}^{-\frac{x}{\beta}} \mathrm{d}x = \frac{\beta^2}{\Gamma(\alpha)} \int_0^{+\infty} \left(\frac{x}{\beta}\right)^{\alpha+1} \mathrm{e}^{-\frac{x}{\beta}} \mathrm{d}\left(\frac{x}{\beta}\right)$$

$$= \frac{\beta^2 \Gamma(\alpha+2)}{\Gamma(\alpha)} = \alpha(\alpha+1)\beta^2,$$

所以 X 的方差为

$$D(X) = E(X^2) - [E(X)]^2 = \alpha(\alpha+1)\beta^2 - \alpha^2\beta^2 = \alpha\beta^2.$$

例 7 设随机变量 X 服从拉普拉斯(Laplace)分布, 其概率密度为

$$f(x) = \frac{1}{2} \mathrm{e}^{-|x|}, \quad -\infty < x < +\infty.$$

求 $E(X), D(X), E[\min(|X|, 1)]$.

解 X 与 X^2 的数学期望分别为

$$E(X) = \int_{-\infty}^{+\infty} x f(x) \mathrm{d}x = \int_{-\infty}^{+\infty} x \frac{1}{2} \mathrm{e}^{-|x|} \mathrm{d}x = 0,$$

$$E(X^2) = \int_{-\infty}^{+\infty} x^2 f(x) dx = \int_{0}^{+\infty} x^2 e^{-x} dx = 2,$$

所以

$$D(X) = E(X^2) - [E(X)]^2 = 2,$$

$$\begin{aligned}E[\min(|X|, 1)] &= \int_{-\infty}^{+\infty} \min(|x|, 1) f(x) \, dx \\ &= \int_{|x|<1} |x| f(x) dx + \int_{|x|>1} f(x) dx \\ &= \int_{-1}^{1} |x| \frac{1}{2} e^{-|x|} dx + \int_{-\infty}^{-1} \frac{1}{2} e^{-|x|} dx + \int_{1}^{+\infty} \frac{1}{2} e^{-|x|} dx \\ &= 1 - e^{-1}.\end{aligned}$$

2. 方差的性质

由方差的定义，可得如下基本性质.

性质 1 设 C 为常数，则 $D(C) = 0$.

性质 2 设 X 为随机变量，C 为常数，则

$$D(CX) = C^2 D(X).$$

性质 3 若随机变量 X 与 Y 相互独立，则

$$D(X+Y) = D(X) + D(Y).$$

性质 4 设 X 为随机变量，a 与 b 为常数，则

$$D(aX+b) = a^2 D(X).$$

上面的性质1、性质2和性质4请读者自己证明，下面仅给出性质3的证明.

证

$$\begin{aligned}D(X+Y) &= E\{[(X+Y) - E(X+Y)]^2\} \\ &= E\{[(X-E(X)) - (Y-E(Y))]^2\} \\ &= E\{[X-E(X)]^2\} + E\{[Y-E(Y)]^2\} + 2E\{[X-E(X)][Y-E(Y)]\}.\end{aligned}$$

由于 X 与 Y 相互独立，因此 $E\{[X-E(X)][Y-E(Y)]\} = 0$，由此可得

$$D(X+Y) = D(X) + D(Y).$$

由上述性质可得下面的结论.

推论 1 若随机变量 $X_1, X_2, \cdots, X_n$ 相互独立，$a_1, a_2, \cdots, a_n$ 为常数，则

$$D\left(\sum_{i=1}^{n} a_i X_i\right) = \sum_{i=1}^{n} a_i^2 D(X_i).$$

例8 设随机变量 X 服从参数为 n 和 p 的二项分布,求 X 的数学期望和方差.

解 $X \sim b(n,p)$,由二项分布与 n 重伯努利试验的关系知,n 表示试验的次数,p 表示在一次试验中事件 A 发生的概率,X 表示在 n 次独立试验中事件 A 出现的次数. 引入随机变量

$$X_i = \begin{cases} 1, & 第i次试验中A发生, \\ 0, & 第i次试验中A不发生, \end{cases} \quad i=1,2,\cdots,n,$$

则 $X_i \sim b(1,p)$,$E(X_i) = p$,$D(X_i) = p(1-p)$,$X_1, X_2, \cdots, X_n$ 相互独立,且

$$X = X_1 + X_2 + \cdots + X_n,$$

所以 X 的数学期望为

$$E(X) = E\left(\sum_{i=1}^{n} X_i\right) = \sum_{i=1}^{n} E(X_i) = np.$$

X 的方差为

$$D(X) = D\left(\sum_{i=1}^{n} X_i\right) = \sum_{i=1}^{n} D(X_i) = np(1-p).$$

例9 设随机变量 $X_1, X_2, \cdots, X_n$ 相互独立,都服从正态分布 $N(\mu, \sigma^2)$,试求它们的算术平均 $\bar{X} = \frac{1}{n}\sum_{i=1}^{n} X_i$ 的概率密度.

解 由于 $\bar{X} = \frac{1}{n}\sum_{i=1}^{n} X_i$ 为相互独立的正态随机变量的线性组合,因此 $\bar{X}$ 也服从正态分布. $\bar{X}$ 的数学期望和方差分别为

$$E(\bar{X}) = E\left(\frac{1}{n}\sum_{i=1}^{n} X_i\right) = \frac{1}{n}\sum_{i=1}^{n} E(X_i) = \frac{1}{n}n\mu = \mu,$$

$$D(\bar{X}) = D\left(\frac{1}{n}\sum_{i=1}^{n} X_i\right) = \frac{1}{n^2}\sum_{i=1}^{n} D(X_i) = \frac{1}{n^2}n\sigma^2 = \frac{\sigma^2}{n},$$

从而

$$\bar{X} = \frac{1}{n}\sum_{i=1}^{n} X_i \sim N\left(\mu, \frac{\sigma^2}{n}\right),$$

其概率密度为

$$f(x) = \frac{1}{\sqrt{2\pi}\,\sigma/\sqrt{n}} e^{-\frac{(x-\mu)^2}{2\sigma^2/n}}, \quad -\infty < x < +\infty.$$

4.2 节知识拓展

4.2 节自测题

习题 4.2

1. 设随机变量 X 的分布律为

X	-2	0	2
p_k	0.3	0.3	0.4

求 $E(X), D(X), D(X^2), D(5X^2-4)$.

2. 设随机变量 X 的概率密度为

$$f(x)=\begin{cases}\cos x, & 0<x<\dfrac{\pi}{2},\\ 0, & \text{其他}.\end{cases}$$

求 $E(X), D(X)$.

3. 设随机变量 X 的分布函数为

$$F(x)=\begin{cases}0, & x\leqslant 0,\\ \dfrac{x}{4}, & 0<x\leqslant 4,\\ 1, & x>4.\end{cases}$$

求 $E(X), E[F(X)], D(X), D[F(X)]$.

4. 设随机变量 (X,Y) 服从二维正态分布,其概率密度为

$$f(x,y)=\dfrac{1}{2\pi}\mathrm{e}^{-\frac{x^2+y^2}{2}}.$$

求 $Z=\sqrt{X^2+Y^2}$ 的方差.

5. 将编号 1 到 n 的 n 只球随机地放入编号为 1 到 n 的 n 只盒子中,一只盒子装一只球. 若球装入与其同号的盒子中称为一个配对,记配对数为 X,求 $E(X), D(X)$.

6. 设 X 和 Y 是两个相互独立的随机变量,其概率密度分别为

$$f_X(x)=\begin{cases}1, & 0\leqslant x\leqslant 1,\\ 0, & \text{其他},\end{cases}\quad f_Y(y)=\begin{cases}\mathrm{e}^{-y}, & y\geqslant 0,\\ 0, & y<0.\end{cases}$$

引入随机变量

$$Z = \begin{cases} 1, & X \leqslant Y, \\ 0, & X > Y. \end{cases}$$

求 $E(Z)$，$D(Z)$.

7. 设 X 和 Y 是两个相互独立的随机变量，且均服从正态分布 $N\left(0, \dfrac{1}{2}\right)$，求 $E(|X-Y|)$，$D(|X-Y|)$.

4.3 协方差与相关系数

前面我们讨论了单个随机变量的数学期望和方差，对于二维随机变量 (X,Y)，往往还需要研究能反映 X 与 Y 之间相互关系的数字特征，最常用的是协方差和相关系数.

1. 协方差与相关系数

定义 1 设 (X,Y) 为二维随机变量，若 $E\{[X-E(X)][Y-E(Y)]\}$ 存在，则称它为随机变量 X 与 Y 的**协方差**，记为 $\mathrm{Cov}(X,Y)$，即

$$\mathrm{Cov}(X,Y) = E\{[X-E(X)][Y-E(Y)]\}. \tag{4.9}$$

当 $D(X) > 0, D(Y) > 0$ 时，称

$$\rho_{XY} = \dfrac{\mathrm{Cov}(X,Y)}{\sqrt{D(X)}\sqrt{D(Y)}} \tag{4.10}$$

为随机变量 X 与 Y 的**相关系数**.

由上述定义可知相关系数是随机变量消去量纲标准化后的协方差.

若 (X,Y) 是离散型随机变量，其分布律为

$$P\{X = x_i, Y = y_j\} = p_{ij}, \quad i,j = 1,2,\cdots,$$

则

$$\mathrm{Cov}(X,Y) = \sum_{i=1}^{\infty}\sum_{j=1}^{\infty}[x_i - E(X)][y_j - E(Y)]p_{ij}.$$

若 (X,Y) 是连续型随机变量，其概率密度为 $f(x,y)$，则

$$\mathrm{Cov}(X,Y) = \int_{-\infty}^{+\infty}\int_{-\infty}^{+\infty}[x-E(X)][y-E(Y)]f(x,y)\mathrm{d}x\mathrm{d}y.$$

由协方差的定义和数学期望的性质，可得协方差的常用计算公式

$$\mathrm{Cov}(X,Y) = E(XY) - E(X)E(Y). \tag{4.11}$$

事实上

$$\begin{aligned}\mathrm{Cov}(X,Y) &= E\{[X-E(X)][Y-E(Y)]\}\\ &= E\{XY-E(X)Y-XE(Y)+E(X)E(Y)\}\\ &= E(XY)-E(X)E(Y)-E(X)E(Y)+E(X)E(Y)\\ &= E(XY)-E(X)E(Y).\end{aligned}$$

2. 协方差的性质

由协方差的定义可得如下性质.

(1) $\mathrm{Cov}(X,Y) = \mathrm{Cov}(Y,X)$;

(2) $\mathrm{Cov}(aX,bY) = ab\mathrm{Cov}(X,Y)$,其中$a,b$为常数;

(3) $\mathrm{Cov}(X_1+X_2,Y) = \mathrm{Cov}(X_1,Y)+\mathrm{Cov}(X_2,Y)$;

(4) $D(X \pm Y) = D(X)+D(Y) \pm 2\mathrm{Cov}(X,Y)$.

(证明请读者自己完成)

例 1 设随机变量 (X, Y) 在以 $(0, 0)$, $(1, 0)$, $(0, 1)$ 为顶点的三角形区域 D 上服从均匀分布,求 X 与 Y 的协方差和相关系数.

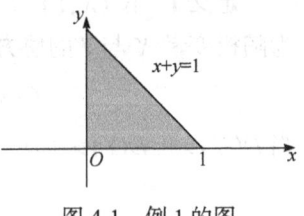

图 4-1 例 1 的图

解 (X, Y) 的概率密度为

$$f(x,y) = \begin{cases} 2, & (x,y) \in D,\\ 0, & \text{其他}.\end{cases}$$

所以

$$E(X) = \int_{-\infty}^{\infty}\int_{-\infty}^{\infty} xf(x,y)\,\mathrm{d}x\mathrm{d}y = \int_0^1 \mathrm{d}x \int_0^{1-x} 2x\,\mathrm{d}y = \frac{1}{3},$$

$$E(XY) = \int_{-\infty}^{\infty}\int_{-\infty}^{\infty} xyf(x,y)\,\mathrm{d}x\mathrm{d}y = \int_0^1 \mathrm{d}x \int_0^{1-x} 2xy\,\mathrm{d}y = \frac{1}{12},$$

$$E(X^2) = \int_{-\infty}^{\infty}\int_{-\infty}^{\infty} x^2 f(x,y)\,\mathrm{d}x\mathrm{d}y = \int_0^1 \mathrm{d}x \int_0^{1-x} 2x^2\,\mathrm{d}y = \frac{1}{6},$$

$$D(X) = E(X^2)-[E(X)]^2 = \frac{1}{6}-\frac{1}{9} = \frac{1}{18}.$$

同理可得

$$E(Y) = \frac{1}{3},\quad D(Y) = \frac{1}{18}.$$

X 与 Y 的协方差为

$$\mathrm{Cov}(X,Y) = E(XY)-E(X)E(Y) = \frac{1}{12}-\frac{1}{3}\times\frac{1}{3} = -\frac{1}{36},$$

X 与 Y 的相关系数为

$$\rho_{XY} = \frac{\mathrm{Cov}(X, Y)}{\sqrt{D(X)}\sqrt{D(Y)}} = \frac{-1/36}{\sqrt{(1/18)^2}} = -\frac{1}{2}.$$

3. 相关系数的性质

相关系数的性质由下面的定理给出.

定理 1 设随机变量 X 和 Y 的相关系数存在, 则

(1) $|\rho_{XY}| \leqslant 1$;

(2) $|\rho_{XY}| = 1$ 的充要条件是 X 与 Y 以概率 1 呈线性关系. 即

$$P\{Y = aX + b\} = 1,$$

其中 a, b ($a \neq 0$) 为常数.

证 记

$$X^* = \frac{X - E(X)}{\sqrt{D(X)}}, \quad Y^* = \frac{Y - E(Y)}{\sqrt{D(Y)}},$$

分别称 X^* 和 Y^* 为 X 和 Y 的标准化随机变量. 显然

$$E(X^*) = 0, \quad E(Y^*) = 0, \quad D(X^*) = 1, \quad D(Y^*) = 1$$

且

$$\mathrm{Cov}(X^*, Y^*) = E(X^* Y^*) - E(X^*)E(Y^*) = E(X^* Y^*)$$

$$= \frac{E\{[X - E(X)][Y - E(Y)]\}}{\sqrt{D(X)}\sqrt{D(Y)}} = \rho_{XY}.$$

(1) $D(X^* \pm Y^*) = D(X^*) + D(Y^*) \pm 2\mathrm{Cov}(X^*, Y^*) = 2(1 \pm \rho_{XY})$, 由方差的非负性可得 $1 \pm \rho_{XY} \geqslant 0$, 即 $|\rho_{XY}| \leqslant 1$.

(2) **充分性** 设 Y 与 X 以概率 1 具有线性关系 $Y = aX + b (a \neq 0)$, 则

$$\rho_{XY} = \frac{\mathrm{Cov}(X, Y)}{\sqrt{D(X)}\sqrt{D(Y)}} = \frac{\mathrm{Cov}(X, aX + b)}{\sqrt{D(X)}\sqrt{D(aX + b)}}$$

$$= \frac{\mathrm{Cov}(X, aX) + \mathrm{Cov}(X, b)}{\sqrt{D(X)}\sqrt{a^2 D(X)}} = \frac{a \mathrm{Cov}(X, X)}{|a| D(X)} = \frac{a}{|a|},$$

即 $|\rho_{XY}| = 1$.

必要性 当 $\rho_{XY} = 1$ 时, 有 $D(X^* - Y^*) = 2(1 - \rho_{XY}) = 0$, 因此由方差的性质得 $P\{X^* - Y^* = 0\} = 1$, 即

$$P\left\{\frac{Y-E(Y)}{\sqrt{D(Y)}}=\frac{X-E(X)}{\sqrt{D(X)}}\right\}=1,$$

所以

$$P\{Y=aX+b\}=1,$$

其中 $a=\dfrac{\sqrt{D(Y)}}{\sqrt{D(X)}}\ne 0$，$b=E(Y)-\dfrac{\sqrt{D(Y)}}{\sqrt{D(X)}}E(X)$．

当 $\rho_{XY}=-1$ 时，有

$$D(X^*+Y^*)=2(1+\rho_{XY})=0.$$

同理可得

$$P\{Y=aX+b\}=1,$$

其中 $a=-\dfrac{\sqrt{D(Y)}}{\sqrt{D(X)}}\ne 0$，$b=E(Y)+\dfrac{\sqrt{D(Y)}}{\sqrt{D(X)}}E(X)$，所以当 $|\rho_{XY}|=1$ 时，有

$$P\{Y=aX+b\}=1\,(a\ne 0).$$

由定理 1 可知，相关系数 ρ_{XY} 是反映随机变量 X 与 Y 之间线性关系程度大小的一个量，$|\rho_{XY}|$ 越大表明 X 与 Y 之间线性依赖关系越显著；$|\rho_{XY}|$ 越小表明 X 与 Y 之间线性依赖关系越不显著．当 $\rho_{XY}=0$ 时，称 X 与 Y **不相关**；当 $\rho_{XY}>0$ 时，称 X 与 Y **正相关**；当 $\rho_{XY}=1$ 时，称 X 与 Y **完全正相关**；当 $\rho_{XY}<0$ 时，称 X 与 Y **负相关**；当 $\rho_{XY}=-1$ 时，称 X 与 Y **完全负相关**．

注 随机变量 X 与 Y 不相关是指 X 与 Y 之间没有线性依赖关系．随机变量的相互独立性与不相关性有如下关系：

当 X 与 Y 相互独立时，X 与 Y 一定不相关；反之，当 X 与 Y 不相关时，X 与 Y 不一定相互独立．下面的例子可以说明这一点．

例 2 设随机变量 (X,Y) 在单位圆盘上服从均匀分布，则 X 与 Y 既不相互独立也不相关(图 4-2)．

证 (X,Y) 的概率密度为

$$f(x,y)=\begin{cases}\dfrac{1}{\pi},& x^2+y^2\le 1,\\ 0,& \text{其他}．\end{cases}$$

X 的边缘概率密度为

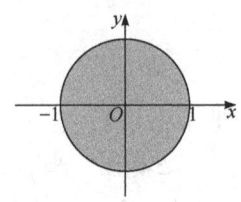

图 4-2 例 2 的图

$$f_X(x) = \int_{-\infty}^{+\infty} f(x,y)\mathrm{d}y = \int_{-\sqrt{1-x^2}}^{\sqrt{1-x^2}} \frac{1}{\pi}\mathrm{d}y = \begin{cases} \dfrac{2\sqrt{1-x^2}}{\pi}, & -1 \leqslant x \leqslant 1, \\ 0, & \text{其他}. \end{cases}$$

同理可得 Y 的边缘概率密度为

$$f_Y(y) = \begin{cases} \dfrac{2\sqrt{1-y^2}}{\pi}, & -1 \leqslant y \leqslant 1, \\ 0, & \text{其他}. \end{cases}$$

显然有

$$f(x,y) \neq f_X(x)f_Y(y),$$

所以 X 与 Y 不相互独立. 由

$$E(X) = \int_{-\infty}^{+\infty} xf_X(x)\mathrm{d}x = \int_{-1}^{1} \frac{2x\sqrt{1-x^2}}{\pi}\mathrm{d}x = 0,$$

$$E(XY) = \int_{-\infty}^{+\infty}\int_{-\infty}^{+\infty} xyf(x,y)\mathrm{d}x\mathrm{d}y = \iint_{x^2+y^2 \leqslant 1} \frac{xy}{\pi}\mathrm{d}x\mathrm{d}y = 0,$$

可得 X 与 Y 的协方差和相关系数分别为

$$\mathrm{Cov}(X,Y) = E(XY) - E(X)E(Y) = 0,$$

$$\rho_{XY} = \frac{\mathrm{Cov}(X,Y)}{\sqrt{D(X)}\sqrt{D(Y)}} = 0,$$

所以 X 与 Y 不相关.

例 3 设随机变量 (X,Y) 在矩形区域 $G = \{(X,Y) \mid 0 \leqslant x \leqslant 2,\ 0 \leqslant y \leqslant 1\}$ 上服从均匀分布, 图形如图 4-3 所示, 令

$$U = \begin{cases} 0, & X \leqslant Y, \\ 1, & X > Y; \end{cases}$$

$$V = \begin{cases} 0, & X \leqslant 2Y, \\ 1, & X > 2Y. \end{cases}$$

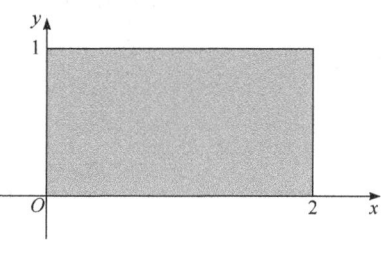

图 4-3 例 3 的图

(1) 求 U 与 V 的联合分布律; (2) 求 U 与 V 的相关系数 ρ_{UV}.

解 (1) 由题意知 (X,Y) 的概率密度为

$$f(x,y) = \begin{cases} \dfrac{1}{2}, & 0 \leqslant x \leqslant 2,\ 0 \leqslant y \leqslant 1, \\ 0, & \text{其他}. \end{cases}$$

(U,V) 的所有可能取值为 $(0,0)$，$(0,1)$，$(1,0)$，$(1,1)$，且

$$P\{U=0,V=0\} = P\{X\leqslant Y, X\leqslant 2Y\} = P\{X\leqslant Y\} = \int_0^1 dy\int_0^y \frac{1}{2}dx = \frac{1}{4},$$

$$P\{U=0,V=1\} = P\{X\leqslant Y, X>2Y\} = 0,$$

$$P\{U=1,V=0\} = P\{X>Y, X\leqslant 2Y\} = P\{Y<X\leqslant 2Y\} = \int_0^1 dy\int_y^{2y} \frac{1}{2}dx = \frac{1}{4},$$

$$P\{U=1,V=1\} = P\{X>Y, X>2Y\} = P\{X>2Y\} = \int_0^2 dx\int_0^{\frac{x}{2}} \frac{1}{2}dy = \frac{1}{2}.$$

于是 (U,V) 的分布律为

U \ V	0	1
0	$\frac{1}{4}$	0
1	$\frac{1}{4}$	$\frac{1}{2}$

(2) 由(1)可得

$$U\sim b\left(1,\frac{3}{4}\right), \quad V\sim b\left(1,\frac{1}{2}\right), \quad UV\sim b\left(1,\frac{1}{2}\right),$$

$$E(U)=\frac{3}{4}, \quad D(U)=\frac{3}{16}, \quad E(V)=\frac{1}{2}, \quad D(V)=\frac{1}{4}, \quad E(UV)=\frac{1}{2},$$

$$\mathrm{Cov}(U,V) = E(UV) - E(U)E(V) = \frac{1}{2} - \frac{3}{8} = \frac{1}{8},$$

所以

$$\rho_{UV} = \frac{\mathrm{Cov}(U,V)}{\sqrt{D(U)D(V)}} = \frac{\frac{1}{8}}{\frac{\sqrt{3}}{4}\times\frac{1}{2}} = \frac{\sqrt{3}}{3}.$$

例 4 设随机变量 $(X,Y)\sim N(\mu_1,\mu_2,\sigma_1^2,\sigma_2^2,\rho)$，其概率密度为

$$f(x,y) = \frac{1}{2\pi\sigma_1\sigma_2\sqrt{1-\rho^2}} e^{-\frac{1}{2(1-\rho^2)}\left[\frac{(x-\mu_1)^2}{\sigma_1^2} - 2\rho\frac{(x-\mu_1)(y-\mu_2)}{\sigma_1\sigma_2} + \frac{(y-\mu_2)^2}{\sigma_2^2}\right]}, \quad -\infty<x<+\infty, -\infty<y<+\infty,$$

其中 $\mu_1,\mu_2,\sigma_1,\sigma_2,\rho$ 都是常数，且 $\sigma_1>0, \sigma_2>0, -1<\rho<1$. 证明 X 与 Y 相互独立的充分必要条件是 X 与 Y 不相关.

证 由于 $X \sim N(\mu_1, \sigma_1^2)$, $Y \sim N(\mu_2, \sigma_2^2)$, 因此 X 与 Y 相互独立的充分必要条件为 $\rho = 0$. 下面只要验证 $\rho_{XY} = \rho$ 即可, 由定义有

$$\rho_{XY} = \frac{E\{[X-E(X)][Y-E(Y)]\}}{\sqrt{D(X)}\sqrt{D(Y)}} = E\left(\frac{(X-\mu_1)}{\sigma_1}\frac{(Y-\mu_2)}{\sigma_2}\right)$$

$$= \int_{-\infty}^{+\infty}\int_{-\infty}^{+\infty}\frac{(x-\mu_1)}{\sigma_1}\frac{(y-\mu_2)}{\sigma_2}f(x,y)\mathrm{d}x\mathrm{d}y.$$

令 $s = \dfrac{x-\mu_1}{\sigma_1}$, $t = \dfrac{y-\mu_2}{\sigma_2}$, 可得

$$\rho_{XY} = \int_{-\infty}^{+\infty}\int_{-\infty}^{+\infty}\frac{1}{2\pi}\frac{st}{\sqrt{1-\rho^2}}e^{\frac{-1}{2(1-\rho^2)}(s^2-2\rho st+t^2)}\mathrm{d}s\mathrm{d}t$$

$$= \int_{-\infty}^{+\infty}\frac{1}{\sqrt{2\pi}}se^{-\frac{s^2}{2}}\mathrm{d}s\int_{-\infty}^{+\infty}\frac{t}{\sqrt{2\pi}\sqrt{1-\rho^2}}e^{-\frac{(t-\rho s)^2}{2(1-\rho^2)}}\mathrm{d}t$$

$$= \int_{-\infty}^{+\infty}\frac{\rho s^2}{\sqrt{2\pi}}e^{-\frac{s^2}{2}}\mathrm{d}s = \rho.$$

所以结论成立.

例 5 已知随机变量 $(X,Y) \sim N\left(1, 0, 9, 4, \dfrac{1}{2}\right)$. 设 $Z = X - 3Y$. (1) 求 Z 的数学期望 $E(Z)$ 和方差 $D(Z)$; (2) 求 X 与 Z 的相关系数 ρ_{XZ}.

解 (1) Z 的数学期望为

$$E(Z) = E(X) - 3E(Y) = 1.$$

由 $D(X) = 9$, $D(Y) = 4$, 可得

$$\mathrm{Cov}(X,Y) = \rho_{XY}\sqrt{D(X)}\sqrt{D(Y)} = \frac{1}{2}\times 3 \times 2 = 3,$$

所以 Z 的方差为

$$D(Z) = D(X) + 9D(Y) - 6\mathrm{Cov}(X,Y)$$
$$= 9 + 36 - 18 = 27.$$

(2) X 与 Z 的协方差为

$$\mathrm{Cov}(X,Z) = \mathrm{Cov}(X, X-3Y) = \mathrm{Cov}(X,X) - 3\mathrm{Cov}(X,Y)$$
$$= 9 - 3\times 3 = 0.$$

所以 X 与 Z 的相关系数为

$$\rho_{XZ} = \frac{\text{Cov}(X,Z)}{\sqrt{D(X)}\sqrt{D(Z)}} = 0.$$

4.3 节知识拓展

4.3 节自测题

习题 4.3

1. 设随机变量 (X,Y) 的分布律为

X \ Y	0	1
0	0.1	0.2
1	0.3	0.4

求 $\text{Cov}(X,Y), \rho_{XY}$.

2. 设 A 和 B 是试验 E 的两个事件,且 $P(A)>0, P(B)>0$,定义随机变量

$$X = \begin{cases} 1, & \text{若 } A \text{ 发生}, \\ 0, & \text{若 } A \text{ 不发生}; \end{cases} \quad Y = \begin{cases} 1, & \text{若 } B \text{ 发生}, \\ 0, & \text{若 } B \text{ 不发生}. \end{cases}$$

证明 X 与 Y 不相关的充分必要条件是 A 与 B 相互独立.

3. 设 X, Y 和 Z 相互独立,X 在 $[0,6]$ 上服从均匀分布,$Y \sim N(0,4)$,$Z \sim \pi(3)$,令 $W = X - 2Y + 3Z$,求 ρ_{XW}.

4. 设 (X,Y) 在区域 $G = \{(x,y) | 2x+y \leq 2, x \geq 0, y \geq 0\}$ 上服从均匀分布. (1)求 $D(XY)$,$\text{Cov}(X,Y)$,ρ_{XY};(2)判断 X 与 Y 是否相互独立;(3)判断 X 与 Y 是否不相关.

4.4 矩和协方差矩阵

1. 矩的概念

数学期望、方差与协方差都是随机变量常用的数字特征,实际上它们都是随机变量的某种矩,矩在概率论与数理统计中会时常用到,下面给出矩的一般定义.

定义 1 设 X 和 Y 是随机变量,

若 $E(X^k)$ $(k=1,2,\cdots)$ 存在,称它为 X 的 k 阶原点矩,简称 k 阶矩.

若 $E\{[X-E(X)]^k\}$ $(k=1,2,\cdots)$ 存在,称它为 X 的 k 阶中心矩.

若 $E(X^k Y^l)$ $(k,l=1,2,\cdots)$ 存在,称它为 X 与 Y 的 $k+l$ **阶混合矩**.

若 $E\{[X-E(X)]^k [Y-E(Y)]^l\}$ $(k,l=1,2,\cdots)$ 存在,称它为 X 与 Y 的 $k+l$ **阶混合中心矩**.

显然, X 的数学期望 $E(X)$ 是 X 的一阶矩,方差 $D(X)$ 是 X 的二阶中心矩,协方差 $\mathrm{Cov}(X,Y)$ 是 X 与 Y 的二阶混合中心矩.

例 1 设 X 服从参数为 λ 的泊松分布,求 X 的 3 阶中心矩.

解 X 的分布律为

$$P\{X=k\} = \frac{\lambda^k}{k!} \mathrm{e}^{-\lambda}, \quad k=0,1,2,\cdots.$$

X 的 $k(k=1,2,3)$ 阶矩为

$$\mu_1 = E(X) = \lambda,$$
$$\mu_2 = E(X^2) = D(X) + [E(X)]^2 = \lambda + \lambda^2,$$
$$\mu_3 = E(X^3) = \sum_{k=0}^{\infty} k^3 \cdot \frac{\lambda^k}{k!} \mathrm{e}^{-\lambda} = \lambda + 3\lambda^2 + \lambda^3,$$

于是 X 的 3 阶中心矩为

$$\begin{aligned} E\{[X-E(X)]^3\} &= E(X^3) - 3E(X^2)E(X) + 2[E(X)]^3 \\ &= \lambda + 3\lambda^2 + \lambda^3 - 3(\lambda+\lambda^2)\lambda + 2\lambda^3 \\ &= \lambda. \end{aligned}$$

2. 协方差矩阵

考虑二维随机变量 (X_1, X_2),设其二阶混合中心矩都存在,分别记

$$c_{11} = E\{[X_1 - E(X_1)]^2\} = D(X_1) = \mathrm{Cov}(X_1, X_1),$$
$$c_{12} = E\{[X_1 - E(X_1)][X_2 - E(X_2)]\} = \mathrm{Cov}(X_1, X_2),$$
$$c_{21} = E\{[X_2 - E(X_2)][X_1 - E(X_1)]\} = \mathrm{Cov}(X_2, X_1),$$
$$c_{22} = E\{[X_2 - E(X_2)]^2\} = D(X_2) = \mathrm{Cov}(X_2, X_2).$$

它们构成的矩阵

$$\boldsymbol{C} = \begin{pmatrix} c_{11} & c_{12} \\ c_{21} & c_{22} \end{pmatrix}$$

称为随机变量 (X_1, X_2) 的**协方差矩阵**.

定义 2 设 n 维随机变量 $(X_1, X_2, \cdots, X_n)$ 的二阶混合中心矩

$$c_{ij} = E\{[X_i - E(X_i)][X_j - E(X_j)]\} = \mathrm{Cov}(X_i, X_j), \quad i,j=1,2,\cdots,n,$$

都存在, 则称矩阵

$$C = \begin{pmatrix} c_{11} & c_{12} & \cdots & c_{1n} \\ c_{21} & c_{22} & \cdots & c_{2n} \\ \vdots & \vdots & & \vdots \\ c_{n1} & c_{n2} & \cdots & c_{nn} \end{pmatrix}$$

为 $(X_1, X_2, \cdots, X_n)$ 的**协方差矩阵**.

由于 $c_{ij} = c_{ji}(i, j = 1, 2, \cdots, n)$, 因此协方差矩阵是对称矩阵.

例2 设随机变量 (X, Y) 的概率密度为

$$f(x, y) = \begin{cases} 1, & 0 \leqslant x \leqslant 1, |y| \leqslant x, \\ 0, & \text{其他}. \end{cases}$$

试求 (X, Y) 的协方差矩阵 C.

解 由协方差的性质及其计算公式得

$$E(X) = \iint\limits_{\substack{0<x<1, \\ -x<y<x}} xf(x,y)\mathrm{d}x\mathrm{d}y = \int_0^1 \mathrm{d}x \int_{-x}^{x} x\,\mathrm{d}y = \frac{2}{3},$$

$$E(X^2) = \iint\limits_{\substack{0<x<1, \\ -x<y<x}} x^2 f(x,y)\mathrm{d}x\mathrm{d}y = \int_0^1 \mathrm{d}x \int_{-x}^{x} x^2 \mathrm{d}y = \frac{1}{2},$$

$$E(Y) = \iint\limits_{\substack{0<x<1, \\ -x<y<x}} yf(x,y)\mathrm{d}x\mathrm{d}y = \int_0^1 \mathrm{d}x \int_{-x}^{x} y\,\mathrm{d}y = 0,$$

$$E(Y^2) = \iint\limits_{\substack{0<x<1, \\ -x<y<x}} y^2 f(x,y)\mathrm{d}x\mathrm{d}y = \int_0^1 \mathrm{d}x \int_{-x}^{x} y^2 \mathrm{d}y = \frac{1}{6},$$

$$E(XY) = \iint\limits_{\substack{0<x<1, \\ -x<y<x}} xyf(x,y)\mathrm{d}x\mathrm{d}y = \int_0^1 \mathrm{d}x \int_{-x}^{x} xy\,\mathrm{d}y = 0,$$

由此可得

$$\mathrm{Cov}(X, X) = D(X) = E(X^2) - [E(X)]^2 = \frac{1}{2} - \frac{4}{9} = \frac{1}{18},$$

$$\mathrm{Cov}(Y, Y) = D(Y) = E(Y^2) - [E(Y)]^2 = \frac{1}{6},$$

$$\mathrm{Cov}(X, Y) = E(XY) - E(X)E(Y) = 0,$$

$$\mathrm{Cov}(Y, X) = \mathrm{Cov}(X, Y) = 0,$$

故 (X,Y) 的协方差矩阵为

$$C = \begin{pmatrix} \dfrac{1}{18} & 0 \\ 0 & \dfrac{1}{6} \end{pmatrix}.$$

例3 已知 (X,Y) 的协方差矩阵为 $C = \begin{pmatrix} 1 & 2 \\ 2 & 4 \end{pmatrix}$，求 $(X+2Y, 3X-4Y)$ 的协方差矩阵.

解 由条件知 $D(X)=1$，$D(Y)=4$，$\mathrm{Cov}(X,Y)=2$. 因此

$$\begin{aligned}\mathrm{Cov}(X+2Y, 3X-4Y) &= \mathrm{Cov}(X, 3X-4Y) + \mathrm{Cov}(2Y, 3X-4Y) \\ &= 3\mathrm{Cov}(X,X) + 2\mathrm{Cov}(Y,X) - 8\mathrm{Cov}(Y,Y) \\ &= 3 + 4 - 32 = -25,\end{aligned}$$

$$\begin{aligned}D(X+2Y) &= D(X) + 4D(Y) + 4\mathrm{Cov}(X,Y) \\ &= 1 + 16 + 8 = 25,\end{aligned}$$

$$\begin{aligned}D(3X-4Y) &= 9D(X) + 16D(Y) - 24\mathrm{Cov}(X,Y) \\ &= 9 + 64 - 48 = 25,\end{aligned}$$

所求协方差矩阵为

$$\begin{pmatrix} 25 & -25 \\ -25 & 25 \end{pmatrix}.$$

3. n 维正态分布

一般地，n 维随机变量的分布是比较复杂的，以至于数学上不易处理，引入协方差矩阵可使问题表述简单，便于处理. 下面介绍 n 维正态分布的概率密度矩阵表示形式.

二维正态随机变量 (X_1, X_2) 的概率密度为

$$f(x,y) = \frac{1}{2\pi\sigma_1\sigma_2\sqrt{1-\rho^2}} \mathrm{e}^{-\frac{1}{2(1-\rho^2)}\left[\frac{(x-\mu_1)^2}{\sigma_1^2} - 2\rho\frac{(x-\mu_1)(y-\mu_2)}{\sigma_1\sigma_2} + \frac{(y-\mu_2)^2}{\sigma_2^2}\right]},$$

$$-\infty < x < +\infty, \quad -\infty < y < +\infty.$$

(X_1, X_2) 的协方差矩阵为

$$C = \begin{pmatrix} c_{11} & c_{12} \\ c_{21} & c_{22} \end{pmatrix} = \begin{pmatrix} \sigma_1^2 & \rho\sigma_1\sigma_2 \\ \rho\sigma_1\sigma_2 & \sigma_2^2 \end{pmatrix},$$

它的行列式 $|C| = \sigma_1^2 \sigma_2^2 (1-\rho^2) \neq 0$，逆矩阵为

$$C^{-1} = \frac{1}{|C|} \begin{pmatrix} \sigma_2^2 & -\rho\sigma_1\sigma_2 \\ -\rho\sigma_1\sigma_2 & \sigma_1^2 \end{pmatrix},$$

分别记 $\boldsymbol{x} = \begin{pmatrix} x_1 \\ x_2 \end{pmatrix}$，$\boldsymbol{\mu} = \begin{pmatrix} \mu_1 \\ \mu_2 \end{pmatrix}$，则

$$(\boldsymbol{x}-\boldsymbol{\mu})^T C^{-1} (\boldsymbol{x}-\boldsymbol{\mu}) = \frac{1}{|C|}(x_1-\mu_1, x_2-\mu_2) \begin{pmatrix} \sigma_2^2 & -\rho\sigma_1\sigma_2 \\ -\rho\sigma_1\sigma_2 & \sigma_1^2 \end{pmatrix} \begin{pmatrix} x_1-\mu_1 \\ x_2-\mu_2 \end{pmatrix}$$

$$= \frac{1}{1-\rho^2}\left[\frac{(x_1-\mu_1)^2}{\sigma_1^2} - 2\rho\frac{(x_1-\mu_1)(x_2-\mu_2)}{\sigma_1\sigma_2} + \frac{(x_2-\mu_2)^2}{\sigma_2^2}\right].$$

于是 (X_1, X_2) 的概率密度可表示为

$$f(x_1, x_2) = \frac{1}{2\pi |C|^{\frac{1}{2}}} e^{-\frac{1}{2}(\boldsymbol{x}-\boldsymbol{\mu})^T C^{-1}(\boldsymbol{x}-\boldsymbol{\mu})}.$$

下面将这一结果推广到 n 维正态随机变量 $(X_1, X_2, \cdots, X_n)$ 的情况，引入矩阵

$$\boldsymbol{x} = \begin{pmatrix} x_1 \\ x_2 \\ \vdots \\ x_n \end{pmatrix}, \quad \boldsymbol{\mu} = \begin{pmatrix} \mu_1 \\ \mu_2 \\ \vdots \\ \mu_n \end{pmatrix} = \begin{pmatrix} E(X_1) \\ E(X_2) \\ \vdots \\ E(X_n) \end{pmatrix},$$

C 为 $(X_1, X_2, \cdots, X_n)$ 的协方差矩阵，则 n 维正态随机变量 $(X_1, X_2, \cdots, X_n)$ 的概率密度可表示为

$$f(x_1, x_2, \cdots, x_n) = \frac{1}{(2\pi)^{\frac{n}{2}} |C|^{\frac{1}{2}}} e^{-\frac{1}{2}(\boldsymbol{x}-\boldsymbol{\mu})^T C^{-1}(\boldsymbol{x}-\boldsymbol{\mu})}.$$

n 维正态分布在概率统计中会经常遇到，其概率密度用协方差矩阵表示，形式简单，便于研究.

n 维正态分布具有以下重要性质.

(1) 随机变量 $(X_1, X_2, \cdots, X_n)$ 服从 n 维正态分布的充分必要条件是随机变量 $X_1, X_2, \cdots, X_n$ 的任意非零线性组合 $k_1 X_1 + k_2 X_2 + \cdots + k_n X_n$ 服从一维正态分布；

(2) 设随机变量 $(X_1, X_2, \cdots, X_n)$ 服从 n 维正态分布，若随机变量 $Y_1, Y_2, \cdots, Y_m$ 是 $X_i (i=1,2,\cdots,n)$ 的线性函数，则随机变量 $(Y_1, Y_2, \cdots, Y_m)$ 服从 m 维正态分布；

(3) 设随机变量 $(X_1, X_2, \cdots, X_n)$ 服从 n 维正态分布，则 $X_1, X_2, \cdots, X_n$ 相互独立与 $X_1, X_2, \cdots, X_n$ 两两不相关是等价的.

4.4节知识拓展

4.4节自测题

习题 4.4

1. 设 $X_1, X_2, \cdots, X_n$ 是相互独立的随机变量,且有
$$E(X_i) = \mu，D(X_i) = \sigma^2, \quad i = 1, 2, \cdots, n.$$
记 $\overline{X} = \dfrac{1}{n}\sum_{i=1}^{n} X_i$,$S^2 = \dfrac{1}{n-1}\sum_{i=1}^{n}(X_i - \overline{X})^2$.

(1) 证明 $E(\overline{X}) = \mu$,$D(\overline{X}) = \dfrac{\sigma^2}{n}$;

(2) 证明 $S^2 = \dfrac{1}{n-1}\left(\sum_{i=1}^{n} X_i^2 - n\overline{X}^2\right)$;

(3) 证明 $E(S^2) = \sigma^2$.

2. 设随机变量 X 服从参数为 λ 的指数分布,求 X 的 3 阶原点矩.

3. 设随机变量 X 与 Y 相互独立,且 $X \sim N(a,1), Y \sim N(b,1)$,求 $3X - Y$ 与 $X + Y$ 的相关系数和协方差矩阵.

4. 设 (X, Y) 服从二维正态分布,$X \sim N(0, 3), Y \sim N(0, 4), \rho_{XY} = -\dfrac{1}{3}$,求 X 与 Y 的联合概率密度.

测 验 题 4

一、填空题

1. 已知随机变量 X 服从参数为 λ 的泊松分布,令 $Y = 3X^2 + 2X - 1$,则 Y 的数学期望 $E(Y) = $ _____.

2. 设 $D(X) = 4$,$D(Y) = 1$,$\rho_{XY} = -\dfrac{1}{2}$,则 $D(3X - 2Y) = $ _____.

3. 设 X, Y, Z 相互独立,且 $X \sim b(10, 0.8), Y \sim \pi(3)$,$Z \sim N(-2, 5)$,令 $W = X - 2Y + Z - 4$,则 $E(W) = $ _____.

4. 随机变量 X 在区间 $[-1, 2]$ 上服从均匀分布,随机变量 $Y = \begin{cases} 1, & X > 0, \\ 0, & X = 0, \\ -1, & X < 0. \end{cases}$ 则 Y 的方差 $D(Y) = $ _____.

5. 如果随机变量 X 和 Y 满足 $E(XY)=E(X)E(Y)$，则 $D(X+Y)-D(X-Y)=$ _____.

6. 设 $X \sim \pi(\lambda)$，$E(X^2+2X-4)=0$，则 $P\{X\neq 0\}=$ _____.

7. 设随机变量 X 服从正态分布，$E(X)=\mu, D(X)=\sigma^2$，则 $P\{|X-\mu|\geq 3\sigma\}=$ _____.

8. 设随机变量 X 服从参数为 λ 的泊松分布，且 $E[(X-1)(X-2)]=1$，则 $\lambda=$ _____.

9. 设 X 服从正态分布 $N(\mu,\sigma^2)$，则 $Y=3-2X$ 服从_____分布.

10. 设随机变量 X 服从 $n=4$，$p=\dfrac{1}{2}$ 的二项分布，Y 服从 $\lambda=1$ 泊松分布，且 X,Y 的相关系数 $\rho_{XY}=-\dfrac{1}{4}$，则 $D(3X-4Y)=$ _____.

二、选择题

1. 设 (X,Y) 服从二维正态分布，则随机变量 $\xi=X-Y$ 与 $\eta=X+Y$ 不相关的充分必要条件是( ).
   (A) $E(X)=E(Y)$；
   (B) $D(X)=D(Y)$；
   (C) X 与 Y 不相关；
   (D) $E(X^2)+(E(X))^2=E(Y^2)+(E(Y))^2$.

2. 设 X_1 与 X_2 相互独立同分布(方差大于零)，$X=X_1+aX_2$，$Y=X_1+bX_2$（a,b 均不为零），如果 X 与 Y 不相关，则( ).
   (A) a 与 b 可以是任意实数；
   (B) a 与 b 一定相等；
   (C) a 与 b 互为负倒数；
   (D) a 与 b 互为倒数.

3. 设随机变量 X,Y 的协方差矩阵为 $C=\begin{pmatrix}4 & 3 \\ 3 & 9\end{pmatrix}$，求 $D(X-2Y)$( ).
   (A) 8；
   (B) 16；
   (C) 28；
   (D) 44.

4. 设 X 是一随机变量，则对任意常数 C，必有( ).
   (A) $E[(X-C)^2]=E(X^2)-C^2$；
   (B) $E[(X-C)^2]=E[(X-E(X))^2]$；
   (C) $E[(X-C)^2]<E[(X-E(X))^2]$；
   (D) $E[(X-C)^2]\geq E[(X-E(X))^2]$.

5. 设随机变量 X 与 Y 相互独立，$D(X)=4$，$D(Y)=2$，则 $D(3X-2Y)$ 等于( ).
   (A) 8；
   (B) 16；
   (C) 28；
   (D) 44.

6. 设 $D(X)>0$，$D(Y)>0$，则由等式 $D(X-Y)=D(X)+D(Y)$ 不能推出( ).
   (A) $E(XY)=E(X)E(Y)$；
   (B) $D(X+Y)=D(X)+D(Y)$；
   (C) X 与 Y 不相关；
   (D) X 与 Y 相互独立.

7. 设 X 为群体 A 的身高，Y 为群体 B 的身高，则"群体 A 比群体 B 高"相当于( ).
   (A) $E(X)>E(Y)$；
   (B) $E(X)<E(Y)$；
   (C) $E(X)=E(Y)$；
   (D) $E(X)$ 与 $E(Y)$ 无关.

8. 已知随机变量 X 服从二项分布，且 $E(X)=2.4, D(X)=1.44$，则二项分布的参数 n 和 p 分别为( ).
   (A) 6, 0.8；
   (B) 6, 0.4；
   (C) 4, 0.4；
   (D) 4, 0.8.

9. 若 $a\neq 0$，ρ_{XY} 是随机变量 (X,Y) 的相关系数，则 $|\rho_{XY}|=1$ 的充要条件是( ).
   (A) $P\{Y=aX\}=1$；
   (B) $P\{Y=aX+b\}=1$；
   (C) $P\{Y=aX\}=0$；
   (D) $P\{Y=aX+b\}=0$.

10. 设 X 服从 $\lambda=16$ 的泊松分布, Y 服从 $\lambda=2$ 的指数分布, 且 $\rho_{XY}=-1/2$, 则协方差 $\text{Cov}(X,Y+1)$ 为( ).

(A) 8;　　　　　(B) 16;　　　　　(C) –1;　　　　　(D) 2.

三、计算题

1. 某种电子元件的寿命 X (单位: 小时)的概率密度为

$$f(x)=\begin{cases}1000/x^2, & x>1000,\\ 0, & x\leqslant 1000.\end{cases}$$

且规定寿命超过 1500 小时者为一级品, 从一批此种电子元件中有放回地随机抽取 5 只, 测试其寿命, Y 表示 5 只中一级品的个数, 试求 $D(Y)$.

2. 设某电子邮箱收到的每个邮件是相互独立的, 且收到每个邮件是广告邮件的概率为 $p=0.4$.

(1) 若一天内收到 10 个邮件, 试求其中广告邮件个数 X 的分布律、数学期望和方差;

(2) 若一天内收到的邮件个数服从 $\lambda=10$ 的泊松分布, 试求其中广告邮件个数 Y 的分布律、数学期望和方差.

3. A,B,C 三辆车同时进入某加油站, 设加油站对每辆车的加油时间(以分钟计)服从指数分布, 概率密度

$$f(x)=\begin{cases}\dfrac{1}{4}e^{-\frac{x}{4}}, & x\geqslant 0,\\ 0, & x<0,\end{cases}$$

且对不同的车辆的加油时间是相互独立的, 今对 A 和 B 立即开始加油, 等其中有一辆车加油完毕后再对 C 加油, 试求出 C 在加油站停留时间的数学期望.

4. 一工厂生产的某种设备的寿命 X (以年计)服从指数分布, 其概率密度为

$$f(x)=\begin{cases}\dfrac{1}{3}e^{-\frac{x}{3}}, & x\geqslant 0,\\ 0, & x<0.\end{cases}$$

工厂规定, 出售的设备若在一年内损坏可予以调换. 若工厂售出一台设备盈利 100 元, 调换一台设备厂方需花费 200 元. 试求厂方出售一台设备净盈利的数学期望.

5. 设 $g(x)$ 为随机变量 X 取值的集合上的非负不减函数, 且 $E(g(X))$ 存在, 证明对任意的 $\varepsilon>0$, 有

$$P\{X>\varepsilon\}\leqslant \frac{E(g(X))}{g(\varepsilon)}.$$

第 4 章测试题

第 5 章

大数定律与中心极限定理

在概率论与数理统计中，我们常常要考虑大量的随机变量的算术平均值的稳定性问题，以及大量的随机变量之和的极限分布问题. 大数定律和中心极限定理则是分别回答这两类问题的一系列结论，它们在概率论与数理统计的理论与应用中起着十分重要的作用.

5.1 大数定律

实际经验告诉我们，在抛掷一枚均匀硬币的试验中，虽然我们事先不能准确预言每次抛掷的结果到底是出现正面还是出现反面，但是如果我们独立重复地抛掷 n 次，以 n_A 表示这 n 次试验中正面出现的次数，那么当试验的次数 n 越来越大时，正面出现的频率 $\dfrac{n_A}{n}$ 就会越来越接近于常数 $\dfrac{1}{2}$. 我们把这个常数 $\dfrac{1}{2}$ 定义为正面出现的概率，它描述了正面出现的可能性的大小，反映了这一随机现象的某种统计规律性. 这个例子告诉我们，为了寻找随机现象的某种统计规律性，往往要进行大量的重复试验，同时也启发我们进一步提出如下的理论问题.

在 n 重伯努利试验中，以 X_i 表示第 i 次试验中事件 A 发生的次数，这时事件 A 在这 n 次试验中出现的频数为 $n_A = \sum_{i=1}^{n} X_i$，从而事件 A 发生的频率为 $\dfrac{n_A}{n} = \dfrac{1}{n}\sum_{i=1}^{n} X_i$. 一个自然的问题是当 n 无限增大时，这个频率是否趋近于某个常数 p？进而更一般的问题是：设 $X_1, X_2, \cdots, X_n, \cdots$ 为一列随机变量，当 n 无限增大时，其前 n 项的算术平均值 $\dfrac{1}{n}\sum_{i=1}^{n} X_i$ 是否趋近于某个常数 μ？"趋近"的含义是什么？

以上问题便是大数定律所要回答的. 为了叙述方便，我们首先给出随机变量序列依概率收敛的定义，并介绍一个重要的不等式.

定义 1 设 $X_1, X_2, \cdots, X_n, \cdots$ 为一列随机变量, 如果存在常数 a 使得对于任意的 $\varepsilon > 0$, 有

$$\lim_{n \to \infty} P\{|X_n - a| < \varepsilon\} = 1, \tag{5.1}$$

则称 X_n 依概率收敛于 a, 记为 $X_n \xrightarrow{P} a$.

命题 1(切比雪夫不等式) 设 X 为随机变量, 其数学期望 $E(X)$ 和方差 $D(X)$ 都存在, 则对于任意的 $\varepsilon > 0$, 有

$$P\{|X - E(X)| \geqslant \varepsilon\} \leqslant \frac{D(X)}{\varepsilon^2}. \tag{5.2}$$

证 仅对 X 为连续型随机变量的情形给出证明. 设 X 的概率密度为 $f(x)$, 则

$$P\{|X - E(X)| \geqslant \varepsilon\} = \int_{|x - E(X)| \geqslant \varepsilon} f(x) \mathrm{d}x \leqslant \int_{|x - E(X)| \geqslant \varepsilon} \frac{[x - E(X)]^2}{\varepsilon^2} f(x) \mathrm{d}x$$

$$\leqslant \frac{1}{\varepsilon^2} \int_{-\infty}^{+\infty} [x - E(X)]^2 f(x) \mathrm{d}x = \frac{D(X)}{\varepsilon^2}.$$

注 切比雪夫不等式的一个等价形式是

$$P\{|X - E(X)| < \varepsilon\} \geqslant 1 - \frac{D(X)}{\varepsilon^2}. \tag{5.3}$$

从(5.3)式可以看出, 方差 $D(X)$ 越小, $1 - \frac{D(X)}{\varepsilon^2}$ 就越大, X 取值于区间 $(E(X) - \varepsilon, E(X) + \varepsilon)$ 内的概率就越大, 亦即 X 的取值就越集中在 $E(X)$ 的附近. 由此也说明了方差的大小反映了随机变量取值的分散程度. 另外, 切比雪夫不等式还给出了当随机变量 X 的数学期望和方差已知而分布未知时, 估计随机事件 $\{|X - E(X)| < \varepsilon\}$ 发生的概率的一种方法.

例 1 设某工厂某种产品一周的产量 X 是随机变量, 且 $E(X) = 500$, $D(X) = 100$, 试应用切比雪夫不等式估计该工厂生产这种产品一周的产量在 400 至 600 之间的概率.

解 由切比雪夫不等式得

$$P\{400 < X < 600\} = P\{|X - 500| < 100\} \geqslant 1 - \frac{100}{100^2} = 0.99.$$

例 2 随机地抛掷 4 颗均匀的骰子, 试用切比雪夫不等式估计出现的点数之和在 10 至 18 之间的概率.

解 设 X_i 表示第 i ($i = 1, 2, 3, 4$) 颗骰子出现的点数, X 表示 4 颗骰子的点数之和, 则 X_1, X_2, X_3, X_4 相互独立, $X = X_1 + X_2 + X_3 + X_4$, 且

$$P\{X_i = k\} = \frac{1}{6}, \quad k = 1, 2, \cdots, 6,$$

于是

$$E(X_i) = \frac{1}{6}(1 + 2 + \cdots + 6) = \frac{7}{2},$$

$$D(X_i) = \frac{1}{6}(1^2 + 2^2 + \cdots + 6^2) - \left(\frac{7}{2}\right)^2 = \frac{35}{12},$$

$$E(X) = E(X_1 + X_2 + X_3 + X_4) = 4E(X_1) = 14,$$

$$D(X) = D(X_1 + X_2 + X_3 + X_4) = 4D(X_1) = \frac{35}{3}.$$

由切比雪夫不等式得

$$P\{10 < X < 18\} = P\{|X - 14| < 4\} \geq 1 - \frac{35/3}{4^2} = 0.27.$$

大数定律的内容很丰富，这里只介绍三个常用的大数定律. 它们都要求随机变量序列是相互独立的且数学期望存在.

定理 1(切比雪夫大数定律) 设 $X_1, X_2, \cdots, X_n, \cdots$ 为一列相互独立的随机变量，且具有相同的数学期望 $E(X_i) = \mu$ 和方差 $D(X_i) = \sigma^2$，则

$$\frac{1}{n}\sum_{i=1}^{n} X_i \xrightarrow{P} \mu. \tag{5.4}$$

证 我们有

$$E\left(\frac{1}{n}\sum_{i=1}^{n} X_i\right) = \frac{1}{n}\sum_{i=1}^{n} E(X_i) = \mu, \quad D\left(\frac{1}{n}\sum_{i=1}^{n} X_i\right) = \frac{1}{n^2}\sum_{i=1}^{n} D(X_i) = \frac{\sigma^2}{n},$$

应用切比雪夫不等式，对于任意的 $\varepsilon > 0$，有

$$P\left\{\left|\frac{1}{n}\sum_{i=1}^{n} X_i - \mu\right| < \varepsilon\right\} \geq 1 - \frac{1}{\varepsilon^2} D\left(\frac{1}{n}\sum_{i=1}^{n} X_i\right) = 1 - \frac{\sigma^2}{n\varepsilon^2},$$

所以

$$\lim_{n \to \infty} P\left\{\left|\frac{1}{n}\sum_{i=1}^{n} X_i - \mu\right| < \varepsilon\right\} = 1.$$

如果在定理 1 中将方差存在的条件替换为"同分布"，则有下面的结论:

定理 2(辛钦大数定律) 设 $X_1, X_2, \cdots, X_n, \cdots$ 为一列独立同分布的随机变量，且具有数学期望 $E(X_i) = \mu$，则

$$\frac{1}{n}\sum_{i=1}^{n}X_i \xrightarrow{P} \mu. \tag{5.5}$$

以上两个定理表明：当 n 充分大时，随机变量的算术平均值 $\frac{1}{n}\sum_{i=1}^{n}X_i$ 以很大的概率接近它的数学期望 μ. 也就是说，随机变量的算术平均值随着 n 的增加越来越稳定，它的随机性越来越弱，而确定性越来越强，其稳定值就是它的序列前 n 项的数学期望. 下面的定理 3 是定理 1 或定理 2 的特殊情形，其证明是显然的.

定理 3(伯努利大数定律)　设事件 A 在每次试验中出现的概率为 p，且在 n 次独立重复试验中出现的次数为 n_A，则

$$\frac{n_A}{n} \xrightarrow{P} p. \tag{5.6}$$

伯努利大数定律表明，当 n 充分大时，事件 A 发生的频率 $\frac{n_A}{n}$ 以很大的概率接近它的概率 p，这就是频率稳定性的含义. 同时，伯努利大数定律也说明了第 1 章中概率的统计定义的合理性. 因此在实际中，当试验的次数很大时，便可以用事件发生的频率来近似代替该事件发生的概率.

例 3　如何测量某一未知的物理量 a，能使得误差较小？

解　在相同的条件下测量 n 次，其结果为 $X_1, X_2, \cdots, X_n$，它们可看成是独立同分布的随机变量，其数学期望为 a. 于是由辛钦大数定律可知，当 $n \to \infty$ 时，有

$$\frac{1}{n}\sum_{i=1}^{n}X_i \xrightarrow{P} E(X_1) = a,$$

因此我们可取 n 次测量值 $x_1, x_2, \cdots, x_n$ 的算术平均值作为 a 的近似值，即 $a \approx \frac{1}{n}\sum_{i=1}^{n}x_i$，当 n 充分大时其误差是很小的.

例 4　如何估计一大批产品的次品率 p？

解　设 A 为事件"任取一件为次品"，则 $P(A) = p$. 从这批产品中抽取 n 件产品，记 n_A 为其中次品的件数，由伯努利大数定律可知，当 n 很大时，我们可取 $\frac{n_A}{n}$ 作为次品率 p 的估计值.

例 5　某大学一年级新生英语成绩 X 服从正态分布 $N(75, 10^2)$，已知 95 分以上的有 21 人，如果按成绩由高到低选前 130 人进快班，问快班分数线如何确定？

解　设新生总数为 n，快班分数下限为 a，由伯努利大数定律可得 $\frac{21}{n} \approx P\{X > 95\}$，$\frac{130}{n} \approx P\{X \geq a\}$. 由

$$P\{X>95\}=1-P\{X\leqslant 95\}=1-\Phi\left(\frac{95-75}{10}\right)=0.0228,$$

可得 $\frac{21}{n} \approx 0.0228$，$n \approx 921$. 再由

$$P\{X \geqslant a\}=1-P\{X<a\}=1-\Phi\left(\frac{a-75}{10}\right),$$

可得 $\frac{130}{921} \approx 1-\Phi\left(\frac{a-75}{10}\right)$，即 $\Phi\left(\frac{a-75}{10}\right)=\frac{791}{921}=0.8589$，查标准正态分布表得 $\frac{a-75}{10} \approx 1.08$，解得 $a \approx 85.8$. 所以可将分数线定为 86 分.

例 6 设 $X_1, X_2, \cdots, X_n, \cdots$ 为一列相互独立的随机变量，其分布律为

$$P\left\{X_n=\frac{2^k}{k^2}\right\}=\frac{1}{2^k}, \quad k=1,2,\cdots.$$

试问这一列随机变量是否服从大数定律？

解 因为 $X_1, X_2, \cdots, X_n, \cdots$ 为一列相互独立同分布的随机变量，且

$$E(X_n)=\sum_{k=1}^{+\infty}\frac{2^k}{k^2}\frac{1}{2^k}=\sum_{k=1}^{+\infty}\frac{1}{k^2}=\frac{\pi^2}{6}<+\infty,$$

即 $E(X_n)$ 存在，所以这一列随机变量服从辛钦大数定律.

例 7 设 $f(x)$ 为 $[0,1]$ 上的连续函数，试用大数定律计算定积分 $\int_0^1 f(x)\mathrm{d}x$.

解 用计算机从均匀分布 $U[0,1]$ 中产生 n 个随机数 $X_1, X_2, \cdots, X_n$，它们可看成是独立同分布的随机变量，从而 $f(X_1), f(X_2), \cdots, f(X_n)$ 也是独立同分布的随机变量，并具有有限的数学期望. 于是由辛钦大数定律可知，当 $n \to \infty$ 时，有

$$\frac{1}{n}\sum_{i=1}^{n}f(X_i) \xrightarrow{P} E[f(X_1)]=\int_0^1 f(x)\mathrm{d}x.$$

因此我们可将 n 个随机数的观测值 $x_1, x_2, \cdots, x_n$ 代入 $\frac{1}{n}\sum_{i=1}^{n}f(X_i)$，即得 $\int_0^1 f(x)\mathrm{d}x \approx \frac{1}{n}\sum_{i=1}^{n}f(x_i)$，当 n 充分大时其误差是很小的. 这种数值计算方法称为**蒙特卡罗模拟法**.

5.1 节知识拓展

5.1 节自测题

习题 5.1

1. 已知正常男性成人每毫升血液中白细胞数 X 的平均值是 7300，均方差是 700，试用切比雪夫不等式估计白细胞数 X 在 5200 至 9400 之间的概率.

2. 连续抛掷一枚均匀硬币若干次，试用切比雪夫不等式估计需要抛掷多少次，才能保证使得出现正面的频率在 0.4 至 0.6 之间的概率不小于 90%.

3. 假设某抽奖活动的中奖率为 0.25，试用切比雪夫不等式求独立抽奖次数 n 最小取何值时，中奖事件出现的频率在 $0.24 \sim 0.26$ 之间的概率至少为 0.90.

4. 设随机变量 X 的概率密度为

$$f(x) = \begin{cases} \dfrac{x^n \mathrm{e}^{-x}}{n!}, & x \geqslant 0, \\ 0, & x < 0, \end{cases}$$

其中 n 为自然数，证明不等式 $P\{0 < X < 2(n+1)\} \geqslant \dfrac{n}{n+1}$.

5. 设 $X_1, X_2, \cdots, X_n, \cdots$ 为一列独立同分布的随机变量，记 $\overline{X} = \dfrac{1}{n}\sum\limits_{i=1}^{n} X_i$. 问在下列两种情况下，当 $n \to \infty$ 时，$\overline{X}$ 依概率收敛于什么值?

(1) $X_i \sim \pi(\lambda)$, $i = 1, 2, \cdots$.   (2) $X_i \sim N(\mu, \sigma^2)$, $i = 1, 2, \cdots$.

6. 设 $X_1, X_2, \cdots, X_n, \cdots$ 为一列独立同分布的随机变量，且 X_n 的分布律为

X_k	$\sqrt{2}$	0	$-\sqrt{2}$
p_k	$\dfrac{1}{4}$	$\dfrac{1}{2}$	$\dfrac{1}{4}$

问 $X_1, X_2, \cdots, X_n, \cdots$ 是否服从切比雪夫大数定律?

7. 设 $X_1, X_2, \cdots, X_n, \cdots$ 为一列独立同分布的随机变量，且 X_n 的分布函数为

$$F(x) = \dfrac{1}{2} + \dfrac{1}{\pi}\arctan\left(\dfrac{x}{a}\right), \quad -\infty < x < +\infty.$$

问该随机变量序列是否服从辛钦大数定律?

8. 设 $X_1, X_2, \cdots, X_n, \cdots$ 为一列独立同分布的随机变量，且

$$E(X_i) = 0, \quad D(X_i) = \sigma^2, \quad i = 1, 2, \cdots.$$

证明 $\dfrac{1}{n}\sum\limits_{i=1}^{n} X_i^2 \xrightarrow{P} \sigma^2$.

5.2 中心极限定理

在实际中，有许多随机现象的数量指标是由大量的随机因素叠加形成的，而

其中每一个因素所起的作用都是微小的,在这种情况下,人们发现这种数量指标往往近似地服从正态分布. 于是人们便自然地提出这样的问题:若干个随机变量的和在什么条件下近似地服从正态分布? 我们把回答这个问题的一系列结论统称为中心极限定理. 中心极限定理的内容很丰富,本节只介绍两个常用的中心极限定理.

我们知道随机变量 $X \sim N(\mu,\sigma^2)$ 成立的充分必要条件是 $\dfrac{X-E(X)}{\sqrt{D(X)}} \sim N(0,1)$,因此当 n 无限增大时,如果随机变量

$$Y_n = \frac{\sum_{i=1}^n X_i - E\left(\sum_{i=1}^n X_i\right)}{\sqrt{D\left(\sum_{i=1}^n X_i\right)}}$$

的分布函数趋近于标准正态分布的分布函数,则随机变量 $\sum_{i=1}^n X_i$ 的分布函数就趋近于正态分布的分布函数. 本节介绍的中心极限定理便回答了在什么条件下随机变量 Y_n 的分布函数趋近于标准正态分布的分布函数.

定理1(独立同分布的中心极限定理) 设 $X_1, X_2, \cdots, X_n, \cdots$ 为一列独立同分布的随机变量,其数学期望存在且方差大于零,则对于任意实数 x,有

$$\lim_{n \to \infty} P\left\{ \frac{\sum_{i=1}^n X_i - E\left(\sum_{i=1}^n X_i\right)}{\sqrt{D\left(\sum_{i=1}^n X_i\right)}} \leqslant x \right\} = \Phi(x), \tag{5.7}$$

其中 $\Phi(x) = \int_{-\infty}^x \dfrac{1}{\sqrt{2\pi}} e^{-\frac{t^2}{2}} \mathrm{d}t$ 为标准正态分布的分布函数.

证明略.

独立同分布的中心极限定理表明,对于均值为 μ,方差为 σ^2 的独立同分布的随机变量 $X_1, X_2, \cdots, X_n$,当 n 充分大时,有

$$\frac{\sum_{i=1}^n X_i - n\mu}{\sqrt{n}\sigma} \overset{\text{近似地}}{\sim} N(0,1) \quad \text{或} \quad \sum_{i=1}^n X_i \overset{\text{近似地}}{\sim} N(n\mu, n\sigma^2).$$

在一般情况下,我们往往很难求出 n 个随机变量之和 $\sum_{i=1}^n X_i$ 的分布的确切形

式, 上式告诉我们, 当 n 充分大时, 可以用正态分布近似代替其概率分布, 这样便为理论研究和实际计算带来了方便.

例1 某超市的收银台为各位顾客服务的时间(单位: 分钟)是相互独立的随机变量, 其均值为 1.5, 方差为 1, 求该收银台为 100 位顾客的总服务时间不多于 120 分钟的概率.

解 设收银台为第 i 个顾客的服务时间为 X_i, 则它们是独立同分布的随机变量, 且

$$E(X_i) = 1.5, \quad D(X_i) = 1, \quad i = 1, 2, \cdots, 100.$$

于是由定理 1 可得

$$P\left\{\sum_{i=1}^{100} X_i \leqslant 120\right\} = P\left\{\frac{\sum_{i=1}^{100} X_i - 100 \times 1.5}{\sqrt{100 \times 1}} \leqslant \frac{120 - 100 \times 1.5}{\sqrt{100 \times 1}}\right\}$$

$$\approx \Phi\left(\frac{120 - 100 \times 1.5}{\sqrt{100 \times 1}}\right)$$

$$= \Phi(-3) = 1 - \Phi(3) = 0.0013.$$

例2 计算机进行加法运算时, 把每个数取为最接近于它的整数来计算. 设所有的取整误差是相互独立的随机变量, 并且都服从区间 $[-0.5, 0.5]$ 上的均匀分布, 求 300 个数相加时误差总和的绝对值小于 10 的概率.

解 设随机变量 X_i 表示第 i 个数的取整误差 ($i = 1, 2, \cdots, 300$), 则它们相互独立且都服从区间 $[-0.5, 0.5]$ 上的均匀分布, 且有 $E(X_i) = 0$, $D(X_i) = \dfrac{1}{12}$, 于是由定理 1 可得

$$P\left\{\left|\sum_{i=1}^{300} X_i\right| < 10\right\} = P\left\{\frac{\left|\sum_{i=1}^{300} X_i - 0\right|}{\sqrt{300 \times \dfrac{1}{12}}} < 2\right\}$$

$$\approx \Phi(2) - \Phi(-2) = 2\Phi(2) - 1$$

$$= 0.9544.$$

下面的结论是定理 1 的特殊情形, 其证明是显然的.

定理2(棣莫弗-拉普拉斯中心极限定理) 设随机变量 $\eta_n \sim b(n, p)$, 则对于任意实数 x, 有

$$\lim_{n\to\infty} P\left\{\frac{\eta_n - np}{\sqrt{np(1-p)}} \leqslant x\right\} = \Phi(x), \tag{5.8}$$

其中 $\Phi(x) = \int_{-\infty}^{x} \frac{1}{\sqrt{2\pi}} e^{-\frac{t^2}{2}} dt$ 为标准正态分布的分布函数.

由定理 2 可知, 若随机变量 $\eta_n \sim b(n,p)$, 则对于给定的充分大的 n, 有

$$\frac{\eta_n - np}{\sqrt{np(1-p)}} \overset{\text{近似地}}{\sim} N(0,1) \quad \text{或} \quad \eta_n \overset{\text{近似地}}{\sim} N(np, np(1-p)).$$

于是, 当 n 充分大时, 我们便可以利用上式来近似计算二项分布的概率, 即有

$$P\{a < \eta_n \leqslant b\} = P\left\{\frac{a-np}{\sqrt{np(1-p)}} < \frac{\eta_n - np}{\sqrt{np(1-p)}} \leqslant \frac{b-np}{\sqrt{np(1-p)}}\right\}$$

$$\approx \Phi\left(\frac{b-np}{\sqrt{np(1-p)}}\right) - \Phi\left(\frac{a-np}{\sqrt{np(1-p)}}\right).$$

例 3 某工厂有 200 台同类型的机器, 每台机器工作时需要 50 千瓦的电力. 由于工艺等原因, 每台机器的开工率为 0.75, 各台机器是否工作是相互独立的. 问

(1) 在任一时刻, 恰有 144 至 160 台机器正在工作的概率为多少?

(2) 在任一时刻, 需至少供应多少电力才能保证 "因电力不足而使一些机器停工" 的概率小于 0.01?

解 设 X 表示任一时刻正在工作的机器台数, 则 $X \sim b(200, 0.75)$.

(1) 应用定理 2 可得所求的概率为

$P\{144 \leqslant X \leqslant 160\}$

$$= P\left\{\frac{144 - 200 \times 0.75}{\sqrt{200 \times 0.75 \times 0.25}} \leqslant \frac{X - 200 \times 0.75}{\sqrt{200 \times 0.75 \times 0.25}} \leqslant \frac{160 - 200 \times 0.75}{\sqrt{200 \times 0.75 \times 0.25}}\right\}$$

$$\approx \Phi\left(\frac{160 - 200 \times 0.75}{\sqrt{200 \times 0.75 \times 0.25}}\right) - \Phi\left(\frac{144 - 200 \times 0.75}{\sqrt{200 \times 0.75 \times 0.25}}\right)$$

$$= \Phi(1.63) - \Phi(-0.98) = \Phi(1.63) - [1 - \Phi(0.98)] = 0.7849.$$

(2) 设任一时刻有 m 台工作的机器需要使用电力, 则 m 满足不等式

$$P\{X > m\} < 0.01,$$

为计算方便, 将该不等式改写成

$$P\{0 \leqslant X \leqslant m\} > 0.99.$$

应用定理 2 得

$$\Phi\left(\frac{m-200\times 0.75}{\sqrt{200\times 0.75\times 0.25}}\right) - \Phi\left(\frac{0-200\times 0.75}{\sqrt{200\times 0.75\times 0.25}}\right) > 0.99,$$

从而有

$$\frac{m-200\times 0.75}{\sqrt{200\times 0.75\times 0.25}} > 2.33.$$

由此得 $m > 164.3$, 取 $m = 165$, 所以需至少供应 $165 \times 50 = 8250$ 千瓦的电力.

例 4 某药厂断言, 某种药对于某种疾病的治愈率为 0.8. 医院检验员任意抽查 100 个服用此药的患者, 如果其中超过 75 人治愈, 就接受这一断言, 否则拒绝这一断言.

(1) 若实际上此药对该疾病的治愈率为 0.8, 问接受该断言的概率为多少?
(2) 若实际上此药对该疾病的治愈率为 0.7, 问接受该断言的概率为多少?

解 设治愈的总人数为 X.

(1) 若实际上此药对该疾病的治愈率为 0.8, 则 $X \sim b(100, 0.8)$, 由定理 2 可得接受该断言的概率为

$$P\{X > 75\} = 1 - P\{X \leqslant 75\} \approx 1 - \Phi\left(\frac{75-100\times 0.8}{\sqrt{100\times 0.8\times 0.2}}\right)$$
$$= 1 - \Phi(-1.25) = \Phi(1.25) = 0.8944.$$

(2) 若实际上此药对该疾病的治愈率为 0.7, 则 $X \sim b(100, 0.7)$, 由定理 2 可得接受该断言的概率为

$$P\{X > 75\} = 1 - P\{X \leqslant 75\} \approx 1 - \Phi\left(\frac{75-100\times 0.7}{\sqrt{100\times 0.7\times 0.3}}\right)$$
$$= 1 - \Phi\left(\frac{5}{\sqrt{21}}\right) = 1 - \Phi(1.09) = 0.1379.$$

例 5 设 $X_1, X_2, \cdots, X_n, \cdots$ 为一列独立同分布的随机变量, 且具有数学期望 μ 和方差 $\sigma^2 > 0$. 试用中心极限定理证明 $\frac{1}{n}\sum_{i=1}^{n} X_i \xrightarrow{P} \mu$.

证 由定理 1 可知, 对于任意的 $\varepsilon > 0$, 有

$$\lim_{n\to\infty} P\left\{\left|\frac{1}{n}\sum_{i=1}^{n} X_i - \mu\right| < \varepsilon\right\} = \lim_{n\to\infty} P\left\{\left|\frac{\sum_{i=1}^{n} X_i - n\mu}{\sqrt{n}\sigma}\right| < \frac{\varepsilon\sqrt{n}}{\sigma}\right\}$$
$$= \lim_{n\to\infty}\left[2\Phi\left(\frac{\varepsilon\sqrt{n}}{\sigma}\right) - 1\right] = 1,$$

所以

$$\frac{1}{n}\sum_{i=1}^{n}X_i \xrightarrow{P} \mu.$$

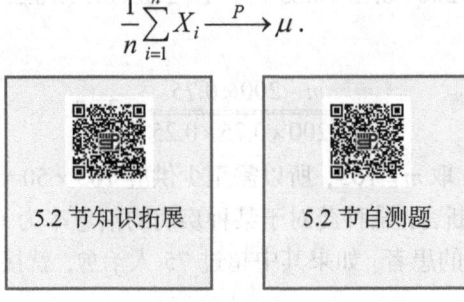

习题 5.2

1. 某宿舍学生每天参与网购的次数是一个随机变量,它服从 $\lambda=2$ 的泊松分布,设每个学生每天是否参与网购是相互独立的. 试用中心极限定理近似计算一年 365 天中该宿舍学生参与网购的次数超过 700 的概率.

2. 据以往经验,某种电子元件的寿命(单位:h)服从参数 $\lambda=0.01$ 的指数分布,现随机地抽取 16 只,设它们的寿命是相互独立的,求这 16 只元件的寿命总和大于 1920h 的概率.

3. 某生产线生产的产品成箱包装,每箱的重量都是随机的. 假设箱重的平均值为 50 千克,标准差为 5 千克,若用最大载重量为 5 吨的汽车承运,试应用中心极限定理计算每辆车最多可以装多少箱,才能保证不超载的概率大于 0.977.

4. 某人要测量甲、乙两地之间的距离,由于测量工具的限制,分成 1200 段来测量,每段测量误差(单位:cm)相互独立且都服从 $[-0.5, 0.5]$ 上的均匀分布,求测量的总误差的绝对值超过 20cm 的概率.

5. 根据有关观测资料显示,异性双胞胎数占双胞胎总数的 36%. 试求在 1000 例双胞胎中异性双胞胎数介于 300 到 400 之间的概率的近似值.

6. 一食品店有三种蛋糕出售,由于售出哪一种蛋糕是随机的,因而售出一只蛋糕的价格是一个随机变量,它取 1 元、1.2 元、1.5 元各个值的概率分别为 0.3、0.2、0.5,某天售出 300 只蛋糕.

(1) 求这天至少销售 400 元的概率;

(2) 求这天售出价格为 1.2 元的蛋糕多于 60 只的概率.

7. (1) 一复杂系统由 100 个相互独立起作用的部件组成,在整个运行期间每个部件损坏的概率为 0.10. 为了使整个系统正常工作,至少必须有 85 个部件正常工作,求整个系统正常工作的概率.

(2) 一复杂系统由 n 个相互独立起作用的部件组成,每个部件的可靠性(即部件正常工作的概率)为 0.90,且必须至少有 80% 的部件工作才能使整个系统工作. 问 n 至少为多大才能使系统的可靠性不低于 0.95?

8. 一通信系统拥有 50 台相互独立起作用的交换机,在系统运行期间,每台交换机能清晰接收信号的概率为 0.9. 系统正常工作时,要求能清晰接收信号的交换机不少于 45 台. 求该系统能正常工作的概率.

9. 某灯泡厂生产的灯泡的平均寿命原为 2000 小时，标准差为 250 小时，经过技术革新后平均寿命提高到 2250 小时，标准差不变. 为了确认这一改革成果，检验办法如下：任意挑选若干灯泡，如果这些灯泡的平均寿命超过 2200 小时，就正式承认改革有效，批准采用新工艺，如欲使检查通过的概率超过 0.997，问至少应检验多少只灯泡?

10. 有一批电子元件装箱运往外地，正品率为 80%，若要 95%以上的概率使箱内正品数多于 1000 只，问箱内至少要装多少只元件?

测 验 题 5

1. 设独立随机变量序列 $X_1, X_2, \cdots, X_n, \cdots$ 具有如下分布律

X_n	$-na$	0	na
p	$\dfrac{1}{2^n}$	$1-\dfrac{1}{2^{n-1}}$	$\dfrac{1}{2^n}$

证明 $\dfrac{1}{n}\sum_{i=1}^{n}X_i \xrightarrow{P} 0$.

2. 设有一大批零件，现从中抽查若干件，以判定这批产品的次品率. 问抽查的件数 N 多大时，才能使得次品出现的频率与该批产品的次品率的差的绝对值小于 0.1 的概率不小于 0.95.

3. 设 $X_1, X_2, \cdots, X_n, \cdots$ 是独立同分布的随机变量序列且 X_n 服从 $[a,b]$ 上的均匀分布，$f(x)$ 是 $[a,b]$ 上的连续函数，试证明当 $n \to \infty$ 时，$\dfrac{b-a}{n}\sum_{i=1}^{n}f(X_i)$ 依概率收敛于 $\int_a^b f(x)\mathrm{d}x$.

4. 售货员在报摊上售报，设每个过路人在报摊上买报的概率为 $\dfrac{1}{3}$，令 X 是出售了 100 份报纸时过路人的数目，求 $P\{280 \leqslant X \leqslant 320\}$.

5. 设随机变量 $X_1, X_2, \cdots, X_{100}$ 相互独立，且都服从 $[0,1]$ 上的均匀分布，又设 $Y = X_1 X_2 \cdots X_{100} = \prod_{i=1}^{100} X_i$，求概率 $P\{Y < 10^{-40}\}$ 的近似值.

6. 设 $X_1, X_2, \cdots, X_n$ 独立同服从 $[0,\theta]$ 上的均匀分布，令

$$Y_n = \max(X_1, X_2, \cdots, X_n), \quad Z_n = n(\theta - Y_n).$$

(1) 证明 $Y_n \xrightarrow{P} \theta$；(2) 试求 Z_n 的极限分布.

7. 设 $X_1, X_2, \cdots, X_n$ 两两互不相关，即 $\operatorname{Cov}(X_i, X_j) = 0, i \neq j$，且

$$E(X_i) = \mu_i, \quad D(X_i) \leqslant C, \quad i=1,2,\cdots,n,$$

其中 C 为常数. 证明 $\dfrac{1}{n}\sum_{i=1}^{n}(X_i - \mu_i) \xrightarrow{P} 0$.

8. 将 n 个编号为 1 至 n 的球放入 n 个编号为 1 至 n 的盒子中，每个盒子只能放一个球，S_n 表示有球的盒子数，证明 $\dfrac{S_n - E(S_n)}{n} \xrightarrow{P} 0$.

9. 试用中心极限定理证明

$$\lim_{n\to\infty}\left(1+n+\frac{n^2}{2!}+\cdots+\frac{n^n}{n!}\right)e^{-n}=\frac{1}{2}.$$

10. 设随机变量 $X_1, X_2, \cdots, X_n$ 相互独立，且都服从 $[0,1]$ 上的均匀分布，又设 $Y_n=\left(\prod_{i=1}^{n}X_i\right)^{1/n}$，试证明 $Y_n \xrightarrow{P} c$，其中 c 为常数，并确定 c 的值.

第 5 章测试题

第 6 章

数理统计基础

数理统计是一个以随机现象为研究对象、以概率论为理论基础的具有广泛应用的数学分支. 数理统计研究怎样有效地收集、整理和分析具有随机性的数据, 对所考察的随机现象的规律性作出合理的推断, 从而为科学决策提供依据. 数理统计的内容很丰富, 本书只介绍参数估计、假设检验、回归分析和方差分析的部分内容.

本章主要介绍总体、样本及统计量等基本概念, 并介绍几个常用的统计量, 正态总体的抽样分布定理.

6.1 数理统计的基本概念

人们在工农业生产、工程技术、自然科学、经济学、社会科学等领域中, 常常会遇到大量的随机现象, 因此人们需要考察一些具有随机性的数据, 通过对这些数据的研究, 进一步揭示出相应的随机现象的统计规律性. 例如研究某种灯泡的寿命、某地区水稻的亩产量、某种风险投资的收益率等等. 我们通常把研究对象的全体称为**总体**, 构成总体的每个成员称为**个体**. 比如, 我们要考察某学校的学生的身高情况, 则该学校的全体学生便构成一个总体, 而每一个学生就是一个个体. 每一个学生有很多特征: 身高、体重、民族、专业等等, 如果我们关心的只是该校学生的身高情况, 而其他特征暂不予考虑. 这样一来, 总体中的个体总可以用数量表示, 而总体就是这些数量的全体. 在总体中, 有的数量出现的机会较多, 有的出现的机会较少, 因此人们可以用一个概率分布来描述总体的数量分布规律, 自然地, 总体中的每一个个体的数量指标便是服从这一概率分布的某一个随机变量的可能取值, 所以每一个总体对应一个随机变量及其概率分布. 我们对总体的研究就是对相应的随机变量及其概率分布的研究.

在实际中, 总体的分布往往是未知的或部分未知的, 要了解一个总体的性质,初看起来，最理想的办法是将这个数量指标的所有可能取值逐个进行观察，但实际上这样做往往是办不到的或客观条件不允许的. 数理统计的基本任务是从总体中抽取一部分个体，然后根据这一部分个体的信息对总体的分布或某些性质进行推断.

为此目的，我们通常从总体 X 中随机地抽取 n 个个体，依次记录其数量指标为 $X_1, X_2, \cdots, X_n$，称为来自总体 X 的一个**样本**，样本中的个体称为**样品**，n 称为**样本容量**. 我们要指出的是，一方面由于这 n 个个体是从总体中随机抽取的，抽取前无法预知它们的取值，因此样本是一组随机变量，用大写字母表示；另一方面，一旦这 n 个个体的数值经试验观测出来以后，这 n 个个体的数量指标都是已知的了，依次记为 $x_1, x_2, \cdots, x_n$，此时用小写字母表示，它们是随机变量 $X_1, X_2, \cdots, X_n$ 的一次实现，称数组 $x_1, x_2, \cdots, x_n$ 为样本 $X_1, X_2, \cdots, X_n$ 的**样本值**.

在数理统计中，从总体中抽取个体可以有不同的抽取方式，为了能够对总体作出较可靠的推断，通常对所抽取的样本 $X_1, X_2, \cdots, X_n$ 提出如下两个要求：

(1) **独立性**　$X_1, X_2, \cdots, X_n$ 相互独立；

(2) **代表性**　每一个样品 X_i 都与总体 X 具有相同的概率分布.

以上要求意味着每个样品的取值不影响其他样品的取值，每个样品都有同等的机会被抽取到且能够完全代表总体 X，我们把满足上述条件的样本称为**简单随机样本**，今后我们讲到的"样本"总是指简单随机样本.

例 1　设总体 X 表示某工厂生产的一大批电灯泡的寿命(单位: h)，今随机抽取 10 只灯泡做寿命试验，将其寿命依次记为 $X_1, X_2, \cdots, X_{10}$，这便是一个容量为 10 的样本；试验之后，这 10 只灯泡的寿命便是一组数据，依次记为 $x_1, x_2, \cdots, x_{10}$，比如数组

　　　1100　1200　2000　1500　1233　1245　2300　1500　1200　1678

这便是一个样本值.

若总体 X 的分布函数为 $F(x)$，$X_1, X_2, \cdots, X_n$ 是 X 的样本，则该样本的联合分布函数为

$$F(x_1, x_2, \cdots, x_n) = \prod_{i=1}^{n} F(x_i), \quad -\infty < x_1, x_2, \cdots, x_n < +\infty.$$

特别地，若总体 X 为连续型随机变量，其概率密度为 $f(x)$，则样本 $X_1, X_2, \cdots, X_n$ 的联合概率密度为

$$f(x_1, x_2, \cdots, x_n) = \prod_{i=1}^{n} f(x_i), \quad -\infty < x_1, x_2, \cdots, x_n < +\infty.$$

若总体 X 为离散型随机变量，其分布律为 $P\{X = x_i\} = p_i\ (i = 1, 2, \cdots)$，则样本

$X_1, X_2, \cdots, X_n$ 的联合分布律为

$$P\{X_1 = x_{i_1}, X_2 = x_{i_2}, \cdots, X_n = x_{i_n}\} = \prod_{k=1}^{n} P\{X = x_{i_k}\}.$$

例 2 设总体 X 的样本为 $X_1, X_2, \cdots, X_n$.

(1) 若 $X \sim b(1, p)$,求该样本的联合分布律;

(2) 若 $X \sim N(\mu, \sigma^2)$,求该样本的联合概率密度.

解 (1) 总体 X 的分布律为

$$P\{X = x\} = p^x (1-p)^{1-x}, \quad x = 0, 1.$$

所以样本 $X_1, X_2, \cdots, X_n$ 的联合分布律为

$$P\{X_1 = x_1, X_2 = x_2, \cdots, X_n = x_n\}$$
$$= \prod_{k=1}^{n} P\{X = x_k\}$$
$$= p^{\sum_{k=1}^{n} x_k} (1-p)^{n - \sum_{k=1}^{n} x_k}.$$

(2) 总体 X 的概率密度为

$$f(x) = \frac{1}{\sqrt{2\pi}\sigma} e^{-\frac{(x-\mu)^2}{2\sigma^2}}, \quad -\infty < x < +\infty.$$

所以样本 $X_1, X_2, \cdots, X_n$ 的联合概率密度为

$$f(x_1, x_2, \cdots, x_n) = \prod_{i=1}^{n} f(x_i) = \left(2\pi\sigma^2\right)^{-\frac{n}{2}} e^{-\frac{1}{2\sigma^2} \sum_{i=1}^{n} (x_i - \mu)^2}.$$

有了样本以后,往往还不能直接推断出总体的某些性质,而必须针对不同的问题构造出适当的样本函数,再利用这些样本函数进行推断. 为此我们给出统计量的定义.

定义 1 设 $X_1, X_2, \cdots, X_n$ 为来自总体 X 的一个样本,$g(X_1, X_2, \cdots, X_n)$ 是 $X_1, X_2, \cdots, X_n$ 的函数,若 g 中不含任何未知参数,则称 $g(X_1, X_2, \cdots, X_n)$ 是一个**统计量**. 设 $x_1, x_2, \cdots, x_n$ 是样本 $X_1, X_2, \cdots, X_n$ 的样本值,则称 $g(x_1, x_2, \cdots, x_n)$ 是统计量 $g(X_1, X_2, \cdots, X_n)$ 的**观察值**.

例 3 设 X_1, X_2, X_3, X_4 为来自正态总体 $N(\mu, \sigma^2)$ 的样本,其中 μ 与 σ^2 均未知,则 $\frac{1}{4}\sum_{i=1}^{4} X_i$ 与 $\max(X_1, X_2, X_3, X_4)$ 都是统计量;而 $\frac{1}{\sigma^2}\sum_{i=1}^{4}(X_i - \bar{X})^2$ 与 $\sum_{i=1}^{n}(X_i - \mu)^2$ 都不是统计量,因为它们分别包含未知参数 σ^2 与 μ.

下面介绍一些常用的统计量. 设总体 X 的分布函数为 $F(x)$, $X_1, X_2, \cdots, X_n$ 是 X 的样本, $x_1, x_2, \cdots, x_n$ 是该样本的样本值. 对于任意实数 x, 定义函数

$$F_n(x) = \frac{1}{n} \{X_1, X_2, \cdots, X_n \text{中小于或等于} x \text{的个数}\}, \quad -\infty < x < \infty,$$

称 $F_n(x)$ 为**经验分布函数**. 如果将上面的样本换成样本值, 则得到经验分布函数值, 仍然记为 $F_n(x)$.

如果将样本 $X_1, X_2, \cdots, X_n$ 中的样品按由小到大的顺序进行排列, 排在第 i 个位置的样品记为 $X_{(i)}$ $(i = 1, 2, \cdots, n)$, 这样得到的 n 个统计量称为**顺序统计量**. 显然有 $X_{(1)} \leqslant X_{(2)} \leqslant \cdots \leqslant X_{(n)}$. 分别称

$$X_{(1)} = \min(X_1, X_2, \cdots, X_n), \quad X_{(n)} = \max(X_1, X_2, \cdots, X_n)$$

为**极小值和极大值**, 称 $R = X_{(n)} - X_{(1)}$ 为**极差**. 应用顺序统计量, 经验分布函数可以更清楚的表示为

$$F_n(x) = \begin{cases} 0, & x < X_{(1)}, \\ \dfrac{k}{n}, & X_{(k)} \leqslant x < X_{(k+1)}, \quad k = 1, 2, \cdots, n-1, \quad -\infty < x < \infty. \\ 1, & x \geqslant X_{(n)}. \end{cases}$$

例4 对某厂生产的电子仪器做寿命试验, 得到样本观测值(单位: 100 h)为

$$5 \quad 4 \quad 3 \quad 7 \quad 5 \quad 4 \quad 5 \quad 7$$

求经验分布函数的观察值 $F_n(x)$.

解 将样本值按从小到大顺序排列

$$3 \quad 4 \quad 4 \quad 5 \quad 5 \quad 5 \quad 7 \quad 7$$

得经验分布函数的观察值为

$$F_8(x) = \begin{cases} 0, & x < 3, \\ 1/8, & 3 \leqslant x < 4, \\ 3/8, & 4 \leqslant x < 5, \\ 6/8, & 5 \leqslant x < 7, \\ 1, & x \geqslant 7. \end{cases}$$

由经验分布函数的构造, 易知 $F_n(x)$ 具有以下性质:
(1) **单调非减性** 设 $x < y$, 则有 $F_n(x) \leqslant F_n(y)$;
(2) **有界性** $0 \leqslant F_n(x) \leqslant 1$, $F_n(-\infty) = 0$, $F_n(+\infty) = 1$;
(3) **右连续性** $F_n(x+0) = F_n(x)$.

这说明 $F_n(x)$ 具有与分布函数 $F(x)$ 相同的性质.

例 5 设总体 X 的分布函数为 $F(x)$，$X_1, X_2, \cdots, X_n$ 是 X 的样本，$F_n(x)$ 为经验分布函数. 证明对任意实数 x，有

(1) $E[F_n(x)] = F(x)$，$D[F_n(x)] = \dfrac{F(x)[1-F(x)]}{n}$；

(2) 当 $n \to \infty$ 时，$F_n(x) \xrightarrow{P} F(x)$.

证 对任意实数 x，令

$$Y_i = \begin{cases} 1, & X_i \leqslant x, \\ 0, & \text{其他,} \end{cases} \quad i = 1, 2, \cdots, n,$$

则 $Y_1, Y_2, \cdots, Y_n$ 相互独立，且都服从 $p = F(x)$ 的 (0-1) 分布. 于是，经验分布函数可以表示为

$$F_n(x) = \frac{1}{n}\sum_{i=1}^{n} Y_i.$$

(1) $E[F_n(x)] = E(Y_i) = F(x)$，$D[F_n(x)] = \dfrac{D(Y_i)}{n} = \dfrac{F(x)[1-F(x)]}{n}$.

(2) 由辛钦大数定律可得

$$F_n(x) = \frac{1}{n}\sum_{i=1}^{n} Y_i \xrightarrow{P} E(Y_i) = F(x).$$

故结论成立.

对于例 5 中的结论 (2)，我们有下面更强的结论.

定理 1(格里汶科) 设总体 X 的分布函数为 $F(x)$，$X_1, X_2, \cdots, X_n$ 是 X 的样本，$F_n(x)$ 为经验分布函数，则有

$$P\left\{\lim_{n \to \infty} \sup_{-\infty < x < \infty} |F_n(x) - F(x)| = 0\right\} = 1.$$

该定理表明，经验分布函数 $F_n(x)$ 是总体分布函数 $F(x)$ 的一致逼近. 于是当总体的分布函数未知时，我们便可以考虑用经验分布函数来近似代替总体分布函数. 这就是我们能用样本推断总体的理论依据.

于是，当总体分布中的某些数字特征未知时，我们便可用经验分布函数相应的数字特征来进行估计. 例如，对于给定的常数 $0 < p < 1$，令 $x_p = \inf\{x | F(x) \geqslant p\}$，称 x_p 为总体的 p **分位数**(当 $p = \dfrac{1}{2}$ 时，称 $x_{1/2}$ 为**中位数**). 再令 $\hat{x}_p = \inf\{x | F_n(x) \geqslant p\}$，我们把 $\hat{x}_p$ 称为**样本 p 分位数**(当 $p = \dfrac{1}{2}$ 时，称 $\hat{x}_{1/2}$ 为**样本中位数**). 由定理 1 可知，

当总体的 p 分位数 x_p 未知时,我们可用样本 p 分位数 $\hat{x}_p$ 来近似它. 另外,当总体的某些矩未知时,我们可用经验分布函数相应的矩来近似代替它们,这些便是下面常见的样本矩.

样本均值 $\overline{X} = \dfrac{1}{n}\sum\limits_{i=1}^{n} X_i$;

样本方差 $S^2 = \dfrac{1}{n-1}\sum\limits_{i=1}^{n}(X_i - \overline{X})^2 = \dfrac{1}{n-1}\left(\sum\limits_{i=1}^{n} X_i^2 - n\overline{X}^2\right)$;

样本标准差 $S = \sqrt{S^2} = \sqrt{\dfrac{1}{n-1}\sum\limits_{i=1}^{n}(X_i - \overline{X})^2}$;

样本 k 阶矩 $A_k = \dfrac{1}{n}\sum\limits_{i=1}^{n} X_i^k$, $k = 1, 2, \cdots$;

样本 k 阶中心矩 $B_k = \dfrac{1}{n}\sum\limits_{i=1}^{n}(X_i - \overline{X})^k$, $k = 2, 3, \cdots$.

它们的观察值分别为

$$\overline{x} = \dfrac{1}{n}\sum_{i=1}^{n} x_i\,; \quad s^2 = \dfrac{1}{n-1}\sum_{i=1}^{n}(x_i - \overline{x})^2 = \dfrac{1}{n-1}\left(\sum_{i=1}^{n} x_i^2 - n\overline{x}^2\right);$$

$$s = \sqrt{s^2} = \sqrt{\dfrac{1}{n-1}\sum_{i=1}^{n}(x_i - \overline{x})^2}\,; \quad a_k = \dfrac{1}{n}\sum_{i=1}^{n} x_i^k,\ k = 1, 2, \cdots;$$

$$b_k = \dfrac{1}{n}\sum_{i=1}^{n}(x_i - \overline{x})^k,\quad k = 2, 3, \cdots.$$

这些观察值仍分别称为样本均值、样本方差、样本标准差、样本 k 阶矩、样本 k 阶中心矩.

例 6 在某工厂生产的轴承中随机地取 10 只,测得其重量(单位: kg)分别为

   2.36 2.42 2.38 2.34 2.40 2.42 2.39 2.43 2.39 2.37

求样本均值、样本方差和样本标准差.

解 样本均值为

$$\overline{x} = \dfrac{1}{10}(2.36 + 2.42 + \cdots + 2.37) = 2.39,$$

样本方差和样本标准差分别为

$$s^2 = \frac{1}{n-1}\left(\sum_{i=1}^{n} x_i^2 - n\bar{x}^2\right)$$

$$= \frac{1}{10-1}\left(2.36^2 + 2.42^2 + \cdots + 2.37^2 - 10 \times 2.39^2\right)$$

$$= 0.0008222,$$

$$s = \sqrt{s^2} = \sqrt{0.0008222} = 0.02867.$$

例 7 设 $X_1, X_2, \cdots, X_n$ 是来自总体 X 的一个样本，总体 X 的 j 阶矩 $\mu_j = E(X^j)$ ($j = 1, 2, \cdots, k$) 存在，证明当 $n \to \infty$ 时，$A_j \xrightarrow{P} \mu_j$，$j = 1, 2, \cdots, k$.

证 由于 $X_1, X_2, \cdots, X_n$ 独立同分布，因此 $X_1^j, X_2^j, \cdots, X_n^j$ 独立同分布，且 $\mu_j = E(X^j)$ ($j = 1, 2, \cdots, k$) 存在. 这表明 $X_1^j, X_2^j, \cdots, X_n^j$ 满足辛钦大数定律的条件，从而有

$$A_j = \frac{1}{n}\sum_{i=1}^{n} X_i^j \xrightarrow{P} E(X^j) = \mu_j, \quad j = 1, 2, \cdots, k.$$

例 8 设总体 X 的数学期望为 μ，方差为 σ^2，$X_1, X_2, \cdots, X_n$ 是来自 X 的一个样本. 证明：

(1) $E(\bar{X}) = \mu$，$D(\bar{X}) = \dfrac{\sigma^2}{n}$；

(2) $E(S^2) = \sigma^2, n \geqslant 2$.

证 (1) 因为 $X_1, X_2, \cdots, X_n$ 相互独立且与 X 同分布，所以

$$E(X_i) = E(X) = \mu, \quad D(X_i) = D(X) = \sigma^2, \quad i = 1, 2, \cdots, n.$$

从而

$$E(\bar{X}) = E\left(\frac{1}{n}\sum_{i=1}^{n} X_i\right) = \frac{1}{n}\sum_{i=1}^{n} E(X_i) = \mu,$$

$$D(\bar{X}) = \frac{1}{n^2}\sum_{i=1}^{n} D(X_i) = \frac{\sigma^2}{n}.$$

(2) 由 $S^2 = \dfrac{1}{n-1}\left(\sum_{i=1}^{n} X_i^2 - n\bar{X}^2\right)$，可得

$$E(S^2) = \frac{1}{n-1}\left(\sum_{i=1}^{n} E(X_i^2) - nE(\bar{X}^2)\right)$$

$$= \frac{1}{n-1}\left[\sum_{i=1}^{n}(\sigma^2 + \mu^2) - n\left(\frac{\sigma^2}{n} + \mu^2\right)\right] = \sigma^2.$$

6.1 节知识拓展

6.1 节自测题

习题 6.1

1. 一大批产品，其次品率为 p，以 "1" 记合格品、"0" 记次品，现从中任取 n 件，观察其产品的情况，试分别求出总体的分布和样本的联合分布.

2. 某厂生产的电容器的使用寿命服从参数为 λ 的指数分布，从中抽取 n 件测其使用寿命，试分别写出总体的分布和样本的联合分布.

3. 设 X_1, X_2, X_3 是来自正态总体 $N(75,100)$ 的样本，求：
(1) $P\{\max(X_1, X_2, X_3) < 85\}$；   (2) $P\{(60 < X_1 < 80) \bigcup (75 < X_3 < 90)\}$；
(3) $E(X_1^2 X_2^2 X_3^2)$；   (4) $D(2X_1 - 3X_2 - X_3)$；   (5) $P\{X_1 + X_2 < 148\}$.

4. 某种型号电路板的寿命(单位：年)服从 $\lambda = 0.1$ 的指数分布，$X_1, X_2, \cdots, X_{10}$ 为来自总体的样本，求 $P\{\min(X_1, X_2, \cdots, X_{10}) > 2\}$.

5. 在一本书上随机地检查 10 页，发现每页上的错误数为

       4　5　6　0　3　1　4　2　1　4

试计算其样本均值，样本方差和样本标准差.

6. 设 $x_1, x_2, \cdots, x_n$ 和 $y_1, y_2, \cdots, y_n$ 是两组样本观察值，且有如下关系

$$y_i = ax_i + b, \quad i = 1, 2, \cdots, n,$$

试求样本均值 $\bar{x}$ 和 $\bar{y}$ 之间的关系以及样本方差 s_x^2 和 s_y^2 之间的关系.

7. 设总体 X 在区间 $[-1, 1]$ 上服从均匀分布，$X_1, X_2, \cdots, X_n$ 是来自 X 的样本，试求 $E(\bar{X})$ 和 $D(\bar{X})$.

8. 设总体 X 服从泊松分布 $\pi(\lambda)$，$X_1, X_2, \cdots, X_n$ 是来自 X 的样本，求 $E(\bar{X}), D(\bar{X}), E(S^2)$.

9. 设 $X_1, X_2, \cdots, X_n, X_{n+1}$ 为总体 X 的样本，

$$\bar{X}_n = \frac{1}{n}\sum_{i=1}^{n} X_i, \quad \bar{X}_{n+1} = \frac{1}{n+1}\sum_{i=1}^{n+1} X_i, \quad S_n^2 = \frac{1}{n}\sum_{i=1}^{n}(X_i - \bar{X}_n)^2, \quad S_{n+1}^2 = \frac{1}{n+1}\sum_{i=1}^{n+1}(X_i - \bar{X}_{n+1})^2.$$

(1) 证明 $\bar{X}_{n+1} = \dfrac{n}{n+1}\bar{X}_n + \dfrac{1}{n+1}X_{n+1} = \bar{X}_n + \dfrac{1}{n+1}(X_{n+1} - \bar{X}_n)$；

(2) 证明 $S_{n+1}^2 = \dfrac{n}{n+1}\left[S_n^2 + \dfrac{1}{n+1}(X_{n+1} - \bar{X}_n)^2\right]$.

10. 某工厂通过抽样调查得到 10 名工人一周内生产的产品数如下

    149　156　160　138　149　153　153　169　156　156

试求经验分布函数 $F_n(x)$.

11. 设某商店 100 天销售电视机的情况有如下统计资料.

日出售台数 k	2	3	4	5	6	合计
天数 f_k	20	30	10	25	15	100

求经验分布函数 $F_n(x)$.

12. 从装有 1 只白球和 2 只黑球的罐子里有放回取球, 每次取 1 只, 令 $X=0$ 表示取到白球, $X=1$ 表示取到黑球, 设 $X_1, X_2, \cdots, X_5$ 为 X 的容量为 5 的样本, 求 $X_1+X_2+\cdots+X_5$ 的分布律, 并求样本均值 $\bar{X}$ 和样本方差 S^2 的数学期望.

6.2 几个常用的分布

本节我们介绍在数理统计中有重要应用的三个分布: χ^2 分布、t 分布与 F 分布.

1. χ^2 分布

定理 1 设随机变量 $X_1, X_2, \cdots, X_n$ 相互独立, 且都服从标准正态分布, 则随机变量 $\chi^2 = X_1^2 + X_2^2 + \cdots + X_n^2$ 的概率密度为

$$f(y) = \begin{cases} \dfrac{1}{2^{\frac{n}{2}} \Gamma\left(\dfrac{n}{2}\right)} y^{\frac{n}{2}-1} \mathrm{e}^{-\frac{y}{2}}, & y > 0, \\ 0, & \text{其他}. \end{cases} \tag{6.1}$$

证 我们用数学归纳法证明 (6.1) 式成立. 当 $n=1$ 时, $\chi^2 = X_1^2$, 其概率密度为

$$f(y) = \begin{cases} \dfrac{1}{\sqrt{2\pi}} y^{-\frac{1}{2}} \mathrm{e}^{-\frac{y}{2}}, & y > 0, \\ 0, & \text{其他}. \end{cases}$$

显然, $n=1$ 时结论成立. 设 $n=k$ 时结论成立, 我们来考虑 $n=k+1$ 的情形. $\chi^2 = \left(X_1^2 + X_2^2 + \cdots + X_k^2\right) + X_{k+1}^2$, 由随机变量和的概率密度公式知

$$f(y) = \int_{-\infty}^{+\infty} f_k(u) f_1(y-u) \mathrm{d}u,$$

其中 $f_k(x)$ 为随机变量 χ^2 的前 k 项和 $X_1^2 + X_2^2 + \cdots + X_k^2$ 的概率密度, $f_1(x)$ 为随机变量 χ^2 的第 $k+1$ 项的概率密度. 易知, 当 $y \leqslant 0$ 时, $f(y) = 0$; 当 $y > 0$ 时,

$$f(y) = \int_0^y f_k(u) f_1(y-u) \mathrm{d}u = C y^{\frac{k+1}{2}-1} \mathrm{e}^{-\frac{y}{2}}.$$

再应用概率密度的性质 $\int_{-\infty}^{+\infty} f(y) \mathrm{d}y = 1$,得 $C = \dfrac{1}{2^{\frac{k+1}{2}} \Gamma(\frac{k+1}{2})}$,从而当 $n=k+1$ 时结论成立. 所以对于一切 $n \geqslant 1$,定理的结论成立.

通常把概率密度为(6.1)式的分布叫做**自由度为** n **的** χ^2 **分布**,记为 $\chi^2 \sim \chi^2(n)$. χ^2 分布的概率密度 $f(x)$ 的图形如图 6-1 所示.

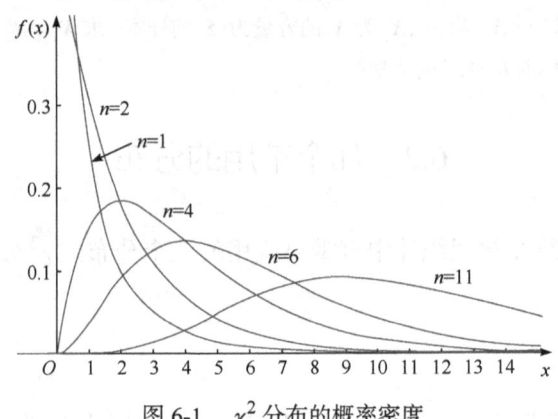

图 6-1 χ^2 分布的概率密度

可以证明 χ^2 分布具有以下性质:

(1) **χ^2 分布的可加性** 设 $\chi_1^2 \sim \chi^2(n_1)$,$\chi_2^2 \sim \chi^2(n_2)$,且 χ_1^2 与 χ_2^2 相互独立,则
$$\chi_1^2 + \chi_2^2 \sim \chi^2(n_1 + n_2).$$

(2) **χ^2 分布的数字特征** 设 $\chi^2 \sim \chi^2(n)$,则 $E(\chi^2) = n$,$D(\chi^2) = 2n$.

本书附表 5 中,对于不同的自由度 n 及不同的数 $\alpha (0 < \alpha < 1)$,给出了使
$$P\{\chi^2 \geqslant \chi_\alpha^2(n)\} = \alpha$$
成立的 $\chi_\alpha^2(n)$ 的值. $\chi_\alpha^2(n)$ 称为 χ^2 分布的**上 α 分位点**,其位置如图 6-2 所示.

例如,当 $n=10$,$\alpha=0.05$ 时,查 χ^2 分布表可得 $\chi_{0.05}^2(10) = 18.307$.

2. t 分布

定理 2 设随机变量 X 与 Y 相互独立,且 X 服从标准正态分布,Y 服从自由度为 n 的 χ^2 分布,则随机变量 $T = \dfrac{X}{\sqrt{Y/n}}$ 的概率密度为

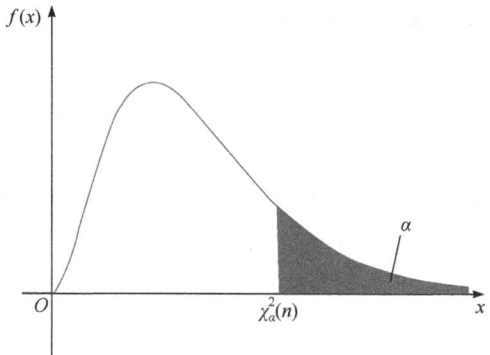

图 6-2 χ^2 分布的上 α 分位点

$$f(x) = \frac{\Gamma\left(\frac{n+1}{2}\right)}{\sqrt{n\pi}\,\Gamma\left(\frac{n}{2}\right)}\left(1+\frac{x^2}{n}\right)^{-\frac{n+1}{2}}, \quad -\infty < x < +\infty. \tag{6.2}$$

证 在随机变量 $T=\dfrac{X}{\sqrt{Y/n}}$ 中，令 $Z=\sqrt{Y/n}$，先求 Z 的概率密度 $f_Z(z)$. 因为 Z 取非负值，因此当 $z\leqslant 0$ 时，$f_Z(z)=0$. 当 $z>0$ 时，Z 的分布函数为

$$F_Z(z)=P\{\sqrt{Y/n}\leqslant z\}=P\{Y\leqslant nz^2\}=F_Y(nz^2),$$

由此可得 Z 的概率密度为

$$f_Z(z)=F'_Z(z)=f_Y(nz^2)2nz=2nz\cdot\frac{(nz^2)^{\frac{n}{2}-1}}{2^{\frac{n}{2}}\Gamma\left(\frac{n}{2}\right)}\mathrm{e}^{-\frac{nz^2}{2}}=\frac{1}{2^{\frac{n}{2}-1}\Gamma\left(\frac{n}{2}\right)}n^{\frac{n}{2}}z^{n-1}\mathrm{e}^{-\frac{nz^2}{2}}, \quad z>0.$$

再由相互独立的随机变量商的概率密度公式，得 $T=\dfrac{X}{Z}$ 的概率密度为

$$h(t)=\int_{-\infty}^{+\infty}|z|f_X(tz)f_Z(z)\mathrm{d}z=\frac{n^{\frac{n}{2}}}{\sqrt{\pi}\,2^{\frac{n-1}{2}}\Gamma\left(\frac{n}{2}\right)}\int_0^{+\infty}z^n\mathrm{e}^{-\frac{n+t^2}{2}z^2}\mathrm{d}z$$

$$=\frac{\Gamma\left(\frac{n+1}{2}\right)}{\sqrt{n\pi}\,\Gamma\left(\frac{n}{2}\right)}\left(1+\frac{t^2}{n}\right)^{-\frac{n+1}{2}}, \quad -\infty<t<+\infty.$$

故定理结论成立.

通常把概率密度为(6.2)式的分布叫做**自由度为** n **的** t **分布**，记为 $T\sim t(n)$.

t 分布的概率密度 $h(x)$ 的图形如图 6-3 所示.

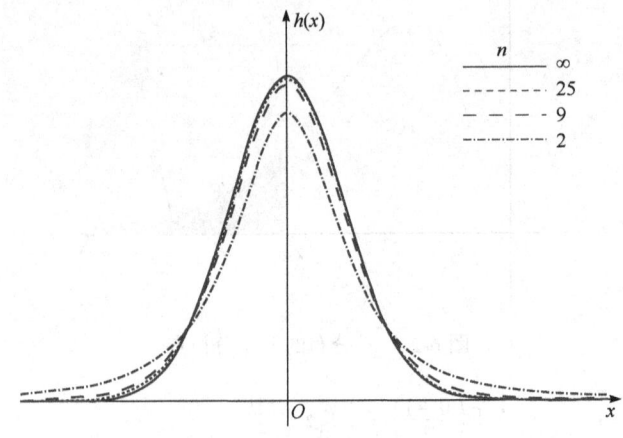

图 6-3 t 分布的概率密度

可以证明：$\lim\limits_{n\to\infty} h(x) = \dfrac{1}{\sqrt{2\pi}} \mathrm{e}^{-\frac{x^2}{2}}$，$-\infty < x < +\infty$. 即当 n 充分大时，t 分布近似于标准正态分布.

本书附表 4 中，对于不同的自由度 n 及不同的数 $\alpha(0 < \alpha < 1)$，给出了使

$$P\{T \geqslant t_\alpha(n)\} = \alpha$$

成立的 $t_\alpha(n)$ 的值. $t_\alpha(n)$ 称为 t 分布的**上 α 分位点**，其位置如图 6-4 所示.

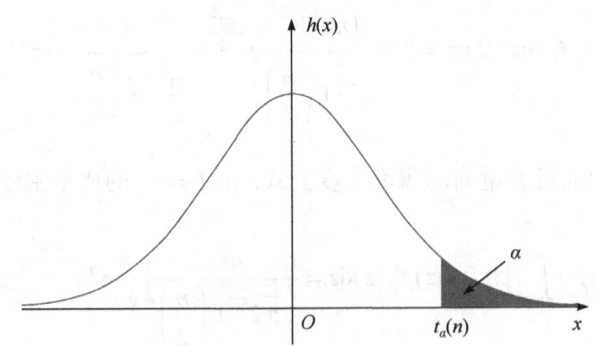

图 6-4 t 分布的上 α 分位点

例如，当 $n = 10$，$\alpha = 0.05$ 时，查 t 分布表可得 $t_{0.05}(10) = 1.8125$.
由 $h(x)$ 的图形的对称性可得

$$t_{1-\alpha}(n) = -t_\alpha(n).$$

例如，$t_{0.95}(10) = -t_{0.05}(10) = -1.8125$.

当 $n>45$ 时，t 分布的上 α 分位点可由标准正态分布的上 α 分位点近似：$t_\alpha(n) \approx z_\alpha$.

3. F 分布

定理 3 设随机变量 X 与 Y 相互独立，且 $X \sim \chi^2(n_1), Y \sim \chi^2(n_2)$，则随机变量 $F = \dfrac{X/n_1}{Y/n_2}$ 的概率密度为

$$f(x) = \begin{cases} \dfrac{n_1^{\frac{n_1}{2}} n_2^{\frac{n_2}{2}} \Gamma\left(\dfrac{n_1+n_2}{2}\right) x^{\frac{n_1}{2}-1}}{\Gamma\left(\dfrac{n_1}{2}\right)\Gamma\left(\dfrac{n_2}{2}\right)(n_1 x + n_2)^{\frac{n_1+n_2}{2}}}, & x > 0, \\ 0, & x \leqslant 0. \end{cases} \quad (6.3)$$

证 在随机变量 $F = \dfrac{X/n_1}{Y/n_2}$ 中，分别令 $U = X/n_1, V = Y/n_2$，则 $F = U/V$，且 U 与 V 相互独立，由 χ^2 分布的概率密度可得 U, V 的概率密度分别为

$$f_U(u) = \begin{cases} \dfrac{n_1^{\frac{n_1}{2}}}{2^{\frac{n_1}{2}} \Gamma\left(\dfrac{n_1}{2}\right)} u^{\frac{n_1}{2}-1} \mathrm{e}^{-\frac{n_1}{2}u}, & u > 0, \\ 0, & u \leqslant 0, \end{cases}$$

$$f_V(v) = \begin{cases} \dfrac{n_2^{\frac{n_2}{2}}}{2^{\frac{n_2}{2}} \Gamma\left(\dfrac{n_2}{2}\right)} v^{\frac{n_2}{2}-1} \mathrm{e}^{-\frac{n_2}{2}v}, & v > 0, \\ 0, & v \leqslant 0. \end{cases}$$

应用两个相互独立随机变量商的概率密度公式，当 $x > 0$ 时，F 的概率密度为

$$f(x) = \int_{-\infty}^{+\infty} |v| f_u(xv) f_v(v) \mathrm{d}v$$

$$= \dfrac{n_1^{\frac{n_1}{2}} n_2^{\frac{n_2}{2}}}{2^{\frac{n_1+n_2}{2}} \Gamma\left(\dfrac{n_1}{2}\right)\Gamma\left(\dfrac{n_2}{2}\right)} \int_0^\infty v(xv)^{\frac{n_1}{2}-1} \mathrm{e}^{-\frac{n_1 xv}{2}} v^{\frac{n_2}{2}-1} \mathrm{e}^{-\frac{n_2 v}{2}} \mathrm{d}v$$

$$= \frac{n_1^{\frac{n_1}{2}} n_2^{\frac{n_2}{2}}}{2^{\frac{n_1+n_2}{2}} \Gamma\left(\frac{n_1}{2}\right)\Gamma\left(\frac{n_2}{2}\right)} x^{\frac{n_1}{2}-1} \int_0^\infty v^{\frac{n_1+n_2}{2}-1} e^{-\frac{n_1 x + n_2}{2}v} dv$$

$$= \frac{n_1^{\frac{n_1}{2}} n_2^{\frac{n_2}{2}} \Gamma\left(\frac{n_1+n_2}{2}\right) x^{\frac{n_1}{2}-1}}{\Gamma\left(\frac{n_1}{2}\right)\Gamma\left(\frac{n_2}{2}\right)(n_1 x + n_2)^{\frac{n_1+n_2}{2}}},$$

由于 F 取非负值，因此当 $x \leqslant 0$ 时，$f(x)=0$. 定理结论成立.

通常把概率密度为(6.3)式的分布叫做**自由度为** (n_1,n_2) **的** F **分布**，记为 $F \sim F(n_1,n_2)$，其中 n_1 称为**第一自由度**，n_2 称为**第二自由度**.

F 分布的概率密度 $f(x)$ 的图形如图 6-5 所示.

本书附表 6 中，对于不同的自由度 (n_1,n_2) 及不同的数 $\alpha(0<\alpha<1)$，给出了使

$$P\{F \geqslant F_\alpha(n_1,n_2)\} = \alpha$$

成立的 $F_\alpha(n_1,n_2)$ 的值. $F_\alpha(n_1,n_2)$ 称为 F 分布的**上 α 分位点**，其位置如图 6-6 所示.

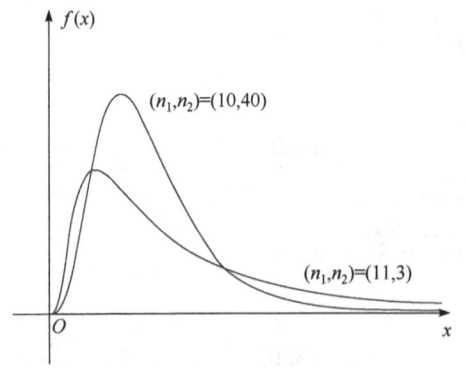

图 6-5　F 分布的概率密度

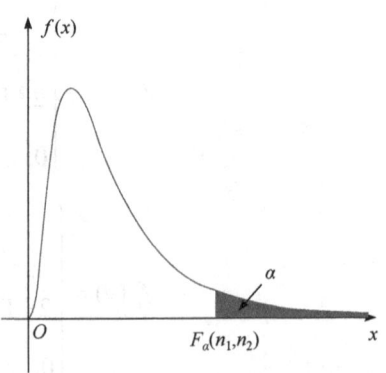

图 6-6　F 分布的上 α 分位点

例如，当 $n_1=10$，$n_2=15$，$\alpha=0.05$ 时，查 F 分布表可得 $F_{0.05}(10,15)=2.54$.

例 1　设随机变量 $F \sim F(n_1,n_2)$，证明

$$\frac{1}{F} \sim F(n_2,n_1), \quad F_{1-\alpha}(n_1,n_2) = \frac{1}{F_\alpha(n_2,n_1)}.$$

证　因为 F 可表示为 $F = \dfrac{X/n_1}{Y/n_2}$，其中随机变量 X 与 Y 相互独立，且 $X \sim \chi^2(n_1)$，$Y \sim \chi^2(n_2)$，所以

$$\frac{1}{F} = \frac{Y/n_2}{X/n_1} \sim F(n_2, n_1).$$

由 $P\left\{\dfrac{1}{F} \geq F_\alpha(n_2, n_1)\right\} = \alpha$,可得

$$P\left\{\frac{1}{F} < F_\alpha(n_2, n_1)\right\} = 1-\alpha, \quad 即 \quad P\left\{F \geq \frac{1}{F_\alpha(n_2, n_1)}\right\} = 1-\alpha,$$

再由 $P\{F \geq F_{1-\alpha}(n_1, n_2)\} = 1-\alpha$,比较可得

$$F_{1-\alpha}(n_1, n_2) = \frac{1}{F_\alpha(n_2, n_1)}.$$

例如,查 F 分布表可得 $F_{0.95}(15,10) = \dfrac{1}{F_{0.05}(10,15)} = \dfrac{1}{2.54} = 0.394$.

例 2 设总体 X 服从参数为 $\lambda > 0$ 的指数分布,其概率密度为

$$f(x) = \begin{cases} \lambda e^{-\lambda x}, & x \geq 0, \\ 0, & x < 0. \end{cases}$$

设 $X_1, X_2, \cdots, X_n$ 是总体 X 的样本,样本均值为 $\bar{X}$,求 $2n\lambda\bar{X}$ 的概率分布.

解 由条件易知 $2\lambda X_1, 2\lambda X_2, \cdots, 2\lambda X_n$ 相互独立,且具有相同的概率密度

$$g(x) = \begin{cases} \dfrac{1}{2} e^{-\frac{x}{2}}, & x \geq 0, \\ 0, & x < 0. \end{cases}$$

显然,$g(x)$ 是 $\chi^2(2)$ 分布的概率密度. 这表明 $2\lambda X_i \sim \chi^2(2)\ (i=1,2,\cdots,n)$,再由 χ^2 分布的可加性得

$$2n\lambda\bar{X} = \sum_{i=1}^{n} 2\lambda X_i \sim \chi^2(2n).$$

例 3 设随机变量 $T \sim t(n)$,求 T^2 的概率分布.

解 将随机变量表示为 $T = \dfrac{X}{\sqrt{Y/n}}$,其中 X 与 Y 相互独立,且 X 服从标准正态分布,Y 服从自由度为 n 的 χ^2 分布,因

$$T^2 = \frac{X^2/1}{Y/n},$$

由 $X^2 \sim \chi^2(1)$,$Y \sim \chi^2(n)$,且 X^2 与 Y 相互独立以及定理 3 可得 $T^2 \sim F(1,n)$.

例4 设随机变量 $X \sim N(2,1)$，$Y \sim N(0,4)$，Y_1, Y_2, Y_3, Y_4 是 Y 的一个样本，且 X，Y_1, Y_2, Y_3, Y_4 相互独立. 令

$$Z = \frac{4(X-2)}{\sqrt{\sum_{i=1}^{4} Y_i^2}},$$

试求 Z 的概率分布，并确定 z_0 的值，使 $P\{|Z| > z_0\} = 0.01$.

解 由于

$$X - 2 \sim N(0,1), \quad Y_i/2 \sim N(0,1), \quad i = 1, 2, 3, 4.$$

因此由定理 2 可知

$$Z = \frac{4(X-2)}{\sqrt{\sum_{i=1}^{4} Y_i^2}} = \frac{X-2}{\sqrt{\sum_{i=1}^{4} \left(\frac{Y_i}{2}\right)^2 \Big/ 4}} \sim t(4),$$

由 t 分布的对称性，可得 $P\{Z > z_0\} = P\{Z < -z_0\}$，再由 $P\{|Z| > z_0\} = 0.01$，可得 $P\{Z > z_0\} = 0.005$，查 t 分布表可得 $z_0 = t_{0.005}(4) = 4.6041$.

例5 设总体 X 服从标准正态分布，$X_1, X_2, \cdots, X_n (n > 5)$ 是总体 X 的一个样本，试问统计量

$$Y = \left(\frac{n}{5} - 1\right) \frac{\sum_{i=1}^{5} X_i^2}{\sum_{i=6}^{n} X_i^2}$$

服从什么分布?

解 因为总体 $X \sim N(0,1)$，所以 $\sum_{i=1}^{5} X_i^2 \sim \chi^2(5)$，$\sum_{i=6}^{n} X_i^2 \sim \chi^2(n-5)$，且 $\sum_{i=1}^{5} X_i^2$ 与 $\sum_{i=6}^{n} X_i^2$ 相互独立，从而

$$Y = \frac{\frac{1}{5}\sum_{i=1}^{5} X_i^2}{\frac{1}{n-5}\sum_{i=6}^{n} X_i^2} \sim F(5, n-5).$$

6.2 节知识拓展

6.2 节自测题

习题 6.2

1. 设 $X_1, X_2, \cdots, X_m, \cdots, X_n$ 是来自正态总体 $N(0, \sigma^2)$ 的样本，求使随机变量
$$Y = a\left(\sum_{i=1}^{m} X_i\right)^2 + b\left(\sum_{i=m+1}^{n} X_i\right)^2 \sim \chi^2(2)$$
成立的常数 a, b 的值.

2. 设 X_1, X_2, X_3, X_4 是来自正态总体 $N(0, 3^2)$ 的样本，若随机变量 $X = a(X_1 - 3X_2)^2 + b(2X_3 - 5X_4)^2$，试求常数 a, b 的值，使 X 服从 χ^2 分布，并给出其自由度.

3. 设 $X_1, X_2, \cdots, X_n, \cdots, X_{n+m}$ 是来自正态总体 $N(0, \sigma^2)$ 的样本，分别求下列随机变量的概率分布

(1) $U = \dfrac{1}{\sigma^2} \sum_{i=1}^{n+m} X_i^2$； (2) $V = \dfrac{m \sum_{i=1}^{n} X_i^2}{n \sum_{i=n+1}^{n+m} X_i^2}$； (3) $W = \dfrac{\sqrt{m} \sum_{i=1}^{n} X_i}{\sqrt{n \sum_{i=n+1}^{n+m} X_i^2}}$.

4. 设总体 $X \sim N(0,1)$，$X_1, X_2, \cdots, X_n$ 为 X 的样本，问下列各统计量分别服从什么分布？

(1) $\dfrac{X_1 - X_2}{\sqrt{X_3^2 + X_4^2}}$； (2) $\dfrac{\sqrt{n-1} X_1}{\sqrt{X_2^2 + X_3^2 + \cdots + X_n^2}}$； (3) $\left(\dfrac{n}{3} - 1\right) \dfrac{\sum_{i=1}^{3} X_i^2}{\sum_{i=4}^{n} X_i^2}$.

5. 设 $X_1, X_2, \cdots, X_n, X_{n+1}$ 是来自正态总体 $N(\mu, \sigma^2)$ 的样本，求统计量
$$U = X_{n+1} - \frac{1}{n+1} \sum_{i=1}^{n+1} X_i$$
的概率分布.

6. 设 X_1, X_2, X_3, X_4 是来自正态总体 $N(0, \sigma^2)$ 的样本，试求统计量 $Y = \left(\dfrac{X_1 + X_2}{X_3 - X_4}\right)^2$ 的概率分布.

7. 设随机变量 $X \sim F(n, n)$，试求概率 $P\{X < 1\}$.

6.3 正态总体的抽样分布

在数理统计中，我们通常要根据具体的问题构造出适当的统计量，再应用该

统计量进行合理的推断. 在这个过程中往往要涉及统计量的概率分布问题. 我们把统计量的概率分布称为**抽样分布**. 一般说来, 要确定某个统计量的概率分布不是件容易的事情. 但是对于正态总体来说, 已经有了许多的结果. 因此, 本节只讨论在正态总体的前提下, 与样本均值和样本方差相关的一系列结论, 它们将在后续的章节中经常用到.

定理 1 设 $X_1, X_2, \cdots, X_n$ 为来自正态总体 $N(\mu, \sigma^2)$ 的样本, $\overline{X}$ 和 S^2 分别为样本均值和样本方差, 则有

(1) $\sum_{i=1}^{n}\left(\dfrac{X_i - \mu}{\sigma}\right)^2 \sim \chi^2(n)$;

(2) $\dfrac{(n-1)S^2}{\sigma^2} \sim \chi^2(n-1)$;

(3) $\overline{X}$ 与 S^2 相互独立.

证 (1) 令 $Z_i = \dfrac{X_i - \mu}{\sigma}(i=1,2,\cdots,n)$, 则 $Z_1, Z_2, \cdots, Z_n$ 相互独立, 且都服从标准正态分布 $N(0,1)$, 由 6.2 节定理 1 可得

$$\sum_{i=1}^{n}\left(\dfrac{X_i - \mu}{\sigma}\right)^2 = \sum_{i=1}^{n} Z_i^2 \sim \chi^2(n).$$

(2) 记 $\overline{Z} = \dfrac{1}{n}\sum_{i=1}^{n} Z_i = \dfrac{\overline{X} - \mu}{\sigma}$, 于是

$$\dfrac{(n-1)S^2}{\sigma^2} = \dfrac{1}{\sigma^2}\sum_{i=1}^{n}\left(X_i - \overline{X}\right)^2 = \sum_{i=1}^{n}\left(\dfrac{X_i - \mu}{\sigma} - \dfrac{\overline{X} - \mu}{\sigma}\right)^2$$

$$= \sum_{i=1}^{n}\left(Z_i - \overline{Z}\right)^2 = \sum_{i=1}^{n} Z_i^2 - n\overline{Z}^2,$$

取 n 阶正交矩阵

$$A = \begin{pmatrix} \dfrac{1}{\sqrt{n}} & \dfrac{1}{\sqrt{n}} & \cdots & \dfrac{1}{\sqrt{n}} \\ a_{21} & a_{22} & \cdots & a_{2n} \\ \vdots & \vdots & & \vdots \\ a_{n1} & a_{n2} & \cdots & a_{nn} \end{pmatrix},$$

作正交变换 $Y = AZ$, 其中 $Y = (Y_1, Y_2, \cdots, Y_n)^T$, $Z = (Z_1, Z_2, \cdots, Z_n)^T$. 由于 $Z_1, Z_2, \cdots, Z_n$ 相互独立, 且 $Z_i \sim N(0,1)(i=1,2,\cdots,n)$, 因此 $Y_1, Y_2, \cdots, Y_n$ 也相互独立, 且都服从标准正态分布. 然而

$$Y_1 = \sum_{j=1}^{n} \frac{1}{\sqrt{n}} Z_j = \sqrt{n}\, \overline{Z}, \quad Y_1^2 = n\overline{Z}^2,$$

$$\sum_{i=1}^{n} Y_i^2 = Y^\mathrm{T} Y = (AZ)^\mathrm{T}(AZ) = Z^\mathrm{T} A^\mathrm{T} A Z = Z^\mathrm{T} Z = \sum_{i=1}^{n} Z_i^2,$$

于是

$$\frac{(n-1)S^2}{\sigma^2} = \sum_{i=1}^{n} Z_i^2 - n\overline{Z}^2 = \sum_{i=1}^{n} Y_i^2 - Y_1^2 = \sum_{i=2}^{n} Y_i^2 \sim \chi^2(n-1).$$

(3) 因为 $\overline{X} = \sigma \overline{Z} + \mu = \dfrac{\sigma}{\sqrt{n}} Y_1 + \mu$ 仅依赖于 Y_1, $S^2 = \dfrac{\sigma^2}{n-1} \sum_{i=2}^{n} Y_i^2$ 仅依赖于 Y_2, $Y_3, \cdots, Y_n$, 所以由 Y_1 与 $Y_2, \cdots, Y_n$ 相互独立, 可得 $\overline{X}$ 与 S^2 也相互独立.

定理 2 设 $X_1, X_2, \cdots, X_n$ 为来自正态总体 $N(\mu, \sigma^2)$ 的样本, $\overline{X}$ 和 S^2 分别为样本均值和样本方差, 则有

(1) $\dfrac{\overline{X} - \mu}{\sigma / \sqrt{n}} \sim N(0,1)$;

(2) $\dfrac{\overline{X} - \mu}{S / \sqrt{n}} \sim t(n-1)$.

证 (1) 因为 $\overline{X} = \sum_{i=1}^{n} \dfrac{X_i}{n}$ 是 $X_1, X_2, \cdots, X_n$ 的线性组合, 所以有

$$\overline{X} \sim N\left(\mu, \frac{\sigma^2}{n}\right),$$

标准化可得

$$\frac{\overline{X} - \mu}{\sigma / \sqrt{n}} \sim N(0,1).$$

(2) 因为 $\overline{X}$ 与 S^2 相互独立, 所以 $\dfrac{\overline{X} - \mu}{\sigma / \sqrt{n}}$ 与 $\dfrac{(n-1)S^2}{\sigma^2}$ 也相互独立. 再由 6.2 节定理 2 可得

$$\frac{\overline{X} - \mu}{S / \sqrt{n}} = \frac{\dfrac{\overline{X} - \mu}{\sigma / \sqrt{n}}}{\sqrt{\dfrac{(n-1)}{\sigma^2} S^2 \Big/ (n-1)}} \sim t(n-1).$$

定理 3 设 $X_1, X_2, \cdots, X_{n_1}$ 与 $Y_1, Y_2, \cdots, Y_{n_2}$ 分别是来自总体 $N(\mu_1, \sigma_1^2)$ 与总体

$N(\mu_2, \sigma_2^2)$ 的样本，并且这两个样本相互独立．分别记

$$\overline{X} = \frac{1}{n_1} \sum_{i=1}^{n_1} X_i, \quad S_1^2 = \frac{1}{n_1 - 1} \sum_{i=1}^{n_1} (X_i - \overline{X})^2,$$

$$\overline{Y} = \frac{1}{n_2} \sum_{i=1}^{n_2} Y_i, \quad S_2^2 = \frac{1}{n_2 - 1} \sum_{i=1}^{n_2} (Y_i - \overline{Y})^2,$$

则有

(1) $\dfrac{\overline{X} - \overline{Y} - (\mu_1 - \mu_2)}{\sqrt{\dfrac{\sigma_1^2}{n_1} + \dfrac{\sigma_2^2}{n_2}}} \sim N(0,1)$；

(2) 当 $\sigma_1^2 = \sigma_2^2 = \sigma^2$ 时，

$$\frac{\overline{X} - \overline{Y} - (\mu_1 - \mu_2)}{S_w \sqrt{\dfrac{1}{n_1} + \dfrac{1}{n_2}}} \sim t(n_1 + n_2 - 2),$$

其中 $S_w = \sqrt{\dfrac{(n_1 - 1)S_1^2 + (n_2 - 1)S_2^2}{n_1 + n_2 - 2}}$；

(3) $\dfrac{S_1^2 / \sigma_1^2}{S_2^2 / \sigma_2^2} \sim F(n_1 - 1, n_2 - 1)$．

证 (1) 由定理 2 可得

$$\overline{X} \sim N\left(\mu_1, \frac{\sigma_1^2}{n_1}\right), \quad \overline{Y} \sim N\left(\mu_2, \frac{\sigma_2^2}{n_2}\right),$$

且 $\overline{X}$ 与 $\overline{Y}$ 相互独立，从而

$$\overline{X} - \overline{Y} \sim N\left(\mu_1 - \mu_2, \frac{\sigma_1^2}{n_1} + \frac{\sigma_2^2}{n_2}\right),$$

标准化得

$$\frac{\overline{X} - \overline{Y} - (\mu_1 - \mu_2)}{\sqrt{\dfrac{\sigma_1^2}{n_1} + \dfrac{\sigma_2^2}{n_2}}} \sim N(0,1).$$

(2) 由定理 1 可得

$$\frac{(n_1 - 1)S_1^2}{\sigma^2} \sim \chi^2(n_1 - 1), \quad \frac{(n_2 - 1)S_2^2}{\sigma^2} \sim \chi^2(n_2 - 1),$$

且它们相互独立，于是有

$$\frac{(n_1-1)S_1^2+(n_2-1)S_2^2}{\sigma^2} \sim \chi^2(n_1+n_2-2),$$

再由 6.2 节定理 2 可得

$$\frac{\bar{X}-\bar{Y}-(\mu_1-\mu_2)}{S_w\sqrt{\frac{1}{n_1}+\frac{1}{n_2}}} = \frac{\left[\bar{X}-\bar{Y}-(\mu_1-\mu_2)\right]\bigg/\left(\sigma\sqrt{\frac{1}{n_1}+\frac{1}{n_2}}\right)}{\sqrt{\frac{(n_1-1)S_1^2+(n_2-1)S_2^2}{\sigma^2}\bigg/(n_1+n_2-2)}} \sim t(n_1+n_2-2).$$

(3) 由定理 1 得

$$\frac{(n_1-1)S_1^2}{\sigma_1^2} \sim \chi^2(n_1-1), \quad \frac{(n_2-1)S_2^2}{\sigma_2^2} \sim \chi^2(n_2-1),$$

且它们相互独立，于是由 6.2 节定理 3 可得

$$\frac{S_1^2/\sigma_1^2}{S_2^2/\sigma_2^2} = \frac{\dfrac{(n_1-1)S_1^2}{\sigma_1^2}\bigg/(n_1-1)}{\dfrac{(n_2-1)S_2^2}{\sigma_2^2}\bigg/(n_2-1)} \sim F(n_1-1, n_2-1).$$

例 1 从正态总体 $N(52, 6.3^2)$ 中抽取容量为 36 的样本，求样本均值落在区间 $(50.8, 53.8)$ 内的概率.

解 由定理 2 可知 $\dfrac{\bar{X}-52}{6.3/\sqrt{36}} \sim N(0,1)$，从而有

$$P\{50.8 < \bar{X} < 53.8\} = P\left\{\frac{50.8-52}{6.3/\sqrt{36}} < \frac{\bar{X}-52}{6.3/\sqrt{36}} < \frac{53.8-52}{6.3/\sqrt{36}}\right\}$$

$$= \Phi\left(\frac{53.8-52}{6.3/\sqrt{36}}\right) - \Phi\left(\frac{50.8-52}{6.3/\sqrt{36}}\right)$$

$$= \Phi(1.71) - \Phi(-1.14) = 0.8293.$$

例 2 设 $X_1, X_2, \cdots, X_{n+1}$ 是来自正态总体 $N(\mu, \sigma^2)$ 的样本，$\bar{X}$ 和 S^2 分别为 $X_1, X_2, \cdots, X_n$ 的样本均值和样本方差，试求 $Z = \dfrac{X_{n+1}-\bar{X}}{S}\sqrt{\dfrac{n}{n+1}}$ 的概率分布.

解 因为 $X_{n+1} \sim N(\mu, \sigma^2)$，$\bar{X} \sim N\left(\mu, \dfrac{\sigma^2}{n}\right)$，且 X_{n+1} 与 $\bar{X}$ 相互独立，所以

$$X_{n+1} - \bar{X} \sim N\left(0, \frac{n+1}{n}\sigma^2\right),$$

从而有

$$\frac{X_{n+1}-\bar{X}}{\sigma\sqrt{(n+1)/n}} \sim N(0,1).$$

由定理 1 可知

$$\frac{(n-1)S^2}{\sigma^2} \sim \chi^2(n-1),$$

且 $X_{n+1}-\bar{X}$ 与 S^2 相互独立,再由 t 分布的定义可得

$$Z=\frac{X_{n+1}-\bar{X}}{S}\sqrt{\frac{n}{n+1}}=\frac{\dfrac{X_{n+1}-\bar{X}}{\sigma\sqrt{(n+1)/n}}}{\sqrt{\dfrac{(n-1)S^2}{\sigma^2}\Big/(n-1)}} \sim t(n-1).$$

例 3 设 $X_1, X_2, \cdots, X_7$ 是来自正态总体 $N(0, 0.5^2)$ 的样本,求概率

$$P\left\{\sum_{i=1}^{7} X_i^2 > 4\right\}, \quad P\left\{\sum_{i=1}^{7}(X_i-\bar{X})^2 > 4\right\}.$$

解 由定理 1 得

$$4\sum_{i=1}^{7} X_i^2 = \frac{\sum_{i=1}^{7}(X_i-0)^2}{0.5^2} \sim \chi^2(7),$$

$$4\sum_{i=1}^{7}(X_i-\bar{X})^2 = \frac{\sum_{i=1}^{7}(X_i-\bar{X})^2}{0.5^2} \sim \chi^2(6).$$

查 χ^2 分布表可得

$$\chi^2_{0.025}(7)=16.013, \quad \chi^2_{0.01}(6)=16.812.$$

从而

$$P\left\{\sum_{i=1}^{7} X_i^2 > 4\right\} = P\left\{4\sum_{i=1}^{7} X_i^2 > 16\right\} \approx 0.025,$$

$$P\left\{\sum_{i=1}^{7}(X_i-\bar{X})^2 > 4\right\} = P\left\{4\sum_{i=1}^{7}(X_i-\bar{X})^2 > 16\right\} \approx 0.01.$$

例 4 设 $X_1, X_2, \cdots, X_8$ 是来自正态总体 $N(0, \sigma^2)$ 的样本.

(1) 求统计量 $Y=\dfrac{(X_1-X_2)^2+(X_3+X_4)^2}{(X_5+X_6)^2+(X_7-X_8)^2}$ 的概率分布;

(2) 求概率 $P\{Y>9\}$.

解 (1) 因为 $X_1-X_2, X_3+X_4, X_5+X_6, X_7-X_8$ 均服从正态分布 $N(0,2\sigma^2)$，所以

$$\frac{(X_1-X_2)^2}{2\sigma^2}+\frac{(X_3+X_4)^2}{2\sigma^2} \sim \chi^2(2), \quad \frac{(X_5+X_6)^2}{2\sigma^2}+\frac{(X_7-X_8)^2}{2\sigma^2} \sim \chi^2(2),$$

且两者相互独立，再由 6.2 节定理 3 可得

$$Y = \frac{(X_1-X_2)^2+(X_3+X_4)^2}{(X_5+X_6)^2+(X_7-X_8)^2}$$

$$= \frac{\left[\frac{(X_1-X_2)^2}{2\sigma^2}+\frac{(X_3+X_4)^2}{2\sigma^2}\right]/2}{\left[\frac{(X_5+X_6)^2}{2\sigma^2}+\frac{(X_7-X_8)^2}{2\sigma^2}\right]/2} \sim F(2,2).$$

(2) 由于 $Y \sim F(2,2)$，查 F 分布表得 $F_{0.1}(2,2)=9$，于是

$$P\{Y>9\}=P\{Y>F_{0.1}(2,2)\}=0.10.$$

例 5 设 $X_1,X_2,\cdots,X_5$ 是来自正态总体 $N(0,\sigma^2)$ 的样本，试证明当常数 $c=\sqrt{\frac{3}{2}}$ 时，统计量 $\dfrac{c(X_1+X_2)}{\sqrt{X_3^2+X_4^2+X_5^2}}$ 服从自由度为 3 的 t 分布.

证 因为 $X_i \sim N(0,\sigma^2)$ $(i=1,2,\cdots,5)$，且 $X_1,X_2,\cdots,X_5$ 相互独立，所以

$$\frac{X_1+X_2}{\sigma\sqrt{2}} \sim N(0,1), \quad \frac{1}{\sigma^2}(X_3^2+X_4^2+X_5^2) \sim \chi^2(3),$$

从而

$$\frac{\dfrac{X_1+X_2}{\sigma\sqrt{2}}}{\sqrt{\dfrac{X_3^2+X_4^2+X_5^2}{\sigma^2}\Big/3}} = \frac{\sqrt{\dfrac{3}{2}}(X_1+X_2)}{\sqrt{X_3^2+X_4^2+X_5^2}} \sim t(3),$$

即当常数 $c=\sqrt{\dfrac{3}{2}}$ 时，统计量 $\dfrac{c(X_1+X_2)}{\sqrt{X_3^2+X_4^2+X_5^2}}$ 服从自由度为 3 的 t 分布.

例 6 设从正态总体 $N(\mu,\sigma^2)$ 中抽取一个容量为 16 的样本，其样本方差为 S^2，求 $P\left\{\dfrac{S^2}{\sigma^2} \leqslant 1.664\right\}$.

解 因为 $\dfrac{(n-1)S^2}{\sigma^2} \sim \chi^2(n-1)$，$n=16$，所以

$$P\left\{\dfrac{S^2}{\sigma^2} \leqslant 1.664\right\} = P\left\{\dfrac{(n-1)S^2}{\sigma^2} \leqslant (n-1)\times 1.664\right\}$$

$$= P\left\{\dfrac{15S^2}{\sigma^2} \leqslant 24.996\right\} = 1 - P\left\{\dfrac{15S^2}{\sigma^2} > 24.996\right\}$$

查 χ^2 分布表得 $\chi^2_{0.05}(15) = 24.996$，从而

$$P\left\{\dfrac{S^2}{\sigma^2} \leqslant 1.664\right\} = 1 - 0.05 = 0.95.$$

例 7 设有两个总体 $X \sim N(50, 6^2)$，$Y \sim N(46, 4^2)$，今从总体 X 中抽取容量为 10 的样本，从总体 Y 中抽取容量为 8 的样本，且这两个样本相互独立. 样本均值分别为 $\overline{X}$ 和 $\overline{Y}$，样本方差分别为 S_1^2 和 S_2^2. 求下列概率

(1) $P\{0 < \overline{X} - \overline{Y} < 8\}$； (2) $P\left\{\dfrac{S_1^2}{S_2^2} < 8.28\right\}$.

解 (1) 由定理 3 可得

$$U = \dfrac{\overline{X} - \overline{Y} - (50 - 46)}{\sqrt{\dfrac{6^2}{10} + \dfrac{4^2}{8}}} = \dfrac{\overline{X} - \overline{Y} - 4}{\sqrt{5.6}} \sim N(0, 1)$$

因此

$$P\{0 < \overline{X} - \overline{Y} < 8\} = P\left\{-\dfrac{4}{\sqrt{5.6}} < \dfrac{\overline{X} - \overline{Y} - 4}{\sqrt{5.6}} < \dfrac{4}{\sqrt{5.6}}\right\}$$

$$= P\{-1.69 < U < 1.69\} = \Phi(1.69) - \Phi(-1.69)$$

$$= 2\Phi(1.69) - 1 = 2 \times 0.9545 - 1 = 0.909.$$

(2) 由定理 3 可得

$$F = \dfrac{S_1^2/6^2}{S_2^2/4^2} = \dfrac{4S_1^2}{9S_2^2} \sim F(9, 7).$$

于是

$$P\left\{\dfrac{S_1^2}{S_2^2} < 8.28\right\} = P\left\{\dfrac{4S_1^2}{9S_2^2} < 3.68\right\} = P\{F < 3.68\} = 1 - P\{F \geqslant 3.68\}.$$

查 F 分布表得 $F_{0.05}(9,7)=3.68$，所以

$$P\left\{\frac{S_1^2}{S_2^2}<8.28\right\}=1-0.05=0.95.$$

6.3 节知识拓展

6.3 节自测题

习题 6.3

1. 设 $X_1,X_2,\cdots,X_n$ 是来自正态总体 $N(\mu,\sigma^2)$ 的样本，问随机变量 $\frac{1}{\sigma^2}\sum_{i=1}^{n}(X_i-\bar{X})^2$ 与 $\frac{1}{\sigma^2}\sum_{i=1}^{n}(X_i-\mu)^2$ 各服从什么分布？并分别计算 $E\left[\sum_{i=1}^{n}(X_i-\bar{X})^2\right]$ 与 $D\left[\sum_{i=1}^{n}(X_i-\mu)^2\right]$.

2. 设 $X_1,X_2,\cdots,X_n$ 是来自正态总体 $N(\mu,\sigma^2)$ 的样本，分别记

$$S_1^2=\frac{1}{n}\sum_{i=1}^{n}(X_i-\mu)^2,\quad S_2^2=\frac{1}{n}\sum_{i=1}^{n}(X_i-\bar{X})^2,$$

$$S_3^2=\frac{1}{n-1}\sum_{i=1}^{n}(X_i-\mu)^2,\quad S_4^2=\frac{1}{n-1}\sum_{i=1}^{n}(X_i-\bar{X})^2.$$

则下列结论正确的是(　　).

(A) $\dfrac{\bar{X}-\mu}{S_1/\sqrt{n-1}}\sim t(n-1)$；　　(B) $\dfrac{\bar{X}-\mu}{S_2/\sqrt{n-1}}\sim t(n-1)$；

(C) $\dfrac{\bar{X}-\mu}{S_3/\sqrt{n-1}}\sim t(n-1)$；　　(D) $\dfrac{\bar{X}-\mu}{S_4/\sqrt{n-1}}\sim t(n-1)$.

3. 设 $\bar{X}_1,\bar{X}_2$ 分别是来自正态总体 $N(\mu,\sigma^2)$ 的容量为 n 的两个相互独立的样本 X_{11}, $X_{12},\cdots,X_{1n}$ 和 $X_{21},X_{22},\cdots,X_{2n}$ 的样本均值，问使得 $P\{|\bar{X}_1-\bar{X}_2|>\sigma\}\geqslant 0.01$ 成立的 n 至少为多少？

4. 设 $X_1,X_2,\cdots,X_n$ 是来自正态总体 $N(40,5^2)$ 的样本.

(1) 当样本容量 n 为 36 时，求样本均值在 38 与 43 之间的概率；

(2) 当样本容量 n 为多大时才能使 $P\{|\bar{X}-40|<1\}$ 达到 0.95？

5. 设 $X_1,X_2,\cdots,X_n$ 是来自正态总体 $N(\mu,4)$ 的样本.

(1) 问 n 取多大时有 $E[(\bar{X}-\mu)^2]\leqslant 0.1$？

(2) 问 n 取多大时有 $P\{|\bar{X}-\mu|\leqslant 0.1\}\geqslant 0.95$？

6. 设 $X_1,X_2,\cdots,X_{16}$ 是来自正态总体 $N(\mu,\sigma^2)$ 的样本，求概率

$$P\left\{\frac{\sigma^2}{2}\leqslant\frac{1}{16}\sum_{i=1}^{16}(X_i-\mu)^2\leqslant 2\sigma^2\right\}.$$

7. 设 $X_1, X_2, \cdots, X_{10}$ 是来自正态总体 $N(\mu, 5^2)$ 的样本，其样本均值为 $\overline{X}$. 若 μ 未知，求概率 $P\left\{\frac{1}{10}\sum_{i=1}^{10}(X_i - \overline{X})^2 \geq 6.75\right\}$.

8. 设总体 $X \sim N(\mu, \sigma^2)$，从总体 X 中抽取容量为 16 的样本，$\overline{X}$ 为样本均值.

  (1) 若 $\sigma = 2$，求概率 $P\{|\overline{X} - \mu| < 0.5\}$；

  (2) 若 σ 未知，且样本方差 $s^2 = 5.33$，求概率 $P\{|\overline{X} - \mu| < 0.5\}$.

9. 设 $X_1, X_2, \cdots, X_9$ 是来自正态总体 X 的样本，分别记

$$Y_1 = \frac{1}{6}(X_1 + X_2 + \cdots + X_6), \quad Y_2 = \frac{1}{3}(X_7 + X_8 + X_9), \quad S^2 = \frac{1}{2}\sum_{i=7}^{9}(X_i - Y_2)^2.$$

证明统计量 $Z = \frac{\sqrt{2}(Y_1 - Y_2)}{S} \sim t(2)$.

10. 设总体 $X \sim N(20, 3^2)$，分别从 X 中抽取容量 $n_1 = 40$ 及 $n_2 = 50$ 的两个相互独立的样本 $X_1, X_2, \cdots, X_{n_1}$ 和 $Y_1, Y_2, \cdots, Y_{n_2}$. 求其样本均值之差的绝对值小于 0.7 的概率.

11. 设 $X_1, X_2, \cdots, X_{17}$ 是来自正态总体 $N(\mu, \sigma^2)$ 的样本，$\overline{X}$ 和 S^2 分别为样本均值和样本方差.

  (1) 求 k 使得 $P\{\overline{X} > \mu + kS\} = 0.95$；

  (2) 求 $D(S^2)$.

12. 从总体 $N(\mu, \sigma^2)$ 中抽取容量为 16 的样本，样本方差为 S^2，若 μ 和 σ^2 均未知.

  (1) 求 $P\{S^2/\sigma^2 \leq 2.041\}$；

  (2) 求 $D(S^2)$.

13. (1) 设 X 与 Y 相互独立，且 $X \sim N(5, 15)$，$Y \sim \chi^2(5)$，求概率 $P\{X - 5 > 3.5\sqrt{Y}\}$；

  (2) 设总体 $X \sim N(2.5, 6^2)$，X_1, X_2, X_3, X_4, X_5 是来自 X 的样本，$\overline{X}$ 和 S^2 分别为样本均值和样本方差. 求概率 $P\{1.3 < \overline{X} < 3.5, 6.3 < S^2 < 9.6\}$.

14. 某品牌 A 型灯泡寿命的标准差为 40(单位: h)，B 型灯泡寿命的标准差为 50(单位: h). 假若灯泡寿命服从正态分布，分别独立地从 A 型灯泡中抽取 8 只，从 B 型灯泡中抽取 16 只. 试确定 A 型灯泡寿命样本标准差至少是 B 型灯泡寿命样本标准差的 2 倍的概率.

测 验 题 6

1. 设 $\overline{x}, \overline{y}$ 分别是样本值 $x_1, x_2, \cdots, x_n$ 和 $y_1, y_2, \cdots, y_n$ 的样本均值，证明对于任意常数 c, d 有

$$\sum_{i=1}^{n}(x_i - c)(y_i - d) = \sum_{i=1}^{n}(x_i - \overline{x})(y_i - \overline{y}) + n(\overline{x} - c)(\overline{y} - d).$$

2. 设 $x_1, x_2, \cdots, x_n$ 是来自总体 X 的样本值，$y_1, y_2, \cdots, y_m$ 是来自同一总体 X 的样本值，记

$$\bar{x}_n = \frac{1}{n}\sum_{i=1}^n x_i, \quad s_n^2 = \frac{1}{n-1}\sum_{i=1}^n (x_i - \bar{x}_n)^2, \quad \bar{y}_m = \frac{1}{m}\sum_{i=1}^m y_i, \quad s_m^2 = \frac{1}{m-1}\sum_{i=1}^m (y_i - \bar{y}_m)^2.$$

试求合并样本值 $x_1, x_2, \cdots, x_n, y_1, y_2, \cdots, y_m$ 的样本均值 $\bar{x}$ 和样本方差 s^2.

3. 设总体 $X \sim N(\mu, \sigma^2)$,$X_1, X_2, \cdots, X_n$ 是 X 的一个样本,$\bar{X}, S^2$ 分别为样本均值和样本方差,试求 $E[(\bar{X}S^2)^2]$.

4. 设总体 X 服从 $[0,\theta]$ 上的均匀分布,$X_1, X_2, \cdots, X_n$ 为其样本,记 $X_{(1)} = \min_{1 \leq k \leq n}\{X_k\}$,$X_{(n)} = \max_{1 \leq k \leq n}\{X_k\}$,求极差 $R = X_{(n)} - X_{(1)}$ 的数学期望 $E(R)$.

5. 设 X_1, X_2, X_3, X_4 是来自正态总体 $N(0, \sigma^2)$ 的样本,记

$$Y = \frac{X_1^2 + X_3^2}{X_2^2 + X_4^2}.$$

试求 Y 的分布.

6. 设 $X_1, X_2, \cdots, X_{16}$ 是来自正态总体 $N(\mu, \sigma^2)$ 的样本,试求 $U = \frac{1}{16}\sum_{i=1}^{16}|X_i - \mu|$ 的数学期望与方差.

7. 某品牌 A 型灯泡寿命 X (单位: h)服从正态分布: 平均寿命为 1400 h,标准差为 200 h; B 型灯泡寿命 Y 服从正态分布,平均寿命为 1200 h,标准差为 100 h. 对于每一种商标的 125 个灯泡的样本进行测试,且假设这两个样本是相互独立的. 问 A 型灯泡样本平均寿命比 B 型样本平均寿命多 160 h 的概率有多大?

8. 设总体 X 的二阶矩存在,$X_1, X_2, \cdots, X_n$ 是 X 的一个样本,$\bar{X}$ 为样本均值,求 $X_i - \bar{X}$ 与 $X_j - \bar{X}$ $(i \neq j)$ 的相关系数.

9. 设总体 X 服从几何分布,即 $P(X=k) = pq^{k-1}, q = 1-p, k = 1, 2, \cdots$. $X_1, X_2, \cdots, X_n$ 是 X 的一个样本,试分别求 $X_{(n)} = \max(X_1, X_2, \cdots, X_n)$ 和 $X_{(1)} = \min(X_1, X_2, \cdots, X_n)$ 的分布律.

10. 设 $X_1, X_2, \cdots, X_n$ 是总体 X 的一个样本,$S^2 = \frac{1}{n-1}\sum_{i=1}^n (X_i - \bar{X})^2$ 为样本方差,试证明 $S^2 = \frac{1}{n(n-1)}\sum_{i<j}(X_i - X_j)^2$.

第 6 章测试题

第 7 章

参 数 估 计

我们知道,数理统计所研究的对象是总体,但总体中往往含有许多未知的成分,因此如何应用样本的信息对总体中的未知成分进行推断是数理统计的主要研究内容之一. 人们根据问题的需要,往往采取不同的推断方式,归纳起来可以分为估计和检验两个方面的内容. 本章主要讨论在总体分布形式已知的前提下,如何对总体中未知参数进行估计的问题,主要包括参数的点估计、估计量的评选标准以及区间估计.

7.1 点 估 计

设 θ 为总体 X 的未知参数,$X_1, X_2, \cdots, X_n$ 是来自总体 X 的样本. 我们通常根据样本构造一个统计量 $\hat{\theta} = \hat{\theta}(X_1, X_2, \cdots, X_n)$ 来估计 θ,称 $\hat{\theta}$ 为 θ 的**估计量**,相应地,称该统计量的观察值 $\hat{\theta} = \hat{\theta}(x_1, x_2, \cdots, x_n)$ 为 θ 的**估计值**,仍然简记为 $\hat{\theta}$. 我们把通过构造一个统计量来估计未知参数的方法称为点估计. 常用的点估计方法有矩估计法和最大似然估计法,下面分别进行讨论.

1. 矩估计

矩估计法是一种较为简单直观的方法,它是由 K.皮尔逊于 1894 年提出来的. 这种方法可以对总体的分布不作要求,并且容易计算. 由 6.1 节例 7 知,样本矩依概率收敛于总体矩,因此,我们可以用样本矩代替含有未知参数的总体矩. 如果总体含有 k 个未知参数,我们通常可以按矩的阶数从 1 到 k 列出 k 个样本矩等于总体矩的方程,从而解出未知参数,这种方法称为**矩估计法**.

设总体 X 的分布函数为 $F(x; \theta_1, \theta_2, \cdots, \theta_k)$,其中 $\theta_1, \theta_2, \cdots, \theta_k$ 是 k 个未知参数,设 $X_1, X_2, \cdots, X_n$ 是 X 的样本,且总体 X 的 k 阶原点矩 $\mu_k = E(X^k)$ 存在,如果令总

体的 j 阶原点矩 $\mu_j = E(X^j)$ 等于样本 j 阶原点矩 $A_j = \frac{1}{n}\sum_{i=1}^{n} X_i^j$ $(j=1,2,\cdots,k)$,就可得到 k 个方程

$$\mu_j = A_j = \frac{1}{n}\sum_{i=1}^{n} X_i^j, \quad j=1,2,\cdots,k, \tag{7.1}$$

这 k 个方程组成一个含有未知参数 $\theta_1, \theta_2, \cdots, \theta_k$ 的方程组,解方程组(7.1)得到一组解 $\hat{\theta}_1, \hat{\theta}_2, \cdots, \hat{\theta}_k$,即分别为未知参数 $\theta_1, \theta_2, \cdots, \theta_k$ 的**矩估计量**. 由此可知未知参数 $\theta_1, \theta_2, \cdots, \theta_k$ 的矩估计量都是样本 $X_1, X_2, \cdots, X_k$ 的函数,即

$$\hat{\theta}_j = g_j(X_1, X_2, \cdots, X_k), \quad j=1,2,\cdots,k.$$

例 1 一大批产品,其次品率为 p(未知),现从中随机抽取 20 件产品进行检验,发现 2 件次品. 试求次品率 p 的矩估计值.

解 由题意知,设 X 表示随机抽取的 1 件产品中的次品数,则 X 服从(0-1)分布,其分布律为

$$P\{X=x\} = p^x(1-p)^{1-x}, \quad x=0,1.$$

X 的 1 阶矩为 $E(X) = p$. 设 $X_1, X_2, \cdots, X_n$ 为 X 的样本,令 $E(X) = A_1 = \frac{1}{n}\sum_{i=1}^{n} X_i$,得 $\hat{p} = \bar{X}$. 所以 p 的矩估计值为 $\hat{p} = \bar{x} = \frac{2}{20} = 10\%$.

例 2 设 $X_1, X_2, \cdots, X_n$ 是总体 X 的样本,求 X 的数学期望 μ 和方差 σ^2 的矩估计量.

解 $E(X) = \mu$, $E(X^2) = D(X) + [E(X)]^2 = \sigma^2 + \mu^2$. 令

$$\begin{cases} E(X) = A_1, \\ E(X^2) = A_2, \end{cases} \quad 即 \quad \begin{cases} \mu = \frac{1}{n}\sum_{i=1}^{n} X_i, \\ \sigma^2 + \mu^2 = \frac{1}{n}\sum_{i=1}^{n} X_i^2. \end{cases}$$

解得 μ 和 σ^2 的矩估计量分别为

$$\hat{\mu} = \bar{X}, \quad \hat{\sigma}^2 = \frac{1}{n}\sum_{i=1}^{n}(X_i - \bar{X})^2 = \frac{n-1}{n}S^2.$$

由例 2 可知,在总体的二阶矩存在的情况下,我们可以给出如上形式的总体均值和方差的矩估计量;并且我们还可以进一步看出,虽然总体的分布形式未知,但我们仍然可以得到总体中某些未知参数的矩估计.

例 3 某人在微信朋友圈里发了一条链接,紧接着他开始观察朋友圈里转发

该链接的间隔时间(单位: min), 在 1 个小时内, 他记录的结果如下:

$$5 \quad 2 \quad 8 \quad 2 \quad 1 \quad 32 \quad 10$$

假设转发间隔时间服从参数为 λ 的指数分布, 试求 λ 的矩估计值.

解 总体 X 的概率密度为

$$f(x;\lambda) = \begin{cases} \lambda e^{-\lambda x}, & x \geqslant 0, \\ 0, & x < 0, \end{cases}$$

则 $E(X) = \dfrac{1}{\lambda}$. 设 $X_1, X_2, \cdots, X_n$ 是总体 X 的样本, 令 $E(X) = \dfrac{1}{n}\sum_{i=1}^{n} X_i$, 即 $\dfrac{1}{\lambda} = \overline{X}$, 得参数 λ 的矩估计量 $\hat{\lambda} = \dfrac{1}{\overline{X}}$. 再由样本值可得

$$\overline{x} = \dfrac{1}{7}(5+2+8+2+1+32+10) = \dfrac{60}{7},$$

所以 λ 的矩估计值 $\hat{\lambda} = \dfrac{1}{\overline{x}} \approx 0.117$.

例 4 台风可能引起内陆降雨. 现得到 36 个观测点一昼夜降雨量的数据 (单位: mm)

31.00 2.82 3.98 4.02 9.50 4.50 11.40 10.70 6.31 4.95 5.64 5.51
13.40 9.72 6.47 10.16 4.21 11.60 4.75 6.85 6.25 3.42 11.80 0.80
3.69 3.10 22.22 7.43 5.00 4.58 4.46 8.00 3.73 3.50 6.20 0.67

根据人们的经验, 降雨量一般服从 $\Gamma(\alpha, \beta)$ 分布, 即 X 的概率密度为

$$f(x;\alpha,\beta) = \begin{cases} \dfrac{x^{\alpha-1}}{\beta^{\alpha}\Gamma(\alpha)} e^{-x/\beta}, & x > 0, \\ 0, & x \leqslant 0. \end{cases}$$

求参数 α, β 的矩估计值.

解 设 $X_1, X_2, \cdots, X_n$ 是总体 X 的样本, 由 $X \sim \Gamma(\alpha, \beta)$ 得

$$E(X) = \alpha\beta, \quad E(X^2) = \alpha(\alpha+1)\beta^2.$$

令

$$\begin{cases} E(X) = A_1, \\ E(X^2) = A_2, \end{cases} \quad \text{即} \quad \begin{cases} \alpha\beta = \dfrac{1}{n}\sum_{i=1}^{n} X_i, \\ \alpha(\alpha+1)\beta^2 = \dfrac{1}{n}\sum_{i=1}^{n} X_i^2. \end{cases}$$

解得参数 α,β 的矩估计量分别为

$$\hat{\alpha} = \frac{n\bar{X}^2}{(n-1)S^2}, \quad \hat{\beta} = \frac{(n-1)S^2}{n\bar{X}},$$

其中样本容量 $n=36$, 再由样本值可算得 $\bar{x}=7.28, s^2=33.408$, 从而得到参数 α,β 的矩估计值分别为

$$\hat{\alpha} = \frac{36 \times 7.287^2}{(36-1) \times 33.408} = 1.635, \quad \hat{\beta} = \frac{(36-1) \times 33.408}{36 \times 7.287} = 4.457.$$

例 5 设总体 X 在区间 $[a,b]$ 上服从均匀分布, $X_1,X_2,\cdots,X_n$ 是总体 X 的样本, 求参数 a,b 的矩估计量.

解 由于总体 X 在 $[a,b]$ 上服从均匀分布, 所以

$$\mu_1 = E(X) = \frac{1}{2}(a+b), \quad \mu_2 = E(X^2) = \frac{1}{3}(a^2+ab+b^2).$$

令

$$\begin{cases} E(X) = A_1, \\ E(X^2) = A_2, \end{cases} \quad 即 \quad \begin{cases} \dfrac{1}{2}(a+b) = \dfrac{1}{n}\sum_{i=1}^{n} X_i, \\ \dfrac{1}{3}(a^2+ab+b^2) = \dfrac{1}{n}\sum_{i=1}^{n} X_i^2. \end{cases}$$

解得参数 a,b 的估计量分别为

$$\hat{a} = \bar{X} - \sqrt{\frac{3(n-1)}{n}} S, \quad \hat{b} = \bar{X} + \sqrt{\frac{3(n-1)}{n}} S.$$

2. 最大似然估计法

由于矩估计法没有完全利用到总体的分布信息, 因此在总体的分布形式已知的情况下, 矩估计往往不如下面的最大似然估计好. 最大似然估计法由费希尔(Fisher)在 20 世纪初正式提出, 并证明了它的一些性质而使之得到了广泛的应用. 这种方法基于如下简单的想法: 设事件 A 发生的概率 $P(A)=p$ 的可能值为 $p=\dfrac{1}{3}$ 或 $p=\dfrac{2}{3}$, 如果只做一次试验事件 A 出现了, 则推断出 $p=\dfrac{2}{3}$ 显得更为合理. 我们把 $\hat{p}=\dfrac{2}{3}$ 称为参数 p 的最大似然估计值, 这里的"最大似然"即"最像"的意思. 一般地, 如果在一次试验中某事件发生了, 我们可以认为该事件发生的概率是最大的, 这就是最大似然估计法的思想. 下面我们将分别讨论离散型总体和连续型总体参

数的最大似然估计.

设离散型总体 X 的分布律为

$$P\{X=x\}=p(x;\theta), \quad \theta\in\Theta,$$

其中 $p(x;\theta)$ 的形式已知，θ 为未知参数. 设 $X_1,X_2,\cdots,X_n$ 是总体 X 的样本，$x_1,x_2,\cdots,x_n$ 为 $X_1,X_2,\cdots,X_n$ 的样本值，则事件 $\{X_1=x_1,X_2=x_2,\cdots,X_n=x_n\}$ 发生的概率为

$$P\{X_1=x_1,X_2=x_2,\cdots,X_n=x_n\}=\prod_{i=1}^{n}p(x_i;\theta), \quad \theta\in\Theta. \tag{7.2}$$

这个概率随 θ 的变化而变化，它是 θ 的函数，记为 $L(\theta)$，并称为样本的**似然函数**. 似然函数 $L(\theta)$ 反映了样本取该组样本值的概率的大小，根据最大似然估计的思想，我们应该选取使得 $L(\theta)$ 达到最大的 θ 作为未知参数 θ 的估计值.

同样，若总体 X 为连续型随机变量，其概率密度 $f(x;\theta)$ 已知，θ 为未知参数，设 $X_1,X_2,\cdots,X_n$ 是总体 X 的样本，$x_1,x_2,\cdots,x_n$ 为 $X_1,X_2,\cdots,X_n$ 的样本值，则称

$$L(\theta)=\prod_{i=1}^{n}f(x_i;\theta), \quad \theta\in\Theta \tag{7.3}$$

为样本的似然函数.

针对以上两种情形，对给定的样本观察值 $x_1,x_2,\cdots,x_n$，在 θ 的可能取值范围 Θ 内挑选使似然函数 $L(\theta)$ 达到最大值的 $\hat{\theta}$ 作为参数 θ 的估计值，这样得到的 $\hat{\theta}$ 与样本值 $x_1,x_2,\cdots,x_n$ 有关，记为 $\hat{\theta}(x_1,x_2,\cdots,x_n)$，称为参数 θ 的**最大似然估计值**，相应的统计量 $\hat{\theta}(X_1,X_2,\cdots,X_n)$ 称为参数 θ 的**最大似然估计量**.

于是，求总体参数 θ 的最大似然估计 $\hat{\theta}$ 的问题，就是转化为求似然函数 $L(\theta)$ 的最大值问题. 这里要指出的是，似然函数虽然在形式上完全等于样本的联合分布律或联合概率密度，但是两者的含义是不一样的，因为一旦样本观测值 $x_1,x_2,\cdots,x_n$ 确定，似然函数 $L(\theta)$ 只是关于未知参数 θ 的函数，其定义域为 Θ，而对于样本的联合分布律或联合概率密度来讲，参数 θ 是固定的，自变量为 $x_1,x_2,\cdots,x_n$.

由微分学知，若似然函数 $L(\theta)$ 关于 θ 可微，则最大似然估计 $\hat{\theta}$ 一般可从方程

$$\frac{\partial L(\theta)}{\partial \theta}=0 \tag{7.4}$$

解得. 又因为 $L(\theta)$ 与 $\ln L(\theta)$ 在同一 θ 处取到极值，所以等价地可由方程

$$\frac{\partial \ln L(\theta)}{\partial \theta}=0 \tag{7.5}$$

求得 $\hat{\theta}$, 而方程(7.5)的求解往往比较方便. 通常称(7.4)式、(7.5)式为**似然方程**.

例 6 设书中出现的打印错误数服从泊松分布 $\pi(\lambda)$, 其中 $\lambda > 0$ 是未知参数. 今观测 12 本页码相当的不同种类的书籍, 其打印错误数分别为

$$9 \quad 16 \quad 5 \quad 10 \quad 6 \quad 51 \quad 14 \quad 7 \quad 3 \quad 5 \quad 12 \quad 15$$

求 λ 的最大似然估计值.

解 设 $x_1, x_2, \cdots, x_n$ 为泊松总体 $\pi(\lambda)$ 的样本值, 则似然函数为

$$L(\lambda) = \prod_{i=1}^{n} P\{X = x_i\} = \frac{\lambda^{n\bar{x}}}{\prod_{i=1}^{n} x_i!} e^{-n\lambda}.$$

取对数得

$$\ln L = n\bar{x} \ln \lambda - n\lambda - \sum_{i=1}^{n} (\ln x_i!).$$

令

$$\frac{\mathrm{d} \ln L}{\mathrm{d}\lambda} = \frac{1}{\lambda} n\bar{x} - n = 0,$$

解得 λ 的最大似然估计值为

$$\hat{\lambda} = \bar{x} = 12.75.$$

例 7 设总体 X 的分布律为

$$P\{X=0\} = 1 - 3\theta, \quad P\{X=1\} = \theta, \quad P\{X=2\} = 2\theta.$$

其中 θ 为未知参数. 已知总体 X 的样本值为

$$1 \quad 0 \quad 1 \quad 2 \quad 1$$

试分别求 θ 的矩估计值和最大似然估计值.

解 (1) 矩估计 总体 X 的 1 阶矩为

$$E(X) = 0 \times (1 - 3\theta) + 1 \times \theta + 2 \times 2\theta = 5\theta,$$

令 $E(X) = \frac{1}{n} \sum_{i=1}^{n} x_i$, 即 $5\theta = \bar{X}$, 解得 θ 的矩估计量为 $\hat{\theta} = \frac{\bar{X}}{5}$. 由样本值算得样本均值

$$\bar{x} = \frac{1 + 0 + 1 + 2 + 1}{5} = 1,$$

从而 θ 的矩估计值为 $\hat{\theta} = \frac{1}{5}$.

(2) 最大似然估计 似然函数为

$$L(\theta) = \prod_{i=1}^{5} P\{X_i = x_i\} = (1-3\theta)\theta^3(2\theta) = 2(1-3\theta)\theta^4,$$

取对数得

$$\ln L = \ln 2 + \ln(1-3\theta) + 4\ln\theta.$$

令

$$\frac{d\ln L}{d\theta} = -\frac{3}{1-3\theta} + \frac{4}{\theta} = 0,$$

解得 θ 的最大似然估计值为 $\hat{\theta} = \frac{4}{15}$.

例 8 设总体 $X \sim N(\mu, \sigma^2)$，其中 $\mu, \sigma > 0$ 是未知参数，$X_1, X_2, \cdots, X_n$ 是 X 的样本，$x_1, x_2, \cdots, x_n$ 是样本 $X_1, X_2, \cdots, X_n$ 的样本值，求 μ, σ^2 的最大似然估计量.

解 样本的似然函数为

$$L(\mu, \sigma^2) = \prod_{i=1}^{n} \frac{1}{\sqrt{2\pi}\sigma} e^{-\frac{(x_i-\mu)^2}{2\sigma^2}} = (2\pi\sigma^2)^{-\frac{n}{2}} e^{-\sum_{i=1}^{n}\frac{(x_i-\mu)^2}{2\sigma^2}},$$

取对数得

$$\ln L = -\frac{n}{2}\ln(2\pi) - \frac{n}{2}\ln\sigma^2 - \sum_{i=1}^{n}\frac{(x_i-\mu)^2}{2\sigma^2}.$$

令

$$\begin{cases} \dfrac{\partial \ln L}{\partial \mu} = \dfrac{1}{\sigma^2}\sum_{i=1}^{n}(x_i - \mu) = 0, \\ \dfrac{\partial \ln L}{\partial \sigma^2} = -\dfrac{n}{2}\dfrac{1}{\sigma^2} + \dfrac{1}{2\sigma^4}\sum_{i=1}^{n}(x_i - \mu)^2 = 0, \end{cases}$$

解得

$$\hat{\mu} = \frac{1}{n}\sum_{i=1}^{n}x_i = \bar{x}, \quad \hat{\sigma}^2 = \frac{1}{n}\sum_{i=1}^{n}(x_i - \bar{x})^2 = \frac{n-1}{n}s^2.$$

所以 μ 与 σ^2 的最大似然估计量分别为

$$\hat{\mu} = \bar{X}, \quad \hat{\sigma}^2 = \frac{n-1}{n}S^2.$$

例 9 设 $X_1, X_2, \cdots, X_n$ 与 $Y_1, Y_2, \cdots, Y_m$ 分别是来自总体 $X \sim N(\mu_1, \sigma^2)$ 与 $Y \sim N(\mu_2, \sigma^2)$ 的两个相互独立的样本，试求 μ_1, μ_2, σ^2 的最大似然估计量.

解 设 $X_1, X_2, \cdots, X_n$ 与 $Y_1, Y_2, \cdots, Y_m$ 的样本值分别为 $x_1, x_2, \cdots, x_n$ 与 $y_1, y_2, \cdots, y_m$. 由于两个样本相互独立,因此可得似然函数

$$L(\mu_1, \mu_2, \sigma^2) = \prod_{i=1}^{n} \frac{1}{\sqrt{2\pi}\sigma} e^{-\frac{1}{2\sigma^2}(x_i-\mu_1)^2} \prod_{j=1}^{m} \frac{1}{\sqrt{2\pi}\sigma} e^{-\frac{1}{2\sigma^2}(y_j-\mu_2)^2}$$

$$= \frac{1}{(2\pi\sigma^2)^{(n+m)/2}} e^{-\frac{1}{2\sigma^2}\left[\sum_{i=1}^{n}(x_i-\mu_1)^2 + \sum_{j=1}^{m}(y_j-\mu_2)^2\right]},$$

取对数得

$$\ln L = -\frac{n+m}{2}\ln(2\pi\sigma^2) - \frac{1}{2\sigma^2}\left[\sum_{i=1}^{n}(x_i-\mu_1)^2 + \sum_{j=1}^{m}(y_j-\mu_2)^2\right].$$

令 $\dfrac{\partial \ln L}{\partial \mu_1} = 0$,$\dfrac{\partial \ln L}{\partial \mu_2} = 0$,$\dfrac{\partial \ln L}{\partial \sigma^2} = 0$,得似然方程

$$\begin{cases} \sum_{i=1}^{n}(x_i - \mu_1) = 0, \\ \sum_{j=1}^{m}(y_j - \mu_2) = 0, \\ -\dfrac{n+m}{2\sigma^2} + \dfrac{1}{2\sigma^4}\left[\sum_{i=1}^{n}(x_i-\mu_1)^2 + \sum_{j=1}^{m}(y_j-\mu_2)^2\right] = 0. \end{cases}$$

解得 μ_1, μ_2, σ^2 的最大似然估计值分别为

$$\hat{\mu}_1 = \frac{1}{n}\sum_{i=1}^{n} x_i = \bar{x}, \quad \hat{\mu}_2 = \frac{1}{m}\sum_{j=1}^{m} y_j = \bar{y}, \quad \hat{\sigma}^2 = \frac{1}{n+m}\left[\sum_{i=1}^{n}(x_i-\bar{x})^2 + \sum_{j=1}^{m}(y_j-\bar{y})^2\right].$$

所以 μ_1, μ_2, σ^2 的最大似然估计量分别为

$$\hat{\mu}_1 = \bar{X}, \quad \hat{\mu}_2 = \bar{Y}, \quad \hat{\sigma}^2 = \frac{1}{n+m}\left[\sum_{i=1}^{n}(X_i-\bar{X})^2 + \sum_{j=1}^{m}(Y_j-\bar{Y})^2\right].$$

例 10 某射击运动员在 10 次射击中弹着点与靶心的距离(单位: cm)统计如下:

0.35 2.10 0.35 3.00 1.25 5.42 4.33 7.00 0.55 1.25

设弹着点与靶心的距离 X 服从参数为 $\theta > 0$ 的瑞利分布,即 X 的概率密度为

$$f(x;\theta) = \begin{cases} \dfrac{x}{\theta} e^{-\frac{x^2}{2\theta}}, & x > 0, \\ 0, & x \leqslant 0. \end{cases}$$

求参数 θ 的最大似然估计值.

解 样本的似然函数为

$$L(\theta) = \prod_{i=1}^{n} \left(\dfrac{x_i}{\theta} e^{-\frac{x_i^2}{2\theta}} \right) = \dfrac{1}{\theta^n} \prod_{i=1}^{n} x_i e^{-\frac{1}{2\theta} \sum_{i=1}^{n} x_i^2}, \quad x_i > 0, \quad i = 1, 2, \cdots, n,$$

取对数得

$$\ln L = -n \ln \theta + \sum_{i=1}^{n} \ln x_i - \dfrac{1}{2\theta} \sum_{i=1}^{n} x_i^2.$$

令

$$\dfrac{\mathrm{d} \ln L}{\mathrm{d} \theta} = -\dfrac{n}{\theta} + \dfrac{1}{2\theta^2} \sum_{i=1}^{n} x_i^2 = 0,$$

解得 θ 的最大似然估计值为 $\hat{\theta} = \dfrac{1}{2n} \sum_{i=1}^{n} x_i^2 = 5.71$.

例 11 设 $X_1, X_2, \cdots, X_n$ 是总体 X 的样本，X 的概率密度为

$$f(x;\theta,\mu) = \begin{cases} \dfrac{1}{\theta} e^{-\frac{x-\mu}{\theta}}, & x \geqslant \mu, \\ 0, & x < \mu, \end{cases}$$

其中 $\theta > 0$. (1) 求 θ 和 μ 的矩估计量; (2) 求 θ 和 μ 的最大似然估计量.

解 (1) 矩估计 X 的 1 阶矩和 2 阶矩分别为

$$\mu_1 = E(X) = \int_{-\infty}^{+\infty} x f(x;\theta,\mu) \mathrm{d}x = \int_{\mu}^{+\infty} \dfrac{x}{\theta} e^{-\frac{x-\mu}{\theta}} \mathrm{d}x = \theta + \mu,$$

$$\mu_2 = E(X^2) = \int_{-\infty}^{+\infty} x^2 f(x;\theta,\mu) \mathrm{d}x = \int_{\mu}^{+\infty} \dfrac{x^2}{\theta} e^{-\frac{x-\mu}{\theta}} \mathrm{d}x = 2\theta^2 + 2\mu\theta + \mu^2.$$

令

$$\begin{cases} E(X) = \dfrac{1}{n} \sum_{i=1}^{n} X_i, \\ E(X^2) = \dfrac{1}{n} \sum_{i=1}^{n} X_i^2, \end{cases} \quad 即 \quad \begin{cases} \mu + \theta = \dfrac{1}{n} \sum_{i=1}^{n} X_i, \\ 2\theta^2 + 2\mu\theta + \mu^2 = \dfrac{1}{n} \sum_{i=1}^{n} X_i^2. \end{cases}$$

解得 θ 和 μ 的矩估计量分别为

$$\hat{\theta} = \sqrt{\frac{n-1}{n}}S, \quad \hat{\mu} = \overline{X} - \sqrt{\frac{n-1}{n}}S.$$

(2) 最大似然估计 设 $x_1, x_2, \cdots, x_n$ 是 $X_1, X_2, \cdots, X_n$ 的样本值, 则似然函数

$$L(\theta, \mu) = \prod_{i=1}^{n} f(x_i; \theta, \mu) = \theta^{-n} e^{-\frac{1}{\theta}\sum_{i=1}^{n}(x_i - \mu)} = \theta^{-n} e^{-\frac{n}{\theta}(\overline{x} - \mu)}, \quad x_i \geqslant \mu, \quad i = 1, 2, \cdots, n,$$

取对数得

$$\ln L = -n \ln \theta - \frac{n}{\theta}(\overline{x} - \mu).$$

令

$$\begin{cases} \dfrac{\partial \ln L}{\partial \theta} = -\dfrac{n}{\theta} + \dfrac{n}{\theta^2}(\overline{x} - \mu) = 0, \\ \dfrac{\partial \ln L}{\partial \mu} = \dfrac{n}{\theta} = 0, \end{cases}$$

显然, 第二个方程是矛盾方程, 所以由上述似然方程求不出 $\hat{\theta}$ 和 $\hat{\mu}$. 由于 $\dfrac{\partial \ln L}{\partial \mu} = \dfrac{n}{\theta} > 0$, 这表明 L 是 μ 的严格递增函数, 注意到 $\mu \leqslant x_i$ ($i = 1, 2, \cdots, n$), 因此当 $\mu = \min(x_1, x_2, \cdots, x_n)$ 时 L 最大, 于是 θ 和 μ 的最大似然估计值分别为

$$\hat{\mu} = \min(x_1, x_2, \cdots, x_n), \quad \hat{\theta} = \overline{x} - \hat{\mu} = \overline{x} - \min(x_1, x_2, \cdots, x_n).$$

从而 μ 和 θ 的最大似然估计量分别为

$$\hat{\mu} = \min(X_1, X_2, \cdots, X_n), \quad \hat{\theta} = \overline{X} - \min(X_1, X_2, \cdots, X_n).$$

由例 11 可知, 应用求导法求似然函数的最大值点有时会失效, 这时就得改用其他的方法求最大值点.

例12 设总体 X 在 $[a,b]$ 上服从均匀分布, 其中参数 a, b 未知. 设 $X_1, X_2, \cdots, X_n$ 为 X 的样本. (1) 求 a 和 b 的最大似然估计值; (2) 应用计算机模拟试验法与矩估计值进行比较.

解 (1) 设 $x_1, x_2, \cdots, x_n$ 是 $X_1, X_2, \cdots, X_n$ 的样本值, 记

$$x_{(1)} = \min(x_1, x_2, \cdots, x_n), \quad x_{(n)} = \max(x_1, x_2, \cdots, x_n).$$

X 的概率密度为

$$f(x; a, b) = \begin{cases} \dfrac{1}{b-a}, & a \leqslant x \leqslant b, \\ 0, & \text{其他}. \end{cases}$$

由于条件 $a \leqslant x_i \leqslant b (i=1,2,\cdots,n)$ 等价于条件 $a \leqslant x_{(1)} \leqslant x_{(n)} \leqslant b$，因此似然函数为

$$L(a,b) = \frac{1}{(b-a)^n}, \quad a \leqslant x_{(1)} \leqslant x_{(n)} \leqslant b.$$

于是对任意满足条件 $a \leqslant x_{(1)} \leqslant x_{(n)} \leqslant b$ 的 a,b，有

$$L = \frac{1}{(b-a)^n} \leqslant \frac{1}{\left(x_{(n)} - x_{(1)}\right)^n},$$

所以当 $a = x_{(1)}, b = x_{(n)}$ 时 $L(a,b)$ 达到最大值，即 a,b 的最大似然估计值分别为

$$\hat{a} = \min(x_1, x_2, \cdots, x_n), \quad \hat{b} = \max(x_1, x_2, \cdots, x_n).$$

故 a,b 的最大似然估计量分别为

$$\hat{a} = \min(X_1, X_2, \cdots, X_n), \quad \hat{b} = \max(X_1, X_2, \cdots, X_n)$$

(2) 为简单起见，我们考虑均匀分布 $U(0,b)$，由问题(1)的结论知 b 的最大似然估计值为 $\hat{b} = \max(x_1, x_2, \cdots, x_n)$，再由例 5 中的矩估计法可得 b 的矩估计值为 $\tilde{b} = \frac{2}{n}\sum_{i=1}^{n} x_i = 2\bar{x}$. 我们取 $b = 2$，用计算机产生 n 个来自均匀分布 $U(0,2)$ 的随机数，分别计算出矩估计值 $\tilde{b}$ 和最大似然估计值 $\hat{b}$ 的绝对偏差如下：

精度 $\backslash$ n	25	50	100	1000	10000
$\lvert\tilde{b}-b\rvert$	0.0553	0.0221	0.0166	0.0204	0.00032
$\lvert\hat{b}-b\rvert$	0.1000	0.0049	0.0039	0.0025	0.00004

从以上结果可以看出，最大似然估计要比矩估计好. 但这只是对一次样本观测值计算的结果，为了克服数据的随机性，我们将以上试验重复独立地做 $m = 1000$ 次，设第 i 次得到的矩估计值和最大似然估计值分别为 $\tilde{b}_i$ 和 $\hat{b}_i$ ($i = 1, 2, \cdots, m$)，它们各自与真值 b 的差的绝对值的样本均值和各自的样本标准差分别为

$$M(\lvert\tilde{b}-b\rvert) = \frac{1}{m}\sum_{j=1}^{m} \lvert\tilde{b}_j - b\rvert, \quad M(\lvert\hat{b}-b\rvert) = \frac{1}{m}\sum_{j=1}^{m} \lvert\hat{b}_j - b\rvert,$$

$$\text{std}(\tilde{b}) = \sqrt{\frac{1}{m-1}\sum_{j=1}^{m}[\tilde{b}_j - M(\tilde{b})]^2}, \quad \text{std}(\hat{b}) = \sqrt{\frac{1}{m-1}\sum_{j=1}^{m}[\hat{b}_j - M(\hat{b})]^2},$$

其中 $M(\tilde{b}) = \dfrac{1}{m}\sum_{j=1}^{m}\tilde{b}_j$，$M(\hat{b}) = \dfrac{1}{m}\sum_{j=1}^{m}\hat{b}_j$. 经计算得到的结论如下所示.

精度＼n	25	50	100	1000	10000
$M(|\tilde{b}-b|)$	0.1828	0.1260	0.0928	0.0287	0.0091
$\text{std}(\tilde{b})$	0.2305	0.1573	0.1171	0.0360	0.0114
$M(|\hat{b}-b|)$	0.0774	0.0397	0.0186	0.0022	0.0002
$\text{std}(\hat{b})$	0.0770	0.0382	0.0193	0.0020	0.0002

从计算结果可以看出，最大似然估计比矩估计的精度高. 下面的例子给出了最大似然估计的一个简单有用的性质.

例 13 设 θ 的函数 $\mu = \mu(\theta)$ $(\theta \in \Theta)$ 具有单值反函数 $\theta = \theta(\mu)$ $(\mu \in U)$. 又设 $\hat{\theta}$ 是 θ 的最大似然估计量，则 $\hat{\mu} = \mu(\hat{\theta})$ 是 $\mu = \mu(\theta)$ 的最大似然估计量.

证 设 $X_1, X_2, \cdots, X_n$ 为 X 的样本，$x_1, x_2, \cdots, x_n$ 是 $X_1, X_2, \cdots, X_n$ 的样本值. 因为 $\hat{\theta} = \hat{\theta}(x_1, x_2, \cdots, x_n)$ 是 θ 的最大似然估计值，所以

$$L(\hat{\theta}) = \max_{\theta \in \Theta} L(\theta),$$

考虑到 $\hat{\mu} = \mu(\hat{\theta})$，且有 $\hat{\theta} = \theta(\hat{\mu})$，因此上式可写成

$$L(\theta(\hat{\mu})) = \max_{\mu \in U} L(\theta(\mu)),$$

这表明 $\hat{\mu} = \mu(\hat{\theta})$ 是 $\mu = \mu(\theta)$ 的最大似然估计值，从而结论成立.

例 14 设总体 $X \sim N(\mu, \sigma_0^2)$，其中 μ 为未知参数，求使 $\int_A^{+\infty} \varphi(x, \mu)dx = 0.05$ 的 A 的最大似然估计量.

解 设 $X_1, X_2, \cdots, X_n$ 是 X 的样本，则 μ 的最大似然估计量为 $\hat{\mu} = \bar{X}$，由于

$$0.05 = \int_A^{+\infty}\varphi(x,\mu)dx = P\{X > A\} = 1 - P\{X \leq A\} = 1 - \Phi\left(\dfrac{A-\mu}{\sigma_0}\right),$$

因此 $\Phi\left(\dfrac{A-\mu}{\sigma_0}\right) = 0.95$，查标准正态分布表得 $\dfrac{A-\mu}{\sigma_0} = 1.645$，从而由例 13 的结论可得 A 的最大似然估计量为

$$\hat{A} = \hat{\mu} + 1.645\sigma_0 = \overline{X} + 1.645\sigma_0.$$

7.1 节知识拓展

7.1 节自测题

习题 7.1

1. 设 $X_1, X_2, \cdots, X_n$ 是总体 X 的样本，且

$$P\{X=k\} = -\frac{p^k}{k\ln(1-p)}, \quad k=1,2,\cdots,$$

其中 $0 < p < 1$. 求参数 p 的矩估计量.

2. 设总体 X 的分布律为

X	1	2	3
p	θ^2	$2\theta(1-\theta)$	$(1-\theta)^2$

其中 $\theta(0 < \theta < 1)$ 为未知参数. 已知取得了样本值 $x_1=1, x_2=2, x_3=1$, 试求 θ 的矩估计值.

3. 设总体 X 的概率分布为

X	0	1	2	3
p	θ^2	$2\theta(1-\theta)$	θ^2	$1-2\theta$

其中 $\theta\left(0 < \theta < \dfrac{1}{2}\right)$ 是未知参数, 试利用总体 X 的如下样本值

3　1　3　0　3　1　2　3

求 θ 的矩估计值和最大似然估计值.

4. 设总体 X 的概率密度为

$$f(x;\theta) = \begin{cases} \dfrac{6x(\theta-x)}{\theta^2}, & 0 < x < \theta, \\ 0, & \text{其他}. \end{cases}$$

若 $X_1, X_2, \cdots, X_n$ 是总体 X 的样本, (1) 求 θ 的矩估计量 $\hat{\theta}$; (2) 求 $\hat{\theta}$ 的方差 $D(\hat{\theta})$.

5. 设总体 X 的分布函数为

$$F(x;\beta) = \begin{cases} 1 - \left(\dfrac{1}{x}\right)^{\beta}, & x > 1, \\ 0, & \text{其他}, \end{cases}$$

其中 $\beta\,(\beta>1)$ 为未知参数, 设 $X_1, X_2, \cdots, X_n$ 是总体 X 的样本, 求 β 的最大似然估计量.

6. 设总体 X 的概率密度为

$$f(x;\theta) = \begin{cases} \theta, & 0 < x < 1, \\ 1-\theta, & 1 \leqslant x \leqslant 2, \\ 0, & \text{其他}, \end{cases}$$

其中 $\theta\,(0<\theta<1)$ 是未知参数. 设 $X_1, X_2, \cdots, X_n$ 是总体 X 的样本, 且记 N 为样本值 $x_1, x_2, \cdots, x_n\,(0<x_i \leqslant 2, i=1,2,\cdots,n)$ 中小于 1 的个数, 求 θ 的最大似然估计量.

7. 设 X 服从对数正态分布, 即 X 的概率密度为

$$f(x;\theta) = \begin{cases} \dfrac{1}{\sqrt{2\pi}\sigma x} e^{-\dfrac{(\ln x - \mu)^2}{2\sigma^2}}, & x > 0, \\ 0, & x \leqslant 0, \end{cases}$$

其中 $\mu, \sigma\,(\sigma>0)$ 是未知参数, 设 $X_1, X_2, \cdots, X_n$ 是 X 的样本, 求 μ, σ^2 的最大似然估计量.

8. 设某种元件的使用寿命 X 的概率密度为

$$f(x;\theta) = \begin{cases} 2e^{-2(x-\theta)}, & x \geqslant \theta, \\ 0, & x < \theta, \end{cases}$$

其中 $\theta\,(\theta>0)$ 为未知参数. 又设 $x_1, x_2, \cdots, x_n$ 是 X 的样本观测值, 求参数 θ 的最大似然估计值.

9. 设湖中有 N 条鱼, 现钓出 r 条, 做上记号后放回湖中. 一段时间后再钓出 s 条, 发现其中有 t 条标有记号. 试根据该信息分别用矩估计法和最大似然估计法估计湖中鱼的条数 N 的值.

7.2 估计量的评选标准

从 7.1 节的讨论可以看出, 当我们用不同的参数估计方法对总体中的同一个未知参数进行估计时, 得到的估计量不一定相同. 那么, 当一个未知参数有多个估计量时, 我们应选用哪一个好呢? 这就涉及评价估计量优良性的标准问题. 下面介绍三种常用的评选估计量的标准, 以便对各种估计量的优劣作出评价.

1. 无偏性

设 $X_1, X_2, \cdots, X_n$ 是来自总体 X 的样本, θ 是待估计参数, 称 $E(\hat{\theta}) - \theta$ 为以 $\hat{\theta}$

估计 θ 的**系统误差**. 人们希望 θ 的估计量 $\hat{\theta}$ 与 θ 之间的系统误差越小越好.

定义 1 设 $\hat{\theta} = \hat{\theta}(X_1, X_2, \cdots, X_n)$ 是参数 θ 的估计量,如果 $E(\hat{\theta})$ 存在,且

$$E(\hat{\theta}) = \theta, \tag{7.6}$$

则称 $\hat{\theta} = \hat{\theta}(X_1, X_2, \cdots, X_n)$ 为参数 θ 的**无偏估计量**. 如果

$$\lim_{n \to +\infty} E(\hat{\theta}) = \theta, \tag{7.7}$$

则称 $\hat{\theta} = \hat{\theta}(X_1, X_2, \cdots, X_n)$ 为参数 θ 的**渐近无偏估计量**.

例 1 设总体 X 的 k 阶原点矩 $\mu_k = E(X^k)$ $(k \geq 1)$ 存在,$X_1, X_2, \cdots, X_n$ 为 X 的样本. 证明样本 k 阶原点矩 $A_k = \dfrac{1}{n}\sum_{i=1}^{n} X_i^k$ 是 μ_k 的无偏估计量.

证 $E(A_k) = \dfrac{1}{n}\sum_{i=1}^{n} E(X_i^k) = \dfrac{1}{n}\sum_{i=1}^{n} \mu_k = \mu_k.$

注 由例 1 可知,不论总体 X 服从什么分布,只要它的数学期望 $E(X)$ 存在,则样本均值 $\bar{X}$ 必是总体均值 $E(X)$ 的无偏估计量.

例 2 设总体 X 的方差 σ^2 存在,$X_1, X_2, \cdots, X_n$ 是 X 的样本,则样本方差 $S^2 = \dfrac{1}{n-1}\sum_{i=1}^{n}(X_i - \bar{X})^2$ 是 σ^2 的无偏估计量.

证 由 $S^2 = \dfrac{1}{n-1}\left(\sum_{i=1}^{n} X_i^2 - n\bar{X}^2\right)$,可得

$$E(S^2) = \frac{1}{n-1}\left(\sum_{i=1}^{n} E(X_i^2) - nE(\bar{X}^2)\right)$$

$$= \frac{1}{n-1}\left[\sum_{i=1}^{n}(\sigma^2 + \mu^2) - n\left(\frac{\sigma^2}{n} + \mu^2\right)\right] = \sigma^2.$$

例 3 设 $X_1, X_2, \cdots, X_n$ 是总体 $X \sim N(\mu, \sigma^2)$ 的样本.

(1) 求 k_1 使 $\hat{\sigma}^2 = k_1 \sum_{i=1}^{n-1}(X_{i+1} - X_i)^2$ 为 σ^2 的无偏估计量;

(2) 求 k_2 使 $\hat{\sigma} = k_2 \sum_{i=1}^{n}|X_{i+1} - X_i|$ 为 σ 的无偏估计量.

解 (1) $\hat{\sigma}^2$ 的数学期望

$$E(\hat{\sigma}^2) = k_1 \sum_{i=1}^{n-1} E(X_{i+1}^2 + X_i^2 - 2X_i X_{i+1}) = k_1 \sum_{i=1}^{n-1} 2\sigma^2 = 2(n-1)k_1 \sigma^2,$$

故当 $k_1 = \dfrac{1}{2(n-1)}$ 时，$E(\hat{\sigma}^2) = \sigma^2$.

(2) 由于
$$X_1 - \bar{X} = \frac{1}{n}[(n-1)X_1 - X_2 - \cdots - X_n] \sim N\left(0, \frac{n-1}{n}\sigma^2\right),$$
因此
$$E\left(|X_1 - \bar{X}|\right) = \sigma\sqrt{\frac{2(n-1)}{n\pi}},$$
$$E(\hat{\sigma}) = k_2 \sum_{i=1}^{n} E\left(|X_i - \bar{X}|\right) = nk_2 E\left(|X_1 - \bar{X}|\right) = k_2 \sigma\sqrt{\frac{2n(n-1)}{\pi}},$$
从而当 $k_2 = \sqrt{\dfrac{\pi}{2n(n-1)}}$ 时，$E(\hat{\sigma}) = \sigma$.

例 4 设 $X_1, X_2, \cdots, X_n$ 是总体 $X \sim \pi(\lambda)$ 的样本，证明对于任意常数 α，统计量 $\bar{X}$，S^2，$\alpha \bar{X} + (1-\alpha)S^2$ 都是参数 λ 的无偏估计量.

证 由于 $X \sim \pi(\lambda)$，因此由例 1 和例 2 可得
$$E(\bar{X}) = E(X) = \lambda, \quad E(S^2) = D(X) = \lambda,$$
$$E\left(\alpha \bar{X} + (1-\alpha)S^2\right) = \alpha E(\bar{X}) + (1-\alpha)E(S^2) = \alpha \lambda + (1-\alpha)\lambda = \lambda.$$
从而 $\bar{X}, S^2, \alpha \bar{X} + (1-\alpha)S^2$ 都是 λ 的无偏估计量.

2. 有效性

从前面的讨论可以看出，参数 θ 的无偏估计量不一定是唯一的，那么当 θ 有多个无偏估计量时，如何从其中选取最好的呢? 由于 $\hat{\theta}$ 的方差反映了 $\hat{\theta}$ 与 θ 偏离程度的大小，因此对于 θ 的多个无偏估计量，应取方差最小的为好.

定义 2 设 $\hat{\theta}_1 = \hat{\theta}_1(X_1, X_2, \cdots, X_n)$ 与 $\hat{\theta}_2 = \hat{\theta}_2(X_1, X_2, \cdots, X_n)$ 都是参数 θ 的无偏估计量，如果
$$D(\hat{\theta}_1) < D(\hat{\theta}_2), \tag{7.8}$$
则称 $\hat{\theta}_1$ 比 $\hat{\theta}_2$ 有效.

例 5 设总体 X 的数学期望和方差都存在，X_1, X_2, X_3 是 X 的样本，证明统计量
$$\hat{\mu}_1 = \frac{3X_1}{2} - \frac{X_2}{4} - \frac{X_3}{4}, \quad \hat{\mu}_2 = \frac{X_1}{2} + \frac{X_2}{4} + \frac{X_3}{4}, \quad \hat{\mu}_3 = \frac{X_1}{3} + \frac{X_2}{3} + \frac{X_3}{3}.$$

都是总体均值 $E(X)=\mu$ 的无偏估计量,并判断哪个估计量更有效.

解 设 $D(X)=\sigma^2$,由于

$$E(\hat{\mu}_1)=E\left(\frac{3X_1}{2}-\frac{X_2}{4}-\frac{X_3}{4}\right)=\frac{3}{2}\mu-\frac{1}{4}\mu-\frac{1}{4}\mu=\mu,$$

$$E(\hat{\mu}_2)=E\left(\frac{X_1}{2}+\frac{X_2}{4}+\frac{X_3}{4}\right)=\frac{1}{2}\mu+\frac{1}{4}\mu+\frac{1}{4}\mu=\mu,$$

$$E(\hat{\mu}_3)=E\left(\frac{X_1}{3}+\frac{X_2}{3}+\frac{X_3}{3}\right)=\frac{1}{3}\mu+\frac{1}{3}\mu+\frac{1}{3}\mu=\mu.$$

故 $\hat{\mu}_1,\hat{\mu}_2,\hat{\mu}_3$ 都是总体均值 μ 的无偏估计量. 又由于

$$D(\hat{\mu}_1)=D\left(\frac{3X_1}{2}-\frac{X_2}{4}-\frac{X_3}{4}\right)=\frac{9}{4}\sigma^2+\frac{1}{16}\sigma^2+\frac{1}{16}\sigma^2=\frac{19}{8}\sigma^2,$$

$$D(\hat{\mu}_2)=D\left(\frac{X_1}{2}+\frac{X_2}{4}+\frac{X_3}{4}\right)=\frac{1}{4}\sigma^2+\frac{1}{16}\sigma^2+\frac{1}{16}\sigma^2=\frac{3}{8}\sigma^2,$$

$$D(\hat{\mu}_3)=D\left(\frac{X_1}{3}+\frac{X_2}{3}+\frac{X_3}{3}\right)=\frac{1}{9}\sigma^2+\frac{1}{9}\sigma^2+\frac{1}{9}\sigma^2=\frac{1}{3}\sigma^2.$$

因此 $D(\hat{\mu}_3)<D(\hat{\mu}_2)<D(\hat{\mu}_1)$,估计量 $\hat{\mu}_3$ 更有效.

例 6 设总体 X 在区间 $[0,\theta]$ 上服从均匀分布,$\theta>0$ 未知,X_1,X_2,X_3 是 X 的样本.

(1) 证明 $\hat{\theta}_1=\frac{4}{3}\max(X_1,X_2,X_3)$,$\hat{\theta}_2=4\min(X_1,X_2,X_3)$ 都是 θ 的无偏估计量;

(2) 判断 $\hat{\theta}_1$ 与 $\hat{\theta}_2$ 中哪一个更有效.

解 (1) 分别记 $Y=\max(X_1,X_2,X_3)$,$Z=\min(X_1,X_2,X_3)$,则 Y 与 Z 的概率密度分别为

$$f_Y(y;\theta)=\begin{cases}\dfrac{3}{\theta}\left(\dfrac{y}{\theta}\right)^2,&0\leqslant y\leqslant\theta,\\0,&\text{其他,}\end{cases}\quad f_Z(z;\theta)=\begin{cases}\dfrac{3}{\theta}\left(1-\dfrac{z}{\theta}\right)^2,&0\leqslant z\leqslant\theta,\\0,&\text{其他.}\end{cases}$$

从而

$$E(\hat{\theta}_1)=\frac{4}{3}E(Y)=\frac{4}{\theta^3}\int_0^\theta y^3\mathrm{d}y=\theta,$$

$$E(\hat{\theta}_2)=4E(Z)=\frac{12}{\theta^3}\int_0^\theta z(\theta-z)^2\mathrm{d}z=\theta,$$

故 $\hat{\theta}_1,\hat{\theta}_2$ 都是 θ 的无偏估计量.

(2) 由

$$E(\hat{\theta}_1^2) = \frac{16}{9}E(Y^2) = \frac{48}{9\theta^3}\int_0^\theta y^4 dy = \frac{16}{15}\theta^2,$$

$$E(\hat{\theta}_2^2) = 16E(Z^2) = \frac{48}{\theta^3}\int_0^\theta (z^2\theta^2 - 2\theta z^3 + z^4) dz = \frac{8}{5}\theta^2,$$

可得

$$D(\hat{\theta}_1) = E(\hat{\theta}_1^2) - \left[E(\hat{\theta}_1)\right]^2 = \frac{1}{15}\theta^2,$$

$$D(\hat{\theta}_2) = E(\hat{\theta}_2^2) - \left[E(\hat{\theta}_2)\right]^2 = \frac{3}{5}\theta^2.$$

显然 $D(\hat{\theta}_1) < D(\hat{\theta}_2)$,所以 $\hat{\theta}_1$ 比 $\hat{\theta}_2$ 有效.

例 7 设 $X_1, X_2, \cdots, X_n$ 是总体 $X \sim N(\mu, \sigma^2)$ 的样本,其中 μ 为已知常数,分别记

$$S_1^2 = \frac{1}{n}\sum_{i=1}^n (X_i - \mu)^2, \quad S_2^2 = \frac{1}{n-1}\sum_{i=1}^n (X_i - \bar{X})^2.$$

证明 S_1^2 和 S_2^2 都是 σ^2 的无偏估计量,且 S_1^2 比 S_2^2 有效.

证 由于总体 $X \sim N(\mu, \sigma^2)$,因此 $\frac{1}{\sigma^2}\sum_{i=1}^n (X_i - \mu)^2 \sim \chi^2(n)$,从而

$$E(S_1^2) = \frac{\sigma^2}{n}E\left[\frac{1}{\sigma^2}\sum_{i=1}^n (X_i - \mu)^2\right] = \frac{\sigma^2}{n} \times n = \sigma^2,$$

$$D(S_1^2) = \frac{\sigma^4}{n^2}D\left[\frac{1}{\sigma^2}\sum_{i=1}^n (X_i - \mu)^2\right] = \frac{\sigma^4}{n^2} \times 2n = \frac{2\sigma^4}{n}.$$

由 $\frac{n-1}{\sigma^2}S_2^2 \sim \chi^2(n-1)$,可得

$$E(S_2^2) = \frac{\sigma^2}{n-1}E\left(\frac{n-1}{\sigma^2}S_2^2\right) = \frac{\sigma^2}{n-1} \times (n-1) = \sigma^2,$$

$$D(S_2^2) = \frac{\sigma^4}{(n-1)^2}D\left(\frac{n-1}{\sigma^2}S_2^2\right) = \frac{\sigma^4}{(n-1)^2} \times 2(n-1) = \frac{2\sigma^4}{n-1}.$$

所以 S_1^2 和 S_2^2 都是 σ^2 的无偏估计量;再由 $D(S_1^2) < D(S_2^2)$,可知 S_1^2 比 S_2^2 有效.

例 8 设 $\hat{\theta}_1 = \hat{\theta}_1(X_1, X_2, \cdots, X_n)$,$\hat{\theta}_2 = \hat{\theta}_2(X_1, X_2, \cdots, X_n)$ 是参数 θ 的两个相互独立的无偏估计量,且 $D(\hat{\theta}_1) = 3D(\hat{\theta}_2)$,令 $Y = a\hat{\theta}_1 + b\hat{\theta}_2$,试确定 a, b 的值使 Y 为 θ 的

无偏估计量，并且在一切这样的线性估计类中最有效.

解 $E(Y) = E(a\hat{\theta}_1 + b\hat{\theta}_2) = (a+b)\theta$，显然当 $a+b=1$ 时，$E(Y) = \theta$. 所以当 $a+b=1$ 时，$Y = a\hat{\theta}_1 + b\hat{\theta}_2$ 为 θ 的无偏估计量.

设 $D(\hat{\theta}_2) = \sigma^2$，则 $D(\hat{\theta}_1) = 3D(\hat{\theta}_2) = 3\sigma^2$. 为使 $Y = a\hat{\theta}_1 + b\hat{\theta}_2$ 最有效，只要

$$D(Y) = 3a^2\sigma^2 + b^2\sigma^2 = 3(a^2 + b^2)\sigma^2$$

最小，亦即只要 $3a^2 + b^2$ 最小. 这是一个条件极值问题，可利用拉格朗日乘数法求解. 记

$$L = 3a^2 + b^2 + \lambda(a+b-1),$$

令 $\dfrac{\partial L}{\partial a} = \dfrac{\partial L}{\partial b} = \dfrac{\partial L}{\partial \lambda} = 0$，得

$$6a + \lambda = 0, \quad 2b + \lambda = 0, \quad a+b = 1.$$

解得 $a = \dfrac{1}{4}$，$b = \dfrac{3}{4}$. 所以当 $a = \dfrac{1}{4}$，$b = \dfrac{3}{4}$ 时 Y 最有效.

从上面的例子可以看出，如果我们得到了未知参数 θ 的有限个无偏估计量，我们可以通过比较它们的方差的大小来从中挑出一个最有效的无偏估计量，但这样还不能保证它在所有无偏估计量中是最有效的. 那么，如何在参数 θ 的所有无偏估计量中寻找方差最小的估计量呢？在这里我们介绍一种较为简单的方法.

设总体 X 是连续型随机变量，其概率密度为 $f(x;\theta)$，θ 为未知参数，$X_1, X_2, \cdots, X_n$ 为 X 的样本，记

$$I(\theta) = E\left[\left(\frac{\partial \ln f(X;\theta)}{\partial \theta}\right)^2\right],$$

称 $I(\theta)$ 为**费希尔信息量**. 设 $\hat{\theta}$ 为 θ 的无偏估计量，则在一定的条件下可以证明方差 $D(\hat{\theta})$ 有一个非零的下界，即

$$D(\hat{\theta}) \geqslant \frac{1}{nI(\theta)}.$$

这就是著名的**克拉美-劳不等式**，称 $\dfrac{1}{nI(\theta)}$ 为 $D(\hat{\theta})$ 的**克拉美-劳下界**. 如果参数 θ 的无偏估计量 $\hat{\theta}$ 满足 $D(\hat{\theta}) = \dfrac{1}{nI(\theta)}$，则称 $\hat{\theta}$ 为 θ 的**有效估计量**. 由此可知，如果一个无偏估计量是有效估计量，那么它的方差在所有无偏估计量中是最小的.

另外，当 n 充分大时，可以证明在一定的条件下参数 θ 的最大似然估计量 $\hat{\theta}$

近似服从正态分布 $N\left(\theta, \dfrac{1}{nI(\theta)}\right)$,其方差恰好是克拉美-劳下界. 从这个意义上来看,当样本容量充分大时,最大似然估计的确是一个很好的估计.

例 9 设总体 $X \sim N(\mu, \sigma^2)$(σ^2 已知),μ 为未知参数,$X_1, X_2, \cdots, X_n$ 为 X 的样本,判断样本均值 $\bar{X} = \dfrac{1}{n}\sum_{i=1}^{n} X_i$ 是否为 μ 的有效估计量.

解 由于

$$E(\bar{X}) = \frac{1}{n}\sum_{i=1}^{n} E(X_i) = \frac{1}{n}\sum_{i=1}^{n} \mu = \mu,$$

因此 $\bar{X}$ 是 μ 的无偏估计量. 再由

$$f(x; \mu) = \frac{1}{\sqrt{2\pi}\sigma} e^{-\frac{(x-\mu)^2}{2\sigma^2}},$$

得 $\dfrac{\partial \ln f(x; \mu)}{\partial \mu} = \dfrac{x-\mu}{\sigma^2}$,于是

$$I(\mu) = E\left[\left(\frac{\partial \ln f(X; \mu)}{\partial \mu}\right)^2\right] = E\left[\left(\frac{X-\mu}{\sigma^2}\right)^2\right] = \frac{1}{\sigma^4} D(X) = \frac{1}{\sigma^2}.$$

因为

$$D(\bar{X}) = \frac{1}{n^2}\sum_{i=1}^{n} D(X_i) = \frac{1}{n^2}\sum_{i=1}^{n} \sigma^2 = \frac{\sigma^2}{n},$$

所以 $D(\bar{X}) = \dfrac{1}{nI(\mu)}$,即 $\bar{X}$ 是 μ 的有效估计量.

3. 一致性

估计量的无偏性和有效性都是在样本容量 n 给定的条件下考虑的. 在参数估计中,我们常常还要考虑当样本容量 n 越来越大时估计量的变化趋势. 对于一个好的估计量,我们希望随着样本容量 n 的增加估计量能够越来越精确地估计未知参数,体现这种要求的性质就称为**一致性**.

定义 3 设 $\hat{\theta} = \hat{\theta}(X_1, X_2, \cdots, X_n)$ 是参数 θ 的估计量,如果对于任意 $\varepsilon > 0$,都有

$$\lim_{n \to \infty} P\left\{\left|\hat{\theta} - \theta\right| < \varepsilon\right\} = 1, \tag{7.9}$$

即 $\hat{\theta}$ 依概率收敛于 θ,则称 $\hat{\theta}$ 为 θ 的**一致估计量**或**相合估计量**.

一致性是对一个估计量的基本要求. 如果一个估计量不具有一致性,那么不

论将样本容量 n 取得多么大，它都不能将未知参数估计得足够准确，这样的估计量是不可取的.

例 10 设总体 X 的 k 阶原点矩 $E(X^k) = \mu_k$ 存在，$X_1, X_2, \cdots, X_n$ 是 X 的样本，证明样本的 k 阶原点矩 $A_k = \dfrac{1}{n}\sum_{i=1}^{n} X_i^k$ 是 μ_k 的一致估计量.

证 X 的样本 $X_1, X_2, \cdots, X_n$ 独立同分布，且 $E(A_k) = \dfrac{1}{n}\sum_{i=1}^{n} E(X_i^k) = \mu_k$，由辛钦大数定律可知 $A_k = \dfrac{1}{n}\sum_{i=1}^{n} X_i^k \xrightarrow{P} \mu_k$，所以 $A_k = \dfrac{1}{n}\sum_{i=1}^{n} X_i^k$ 是 μ_k 的一致估计量.

例 11 设总体 X 在区间 $[0, \theta]$ 上服从均匀分布，$X_1, X_2, \cdots, X_n$ 是 X 的样本. 试证 $\hat{\theta} = \max(X_1, X_2, \cdots, X_n)$ 是 θ 的一致估计量.

证 $\hat{\theta} = \max(X_1, X_2, \cdots, X_n)$ 的概率密度为

$$f(x; \theta) = \begin{cases} \dfrac{n}{\theta^n} x^{n-1}, & 0 < x < \theta, \\ 0, & \text{其他.} \end{cases}$$

从而

$$E(\hat{\theta}) = \int_0^{\theta} x \dfrac{n}{\theta^n} x^{n-1} \mathrm{d}x = \dfrac{n}{n+1} \theta,$$

$$E(\hat{\theta}^2) = \int_0^{\theta} x^2 \dfrac{n}{\theta^n} x^{n-1} \mathrm{d}x = \dfrac{n}{n+2} \theta^2,$$

$$D(\hat{\theta}) = E(\hat{\theta}^2) - \left[E(\hat{\theta})\right]^2 = \dfrac{n}{n+2} \theta^2 - \left(\dfrac{n}{n+1} \theta\right)^2 = \dfrac{n\theta^2}{(n+2)(n+1)^2}.$$

对任意 $\varepsilon > 0$，由切比雪夫不等式可得

$$P\left\{\left|\hat{\theta} - \theta\right| \geq \varepsilon\right\} \leq P\left\{\left|\hat{\theta} - \dfrac{n}{n+1}\theta\right| + \dfrac{\theta}{n+1} \geq \varepsilon\right\}$$

$$= P\left\{\left|\hat{\theta} - E(\hat{\theta})\right| \geq \varepsilon - \dfrac{\theta}{n+1}\right\}$$

$$\leq \dfrac{D(\hat{\theta})}{\left(\varepsilon - \dfrac{\theta}{n+1}\right)^2}.$$

因为 $\lim\limits_{n \to \infty} D(\hat{\theta}) = 0$，故 $\hat{\theta}$ 是 θ 的一致估计量.

一般地，如果待估计参数 $\theta = g(\mu_1, \mu_2, \cdots, \mu_k)$，其中 g 为连续函数，$\mu_1, \mu_2, \cdots, \mu_k$ 是总体原点矩，则 θ 的矩估计量 $\hat{\theta} = g(A_1, A_2, \cdots, A_k)$ 是 θ 的一致估计量，其中 $A_1, A_2, \cdots, A_k$ 是样本原点矩. 可以证明，在一定条件下最大似然估计量也具有一致性.

7.2 节知识拓展

7.2 节自测题

习题 7.2

1. 设总体 X 的概率密度为

$$f(x;\theta) = \begin{cases} \dfrac{1}{\theta} x^{(1-\theta)/\theta}, & 0 < \theta < 1, \\ 0, & \text{其他,} \end{cases}$$

其中 $\theta(\theta > 0)$ 为未知参数. 设 $X_1, X_2, \cdots, X_n$ 是 X 的样本，验证 $\hat{\theta} = -\dfrac{1}{n}\sum_{i=1}^{n}\ln X_i$ 是 θ 的无偏估计量.

2. 设总体 X 的数学期望为 μ，$X_1, X_2, \cdots, X_n$ 是 X 的样本. $a_1, a_2, \cdots a_n$ 是任意常数，验证

$$\hat{\mu} = \dfrac{\sum_{i=1}^{n} a_i X_i}{\sum_{i=1}^{n} a_i} \quad \left(\text{其中} \sum_{i=1}^{n} a_i \neq 0\right) \text{是 } \mu \text{ 的无偏估计量.}$$

3. 设总体 X 的概率密度为

$$f(x;\theta) = \begin{cases} \dfrac{1}{2\theta}, & 0 < x < \theta, \\ \dfrac{1}{2(1-\theta)}, & \theta \leqslant x < 1, \\ 0, & \text{其他,} \end{cases}$$

其中 $\theta(0 < \theta < 1)$ 为未知参数，$X_1, X_2, \cdots, X_n$ 是 X 的样本. 判断 $4\overline{X}^2$ 是否为 θ^2 的无偏估计量.

4. 设总体 X 服从参数为 λ 的泊松分布，$X_1, X_2, \cdots, X_n$ 是 X 的样本. 试给出 λ^2 的一个无偏估计量.

5. 设 X_1, X_2, X_3, X_4 是来自均值为 θ 的指数分布总体 X 的样本，其中 θ 未知. 设有统计量

$$T_1 = \dfrac{1}{6}(X_1 + X_2) + \dfrac{1}{3}(X_3 + X_4),$$

$$T_2 = \dfrac{1}{5}(X_1 + 2X_2 + 3X_3 + 4X_4),$$

$$T_3 = \dfrac{1}{4}(X_1 + X_2 + X_3 + X_4).$$

(1) 判断 T_1, T_2, T_3 中哪些是 θ 的无偏估计量.

(2) 在上述 θ 的无偏估计中哪一个最有效?

6. 设总体 $X \sim U[0,\theta]$, θ ($\theta > 0$) 为未知参数, $X_1, X_2, \cdots, X_n$ 为 X 的样本.

(1) 试验证 $\hat{\theta}_1 = \dfrac{n+1}{n} \max(X_1, X_2, \cdots, X_n)$ 和 $\hat{\theta}_2 = 2\bar{X}$ 均为 θ 的无偏估计量;

(2) 比较上述两个估计量哪一个有效.

7. 设总体 X 在区间 $[1,\theta]$ 上服从均匀分布, 其中 θ ($\theta > 1$) 未知, $X_1, X_2, \cdots, X_n$ 是 X 的样本, 证明 $\hat{\theta} = 2\bar{X} - 1$ 是 θ 的一致估计量.

8. 设 $X_1, X_2, \cdots, X_n$ 是总体 X 的样本. 对于如下总体:

(1) $X \sim \pi(\lambda)$;   (2) $X \sim b(1, p)$.

试分别证明 $\bar{X}$ 是总体未知参数的有效估计量.

7.3 区间估计

点估计就是根据样本观察值 $x_1, x_2, \cdots, x_n$ 来计算出未知参数 θ 的一个估计量的观测值 $\hat{\theta} = \hat{\theta}(x_1, x_2, \cdots, x_n)$, 然后用这个值来作为未知参数 θ 的估计值. 人们发现, 即使 $\hat{\theta}$ 是 θ 的很好的估计(比如满足无偏性、有效性和相合性的要求), 但由于样本的随机性, 也会导致 $\hat{\theta}$ 与 θ 具有一定的偏差. 于是人们便提出这样的问题: $\hat{\theta}$ 与 θ 的接近程度如何描述? 样本容量 n 要取多大才能保证两者之间的偏差足够的小? 显然我们不能用传统意义上的偏差(比如 $|\hat{\theta} - \theta|$)来刻画它们的接近程度, 因为 θ 是未知的. 由此可见, 我们无法直接通过点估计来把握估计偏差的大小. 为了解决这个问题, 人们提出用区间的形式来估计未知参数 θ. 具体来讲, 就是根据样本值 $x_1, x_2, \cdots, x_n$ 给出一个未知参数 θ 的取值范围, 以及这个范围包含未知参数 θ 的可信程度. 这样的范围通常以区间的形式给出, 这种形式的估计称为区间估计, 这样的区间称为**置信区间**.

定义 1 设总体 X 的分布函数为 $F(x; \theta)$, 其中 θ 是未知参数. 设 $X_1, X_2, \cdots, X_n$ 为 X 的样本, 如果对给定的 α ($0 < \alpha < 1$), 存在统计量 $\hat{\theta}_1 = \hat{\theta}_1(X_1, X_2, \cdots, X_n)$ 和 $\hat{\theta}_2 = \hat{\theta}_2(X_1, X_2, \cdots, X_n)$, 使得

$$P\{\hat{\theta}_1 < \theta < \hat{\theta}_2\} = 1 - \alpha, \tag{7.10}$$

则称随机区间 $(\hat{\theta}_1, \hat{\theta}_2)$ 是 θ 的置信水平为 $1 - \alpha$ 的**置信区间**, $\hat{\theta}_1$ 和 $\hat{\theta}_2$ 分别称为**置信下限和置信上限**, $1 - \alpha$ 称为**置信水平**或**置信度**.

在某些实际问题中, 人们只考虑置信上限 $\hat{\theta}_2$ 或置信下限 $\hat{\theta}_1$, 这样得到的置信区间为 $(-\infty, \hat{\theta}_2)$ 或 $(\hat{\theta}_1, +\infty)$, 称之为**单侧置信区间**, 相应的 $\hat{\theta}_2$ 和 $\hat{\theta}_1$ 分别称为**单侧**

置信上限和**单侧置信下限**.

在定义 1 中,因为 $\hat{\theta}_1 = \theta_1(X_1, X_2, \cdots, X_n)$ 和 $\hat{\theta}_2 = \theta_2(X_1, X_2, \cdots, X_n)$ 都是随机变量,所以置信区间 $(\hat{\theta}_1, \hat{\theta}_2)$ 是一个随机区间,而一旦样本观察值 $x_1, x_2, \cdots, x_n$ 给定了,$(\hat{\theta}_1, \hat{\theta}_2)$ 就是一个确定的置信区间了. 但是由于每次得到的样本观察值的不同,其对应的置信区间也可能不相同. 若反复抽样多次(各次抽取样本的容量都是 n),就会得到多个置信区间,这些区间中大约有 $100(1-\alpha)$ 个区间包含 θ 的真值.

例如,假定总体为正态分布 $N(\mu, \sigma^2)$,取 $\mu = 15$,$\sigma^2 = 4$,我们可以用随机模拟方法由正态总体 $N(15, 4)$ 产生一个容量 $n = 10$ 的样本,并且重复这样的方法 100 次,则可得到 100 个确定的区间

$$\left(\bar{x} - \frac{2}{\sqrt{10}} z_{\alpha/2}, \quad \bar{x} + \frac{2}{\sqrt{10}} z_{\alpha/2}\right).$$

若 $\alpha = 0.1$,它们中有的包含参数 μ 的真值 15,有的却不包含参数 μ 的真值 15,但包含 μ 的真值 15 的区间大约为 $100(1-0.1) = 90$ 个. 这是置信水平为 $1-\alpha = 0.90$ 的一个合理解释. 由图 7-1 可以看出,给出了 100 个这样的区间,其中有 91 个区间包含参数 μ 的真值 15,有 9 个不包含参数 μ 的真值 15.

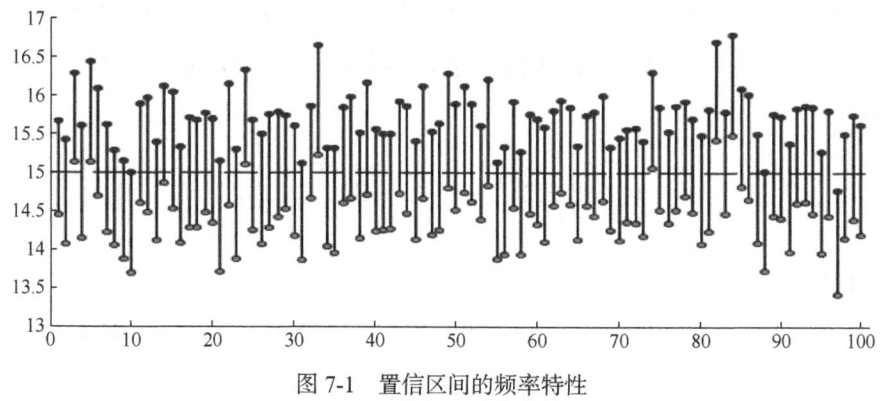

图 7-1 置信区间的频率特性

通过上面的分析可知,如果能够求出置信水平为 $1-\alpha$ 的置信区间,我们便有 $100(1-\alpha)\%$ 的把握保证未知参数 θ 被区间 $(\hat{\theta}_1, \hat{\theta}_2)$ 所包含. 可是我们又发现,满足定义 1 的条件的置信区间并不是唯一的,并且选择的范围非常之广. 因此,人们往往考虑在一定的置信水平下,寻找区间长度最短的置信区间. 在这里,我们介绍一种常用的构造置信区间的方法,叫做**枢轴量法**,为此我们首先给出下面的定义.

定义 2 设总体 X 的分布函数为 $F(x;\theta)$,其中 θ 是未知参数,设 $X_1, X_2, \cdots, X_n$ 为 X 的样本. 若关于参数 θ 和样本 $X_1, X_2, \cdots, X_n$ 的实值函数

$h = h(X_1, X_2, \cdots, X_n; \theta)$ 的概率分布与参数 θ 无关，则称函数 h 为**枢轴量**.

那么，如何构造枢轴量呢？通常可以从未知参数的一个较好的点估计出发，构造一个关于点估计和未知参数的函数，然后再考察这个函数的分布是否与参数 θ 无关. 因为枢轴量 $h(X_1, X_2, \cdots, X_n; \theta)$ 的概率分布与未知参数 θ 无关，所以可找到常数 λ_1 和 λ_2 使得

$$P\{\lambda_1 < h(X_1, X_2, \cdots, X_n; \theta) < \lambda_2\} = 1 - \alpha,$$

解得

$$P\{\hat{\theta}_1(X_1, X_2, \cdots, X_n) < \theta < \hat{\theta}_2(X_1, X_2, \cdots, X_n)\} = 1 - \alpha.$$

这样便得到参数 θ 的置信水平为 $1-\alpha$ 的置信区间 $(\hat{\theta}_1, \hat{\theta}_2)$.

例 1 设总体 X 表示某工厂生产的一大批电子元件的寿命(单位: h)，今随机抽取 10 个电子元件做寿命试验，测得数据如下

1100　1200　2000　1500　1233　1245　2300　1500　1200　1678

设总体 X 服从参数为 λ ($\lambda > 0$)的指数分布，求 λ 的置信水平为 0.90 的置信区间.

解 设 $X_1, X_2, \cdots, X_n$ 为总体的样本，由 6.2 节例 2 可知 $2n\lambda\bar{X} \sim \chi^2(2n)$. 由此可选取枢轴量 $h(X_1, X_2, \cdots, X_n; \lambda) = 2n\lambda\bar{X}$，再取 $\lambda_1 = \chi^2_{1-\alpha/2}(2n)$，$\lambda_2 = \chi^2_{\alpha/2}(2n)$，有

$$P\{\lambda_1 < 2n\lambda\bar{X} < \lambda_2\} = P\{\chi^2_{1-\alpha/2}(2n) < 2n\lambda\bar{X} < \chi^2_{\alpha/2}(2n)\} = 1 - \alpha,$$

解得

$$P\left\{\frac{\chi^2_{1-\alpha/2}(2n)}{2n\bar{X}} < \lambda < \frac{\chi^2_{\alpha/2}(2n)}{2n\bar{X}}\right\} = 1 - \alpha.$$

由条件可得

$$n = 10, \quad \bar{x} = 1495.6, \quad \alpha = 0.10, \quad \lambda_1 = \chi^2_{\alpha/2}(2n) = \chi^2_{0.05}(20) = 31.41,$$

$$\lambda_2 = \chi^2_{1-\alpha/2}(2n) = \chi^2_{0.95}(20) = 10.85.$$

于是 λ 的置信水平为 0.90 的置信区间为

$$\left(\frac{\chi^2_{1-\alpha/2}(2n)}{2n\bar{x}}, \frac{\chi^2_{\alpha/2}(2n)}{2n\bar{x}}\right) = \left(\frac{10.85}{20 \times 1495.6}, \frac{31.41}{20 \times 1495.6}\right),$$

即 (0.0004, 0.0011).

值得指出的是，如果枢轴量的精确分布不易获得或较为复杂，我们可以考虑其近似分布，这样便得到一个近似的置信区间.

例 2 在一大批产品中任意抽取 200 件，经检测发现有 8 件次品，试求这批产

品次品率的置信水平为 0.95 的置信区间, 并说明次品率是否超过 10%.

解 设这批产品的次品率为 p, X 为任取一件产品出现次品的个数, 则 $X \sim b(1, p)$. 设 $X_1, X_2, \cdots, X_n$ 为 X 的样本. 由中心极限定理可知

$$\frac{n\bar{X} - np}{\sqrt{np(1-p)}} \overset{\text{近似}}{\sim} N(0,1).$$

因此可取枢轴量 $Z = \dfrac{n\bar{X} - np}{\sqrt{np(1-p)}}$. 对于给定的置信水平 $1-\alpha$ $(0 < \alpha < 1)$, 当样本容量 n 充分大时, 有

$$P\left\{\left|\frac{n\bar{X} - np}{\sqrt{np(1-p)}}\right| < z_{\alpha/2}\right\} \approx 1 - \alpha.$$

括号里的不等式等价于

$$(\bar{X} - p)^2 \leqslant z_{\alpha/2}^2 p(1-p)/n,$$

记 $\lambda = z_{\alpha/2}^2$, 上述不等式可转化为

$$\left(1 + \frac{\lambda}{n}\right)p^2 - \left(2\bar{X} + \frac{\lambda}{n}\right)p + \bar{X}^2 \leqslant 0,$$

左侧 p 的二次多项式的判别式

$$\left(2\bar{X} + \frac{\lambda}{n}\right)^2 - 4\left(1 + \frac{\lambda}{n}\right)\bar{X}^2 = \frac{4\bar{X}(1-\bar{X})}{n}\lambda + \frac{\lambda^2}{n^2} > 0,$$

故此二次多项式的图形是开口向上并与 x 轴有两个交点的曲线. 分别记两个交点的横坐标为 $\hat{p}_1$ 和 $\hat{p}_2$, 则有

$$P\{\hat{p}_1 \leqslant p \leqslant \hat{p}_2\} \approx 1 - \alpha,$$

从而参数 p 的置信水平为 $1-\alpha$ 的置信区间近似地为 $(\hat{p}_1, \hat{p}_2)$, 其中

$$\hat{p}_1 = \frac{1}{1 + \dfrac{\lambda}{n}}\left(\bar{X} + \frac{\lambda}{2n} - \sqrt{\frac{\bar{X}(1-\bar{X})}{n}\lambda + \frac{\lambda^2}{4n^2}}\right),$$

$$\hat{p}_2 = \frac{1}{1 + \dfrac{\lambda}{n}}\left(\bar{X} + \frac{\lambda}{2n} + \sqrt{\frac{\bar{X}(1-\bar{X})}{n}\lambda + \frac{\lambda^2}{4n^2}}\right).$$

由于 n 比较大, 在实际中通常略去 λ/n 项, 于是参数 p 的置信区间近似为

$$\left(\overline{X} - z_{\alpha/2}\sqrt{\frac{\overline{X}(1-\overline{X})}{n}},\ \overline{X} + z_{\alpha/2}\sqrt{\frac{\overline{X}(1-\overline{X})}{n}}\right).$$

现在 $n=200$，$\bar{x}=8/200=0.04$，$1-\alpha=0.95$，$\alpha=0.05$，$z_{\alpha/2}=z_{0.025}=1.96$，于是次品率 p 的置信水平为 0.95 的置信区间近似为

$$\left(\bar{x} - z_{\alpha/2}\sqrt{\frac{\bar{x}(1-\bar{x})}{n}},\ \bar{x} + z_{\alpha/2}\sqrt{\frac{\bar{x}(1-\bar{x})}{n}}\right)$$

$$=\left(0.04 - 1.96\sqrt{\frac{0.04(1-0.04)}{200}},\ 0.04 + 1.96\sqrt{\frac{0.04(1-0.04)}{200}}\right)$$

$$=(0.01284,\ 0.06715).$$

从该置信区间可知，这批产品的次品率不超过 10%。

例 3 从一大批电子元件中抽取 100 只，测量其寿命，算得平均寿命为 1200 小时，样本标准差为 40 小时，试求这批电子元件的平均寿命的置信水平为 0.95 的置信区间。

解 设这批电子元件寿命为 X，$X_1, X_2, \cdots, X_n$ 为样本，现在求总体均值 μ 的置信区间。由中心极限定理知，当样本容量 n 充分大时，$\dfrac{\overline{X}-\mu}{S/\sqrt{n}}$ 近似地服从标准正态分布 $N(0,1)$。从而可取枢轴量 $T=\dfrac{\overline{X}-\mu}{S/\sqrt{n}}$，对于给定的置信水平 $1-\alpha$，由标准正态分布上 α 分位点的定义可知，存在 $z_{\alpha/2}$ 使得 $P\{|T|<z_{\alpha/2}\}\approx 1-\alpha$，即

$$P\left\{\left|\frac{\overline{X}-\mu}{S/\sqrt{n}}\right|<z_{\alpha/2}\right\}\approx 1-\alpha.$$

从而有

$$P\left\{\overline{X}-\frac{S}{\sqrt{n}}z_{\alpha/2}<\mu<\overline{X}+\frac{S}{\sqrt{n}}z_{\alpha/2}\right\}\approx 1-\alpha.$$

所以 μ 的置信水平为 $1-\alpha$ 的置信区间近似为

$$\left(\overline{X}-\frac{S}{\sqrt{n}}z_{\alpha/2},\ \overline{X}+\frac{S}{\sqrt{n}}z_{\alpha/2}\right).$$

现在 $\bar{x}=1200$，$s=40$，$\alpha=1-0.95=0.05$，$z_{\alpha/2}=z_{0.025}=1.96$，$n=100$，于是这批电子元件的平均寿命的置信水平为 0.95 的置信区间近似为

$$\left(\bar{x}-\frac{s}{\sqrt{n}}z_{\alpha/2},\ \bar{x}+\frac{s}{\sqrt{n}}z_{\alpha/2}\right)=\left(1200-\frac{40}{\sqrt{100}}\times 1.96,\ 1200+\frac{40}{\sqrt{100}}\times 1.96\right)$$

即 (1192.16, 1207.84).

7.3 节知识拓展

7.3 节自测题

习题 7.3

1. 区间估计的一般步骤有哪些?

2. 设某种电子元件的使用寿命(单位: h) 服从参数为 λ 的指数分布,现从这批电子元件中随机地抽取 12 只进行测试,算得 $\bar{x}=1260\mathrm{h}$. 试求这批电子元件的平均寿命的置信水平为 0.95 的置信区间.

3. 设总体 $X\sim\pi(\lambda)$,$X_1,X_2,\cdots,X_n$ 是 X 的样本,试求均值 λ 的置信水平为 $1-\alpha$ 的置信区间.

4. 从一大批产品中随机抽取 100 个,经检测其中有 60 个为一级品,求这批产品的一级品率 p 的置信水平为 0.95 的置信区间.

5. 将一枚硬币抛掷 400 次,结果有 175 次正面,225 次反面. 求正面出现的概率 p 的置信水平为 0.95 的置信区间,并说明这枚硬币是否均匀.

6. 某电池厂为了估计自己生产的电池的寿命(单位: h),从其产品中随机地抽取 90 只电池进行寿命试验,测得电池的平均寿命为 226.6,标准差为 193.5. 试求该电池厂生产的电池的平均寿命的置信水平为 0.95 的置信区间.

7. 某通信公司随机抽查了 10000 个手机短信的字数(单位: 个),得到样本平均值为 9,样本标准差为 18. 试求该公司手机用户短信的平均字数的置信水平为 0.95 的置信区间.

8. 有一段时期,人们提出逐步恢复繁体字的提案,引发了广泛的争议. 为了了解对该提案的支持率 p,随机地抽查 40000 人,发现有 5600 人支持该提案,试求 p 置信水平为 0.95 的置信区间;如果要求 p 的置信水平为 0.95 的置信区间的长度不超过 0.01,问应当随机抽查多少人?

9. 人们一直在研究年龄和血液中的各种成分之间的关系. 现随机抽查了 30 个 30 岁健康居民的血小板数,测得数据如下(单位: 万/mm^3)

　　26　19　18　16　26　17　20　20　19　22　19　12　29　15　22
　　19　27　25　28　24　35　28　29　23　31　20　23　30　17　22

试求这 30 个 30 岁健康居民的血小板数的均值 μ 的置信水平为 0.95 的置信区间.

7.4 单个正态总体参数的区间估计

由于构造置信区间涉及含有未知参数的样本函数的概率分布(比如枢轴量的分布), 而对于一般的总体而言, 求出样本函数的概率分布的精确形式往往不太容易. 但是在正态总体的前提下, 关于样本均值和样本方差的概率分布, 我们已在 6.3 节中讨论过, 因此我们可应用这些结果来求对正态总体的参数进行的区间估计, 主要采用枢轴量法.

1. σ^2 已知, 均值 μ 的置信区间

设 $X_1, X_2, \cdots, X_n$ 为正态总体 $X \sim N(\mu, \sigma^2)$ 的样本, $\bar{X}$ 和 S^2 分别是样本均值和样本方差. 因为枢轴量 $Z = \dfrac{\bar{X} - \mu}{\sigma/\sqrt{n}}$ 服从标准正态分布 $N(0,1)$, 由标准正态分布的上 α 分位点的定义, 对于给定的置信水平 $1-\alpha$ $(0 < \alpha < 1)$, 有

$$P\{|Z| < z_{\alpha/2}\} = 1 - \alpha,$$

即

$$P\left\{\bar{X} - \frac{\sigma}{\sqrt{n}} z_{\alpha/2} < \mu < \bar{X} + \frac{\sigma}{\sqrt{n}} z_{\alpha/2}\right\} = 1 - \alpha. \tag{7.11}$$

所以 μ 的置信水平为 $1-\alpha$ 的置信区间为

$$\left(\bar{X} - \frac{\sigma}{\sqrt{n}} z_{\alpha/2},\ \bar{X} + \frac{\sigma}{\sqrt{n}} z_{\alpha/2}\right), \tag{7.12}$$

这样的置信区间通常也写成

$$\left(\bar{X} \pm \frac{\sigma}{\sqrt{n}} z_{\alpha/2}\right).$$

正态分布的分位点如图 7-2 所示.

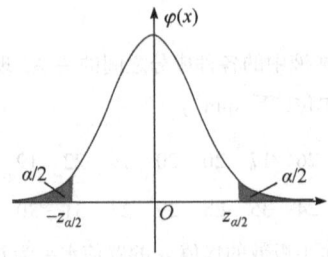

图 7-2 正态分布的分位点

如果取 $\sigma=1$, $n=100$, $\alpha=0.05$, 即 $1-\alpha=0.95$, 查标准正态分布表可得 $z_{\alpha/2}=z_{0.025}=1.96$, 于是 μ 的一个置信水平为 0.95 的置信区间为

$$\left(\bar{X} \pm \frac{1}{\sqrt{100}} \times 1.96\right).$$

进一步, 如果由样本的一次观察值得到样本均值 $\bar{x}=5$, 则 μ 的一个置信水平为 0.95 的置信区间为

$$\left(5 \pm \frac{1}{\sqrt{100}} \times 1.96\right) = (4.804, 5.196). \tag{7.13}$$

注 μ 的置信水平为 $1-\alpha$ 的置信区间并不是唯一的. 例如, 在前面的例子中, 同样是给定 $\alpha=0.05$, 可以取标准正态分布的上 α 分位点 $z_{0.04}$ 和 $z_{0.01}$, 使

$$P\left\{-z_{0.04} < \frac{\bar{X}-\mu}{\sigma/\sqrt{n}} < z_{0.01}\right\} = 0.95,$$

即

$$P\left\{\bar{X} - \frac{\sigma}{\sqrt{n}} z_{0.01} < \mu < \bar{X} + \frac{\sigma}{\sqrt{n}} z_{0.04}\right\} = 0.95,$$

从而

$$\left(\bar{x} - \frac{\sigma}{\sqrt{n}} z_{0.01},\ \bar{x} + \frac{\sigma}{\sqrt{n}} z_{0.04}\right) = \left(5 - \frac{1}{\sqrt{100}} \times 2.33,\ 5 + \frac{1}{\sqrt{100}} \times 1.75\right)$$
$$= (4.767, 5.175) \tag{7.14}$$

也是 μ 的置信水平为 0.95 的置信区间.

比较两个置信区间可知, 由(7.13)式所确定的区间长度为 0.392, 比由(7.14)式所确定的区间长度 0.408 要短. 在同一置信水平下, 置信区间越短表示估计的精度越高. 如果在区间估计中所使用的枢轴量的概率密度的图像是单峰对称的, 则当 n 固定时, 形如(7.12)式那样的置信区间其长度为最短, 因此通常选用(7.12)式.

例 1 从一批零件中随机抽取 16 个, 测得长度(单位: cm)为

2.14　2.10　2.13　2.15　2.13　2.12　2.13　2.10　2.15　2.12
2.14　2.10　2.13　2.11　2.14　2.11

设零件长度 $X \sim N(\mu, 0.01^2)$, 求总体均值 μ 的置信水平为 0.90 的置信区间.

解 $n=16$, $\sigma=0.01$, $\alpha=1-0.90=0.10$, 查标准正态分布表得 $z_{\alpha/2}=z_{0.05}=1.645$. 再由样本值可得 $n=16$,

$$\bar{x} = \frac{1}{16}\sum_{i=1}^{16} x_i = 2.125,$$

所以 μ 的置信水平为 0.90 的置信区间为

$$\left(\bar{x} \pm \frac{\sigma}{\sqrt{n}} z_{\alpha/2}\right) = \left(2.125 \pm \frac{0.01}{\sqrt{16}} \times 1.645\right),$$

即 $(2.121, 2.129)$.

例 2 设总体 $X \sim N(\mu, 1.25^2)$，问至少需要抽取容量为多大的样本，才能使 μ 的置信水平为 0.95 的置信区间的长度不大于 0.49？

解 设需要抽取容量为 n 的样本，其样本均值为 $\bar{x}$，由 $\alpha = 1 - 0.95 = 0.05$，查标准正态分布表得 $z_{\alpha/2} = z_{0.025} = 1.96$，于是 μ 的置信水平为 0.95 的置信区间为

$$\left(\bar{x} \pm \frac{1.25}{\sqrt{n}} \times z_{0.025}\right),$$

其长度为

$$L = 2 \times \frac{1.25}{\sqrt{n}} \times z_{0.025} = 2 \times \frac{1.25}{\sqrt{n}} \times 1.96 = \frac{4.9}{\sqrt{n}},$$

要使 $L \leqslant 0.49$，只要 $\frac{4.9}{\sqrt{n}} \leqslant 0.49$，即 $n \geqslant 100$，所以至少需抽取容量为 $n = 100$ 的样本.

例 3 设 0.50, 1.25, 0.80, 2.00 是总体 X 的样本值，已知 $Y = \ln X$ 服从正态分布 $N(\mu, 1)$.

(1) 求 X 的数学期望 $E(X)$（记为 b）；
(2) 求 μ 的置信水平为 0.95 的置信区间；
(3) 利用上述结果求 b 的置信水平为 0.95 的置信区间.

解 (1) Y 的概率密度为

$$f(y; \mu) = \frac{1}{\sqrt{2\pi}} e^{-\frac{1}{2}(y-\mu)^2}, \quad -\infty < y < +\infty,$$

于是

$$b = E(X) = E(e^Y) = \int_{-\infty}^{+\infty} \frac{1}{\sqrt{2\pi}} e^{-\frac{1}{2}(y-\mu)^2 + y} dy = e^{\mu + \frac{1}{2}}.$$

(2) 因为 $n = 4$，$\alpha = 0.05$，$z_{\alpha/2} = z_{0.025} = 1.96$，

$$\bar{y} = \frac{1}{4}(\ln 0.50 + \ln 1.25 + \ln 0.80 + \ln 2.00) = 0,$$

所以 μ 的置信水平为 0.95 的置信区间为

$$\left(\bar{y} - 1.96 \times \frac{1}{\sqrt{4}}, \quad \bar{y} + 1.96 \times \frac{1}{\sqrt{4}}\right) = (-0.98, 0.98).$$

(3) 由 e^x 的严格递增性，可得

$$P\left\{\left(\bar{y}-1.96\times\frac{1}{\sqrt{4}}\right)+\frac{1}{2}<\mu+\frac{1}{2}<\left(\bar{y}+1.96\times\frac{1}{\sqrt{4}}\right)+\frac{1}{2}\right\}$$

$$=P\left\{e^{\bar{y}-1.96\times\frac{1}{\sqrt{4}}+\frac{1}{2}}<e^{\mu+\frac{1}{2}}<e^{\bar{y}+1.96\times\frac{1}{\sqrt{4}}+\frac{1}{2}}\right\}=0.95,$$

所以 $b=e^{\mu+\frac{1}{2}}$ 的置信水平为 0.95 的置信区间为

$$\left(e^{\bar{y}-1.96\times\frac{1}{\sqrt{4}}+\frac{1}{2}},\ e^{\bar{y}+1.96\times\frac{1}{\sqrt{4}}+\frac{1}{2}}\right)=(e^{-0.48},\ e^{1.48}).$$

2. σ^2 未知，均值 μ 的置信区间

当 σ^2 未知时，不能再采用(7.12)式给出 μ 的置信区间. 此时可用 S^2 代替 σ^2，由于枢轴量 $T=\dfrac{\bar{X}-\mu}{S/\sqrt{n}}\sim t(n-1)$，因此对于给定的置信水平 $1-\alpha\,(0<\alpha<1)$，由 t 分布的上 α 分位点的定义，有

$$P\left\{|T|<t_{\alpha/2}(n-1)\right\}=1-\alpha,$$

即

$$P\left\{\bar{X}-\frac{S}{\sqrt{n}}t_{\alpha/2}(n-1)<\mu<\bar{X}+\frac{S}{\sqrt{n}}t_{\alpha/2}(n-1)\right\}=1-\alpha,$$

所以 μ 的置信水平为 $1-\alpha$ 的置信区间为

$$\left(\bar{X}\pm\frac{S}{\sqrt{n}}t_{\alpha/2}(n-1)\right). \tag{7.15}$$

t 分布的分位点如图 7-3 所示.

例 4 对某种型号飞机的飞行速度进行 15 次试验，测得最大飞行速度(单位: m/s)为

422.2　417.2　425.6　420.3　425.8　423.1　418.7　438.3
434.0　412.3　431.5　413.5　441.3　423.0　428.2

根据长期经验，可以认为这种型号飞机的最大飞行速度服从正态分布. 求这种型号飞机的最大飞行速度的平均值的置信水平为 0.95 的置信区间.

解 设 X 表示该飞机的最大飞行速度，则 $X\sim N(\mu,\sigma^2)$，其中 σ^2 未知. 这里

$$n=15, \quad \bar{x}=\frac{1}{15}\sum_{i=1}^{15}x_i=425.0, \quad s^2=\frac{1}{15-1}\sum_{i=1}^{15}(x_i-\bar{x})^2=72.05, \quad s=8.49,$$

由 $\alpha=1-0.95=0.05$，查 t 分布表得 $t_{\alpha/2}(n-1)=t_{0.025}(14)=2.145$．因此 μ 的置信水平为 0.95 的置信区间为

$$\left(\bar{x}\pm\frac{s}{\sqrt{n}}t_{\alpha/2}(n-1)\right)=\left(425.0\pm\frac{8.49}{\sqrt{15}}\times 2.145\right),$$

即 $(420.3, 429.7)$．

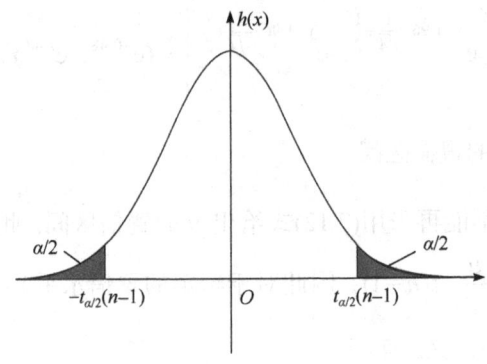

图 7-3　t 分布的分位点

例 5　设总体 $X\sim N(\mu,\sigma^2)$，其中 μ 与 σ^2 均为未知参数．设 $X_1,X_2,\cdots,X_n$ 为来自总体 X 的样本．求 μ 的置信水平为 $1-\alpha$ 的置信区间的长度 L 的平方的数学期望和方差．

解　因为 μ 的置信水平为 $1-\alpha$ 的置信区间为

$$\left(\bar{X}-\frac{S}{\sqrt{n}}t_{\alpha/2}(n-1),\ \bar{X}+\frac{S}{\sqrt{n}}t_{\alpha/2}(n-1)\right),$$

该区间的长度为 $L=\frac{2S}{\sqrt{n}}t_{\alpha/2}(n-1)$，所以

$$E(L^2)=E\left(\frac{4S^2}{n}t_{\alpha/2}^2(n-1)\right)=\frac{4t_{\alpha/2}^2(n-1)}{n}E(S^2)=\frac{4t_{\alpha/2}^2(n-1)}{n}\sigma^2,$$

$$D(L^2)=D\left(\frac{4S^2}{n}t_{\alpha/2}^2(n-1)\right)=\frac{16t_{\alpha/2}^4(n-1)}{n^2}D(S^2)$$

$$=\frac{16t_{\alpha/2}^4(n-1)}{n^2}\times\frac{2\sigma^4}{n-1}=\frac{32\sigma^4}{n^2(n-1)}t_{\alpha/2}^4(n-1).$$

例 6　为了估计制造某种产品所需要的单件平均工时(单位: h)，现制造 5 件，

记录每件所需工时如下

$$10.5 \quad 11.0 \quad 11.2 \quad 12.5 \quad 12.8$$

假设单件工时服从正态分布. 试求平均工时的置信水平为 0.95 的单侧置信上限.

解 设 X 为制造单件产品所需的工时,则 $X \sim N(\mu, \sigma^2)$,其中 σ^2 未知,从而枢轴量 $t = \dfrac{\bar{X} - \mu}{S / \sqrt{n}} \sim t(n-1)$. 于是对于给定的置信水平 $1 - \alpha$ $(0 < \alpha < 1)$,由 t 分布的上 α 分位点的定义得

$$P\{t > -t_\alpha(n-1)\} = 1 - \alpha,$$

即

$$P\left\{\mu < \bar{X} + \dfrac{S}{\sqrt{n}} t_\alpha(n-1)\right\} = 1 - \alpha,$$

故 μ 的单侧置信区间为

$$\left(-\infty, \bar{X} + \dfrac{S}{\sqrt{n}} t_\alpha(n-1)\right),$$

单侧置信上限为 $\bar{X} + \dfrac{S}{\sqrt{n}} t_\alpha(n-1)$. 现在

$$n = 5, \quad \bar{x} = 11.6, \quad s^2 = 0.995, \quad t_\alpha(n-1) = t_{0.05}(4) = 2.1318,$$

从而可得单侧置信上限

$$\bar{x} + \dfrac{s}{\sqrt{n}} t_\alpha(n-1) = 11.6 + \dfrac{\sqrt{0.995}}{\sqrt{5}} \times 2.1318 = 12.55.$$

这表明,加工这种产品的单件平均工时不超过 12.55 小时的置信水平是 0.95.

3. 方差 σ^2 的置信区间

对总体方差 σ^2 作区间估计,可分成 μ 已知和未知两种情况. 此处只讨论 μ 未知的情况. 选取枢轴量 $\chi^2 = \dfrac{n-1}{\sigma^2} S^2$,则 $\chi^2 = \dfrac{n-1}{\sigma^2} S^2 \sim \chi^2(n-1)$. 对于给定的置信水平 $1 - \alpha$ $(0 < \alpha < 1)$,由 χ^2 分布的上 α 分位点的定义,有

$$P\left\{\chi^2_{1-\alpha/2}(n-1) < \dfrac{n-1}{\sigma^2} S^2 < \chi^2_{\alpha/2}(n-1)\right\} = 1 - \alpha,$$

即

$$P\left\{\frac{(n-1)S^2}{\chi^2_{\alpha/2}(n-1)} < \sigma^2 < \frac{(n-1)S^2}{\chi^2_{1-\alpha/2}(n-1)}\right\} = 1-\alpha.$$

所以 σ^2 的置信水平为 $1-\alpha$ 的置信区间为

$$\left(\frac{(n-1)S^2}{\chi^2_{\alpha/2}(n-1)}, \frac{(n-1)S^2}{\chi^2_{1-\alpha/2}(n-1)}\right), \tag{7.16}$$

σ 的置信水平为 $1-\alpha$ 的置信区间为

$$\left(\sqrt{\frac{(n-1)S^2}{\chi^2_{\alpha/2}(n-1)}}, \sqrt{\frac{(n-1)S^2}{\chi^2_{1-\alpha/2}(n-1)}}\right). \tag{7.17}$$

χ^2 分布的分位点如图 7-4 所示.

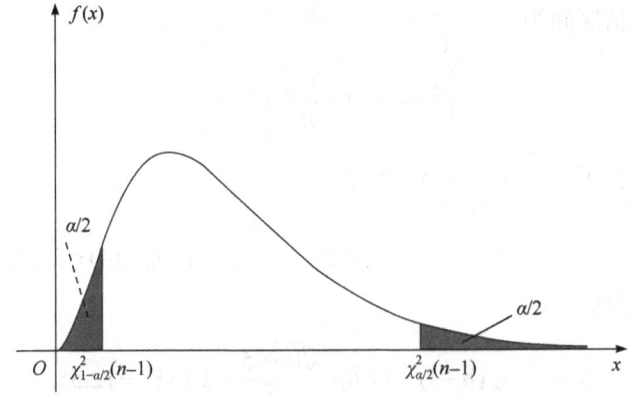

图 7-4　χ^2 分布的分位点

例 7　在某大学随机抽取 25 名学生测量其身高(单位: cm), 测得平均身高为 170cm, 标准差为 12cm. 假设该校学生身高服从正态分布, 试分别求该校学生平均身高 μ 和身高标准差 σ 的置信水平为 0.95 的置信区间.

解　设总体 $X \sim N(\mu, \sigma^2)$, 其中 μ 和 σ^2 未知. 已知 $n=25$, $\bar{x}=170$, $s=12$, $\alpha = 1 - 0.95 = 0.05$, 查 t 分布表得 $t_{\alpha/2}(n-1) = t_{0.025}(24) = 2.06$, 查 χ^2 分布表可得

$$\chi^2_{\alpha/2}(n-1) = \chi^2_{0.025}(24) = 39.364, \quad \chi^2_{1-\alpha/2}(n-1) = \chi^2_{0.975}(24) = 12.401,$$

于是 μ 的置信水平为 0.95 的置信区间为

$$\left(\bar{x} \pm \frac{s}{\sqrt{n}} t_{\alpha/2}(n-1)\right) = \left(170 \pm \frac{12}{\sqrt{25}} \times 2.06\right) = (165.06, 174.94).$$

σ^2 的置信水平为 0.95 的置信区间为

$$\left(\frac{(n-1)s^2}{\chi^2_{\alpha/2}(n-1)}, \frac{(n-1)s^2}{\chi^2_{1-\alpha/2}(n-1)} \right) = \left(\frac{24 \times 144}{39.364}, \frac{24 \times 144}{12.401} \right) = (87.80, 278.69).$$

σ 的置信水平为 0.95 的置信区间为

$$\left(\sqrt{87.80}, \sqrt{278.69} \right) = (9.37, 16.69).$$

7.4 节知识拓展

7.4 节自测题

习题 7.4

1. 假设某种型号轮胎的寿命服从正态分布,为估计这种轮胎的平均寿命,现随机抽取 13 只轮胎试用,测得它们的寿命(单位: 万公里)如下

  4.68 4.85 4.32 4.85 4.61 5.02 5.20 5.20 4.60 4.58 4.72 4.38 4.70

试求这种型号轮胎的平均寿命的置信水平为 0.95 的置信区间.

2. 某工厂生产的零件重量(单位: g)服从正态分布 $N(\mu, \sigma^2)$,现从该厂生产的零件中随机地抽取 9 个,测得重量为

  45.3 45.4 45.1 45.3 45.5 45.7 45.4 45.3 45.6

试求 σ 的置信水平为 0.95 的置信区间.

3. 从正态总体 $N(3.4, 6^2)$ 中抽取容量为 n 的样本,如果要求其样本均值位于区间 $(1.4, 5.4)$ 内的概率不小于 0.95,问样本容量 n 至少应该多大?

4. 已知某炼铁厂的铁水含碳量在正常情况下服从正态分布 $N(\mu, \sigma^2)$,且 $\sigma^2 = 0.108^2$. 现测量五炉铁水,其含碳量(单位: %)分别为

  4.28 4.40 4.42 4.35 4.37

试求平均含碳量 μ 的置信水平为 0.95 的置信区间.

5. 灯泡厂从某天生产的一批灯泡中随机抽取 10 只进行寿命测试,测得数据 (单位: h)分别为

  1050 1100 1080 1120 1200 1250 1040 1130 1300 1200

长期实践表明灯泡寿命服从正态分布,试给出整批灯泡平均寿命的置信水平为 0.95 的置信区间.

6. 对方差 σ^2 为已知的正态分布来说,问需要抽取容量为多大的样本,可使总体均值 μ 的置信水平为 $1-\alpha$ 的置信区间的长度不大于 L.

7. 某工厂生产一批滚珠,其直径 X 服从 $N(\mu, 0.05)$,现从中随机地抽取 6 个,测得直径(单

位: mm)分别为

$$15.1 \quad 14.8 \quad 15.2 \quad 14.9 \quad 14.6 \quad 15.1$$

求这批滚珠的直径平均值 μ 的置信水平为 0.95 的置信区间.

8. 从自动机床加工的同类零件中抽取 10 件, 测得其长度(单位: mm)分别为

$$12.15 \quad 12.12 \quad 12.01 \quad 12.28 \quad 12.09 \quad 12.03 \quad 12.01 \quad 12.11 \quad 12.06 \quad 12.14$$

可以认为这批零件长度服从正态分布.

(1) 求这批零件长度的方差的估计值;

(2) 这批零件长度的方差的置信水平为 0.95 的置信区间.

9. 投资收益常用来衡量投资的风险, 今随机地调查 26 个项目的年投资收益(单位: %), 算得样本标准差 $s = 15$. 设投资收益服从正态分布, 求它的方差的置信水平为 0.95 的置信区间.

10. 某车间生产钢丝, 设钢丝的折断力服从正态分布, 现在随机地抽取 10 根钢丝检验其折断力, 测得到数据(单位: N)分别为

$$587 \quad 572 \quad 570 \quad 568 \quad 572 \quad 570 \quad 570 \quad 572 \quad 596 \quad 584$$

试求方差 σ^2 的置信水平为 0.95 的单侧置信上限.

11. 设 S^2 是来自正态总体 $N(\mu, \sigma^2)$ 的样本 $X_1, X_2, \cdots, X_n$ 的样本方差, μ, σ^2 是未知参数, 试问 $a, b \, (0 < a < b)$ 满足什么条件, 才能使 σ^2 的置信水平为 0.95 的置信区间 $\left(\dfrac{(n-1)S^2}{b}, \dfrac{(n-1)S^2}{a} \right)$ 的长度最短?

7.5 两个正态总体参数的区间估计

上一节我们讨论了单个正态总体参数的区间估计, 本节我们将讨论两个正态总体参数的区间估计问题. 由于实际中常常涉及两个正态总体的比较问题, 而这一问题又可以转化为对它们的均值差或方差比的推断问题, 因此本节主要给出两个正态总体均值差和方差比的区间估计.

1. 两个正态总体均值差 $\mu_1 - \mu_2$ 的置信区间

设 $X_1, X_2, \cdots, X_{n_1}$ 是总体 $X \sim N(\mu_1, \sigma_1^2)$ 的样本, $Y_1, Y_2, \cdots, Y_{n_2}$ 是总体 $Y \sim N(\mu_2, \sigma_2^2)$ 的样本, 且这两个样本相互独立. 分别记

$$\bar{X} = \frac{1}{n_1} \sum_{i=1}^{n_1} X_i, \quad S_1^2 = \frac{1}{n_1 - 1} \sum_{i=1}^{n_1} (X_i - \bar{X})^2,$$

$$\overline{Y} = \frac{1}{n_2}\sum_{i=1}^{n_2} Y_i, \quad S_2^2 = \frac{1}{n_2-1}\sum_{i=1}^{n_2}(Y_i - \overline{Y})^2.$$

关于两个正态总体均值差 $\mu_1 - \mu_2$ 的区间估计问题,可分为 σ_1^2 和 σ_2^2 已知, σ_1^2 和 σ_2^2 未知两种情况.

1) σ_1^2 和 σ_2^2 已知, $\mu_1 - \mu_2$ 的置信区间

由于 $\overline{X}$ 和 $\overline{Y}$ 分别是 μ_1 和 μ_2 的无偏估计,因此 $\overline{X} - \overline{Y}$ 是 $\mu_1 - \mu_2$ 的无偏估计. 因为

$$\overline{X} \sim N\left(\mu_1, \frac{\sigma_1^2}{n_1}\right), \quad \overline{Y} \sim N\left(\mu_2, \frac{\sigma_2^2}{n_2}\right).$$

并且 $\overline{X}$ 与 $\overline{Y}$ 相互独立,所以

$$\overline{X} - \overline{Y} \sim N\left(\mu_1 - \mu_2, \frac{\sigma_1^2}{n_1} + \frac{\sigma_2^2}{n_2}\right),$$

标准化得枢轴量

$$Z = \frac{\overline{X} - \overline{Y} - (\mu_1 - \mu_2)}{\sqrt{\frac{\sigma_1^2}{n_1} + \frac{\sigma_2^2}{n_2}}} \sim N(0,1).$$

类似于(7.12)式的推导,可得 $\mu_1 - \mu_2$ 的置信水平为 $1-\alpha$ 的置信区间为

$$\left(\overline{X} - \overline{Y} \pm z_{\alpha/2}\sqrt{\frac{\sigma_1^2}{n_1} + \frac{\sigma_2^2}{n_2}}\right). \tag{7.18}$$

例 1 某新型纺机所纺纱线的断裂强度 $X \sim N(\mu_1, 2.18^2)$,普通纺机所纺纱线的断裂强度 $Y \sim N(\mu_2, 1.76^2)$. 现从总体 X 中抽取容量为 200 的样本,算得 $\overline{x} = 5.32$;从总体 Y 中抽取容量为 100 的样本,算得 $\overline{y} = 5.76$. 求 $\mu_1 - \mu_2$ 的置信水平 0.95 的置信区间.

解 $n_1 = 200$, $n_2 = 100$, $\overline{x} = 5.32$, $\overline{y} = 5.76$, $\sigma_1^2 = 2.18^2$, $\sigma_2^2 = 1.76^2$,由 $\alpha = 1 - 0.95 = 0.05$,可得 $z_{\alpha/2} = z_{0.025} = 1.96$,所以 $\mu_1 - \mu_2$ 的置信水平为 0.95 的置信区间为

$$\left(\overline{x} - \overline{y} \pm z_{\alpha/2}\sqrt{\frac{\sigma_1^2}{n_1} + \frac{\sigma_2^2}{n_2}}\right) = \left(5.32 - 5.76 \pm 1.96 \times \sqrt{\frac{2.18^2}{200} + \frac{1.76^2}{100}}\right),$$

即 $(-0.899, 0.019)$. 由于该置信区间包含数字 0,所以可以认为 μ_1 与 μ_2 没有明显

差异.

2) $\sigma_1^2 = \sigma_2^2 = \sigma^2$ 未知, $\mu_1 - \mu_2$ 的置信区间

选取枢轴量

$$T = \frac{\bar{X} - \bar{Y} - (\mu_1 - \mu_2)}{S_w \sqrt{\frac{1}{n_1} + \frac{1}{n_2}}} \sim t(n_1 + n_2 - 2),$$

其中 $S_w^2 = \frac{(n_1 - 1)S_1^2 + (n_2 - 1)S_2^2}{n_1 + n_2 - 2}$，类似于(7.15)式的推导，可得 $\mu_1 - \mu_2$ 的置信水平为 $1 - \alpha$ 的置信区间为

$$\left(\bar{X} - \bar{Y} \pm t_{\alpha/2}(n_1 + n_2 - 2) S_w \sqrt{\frac{1}{n_1} + \frac{1}{n_2}} \right). \tag{7.19}$$

例 2 为比较甲、乙两类试验田种植某种作物的收获量，随机抽取甲类试验田 8 块，乙类试验田 10 块，测得收获量(单位: kg)如下:

甲类: 12.6　10.2　11.7　12.3　11.1　10.5　10.6　12.2
乙类: 8.6　7.9　9.3　10.7　11.2　11.4　9.8　9.5　10.1　8.5

假定这两类试验田的收获量都服从正态分布且方差相同，求均值差 $\mu_1 - \mu_2$ 的置信水平为 0.95 的置信区间.

解 设甲、乙两类试验田的收获量分别为 $X \sim N(\mu_1, \sigma^2)$ 和 $Y \sim N(\mu_2, \sigma^2)$，现在由条件可算得

$$n_1 = 8, \quad \bar{x} = 11.4, \quad s_1^2 = 0.851, \quad n_2 = 10, \quad \bar{y} = 9.7, \quad s_2^2 = 1.378,$$

$$s_w^2 = \frac{(n_1 - 1)s_1^2 + (n_2 - 1)s_2^2}{n_1 + n_2 - 2} = \sqrt{\frac{7 \times 0.851 + 9 \times 1.378}{16}} = 1.072,$$

由 $\alpha = 1 - 0.95 = 0.05$，得

$$t_{\alpha/2}(n_1 + n_2 - 2) = t_{0.025}(16) = 2.12,$$

由此可得 $\mu_1 - \mu_2$ 的置信水平为 0.95 的置信区间为

$$\left(\bar{X} - \bar{Y} \pm t_{\alpha/2}(n_1 + n_2 - 2) S_w \sqrt{\frac{1}{n_1} + \frac{1}{n_2}} \right) = \left(11.4 - 9.7 \pm 2.12 \times 1.072 \times \sqrt{\frac{1}{8} + \frac{1}{10}} \right),$$

即 (0.6, 2.8). 因为置信下限大于零，故可以认为 μ_1 比 μ_2 要大一些.

如果两个总体的方差 σ_1^2 和 σ_2^2 未知，但不知道它们是否相等，我们可以通过近似的方法求出 $\mu_1 - \mu_2$ 的置信区间.

例 3 甲、乙两台机床加工同一种轴承，现在从它们加工的轴承中分别随机地

抽取 200 根和 100 根,测量其椭圆度(单位: mm),经计算得 $\bar{x}=0.081$,$\bar{y}=0.062$,$s_1=0.025$,$s_2=0.062$. 试求这两台机床加工的轴承的平均椭圆度之差的置信水平为 95% 的置信区间.

解 虽然题中的总体没有正态分布的假设,但是由中心极限定理知,当样本容量 n_1 和 n_2 都充分大时,枢轴量 $Z=\dfrac{\bar{X}-\bar{Y}-(\mu_1-\mu_2)}{\sqrt{\dfrac{S_1^2}{n_1}+\dfrac{S_2^2}{n_2}}}$ 仍近似地服从标准正态分布 $N(0,1)$. 从而对于给定的置信水平 $1-\alpha$ $(0<\alpha<1)$,近似地有

$$P\left\{\left|\frac{\bar{X}-\bar{Y}-(\mu_1-\mu_2)}{\sqrt{\dfrac{S_1^2}{n_1}+\dfrac{S_2^2}{n_2}}}\right|<z_{\alpha/2}\right\}\approx 1-\alpha.$$

类似于(7.18)式的推导,可得 $\mu_1-\mu_2$ 的置信水平为 $1-\alpha$ 的置信区间近似为

$$\left(\bar{X}-\bar{Y}-z_{\alpha/2}\sqrt{\frac{S_1^2}{n_1}+\frac{S_2^2}{n_2}},\ \bar{X}-\bar{Y}+z_{\alpha/2}\sqrt{\frac{S_1^2}{n_1}+\frac{S_2^2}{n_2}}\right).$$

现在 $n_1=200$,$n_2=100$,$\alpha=1-0.95=0.05$,$z_{\alpha/2}=z_{0.025}=1.96$,

$$\bar{x}-\bar{y}-z_{\alpha/2}\sqrt{\frac{s_1^2}{n_1}+\frac{s_2^2}{n_2}}=0.081-0.062-1.96\sqrt{\frac{0.025^2}{200}+\frac{0.062^2}{100}}=0.0085,$$

$$\bar{x}-\bar{y}+z_{\alpha/2}\sqrt{\frac{s_1^2}{n_1}+\frac{s_2^2}{n_2}}=0.081-0.062+1.96\sqrt{\frac{0.025^2}{200}+\frac{0.062^2}{100}}=0.0295,$$

由此可得这两台机床加工的轴承的平均椭圆度之差的置信水平为 95% 的置信区间近似为 (0.0085, 0.0295). 由于置信下限大于零,故可以认为甲车床加工轴承的平均椭圆度比乙车床的平均椭圆度大些.

2. 两个正态总体方差比 σ_1^2/σ_2^2 的置信区间

在对总体方差比 σ_1^2/σ_2^2 进行区间估计时,我们仅讨论 μ_1 和 μ_2 均未知的情况. 此时枢轴量选取为 $F=\dfrac{S_1^2/\sigma_1^2}{S_2^2/\sigma_2^2}$,由抽样分布定理可知 $F\sim F(n_1-1,n_2-1)$. 再由 F 分布的上 α 分位点的定义可得

$$P\left\{F_{1-\alpha/2}(n_1-1,n_2-1)<\frac{S_1^2/\sigma_1^2}{S_2^2/\sigma_2^2}<F_{\alpha/2}(n_1-1,n_2-1)\right\}=1-\alpha,$$

即
$$P\left\{\frac{S_1^2}{S_2^2}\frac{1}{F_{\alpha/2}(n_1-1,n_2-1)}<\frac{\sigma_1^2}{\sigma_2^2}<\frac{S_1^2}{S_2^2}\frac{1}{F_{1-\alpha/2}(n_1-1,n_2-1)}\right\}=1-\alpha,$$

于是 σ_1^2/σ_2^2 的一个置信水平为 $1-\alpha$ 的置信区间为

$$\left(\frac{S_1^2}{S_2^2}\frac{1}{F_{\alpha/2}(n_1-1,n_2-1)},\ \frac{S_1^2}{S_2^2}\frac{1}{F_{1-\alpha/2}(n_1-1,n_2-1)}\right). \tag{7.20}$$

综合前面的讨论，表 7-1 与表 7-2 分别列出了正态总体均值、方差的(双侧)置信区间与单侧置信区间.

表 7-1 正态总体均值、方差的置信区间(置信水平为 $1-\alpha$)

	待估计参数	其他参数	所用的枢轴量及其分布	置信区间
单个正态总体	μ	σ^2 已知	$\dfrac{\bar{X}-\mu}{\sigma/\sqrt{n}}\sim N(0,1)$	$\left(\bar{X}\pm\dfrac{\sigma}{\sqrt{n}}z_{\alpha/2}\right)$
	μ	σ^2 未知	$\dfrac{\bar{X}-\mu}{S/\sqrt{n}}\sim t(n-1)$	$\left(\bar{X}\pm\dfrac{S}{\sqrt{n}}t_{\alpha/2}(n-1)\right)$
	σ^2	μ 未知	$\dfrac{(n-1)S^2}{\sigma^2}\sim\chi^2(n-1)$	$\left(\dfrac{(n-1)S^2}{\chi^2_{\alpha/2}(n-1)},\ \dfrac{(n-1)S^2}{\chi^2_{1-\alpha/2}(n-1)}\right)$
两个正态总体	$\mu_1-\mu_2$	σ_1^2,σ_2^2 已知	$\dfrac{\bar{X}-\bar{Y}-(\mu_1-\mu_2)}{\sqrt{\dfrac{\sigma_1^2}{n_1}+\dfrac{\sigma_2^2}{n_2}}}\sim N(0,1)$	$\left(\bar{X}-\bar{Y}\pm z_{\alpha/2}\sqrt{\dfrac{\sigma_1^2}{n_1}+\dfrac{\sigma_2^2}{n_2}}\right)$
	$\mu_1-\mu_2$	$\sigma_1^2=\sigma_2^2$ 未知	$\dfrac{\bar{X}-\bar{Y}-(\mu_1-\mu_2)}{S_w\sqrt{\dfrac{1}{n_1}+\dfrac{1}{n_2}}}\sim t(n_1+n_2-2)$	$\left(\bar{X}-\bar{Y}\pm t_{\alpha/2}(n_1+n_2-2)S_w\sqrt{\dfrac{1}{n_1}+\dfrac{1}{n_2}}\right)$
	$\dfrac{\sigma_1^2}{\sigma_2^2}$	μ_1,μ_2 未知	$\dfrac{S_1^2/\sigma_1^2}{S_2^2/\sigma_2^2}\sim F(n_1-1,n_2-1)$	$\left(\dfrac{S_1^2}{S_2^2}\dfrac{1}{F_{\alpha/2}(n_1-1,n_2-1)},\ \dfrac{S_1^2}{S_2^2}\dfrac{1}{F_{1-\alpha/2}(n_1-1,n_2-1)}\right)$

表 7-2 正态总体均值、方差的单侧置信限(置信水平为 $1-\alpha$)

	待估计参数	其他参数	所用的枢轴量及其分布	置信上限、置信下限
单个正态总体	μ	σ^2 已知	$\dfrac{\bar{X}-\mu}{\sigma/\sqrt{n}}\sim N(0,1)$	$\bar{X}+\dfrac{\sigma}{\sqrt{n}}z_\alpha,\quad \bar{X}-\dfrac{\sigma}{\sqrt{n}}z_\alpha$

续表

待估计参数	其他参数	所用的枢轴量及其分布	置信上限、置信下限
单个正态总体 μ	σ^2 未知	$\dfrac{\overline{X}-\mu}{S/\sqrt{n}} \sim t(n-1)$	$\overline{X}+\dfrac{S}{\sqrt{n}}t_\alpha(n-1)$，$\overline{X}-\dfrac{S}{\sqrt{n}}t_\alpha(n-1)$
单个正态总体 σ^2	μ 未知	$\dfrac{(n-1)S^2}{\sigma^2} \sim \chi^2(n-1)$	$\dfrac{(n-1)S^2}{\chi^2_{1-\alpha}(n-1)}$，$\dfrac{(n-1)S^2}{\chi^2_\alpha(n-1)}$
两个正态总体 $\mu_1-\mu_2$	σ_1^2, σ_2^2 已知	$\dfrac{\overline{X}-\overline{Y}-(\mu_1-\mu_2)}{\sqrt{\dfrac{\sigma_1^2}{n_1}+\dfrac{\sigma_2^2}{n_2}}} \sim N(0,1)$	$\overline{X}-\overline{Y}+z_\alpha\sqrt{\dfrac{\sigma_1^2}{n_1}+\dfrac{\sigma_2^2}{n_2}}$，$\overline{X}-\overline{Y}-z_\alpha\sqrt{\dfrac{\sigma_1^2}{n_1}+\dfrac{\sigma_2^2}{n_2}}$
两个正态总体 $\mu_1-\mu_2$	$\sigma_1^2=\sigma_2^2$ 未知	$\dfrac{\overline{X}-\overline{Y}-(\mu_1-\mu_2)}{S_w\sqrt{\dfrac{1}{n_1}+\dfrac{1}{n_2}}} \sim t(n_1+n_2-2)$	$\overline{X}-\overline{Y}+t_\alpha(n_1+n_2-2)S_w\sqrt{\dfrac{1}{n_1}+\dfrac{1}{n_2}}$，$\overline{X}-\overline{Y}-t_\alpha(n_1+n_2-2)S_w\sqrt{\dfrac{1}{n_1}+\dfrac{1}{n_2}}$
两个正态总体 $\dfrac{\sigma_1^2}{\sigma_2^2}$	μ_1, μ_2 未知	$\dfrac{S_1^2/S_2^2}{\sigma_1^2/\sigma_2^2} \sim F(n_1-1, n_2-1)$	$\dfrac{S_1^2}{S_2^2}\dfrac{1}{F_{1-\alpha}(n_1-1,n_2-1)}$，$\dfrac{S_1^2}{S_2^2}\dfrac{1}{F_\alpha(n_1-1,n_2-1)}$

例 4 甲、乙两台车床生产同一种型号的滚珠，已知这两台车床生产的滚珠直径 X 和 Y 分别服从 $N(\mu_1,\sigma_1^2)$ 和 $N(\mu_2,\sigma_2^2)$，其中 μ_i 与 σ_i^2 ($i=1,2$) 均未知. 从这两台车床生产的滚珠中分别抽取 25 个和 13 个，测得样本方差分别为 $s_1^2=6.38$，$s_2^2=5.15$，求这两台车床生产的滚珠直径的方差比 σ_1^2/σ_2^2 的置信水平为 0.95 的置信区间.

解 由 $\alpha=1-0.95=0.05$，$n_1=25$，$n_2=13$，查 F 分布表得

$$F_{\alpha/2}(n_1-1,n_2-1)=F_{0.025}(24,12)=3.02$$
$$F_{0.025}(12,24)=2.54,$$

$$F_{1-\alpha/2}(n_1-1,n_2-1)=\dfrac{1}{F_{\alpha/2}(n_2-1,n_1-1)}=\dfrac{1}{F_{0.025}(12,24)}=\dfrac{1}{2.54},$$

由(7.20)式，得 σ_1^2/σ_2^2 的置信水平为 0.95 的置信区间为

$$\left(\frac{s_1^2}{s_2^2}\frac{1}{F_{\alpha/2}(n_1-1,n_2-1)},\frac{s_1^2}{s_2^2}\frac{1}{F_{1-\alpha/2}(n_1-1,n_2-1)}\right)=\left(\frac{6.38}{5.15}\times\frac{1}{3.02},\frac{6.38}{5.15}\times 2.54\right).$$

即 (0.410, 3.147), 由于该区间包含数字 1, 因此可以认为 σ_1^2 与 σ_2^2 无明显差异.

7.5 节知识拓展

7.5 节自测题

习题 7.5

1. 随机地从甲、乙两厂生产的节能灯管中分别抽取 8 只和 9 只, 测试灯管的寿命(单位: h). 检查测得样本均值分别为 $\bar{x}=1180$, $\bar{y}=1220$, 样本标准差分别为 $s_1=120, s_2=100$, 假定这两个厂灯管的寿命分别服从正态分布 $N(\mu_1,\sigma^2), N(\mu_2,\sigma^2)$, 试求 $\mu_1-\mu_2$ 的置信水平为 0.95 的置信区间.

2. 某车间有两个班次加工一类套筒, 假定套筒直径服从正态分布, 现在从两个班次的产品中分别检查了 5 个和 6 个套筒, 测得其直径数据(单位: cm)分别为

1 班: 5.06   5.08   5.03   5.00   5.07
2 班: 4.98   5.03   4.97   4.99   5.02   4.95

试求这两班加工套筒直径的方差比 σ_1^2/σ_2^2 的置信水平为 0.95 的置信区间.

3. 某橡胶配方中, 原用氧化锌 5g, 现减为 1g, 分别对两种配方作一批试验, 测得橡胶伸长率如下:

氧化锌 5g: 540   533   525   520   545   531   541   529   534
氧化锌 1g: 565   577   580   575   556   542   560   532   570   561

假定这两种配方的伸长率都服从正态分布, 求这两总体标准差之比 σ_1^2/σ_2^2 的置信水平为 0.95 的置信区间.

4. 甲、乙两个渔场在春季放养相同的鲫鱼苗, 但是使用不同的饵料饲养. 三个月后, 分别打捞 16 条和 14 条鲫鱼, 得到它们的平均重量和样本标准差如下(单位: kg): $\bar{x}=0.181$, $\bar{y}=0.185$, $s_1=0.021, s_2=0.020$. 假定两个渔场鲫鱼的重量分别服从正态分布 $N(\mu_1,\sigma^2)$, $N(\mu_2,\sigma^2)$, 试求 $\mu_1-\mu_2$ 的置信水平为 0.95 的置信区间.

5. 为了估计磷肥对某种农作物是否具有增产的作用, 现选 20 块条件大致相同的土地, 10 块不施磷肥, 另外 10 块施磷肥, 测得亩产量(单位: kg)如下:

不施磷肥: 560   590   560   570   580   570   600   550   570   550
施磷肥: 620   570   650   600   630   580   570   600   600   580

假定这种农作物的亩产量服从正态分布.

(1) 设它们的方差相同,求平均亩产量之差的置信水平为 0.95 的置信区间;

(2) 求两总体方差比的置信水平为 0.95 的置信区间.

6. 为了估计某地区成年男女身高(单位: m)的差异.从该地区随机地抽取成年男女各 100 名,测得男子的平均身高为 1.71m,标准差为 0.035m;女子的平均身高为 1.67m,标准差为 0.038m. 试求该地区成年男女平均身高之差的置信水平为 0.95 的置信区间.

测 验 题 7

1. 设 $\hat{\theta}$ 是参数 θ 的无偏估计,且 $D(\hat{\theta})>0$,试证明 $(\hat{\theta})^2$ 不是 θ^2 的无偏估计.

2. 设总体 X 服从二项分布 $b(m,p)$,$X_1,X_2,\cdots,X_n$ 是总体 X 的样本,求参数 m 与 p 的矩估计量.

3. 设总体 $X \sim N(\mu,\sigma^2)$,μ,σ^2 未知,概率密度记为 $f(x;\mu,\sigma^2)$,$X_1,X_2,\cdots,X_n$ 是来自 X 的样本.

(1) 求使得 $\int_A^\infty f(x;\mu,\sigma^2)\mathrm{d}x = 0.05$ 的点 A 的最大似然估计;

(2) 求 $P\{X \geqslant 2\}$ 的最大似然估计.

4. 设总体 X 的密度函数为

$$f(x;\theta) = \begin{cases} \dfrac{3x^2}{\theta^3}, & 0<x<\theta, \theta>0, \\ 0, & \text{其他}. \end{cases}$$

X_1,X_2 是来自总体 X 的样本.

(1) 证明 $T_1 = \dfrac{2}{3}(X_1+X_2)$ 和 $T_2 = \dfrac{7}{6}\max(X_1,X_2)$ 都是 θ 的无偏估计量;

(2) 计算 T_1 和 T_2 的方差,问哪一个较有效?

5. 设总体 X 的概率密度为

$$f(x) = \begin{cases} \mathrm{e}^{-(x-\theta)}, & x \geqslant \theta, \\ 0, & \text{其他}. \end{cases}$$

θ 是未知参数,$X_1,X_2,\cdots,X_n$ 是来自 X 的样本.

(1) 求 θ 的最大似然估计量 $\hat{\theta}$,并验证 $\hat{\theta}_1 = \hat{\theta} - \dfrac{1}{n}$ 是 θ 的无偏估计量;

(2) 求 θ 的矩估计量 $\hat{\theta}_2$,并验证 $\hat{\theta}_2$ 是 θ 的无偏估计量;

(3) 问 $\hat{\theta}_1,\hat{\theta}_2$ 中哪一个较有效?

6. 设总体 $X \sim U(0,\theta)$,$X_1,X_2,\cdots,X_n$ 是来自 X 的样本,记统计量

$$U = \dfrac{1}{\theta}\max(X_1,X_2,\cdots,X_n).$$

(1) 求 U 的概率密度 $f_U(u)$；

(2) 对于给定的正数 $\alpha\,(0<\alpha<1)$，求 U 的上 $\alpha/2$ 分位点 $h_{\alpha/2}$ 以及上 $1-\alpha/2$ 分位点 $h_{1-\alpha/2}$；

(3) 利用(1)和(2)求参数 θ 的置信水平为 $1-\alpha$ 的置信区间；

(4) 设某人上班的等车时间(单位：分钟) $X\sim U(0,\theta)$，θ 未知，现有样本

$$4.2\quad 3.5\quad 1.7\quad 1.2\quad 2.6$$

求 θ 的置信水平为 0.95 的置信区间.

7. 设 $X_1,X_2,\cdots,X_m$ 是来自总体 $X\sim U(0,\theta_1)$ 的随机样本，$Y_1,Y_2,\cdots,Y_n$ 是来自总体 $Y\sim U(0,\theta_2)$ 的随机样本，$\theta_1>0,\theta_2>0$ 是未知参数，且两组样本是相互独立的. 试求 θ_1/θ_2 的置信水平为 $1-\alpha$ 的置信区间.

8. 设总体 $X\sim N(\mu,\sigma^2)$，$X_1,X_2,\cdots,X_n$ 是来自 X 的样本，证明样本方差 S^2 是总体方差 σ^2 的一致估计.

9. 设总体 $X\sim \pi(\lambda)$，$X_1,X_2,\cdots,X_n$ 是来自 X 的样本，试用中心极限定理导出均值 λ 的置信水平为 $1-\alpha$ 的置信区间的近似公式.

10. 某市场调查员调查该地区成年人购买某种产品的比例 p，问他事先需要确定访问多少顾客才能使 $(\bar{x}-d,\bar{x}+d)$ 成为未知参数 p 的置信水平为 0.95 的置信区间(其中 d 为已知的正数)？

第 7 章测试题

第 8 章

假 设 检 验

在这一章里,我们讨论不同于参数估计的另一种重要的统计推断问题,即假设检验问题. 它是根据样本的信息来检验关于总体的某个假设是否成立,从而作出接受还是拒绝该假设的决策. 假设检验问题的内容十分丰富,我们把关于总体的各种假设称为**统计假设**. 判断给定的假设是否正确的过程称为**假设检验**.

8.1 假设检验的基本思想

在实际问题中,假设检验有着广泛的应用. 下面通过两个实例进行说明.

引例 1 一台自动车床加工的零件直径 X (单位: cm)服从正态分布,在正常情况下 $X \sim N(5, 0.6^2)$,现从它一天生产的零件中随机抽取 36 个,分别测量其直径,算得样本均值为 $\bar{x} = 4.8$ cm,假设这些零件直径的方差保持不变. 试判断该车床这天的生产是否正常.

在这个例子中,正常情况下自动车床加工的零件直径 $X \sim N(5, 0.6^2)$,在假设方差保持不变的情况下,判断该车床的生产是否正常,就归结为假设 $X \sim N(\mu, 0.6^2)$,判断结论 $\mu = 5$ 是否成立. 于是可以对零件直径的均值 μ 提出假设 "$\mu = 5$",然后再根据样本信息对该假设进行检验.

引例 2 某购物网站在 1 小时内每分钟被访问次数 X 的统计数据见下表,其中 m 为访问次数 X 的频数,

X	0	1	2	3	4	5	6	7	8	9
m	0	7	12	18	17	20	13	6	3	4

问总体 X 服从泊松分布吗?

在这个例子中,我们关心的是总体 X 是否服从泊松分布. 于是可以对每分钟的访问次数 X 的分布提出如下假设 "$X \sim \pi(\lambda)$",然后根据样本信息对该假设进行检验.

一般来讲，根据总体的未知特性，我们可以把假设检验问题划分为如下两种类型.

(1) **对参数的假设检验** 假设总体的分布形式已知，检验关于总体分布所含未知参数的某些假设是否成立. 例如，对引例 1 中零件直径的均值 μ 提出假设 "$\mu = 5$" 并进行检验.

(2) **对分布的假设检验** 总体服从何种理论分布形式完全未知，要求我们直接对总体的分布作出假设检验. 例如，对引例 2 中购物网站每分钟被访问次数 X 的分布提出假设 "$X \sim \pi(\lambda)$" 并进行检验.

如果假设检验问题中的假设是对总体的分布参数提出的，则称为**参数假设检验**，否则就称为**非参数假设检验**.

本节我们结合前面的引例讨论假设检验的基本思想、方法和步骤. 在引例 1 中，假设这天该车床生产的零件直径这个总体 $X \sim N(\mu, 0.6^2)$，于是判断这天该车床的生产是否正常的问题，可归结为在 $\sigma^2 = 0.6^2$ 的情况下，利用样本信息检验 "$\mu = 5$" 是否成立. 因此我们提出假设

$$H_0: \mu = \mu_0 = 5,$$

称 H_0 为**原假设**. 与原假设对立的假设是 "这天该车床生产不正常". 记为

$$H_1: \mu \neq 5,$$

称 H_1 为**备择假设**. 于是问题转化为检验假设 H_0 是否为真. 当 H_0 为真时，就认为这天该车床工作正常；否则就认为这天该车床工作不正常. 为此需要建立一个合理的检验法则，根据这一法则，对原假设是否成立作出合理的推断.

由于样本均值 $\bar{X}$ 是总体均值 μ 的无偏估计量，因此当原假设 H_0 为真时，$\bar{X}$ 的观测值 $\bar{x}$ 应落在 $\mu_0 = 5$ 的附近，其偏差 $|\bar{x} - \mu_0|$ 一般不应太大. 若 $|\bar{x} - \mu_0|$ 过分大，就怀疑原假设 H_0 的正确性而拒绝 H_0. 那么 $|\bar{x} - \mu_0|$ 的值大到何种程度才能作出拒绝原假设 H_0 的决策呢？为此需要给出一个明确的临界值 k，只要 $|\bar{x} - \mu_0| \geq k$，就怀疑原假设 H_0 的正确性而拒绝 H_0，由这个不等式确定的区域称为 H_0 的**拒绝域**；反之如果 $|\bar{x} - \mu_0| < k$，就接受原假设 H_0.

由于作出是否拒绝原假设 H_0 决策的依据是样本的一次观测值，因此可能会犯两类错误："**弃真**"错误和"**取伪**"错误. 在 H_0 为真的情况下，作出拒绝 H_0 的决策，这样便犯了一个错误，我们称这类错误为**第一类错误**或"**弃真**"错误，人们自然希望将这类错误的概率控制在一定限度之内，即给出一个较小的数 α ($0 < \alpha < 1$)，使犯这类错误的概率不超过 α，即

$$P\{拒绝 H_0 | H_0 为真\} \leq \alpha.$$

另外，当原假设 H_0 不成立时，作出接受 H_0 的决策，我们把这类错误称为**第二类**

错误或"取伪"错误. 同样, 给出一个较小的数 β $(0<\beta<1)$, 希望犯这类错误的概率不超过 β, 即

$$P\{接受H_0 | H_0 不真\} \leqslant \beta.$$

理论上人们自然希望犯这两类错误的概率 α 和 β 都尽可能小, 但是当样本容量给定时, 不可能使它们同时都减小, 通常减小其中一个, 就会导致另一个增大, 因此在进行假设检验时, 通常的做法是在控制犯第一类错误的概率的前提下, 尽量减小犯第二类错误的概率. 我们把这种只控制犯第一类错误的概率的检验称为**显著性检验**.

现在讨论如何在控制犯第一类错误的概率为 α $(0<\alpha<1)$ 的前提下确定临界值 k 的问题. 在引例 1 中, 原假设 H_0 的拒绝域的形式为 $|\bar{x}-\mu_0| \geqslant k$, 我们希望当 H_0 为真时,

$$P\{|\bar{X}-\mu_0| \geqslant k\} = \alpha$$

成立. 由于 $\bar{X} \sim N\left(\mu, \dfrac{\sigma^2}{n}\right)$, 因此当 H_0 为真时, 统计量 $Z = \dfrac{\bar{X}-\mu_0}{\sigma/\sqrt{n}} \sim N(0,1)$, 其中 μ_0 与 σ^2 都是已知常数. 由标准正态分布上 α 分位点的定义可得

$$P\left\{\left|\frac{\bar{X}-\mu_0}{\sigma/\sqrt{n}}\right| \geqslant z_{\alpha/2}\right\} = \alpha, \tag{8.1}$$

从而可得临界值 $k = \dfrac{\sigma}{\sqrt{n}} z_{\alpha/2}$, 于是得到拒绝域的具体形式为

$$\left|\frac{\bar{x}-\mu_0}{\sigma/\sqrt{n}}\right| \geqslant z_{\alpha/2}.$$

因而, 若 Z 的观测值满足

$$|z| = \left|\frac{\bar{x}-\mu_0}{\sigma/\sqrt{n}}\right| \geqslant z_{\alpha/2},$$

则拒绝原假设 H_0, 否则就接受原假设 H_0. 这样我们就完成了关于引例 1 的假设检验过程.

从另外一个方面来看, 在原假设 H_0 为真且 α 较小时,

$$A = \left\{\left|\frac{\bar{X}-\mu_0}{\sigma/\sqrt{n}}\right| \geqslant z_{\alpha/2}\right\}$$

是一个由样本 $X_1, X_2, \cdots, X_n$ 构成的小概率事件. 由于小概率事件在一次试验中几

乎不会发生,因此在原假设 H_0 为真时如果小概率事件 A 发生了,人们自然就会怀疑作为小概率事件 A 的前提假设 H_0 的正确性,从而拒绝原假设 H_0;反之,在原假设 H_0 为真时如果小概率事件 A 不发生,我们就没有充足的理由怀疑 H_0 的正确性,也就不能拒绝原假设 H_0,即只能接受原假设 H_0.

在引例 1 中,由条件可得 $n=36$, $\bar{x}=4.8$, $\mu_0=5$, $\sigma=0.6$,因而统计量 Z 的观测值

$$z = \frac{4.8-5}{0.6/\sqrt{36}} = -2.0.$$

如果取 $\alpha=0.05$,查标准正态分布表可得 $z_{\alpha/2}=z_{0.025}=1.96$. 显然有

$$|z|=2.0>1.96=z_{\alpha/2},$$

因而拒绝原假设 H_0,即可以认为这天该车床的生产不正常.

在上面的求解过程中,实数 α 称为**显著性水平**,统计量 $Z=\dfrac{\bar{X}-\mu_0}{\sigma/\sqrt{n}}$ 称为**检验统计量**,$|z| \geq z_{\alpha/2}$ 称为 H_0 的**拒绝域**.

由于临界值 $z_{\alpha/2}$ 是随着显著性水平 α 的变化而变化的,因此在其他条件不变的情况下,假设检验的拒绝域与 α 有关,从而检验的结果也与 α 有关. 例如,在引例 1 中如果取 $\alpha=0.01$,则 $z_{\alpha/2}=z_{0.005}=2.575$. 此时 $|z|=2.0<2.575=z_{\alpha/2}$,因而接受原假设 H_0,即可以认为这天该车床的生产是正常的. 这样便得到一个与前面相反的结论. 由此可以看出原假设 H_0 能否被接受,与显著性水平 α 的选取有一定的关系. 因为 α 就是犯第一类错误的概率,所以 α 的大小往往要根据犯第一类错误所造成后果的严重性来选取,如果后果比较严重,则可以把 α 取得小一点,反之 α 可以取得大一些;实际中 α 通常取 0.1, 0.05, 0.001 等.

由于样本具有随机性,因此假设检验所得到的结论不一定是完全正确的,这样就会导致前面所提到的两类错误. 例如,在引例 1 中,即使"$\mu=5$"成立,检验统计量的观测值也有可能落在拒绝域内,从而导致拒绝 H_0 的结论;同样当 $\mu \neq 5$ 时,也有可能出现统计量的观测值不落在拒绝域内,从而接受 H_0 的情况. 实际中,为了得到关于总体的某个假设较为正确的判断,人们通常对不同的显著性水平 α 进行检验,且在同一个显著性水平 α 下进行多次检验,最后得到较为正确的结论.

假设检验的基本步骤如下:

(1) 根据实际问题的要求,建立原假设 H_0 和备择假设 H_1;

(2) 根据 H_0 的内容,选取适当的检验统计量,要求在 H_0 为真时,能确定检验统计量的分布;

(3) 对于给定的显著性水平 α,确定拒绝域;

(4) 根据样本观测值计算检验统计量的值, 作出是否接受 H_0 的决策.

我们通常把检验统计量服从正态分布的检验法称为 Z 检验, 把检验统计量服从 χ^2 分布、t 分布或 F 分布的检验法分别称为 χ^2 检验、t 检验或 F 检验.

8.1 节知识拓展

8.1 节自测题

习题 8.1

1. 简述假设检验的基本思想.
2. 如何理解假设检验中的原假设与备择假设?
3. 假设检验的基本步骤有哪些?

8.2 单个正态总体参数的假设检验

1. 正态总体均值 μ 的假设检验

设总体 $X \sim N(\mu, \sigma^2)$, 关于均值 μ 的假设检验分为 σ^2 已知与 σ^2 未知两种情况分别讨论.

1) σ^2 已知, 关于 μ 的假设检验(Z 检验)

设 $X_1, X_2, \cdots, X_n$ 是来自总体 $X \sim N(\mu, \sigma^2)$ 的样本, 检验假设
$$H_0: \mu = \mu_0, \quad H_1: \mu \neq \mu_0, \tag{8.2}$$
其中 μ_0 是已知常数. 这种形式的假设检验称为**双边假设检验**.

由于当原假设 H_0 成立时, 统计量 $Z = \dfrac{\overline{X} - \mu_0}{\sigma/\sqrt{n}} \sim N(0,1)$, 因此可以选取 Z 作为检验统计量. 当 $|Z|$ 的观测值 $|z| = \left|\dfrac{\overline{x} - \mu_0}{\sigma/\sqrt{n}}\right|$ 过分大时, 就拒绝原假设 H_0, 因而原假设 H_0 的拒绝域的形式为
$$|z| = \left|\dfrac{\overline{x} - \mu_0}{\sigma/\sqrt{n}}\right| \geq k.$$

对于给定的显著性水平 α, 由标准正态分布上 α 分位点的定义可得

$$P\left\{\left|\frac{\overline{X}-\mu_0}{\sigma/\sqrt{n}}\right| \geq z_{\alpha/2}\right\}=\alpha,$$

从而 $k=z_{\alpha/2}$，所以该假设检验问题的拒绝域为

$$|z|=\left|\frac{\overline{x}-\mu_0}{\sigma/\sqrt{n}}\right| \geq z_{\alpha/2}. \tag{8.3}$$

在双边假设检验中，拒绝域分布在临界值的两侧，如图 8-1 所示.

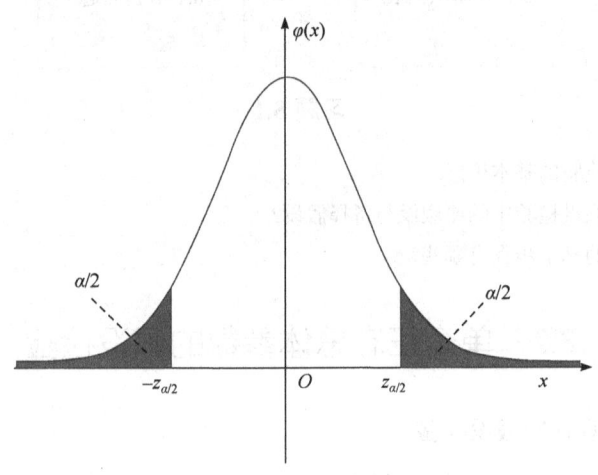

图 8-1 方差已知时 μ 的双边假设检验的拒绝域

在实际问题中，有时我们只关心总体均值是否大于或小于某个给定的数. 例如，若要考察生产过程中新工艺的采用是否提高产品的某个质量指标，则需要检验假设

$$H_0: \mu \leq \mu_0, \quad H_1: \mu > \mu_0. \tag{8.4}$$

如果我们关心的是总体均值是否显著减少，则需要检验假设

$$H_0: \mu \geq \mu_0, \quad H_1: \mu < \mu_0. \tag{8.5}$$

形如(8.4)式的检验称为**右边检验**，形如(8.5)式的检验称为**左边检验**. 左边检验和右边检验统称为**单边检验**.

对于给定的显著性水平 α，现在求右边检验问题

$$H_0: \mu \leq \mu_0, \quad H_1: \mu > \mu_0$$

的拒绝域.

由于 $\overline{X}$ 是 μ 的无偏估计量，因此当 $H_1: \mu > \mu_0$ 为真时，统计量 $Z=\dfrac{\overline{X}-\mu_0}{\sigma/\sqrt{n}}$ 的

观测值 $z = \dfrac{\bar{x} - \mu_0}{\sigma/\sqrt{n}}$ 应该偏大, 由此可知, 该假设检验问题的拒绝域的形式为

$$z = \dfrac{\bar{x} - \mu_0}{\sigma/\sqrt{n}} \geqslant k,$$

当原假设 H_0 成立时, 有

$$\left\{\dfrac{\bar{X} - \mu_0}{\sigma/\sqrt{n}} \geqslant k\right\} \subset \left\{\dfrac{\bar{X} - \mu}{\sigma/\sqrt{n}} \geqslant k\right\},$$

所以对于给定的显著性水平 $\alpha(0 < \alpha < 1)$, 令

$$P\left\{\dfrac{\bar{X} - \mu}{\sigma/\sqrt{n}} \geqslant k\right\} = \alpha,$$

则

$$P\{\text{拒绝}H_0 | H_0 \text{为真}\} = P\left\{\dfrac{\bar{X} - \mu_0}{\sigma/\sqrt{n}} \geqslant k\right\} \leqslant P\left\{\dfrac{\bar{X} - \mu}{\sigma/\sqrt{n}} \geqslant k\right\} = \alpha.$$

注意到 $\dfrac{\bar{X} - \mu}{\sigma/\sqrt{n}} \sim N(0,1)$, 由标准正态分布的上 α 分位点的定义可得

$$P\left\{\dfrac{\bar{X} - \mu}{\sigma/\sqrt{n}} \geqslant z_\alpha\right\} = \alpha.$$

于是 $k = z_\alpha$, 从而该假设检验问题的拒绝域为

$$z = \dfrac{\bar{x} - \mu_0}{\sigma/\sqrt{n}} \geqslant z_\alpha. \tag{8.6}$$

类似地, 可以讨论左边检验问题

$$H_0: \mu \geqslant \mu_0, \quad H_1: \mu < \mu_0$$

的拒绝域. 取检验统计量为 $Z = \dfrac{\bar{X} - \mu_0}{\sigma/\sqrt{n}}$, 则拒绝域为

$$z = \dfrac{\bar{x} - \mu_0}{\sigma/\sqrt{n}} \leqslant -z_\alpha. \tag{8.7}$$

例 1 从一批钢丝中随机地抽取 9 根测量其折断力(单位: kg), 测得数据分别为

290 268 293 284 286 285 286 298 292

设钢丝的折断力 X 服从正态分布 $N(\mu, 4.5^2)$, 问能否在显著性水平 $\alpha = 0.01$ 下认

为这批钢丝的折断力是 290 kg? 如果取显著性水平 $\alpha = 0.1$, 结果又会如何?

解 已知 $\sigma^2 = 4.5^2$, 检验假设

$$H_0: \mu = 290, \quad H_1: \mu \neq 290.$$

选取检验统计量 $Z = \dfrac{\overline{X} - 290}{\sigma/\sqrt{n}}$, 当 H_0 成立时, $Z \sim N(0,1)$, 该假设检验问题的拒绝域为

$$|z| = \left|\frac{\overline{x} - 290}{\sigma/\sqrt{n}}\right| \geq z_{\alpha/2}.$$

这里 $n = 9$, $\sigma = 4.5$, 由样本观测值算得 $\overline{x} = 286.89$, 可得统计量 Z 的观测值为

$$z = \frac{286.89 - 290}{4.5/\sqrt{9}} = -2.073.$$

当显著性水平 $\alpha = 0.01$ 时, 查标准正态分布表得 $z_{\alpha/2} = z_{0.005} = 2.575$. 因为

$$|z| = 2.073 < 2.575,$$

所以接受原假设 $H_0: \mu = 290$, 即可以认为这批钢丝的折断力是 290 kg.

当显著性水平 $\alpha = 0.1$ 时, 查标准正态分布表得 $z_{\alpha/2} = z_{0.05} = 1.645$, 因为

$$|z| = 2.073 > 1.645,$$

所以拒绝原假设 H_0, 即不能认为这批钢丝的折断力是 290 kg.

注 由例 1 可以看出, 假设检验的结论不仅依赖于样本观测值, 还取决于显著性水平 α. 显著性水平 α 越小越不容易拒绝原假设 H_0.

例 2 某种元件质量合格的标准是其平均使用寿命(单位: h)不得低于 1000 h, 现从一批这种元件中随机抽取 25 件, 测得其平均寿命为 950 h, 已知这种元件的寿命服从标准差为 $\sigma = 100$ h 的正态分布, 试在显著性水平 $\alpha = 0.05$ 下判断这批元件是否合格.

解 这是一个单边检验问题, 检验假设

$$H_0: \mu \geq 1000, \quad H_1: \mu < 1000.$$

选取检验统计量 $Z = \dfrac{\overline{X} - 1000}{\sigma/\sqrt{n}}$, 该假设检验问题的拒绝域为

$$z = \frac{\overline{x} - 1000}{\sigma/\sqrt{n}} \leq -z_{\alpha}.$$

已知 $n = 25$, $\sigma = 100$, $\overline{x} = 950$, 算得

$$z = \frac{950-1000}{100/\sqrt{25}} = -2.5.$$

由 $\alpha = 0.05$，查标准正态分布表得 $z_\alpha = z_{0.05} = 1.645$. 由于

$$z = -2.5 < -1.645,$$

因此拒绝原假设 H_0，接受备择假设 H_1，即可以认为这批元件不合格.

2) σ^2 未知，关于 μ 的假设检验(t 检验)

设总体 $X \sim N(\mu, \sigma^2)$，其中参数 σ^2 未知，$X_1, X_2, \cdots, X_n$ 是来自总体 X 的样本. 检验假设

$$H_0: \mu = \mu_0, \quad H_1: \mu \neq \mu_0,$$

其中 μ_0 是已知常数.

由于 σ^2 未知，因此 $Z = \dfrac{\overline{X} - \mu_0}{\sigma/\sqrt{n}}$ 不再是统计量了. 注意到 S^2 是 σ^2 的无偏估计量，且当 H_0 成立时，$T = \dfrac{\overline{X} - \mu_0}{S/\sqrt{n}} \sim t(n-1)$，因而可以选取 $T = \dfrac{\overline{X} - \mu_0}{S/\sqrt{n}}$ 作为检验统计量. 类似于方差已知的情形，该假设检验问题的拒绝域为

$$|t| = \left|\frac{\overline{x} - \mu_0}{s/\sqrt{n}}\right| \geq t_{\alpha/2}(n-1). \tag{8.8}$$

对单边检验问题也可以进行类似地讨论. **右边检验问题**

$$H_0: \mu \leq \mu_0, \quad H_1: \mu > \mu_0$$

的拒绝域为

$$t = \frac{\overline{x} - \mu_0}{s/\sqrt{n}} \geq t_\alpha(n-1). \tag{8.9}$$

左边检验问题

$$H_0: \mu \geq \mu_0, \quad H_1: \mu < \mu_0$$

的拒绝域为

$$t = \frac{\overline{x} - \mu_0}{s/\sqrt{n}} \leq -t_\alpha(n-1). \tag{8.10}$$

例3 如果一个矩形的长宽之比为黄金分割率，即矩形的长边为短边的 1.618 倍，这样的矩形就称为**黄金矩形**. 黄金矩形能够给画面带来美感，在很多艺术品以及大自然中都能找到它. 现从某工艺品厂生产的一批矩形工艺品中随机抽取 10

件产品,测量其长度与宽度的比值如下:

    1.622   1.654   1.662   1.598   1.601   1.608   1.680   1.609   1.701   1.576.

假定该工艺品厂生产的矩形工艺品的长宽比值服从正态分布,其均值为 μ,方差 σ^2 未知,试在显著性水平 $\alpha = 0.05$ 下判断该工艺品厂生产的矩形工艺品是否为黄金矩形.

解 检验假设

$$H_0: \mu = 1.618, \quad H_1: \mu \neq 1.618.$$

选取检验统计量 $T = \dfrac{\overline{X} - 1.618}{S/\sqrt{n}}$,当 H_0 为真时,$T = \dfrac{\overline{X} - 1.618}{S/\sqrt{n}} \sim t(n-1)$,该假设检验问题的拒绝域为

$$|t| = \left|\frac{\overline{x} - 1.618}{s/\sqrt{n}}\right| \geq t_{\alpha/2}(n-1).$$

由条件可得

    $n=10$, $\overline{x}=1.6311$, $s=0.041$, $\alpha=0.05$, $t_{0.025}(9) = 2.2622$,

计算统计量的观测值可得

$$|t| = \left|\frac{\overline{x} - 1.618}{s/\sqrt{n}}\right| = \left|\frac{1.6311 - 1.618}{0.041/\sqrt{10}}\right| = 1.01 < 2.2622,$$

因此接受原假设 H_0,即可以认为该工艺品厂生产的矩形工艺品为黄金矩形.

例 4 某糕点厂通过测定牛奶的冰点(单位:℃)判断牛奶供应商所供应的鲜牛奶是否被兑水. 天然牛奶的冰点是-0.545,由于水的冰点是 0,兑水后牛奶的冰点将会升高. 现对该供应商供应的牛奶进行随机抽样检测,测得 12 个牛奶样品的冰点如下:

    -0.5426 -0.5467 -0.5360 -0.5281 -0.5444 -0.5468
    -0.5420 -0.5347 -0.5468 -0.5496 -0.5410 -0.5405

假设牛奶冰点服从正态分布. 试在显著性水平 $\alpha = 0.05$ 下判断该供应商的牛奶是否被兑水.

解 检验假设

$$H_0: \mu \leq -0.545, \quad H_1: \mu > -0.545.$$

选取检验统计量 $T = \dfrac{\overline{X} - (-0.545)}{S/\sqrt{n}}$,该假设检验问题的拒绝域为

$$t = \frac{\overline{x} - (-0.545)}{s/\sqrt{n}} \geqslant t_\alpha(n-1).$$

由条件可得

$n = 12$, $\overline{x} = -0.5416$, $s = 0.0061$, $\alpha = 0.05$, $t_{0.05}(11) = 1.7959$,

计算统计量的观测值可得

$$t = \frac{\overline{x} - (-0.545)}{s/\sqrt{n}} = \frac{-0.5416 + 0.545}{0.0061/\sqrt{12}} = 1.9308 > t_{0.05}(11),$$

因此拒绝原假设 H_0, 即可以认为该供应商的牛奶兑水了.

2. 关于正态总体方差 σ^2 的假设检验(χ^2 检验)

设总体 $X \sim N(\mu, \sigma^2)$, μ 与 σ^2 均未知, $X_1, X_2, \cdots, X_n$ 是来自总体 X 的样本. 给定显著性水平 α, 检验假设

$$H_0: \sigma^2 = \sigma_0^2, \quad H_1: \sigma^2 \neq \sigma_0^2,$$

其中 σ_0^2 为已知常数.

由于 S^2 是 σ^2 的无偏估计, 因此当 H_0 为真时, S^2 的观测值应与 σ_0^2 比较接近, 从而 $\dfrac{S^2}{\sigma_0^2}$ 的观测值应该在 1 附近, 而不应过分大于 1 或过分小于 1. 选取检验统计量 $\chi^2 = \dfrac{n-1}{\sigma_0^2} S^2$, 当 H_0 为真时, $\dfrac{n-1}{\sigma_0^2} S^2 \sim \chi^2(n-1)$. 因此, 上述假设检验问题的拒绝域形式为

$$\frac{n-1}{\sigma_0^2} s^2 \leqslant k_1 \quad \text{或} \quad \frac{n-1}{\sigma_0^2} s^2 \geqslant k_2,$$

其中 k_1, k_2 满足

$$P\left\{\left(\frac{n-1}{\sigma_0^2} S^2 \leqslant k_1\right) \cup \left(\frac{n-1}{\sigma_0^2} S^2 \geqslant k_2\right)\right\} = \alpha,$$

即

$$P\left\{\frac{n-1}{\sigma_0^2} S^2 \leqslant k_1\right\} + P\left\{\frac{n-1}{\sigma_0^2} S^2 \geqslant k_2\right\} = \alpha,$$

为计算方便, 习惯上取

$$P\left\{\frac{n-1}{\sigma_0^2}S^2 \leqslant k_1\right\} = P\left\{\frac{n-1}{\sigma_0^2}S^2 \geqslant k_2\right\} = \frac{\alpha}{2}.$$

由 χ^2 分布的上 α 分位点的定义,可得 $k_1 = \chi_{1-\alpha/2}^2(n-1)$, $k_2 = \chi_{\alpha/2}^2(n-1)$. 于是原假设 H_0 的拒绝域为

$$\frac{n-1}{\sigma_0^2}s^2 \leqslant \chi_{1-\alpha/2}^2(n-1) \quad \text{或} \quad \frac{n-1}{\sigma_0^2}s^2 \geqslant \chi_{\alpha/2}^2(n-1). \tag{8.11}$$

对于**右边检验问题**

$$H_0: \sigma^2 \leqslant \sigma_0^2, \quad H_1: \sigma^2 > \sigma_0^2,$$

由于 S^2 是 σ^2 的无偏估计,因此当 $\sigma^2 > \sigma_0^2$ 时, $\dfrac{S^2}{\sigma_0^2}$ 的观测值往往比 1 要明显偏大一些,于是该假设检验问题的拒绝域形式为

$$\frac{(n-1)s^2}{\sigma_0^2} \geqslant k,$$

其中 k 为常数. 注意到当原假设 H_0 成立时,

$$\left\{\frac{(n-1)S^2}{\sigma_0^2} \geqslant k\right\} \subset \left\{\frac{(n-1)S^2}{\sigma^2} \geqslant k\right\}.$$

所以对于给定的显著性水平 $\alpha(0 < \alpha < 1)$,令

$$P\left\{\frac{(n-1)S^2}{\sigma^2} \geqslant k\right\} = \alpha,$$

则

$$P\left\{\frac{(n-1)S^2}{\sigma_0^2} \geqslant k\right\} \leqslant P\left\{\frac{(n-1)S^2}{\sigma^2} \geqslant k\right\} = \alpha.$$

由 $\dfrac{(n-1)S^2}{\sigma^2} \sim \chi^2(n-1)$,以及 χ^2 分布上 α 分位点的定义,可得 $k = \chi_\alpha^2(n-1)$,从而可得该假设检验问题的拒绝域为

$$\frac{n-1}{\sigma_0^2}s^2 \geqslant \chi_\alpha^2(n-1). \tag{8.12}$$

同理可得,**左边检验问题**

$$H_0: \sigma^2 \geqslant \sigma_0^2, \quad H_1: \sigma^2 < \sigma_0^2$$

的拒绝域为

$$\frac{n-1}{\sigma_0^2}s^2 \leqslant \chi_{1-\alpha}^2(n-1) \ . \tag{8.13}$$

例 5 已知某炼铁厂在生产正常情况下,铁水含碳量服从方差为 0.03 的正态分布. 某天测量 10 炉铁水,测得其铁水含碳量的样本方差为 0.0375, 问在显著性水平 $\alpha = 0.05$ 下是否可以认为这一天该厂的铁水含碳量的波动性符合要求.

解 检验假设

$$H_0: \sigma^2 = 0.03, \quad H_1: \sigma^2 \neq 0.03,$$

选取检验统计量 $\chi^2 = \frac{n-1}{0.03}S^2$,当 H_0 成立时,$\chi^2 \sim \chi^2(n-1)$. 该假设检验问题的拒绝域为

$$\frac{n-1}{0.03}s^2 \leqslant \chi_{1-\alpha/2}^2(n-1) \quad \text{或} \quad \frac{n-1}{0.03}s^2 \geqslant \chi_{\alpha/2}^2(n-1).$$

由条件可得 $\alpha = 0.05$,$n = 10$,查 χ^2 分布表得

$$\chi_{\alpha/2}^2(n-1) = \chi_{0.025}^2(9) = 19.023, \quad \chi_{1-\alpha/2}^2(n-1) = \chi_{0.975}^2(9) = 2.7.$$

而检验统计量 χ^2 的观测值为

$$\chi^2 = \frac{n-1}{0.03}s^2 = \frac{9}{0.03} \times 0.0375 = 11.25,$$

显然有 $2.7 < 11.25 < 19.023$,所以接受原假设 H_0,即可以认为铁水含碳量的波动性符合要求.

例 6 设一台自动车床加工出来的零件的长度(单位: cm) $X \sim N(\mu, \sigma^2)$. 原来的加工精度要求 σ^2 不超过 0.18,在生产了一段时间之后,为检验该车床是否还保持原来的加工精度,抽取该车床加工的 31 个零件,测得样本方差 $s^2 = 0.267$. 问在显著性水平 $\alpha = 0.05$ 下能否认为该车床还保持原有的加工精度?

解 依题意要求检验假设

$$H_0: \sigma^2 \leqslant 0.18, \quad H_1: \sigma^2 > 0.18.$$

选取检验统计量 $\chi^2 = \frac{n-1}{0.18}S^2$,该假设检验问题的拒绝域为

$$\chi^2 = \frac{n-1}{0.18}s^2 \geqslant \chi_\alpha^2(n-1).$$

已知 $n = 31$,由 $\alpha = 0.05$,查 χ^2 分布表可得 $\chi_\alpha^2(n-1) = \chi_{0.05}^2(30) = 43.773$. 再由

$s^2 = 0.267$,可得检验统计量 χ^2 的观测值

$$\chi^2 = \frac{n-1}{0.18}s^2 = \frac{31-1}{0.18} \times 0.267 = 44.5 > 43.773,$$

因此拒绝原假设 H_0,即可以认为该车床工作一段时间后加工精度变差了.

3. 假设检验问题的 p 值法

以上讨论的假设检验方法称为**临界值法**. 本节介绍另一种被称为 p 值法的检验方法. 假设检验的结论通常是简单的,在给定的显著性水平下,不是拒绝原假设就是接受原假设. 然而有时也会出现这样的情况:在一个较大的显著性水平下得到拒绝原假设的结论,而在一个较小的显著性水平下却会得到相反的结论. 如在例 1 中,当 $\alpha = 0.01$ 时,则接受原假设,即可以认为这批钢丝的折断力是 290 kg. 而当 $\alpha = 0.1$ 时,则拒绝原假设,即不能认为这批钢丝的折断力是 290 kg. 这种情况在理论上很容易解释:因为显著性水平变小后会导致检验的拒绝域变小,于是原来落在拒绝域中的观测值就可能落入接受域,但是这种情况在应用中会带来一些麻烦,会因为决策人选择的显著性水平的不同而得到不同的结论. 我们该如何处理这个问题呢?下面用例 1 来讨论这个问题(表 8-1).

表 8-1 例 1 的拒绝域

显著性水平	拒绝域	对应的结论($\|z\| = 2.073$)
$\alpha = 0.1$	$\|z\| > 1.645$	拒绝 H_0
$\alpha = 0.05$	$\|z\| > 1.96$	拒绝 H_0
$\alpha = 0.025$	$\|z\| > 2.24$	接受 H_0
$\alpha = 0.01$	$\|z\| > 2.575$	接受 H_0

从表中可以看到,对于不同的显著性水平 α 有不同的结论.

现在换一个角度来看, 在原假设 H_0 成立的条件下,检验统计量

$$Z = \frac{\bar{X} - 290}{\sigma/\sqrt{n}} \sim N(0,1),$$

对于给定的显著性水平 α,该假设检验问题的拒绝域为

$$|z| = \left|\frac{\bar{x} - 290}{\sigma/\sqrt{n}}\right| \geq z_{\alpha/2},$$

从实际数据计算得到

$$|z| = \left|\frac{\bar{x} - 290}{\sigma/\sqrt{n}}\right| = 2.073.$$

据此可以算得一个概率 $P\{|Z| \geq 2.073\} = 2(1 - \Phi(2.073)) = 0.0384$，若以此为基准来看上述检验问题，亦可作出判断，具体如下：

(1) 当 $\alpha < 0.0384$ 时，$z_{\alpha/2} > 2.073$，由于拒绝域为 $|z| \geq z_{\alpha/2}$，于是 $|Z|$ 的观测值 $|z| = 2.073$ 不在拒绝域内，应接受原假设 H_0.

(2) 当 $\alpha \geq 0.0384$ 时，$z_{\alpha/2} \leq 2.073$，由于拒绝域为 $|z| \geq z_{\alpha/2}$，于是 $|Z|$ 的观测值 $|z| = 2.073$ 落在拒绝域内，应拒绝原假设 H_0.

由此可以看出，0.0384 是能用 $|Z|$ 的观测值 $|z| = 2.073$ 作出"拒绝原假设 H_0"的最小的显著性水平，这就是 p 值.

定义 1 在一个假设检验问题中，利用样本观测值能够作出拒绝原假设的最小显著性水平称为检验的 **p 值**.

p 值越小，则样本数据提供的拒绝原假设 H_0 的证据越充分. 由检验的 p 值与人们心目中的显著性水平 α 进行比较可以很容易作出假设检验的结论

(1) 如果 p 值 $\leq \alpha$，则在显著性水平 α 下拒绝原假设 H_0.

(2) 如果 p 值 $> \alpha$，则在显著性水平 α 下接受原假设 H_0.

p 值在实际中很有用，它体现了人们利用样本观测值拒绝原假设理由的充分程度. 在相同的显著性水平 α 下，如果 p 值 $< \alpha$ 且 p 值离 α 越远，则拒绝原假设的理由就越充分. 例如，取 $\alpha = 0.05$，若根据不同样本观测值分别计算出 $p = 0.0384$ 和 $p = 0.0499$，则当 $p = 0.0384$ 时拒绝原假设的理由就比 $p = 0.0499$ 要充分. 如今的统计软件中对检验问题一般都会给出检验的 p 值.

假设检验可从两方面进行，其一是建立拒绝域，考察样本观测值是否落入拒绝域而加以判断；其二是根据样本观测值计算检验的 p 值，通过将 p 值与事先设定的显著性水平 α 比较大小而作出判断；这两种检验方法是等价的. 第一种方法前面已经详细讨论过，下面针对本节中的几个例子具体给出第二种方法的求解过程.

在例 2 中，检验假设

$$H_0: \mu \geq 1000, \quad H_1: \mu < 1000.$$

检验统计量仍为 $Z = \dfrac{\bar{X} - 1000}{\sigma/\sqrt{n}}$，该假设检验问题的拒绝域为

$$z = \frac{\bar{x} - 1000}{\sigma/\sqrt{n}} \leq -z_\alpha.$$

由实际数据计算得到

$$z = \frac{950-1000}{100/\sqrt{25}} = -2.5.$$

计算 p 值，$p = P\{Z \leqslant -2.5\} = 1 - \Phi(2.5) = 0.0062$，由于 $p < 0.05$，因此在显著性水平 $\alpha = 0.05$ 下拒绝原假设 H_0.

在例 3 中，检验假设

$$H_0: \mu = 1.618, \quad H_1: \mu \neq 1.618.$$

选取检验统计量 $T = \dfrac{\overline{X} - 1.618}{S/\sqrt{n}}$，该假设检验问题的拒绝域为

$$|t| = \left|\frac{\overline{x} - 1.618}{s/\sqrt{n}}\right| \geqslant t_{\alpha/2}(n-1).$$

由实际数据计算得到

$$|t| = \left|\frac{1.6311 - 1.618}{0.041/\sqrt{10}}\right| = 1.01.$$

借助于 Python 软件计算 p 值，$p = P\{|T| \geqslant 1.01\} = 2P\{T \leqslant -1.01\} = 0.3389$，由于 $p > 0.05$，因此在显著性水平 $\alpha = 0.05$ 下接受原假设 H_0.

在例 4 中，检验假设

$$H_0: \mu \leqslant -0.545, \quad H_1: \mu > -0.545.$$

选取检验统计量 $T = \dfrac{\overline{X} - (-0.545)}{S/\sqrt{n}}$，该假设检验问题的拒绝域为

$$t = \frac{\overline{x} - (-0.545)}{s/\sqrt{n}} \geqslant t_{\alpha}(n-1).$$

由实际数据计算得到

$$t = \frac{-0.5416 + 0.545}{0.0061/\sqrt{12}} = 1.9308.$$

借助于 Python 软件计算 p 值，$p = P\{T \geqslant 1.9308\} = 0.0398$，由于 $p < 0.05$，因此在显著性水平 $\alpha = 0.05$ 下拒绝原假设 H_0.

对于其他的检验法，也都可以用相同的方法计算检验的 p 值，这里不再赘述.

8.2 节知识拓展

8.2 节自测题

习题 8.2

1. 从某砖厂生产的一批砖中随机抽取 6 块, 测量其抗断强度(单位: MPa)分别为

$$3.366 \quad 3.106 \quad 3.264 \quad 3.287 \quad 3.122 \quad 3.205$$

设砖的抗断强度 X 服从正态分布 $N(\mu, 0.11^2)$, 问在显著性水平 $\alpha = 0.01$ 下能否认为这批砖的抗断强度是 3.250 MPa?

2. 从一批木材中随机抽取 36 根, 测量其小头直径, 算得平均值 $\bar{x} = 14.2$ cm. 设木材的小头直径 $X \sim N(\mu, 3.2^2)$, 问在显著性水平 $\alpha = 0.05$ 下能否认为该批木材的小头平均直径在 14cm 以上?

3. 用热敏电阻测温仪间接测量地热方法勘探井底温度(单位: ℃), 设测量值 $X \sim N(\mu, \sigma^2)$, 现在重复测量 7 次, 测得温度如下

$$112.0 \quad 113.4 \quad 111.2 \quad 112.0 \quad 114.5 \quad 112.9 \quad 113.6$$

已知温度的真值 $\mu_0 = 112.6$, 试问在显著性水平 $\alpha = 0.05$ 下用热敏电阻测温仪间接测量温度有无系统偏差?

4. 某电子元件的寿命(单位: h) $X \sim N(\mu, \sigma^2)$, 其中 μ, σ^2 均未知. 现从这批电子元件中随机抽取 16 只, 测得其寿命分别为

159 280 101 212 224 379 179 264 222 362 168 250 149 260 485 170

问在显著性水平 $\alpha = 0.05$ 下是否有理由认为这批电子元件的平均寿命大于 225 小时?

5. 我们要求某种导线电阻(单位: Ω)的标准差不得超过 0.005, 现从生产的一批导线中抽取样本 9 根, 测得 $s = 0.007$, 假设这种导线的电阻服从正态分布, 问在显著性水平 $\alpha = 0.05$ 下能否认为这批导线电阻的标准差显著地偏大?

6. 某班级学生进行概率统计期末考试, 根据试卷的情况, 任课教师预测该班学生概率统计成绩的平均分应为 76 分. 考试结束后, 随机抽查了 6 位同学的成绩分别为

$$71 \quad 78.5 \quad 73 \quad 77 \quad 79 \quad 82$$

假设该班学生的概率统计成绩服从正态分布, 问在显著性水平 $\alpha = 0.05$ 下能否认为任课教师的预测是正确的?

7. 假设鳜鱼的重量服从正态分布, 理想的养殖结果是总体标准差 $\sigma \leq 0.18$. 现从某渔场打捞出 59 条鳜鱼, 测量其重量, 算得样本标准差 $s = 0.2$, 问在显著性水平 $\alpha = 0.05$ 下能否认为渔

场的养殖结果是理想的?

8.3 两个正态总体参数的假设检验

设有两个正态总体 $X \sim N(\mu_1, \sigma_1^2)$, $Y \sim N(\mu_2, \sigma_2^2)$, $X_1, X_2, \cdots, X_{n_1}$ 是来自总体 X 的样本, $Y_1, Y_2, \cdots, Y_{n_2}$ 是来自总体 Y 的样本, 且这两个样本相互独立. 样本均值分别为

$$\bar{X} = \frac{1}{n_1}\sum_{i=1}^{n_1} X_i, \quad \bar{Y} = \frac{1}{n_2}\sum_{i=1}^{n_2} Y_i,$$

样本方差分别为

$$S_1^2 = \frac{1}{n_1-1}\sum_{i=1}^{n_1}(X_i - \bar{X})^2, \quad S_2^2 = \frac{1}{n_2-1}\sum_{i=1}^{n_2}(Y_i - \bar{Y})^2.$$

本节主要讨论两个正态总体均值差 $\mu_1 - \mu_2$ 的假设检验和方差比 σ_1^2/σ_2^2 的假设检验.

1. 两个正态总体均值差的假设检验

两个正态总体均值差 $\mu_1 - \mu_2$ 的假设检验, 可分为 σ_1^2, σ_2^2 已知和 σ_1^2, σ_2^2 未知两种情况.

1) σ_1^2 和 σ_2^2 已知, 关于 $\mu_1 - \mu_2$ 的假设检验(Z 检验)

检验假设

$$H_0: \mu_1 - \mu_2 = \delta, \quad H_1: \mu_1 - \mu_2 \neq \delta,$$

其中 δ 为已知常数.

由于 $\bar{X} - \bar{Y}$ 是 $\mu_1 - \mu_2$ 的无偏估计量, 因此选取统计量 $Z = \dfrac{\bar{X} - \bar{Y} - \delta}{\sqrt{\dfrac{\sigma_1^2}{n_1} + \dfrac{\sigma_2^2}{n_2}}}$, 当 H_0 成立时, $Z \sim N(0,1)$, 从而统计量 Z 的观测值 $|z|$ 应该比较小, 如果 $|z|$ 过大就应该拒绝 H_0, 故该假设检验问题的拒绝域形式为

$$|z| = \left| \frac{\bar{x} - \bar{y} - \delta}{\sqrt{\dfrac{\sigma_1^2}{n_1} + \dfrac{\sigma_2^2}{n_2}}} \right| \geq k.$$

于是对于给定的显著性水平 α，由标准正态分布上 α 分位点的定义可得

$$P\left\{\left|\frac{\overline{X}-\overline{Y}-\delta}{\sqrt{\dfrac{\sigma_1^2}{n_1}+\dfrac{\sigma_2^2}{n_2}}}\right|\geqslant z_{\alpha/2}\right\}=\alpha,$$

由此可得 $k=z_{\alpha/2}$. 从而该假设检验问题的拒绝域为

$$|z|=\left|\frac{\overline{x}-\overline{y}-\delta}{\sqrt{\dfrac{\sigma_1^2}{n_1}+\dfrac{\sigma_2^2}{n_2}}}\right|\geqslant z_{\alpha/2}. \tag{8.14}$$

类似地可以讨论单边检验问题的拒绝域. 右边检验问题

$$H_0:\mu_1-\mu_2\leqslant\delta,\quad H_1:\mu_1-\mu_2>\delta$$

的拒绝域为

$$z=\frac{\overline{x}-\overline{y}-\delta}{\sqrt{\dfrac{\sigma_1^2}{n_1}+\dfrac{\sigma_2^2}{n_2}}}\geqslant z_\alpha. \tag{8.15}$$

左边检验问题

$$H_0:\mu_1-\mu_2\geqslant\delta,\quad H_1:\mu_1-\mu_2<\delta$$

的拒绝域为

$$z=\frac{\overline{x}-\overline{y}-\delta}{\sqrt{\dfrac{\sigma_1^2}{n_1}+\dfrac{\sigma_2^2}{n_2}}}\leqslant -z_\alpha. \tag{8.16}$$

注 在关于 $\mu_1-\mu_2$ 的假设检验中，通常遇到的情况是 $\delta=0$，即检验 μ_1 与 μ_2 是否有显著差异.

例1 为比较甲、乙两种稻种的产量(单位: kg)，选取 10 块试验田，每块田甲、乙稻种各种一半，假定这两种稻种的产量都服从正态分布，已知甲、乙两种稻种产量的标准差分别为 $\sigma_1=5.2$，$\sigma_2=7.6$，现算得这两种稻种产量的样本均值分别为 $\overline{x}=140.6$，$\overline{y}=127$. 假设这两个样本是相互独立的，试在显著性水平 $\alpha=0.1$ 下判断这两种稻种的产量是否有显著差异.

解 设甲稻种产量为 X，乙稻种产量为 Y，则 $X \sim N(\mu_1, 5.2^2)$，$Y \sim N(\mu_2, 7.6^2)$. 检验假设

$$H_0: \mu_1 = \mu_2, \quad H_1: \mu_1 \neq \mu_2.$$

选取检验统计量 $Z = \dfrac{\overline{X} - \overline{Y}}{\sqrt{\dfrac{\sigma_1^2}{n_1} + \dfrac{\sigma_2^2}{n_2}}}$，当 H_0 成立时，$Z \sim N(0,1)$. 该假设检验问题的拒绝域为

$$|z| = \left| \frac{\overline{x} - \overline{y}}{\sqrt{\dfrac{\sigma_1^2}{n_1} + \dfrac{\sigma_2^2}{n_2}}} \right| \geq z_{\alpha/2}.$$

由 $\alpha = 0.1$，查标准正态分布表可得 $z_{\alpha/2} = z_{0.05} = 1.645$. 再由 $n_1 = n_2 = 10$，$\overline{x} = 140.6$，$\overline{y} = 127$，$\sigma_1 = 5.2$，$\sigma_2 = 7.6$，可得统计量 Z 的观测值

$$z = \frac{140.6 - 127}{\sqrt{\dfrac{5.2^2}{10} + \dfrac{7.6^2}{10}}} = 4.67,$$

因为 $|z| = 4.67 > 1.645$，所以拒绝原假设 H_0，即可以认为这两种稻种的产量有显著差异.

2) $\sigma_1^2 = \sigma_2^2 = \sigma^2$ 未知，关于 $\mu_1 - \mu_2$ 的假设检验(t 检验)

检验假设

$$H_0: \mu_1 - \mu_2 = \delta, \quad H_1: \mu_1 - \mu_2 \neq \delta,$$

其中 δ 为已知常数.

由于 σ_1^2, σ_2^2 未知，因此 $Z = \dfrac{\overline{X} - \overline{Y} - \delta}{\sqrt{\dfrac{\sigma_1^2}{n_1} + \dfrac{\sigma_2^2}{n_2}}}$ 不再是统计量. 注意到 $\sigma_1^2 = \sigma_2^2$，因而当 H_0 成立时，统计量

$$T = \frac{\overline{X} - \overline{Y} - \delta}{S_w \sqrt{\dfrac{1}{n_1} + \dfrac{1}{n_2}}} \sim t(n_1 + n_2 - 2),$$

其中 $S_w^2 = \dfrac{(n_1-1)S_1^2 + (n_2-1)S_2^2}{n_1+n_2-2}$，$S_w = \sqrt{S_w^2}$. 当 H_0 成立时，统计量 T 的观测值 $|t|$ 应该比较小，如果 $|t|$ 过大就应该拒绝 H_0，于是该假设检验问题的拒绝域形式为

$$\left|\frac{\bar{x}-\bar{y}-\delta}{s_w\sqrt{\dfrac{1}{n_1}+\dfrac{1}{n_2}}}\right| \geqslant k.$$

对于给定的显著性水平 α，由 t 分布的上 α 分位点的定义可得

$$P\left\{\left|\frac{\bar{X}-\bar{Y}-\delta}{S_w\sqrt{\dfrac{1}{n_1}+\dfrac{1}{n_2}}}\right| \geqslant t_{\alpha/2}(n_1+n_2-2)\right\} = \alpha,$$

从而 $k = t_{\alpha/2}(n_1+n_2-2)$，因此该假设检验问题的拒绝域为

$$\left|\frac{\bar{x}-\bar{y}-\delta}{s_w\sqrt{\dfrac{1}{n_1}+\dfrac{1}{n_2}}}\right| \geqslant t_{\alpha/2}(n_1+n_2-2).$$

类似地可以讨论单边检验问题的拒绝域. 右边检验问题

$$H_0: \mu_1 - \mu_2 \leqslant \delta, \quad H_1: \mu_1 - \mu_2 > \delta$$

的拒绝域为

$$\frac{\bar{x}-\bar{y}-\delta}{s_w\sqrt{\dfrac{1}{n_1}+\dfrac{1}{n_2}}} \geqslant t_{\alpha}(n_1+n_2-2). \tag{8.17}$$

左边检验问题

$$H_0: \mu_1 - \mu_2 \geqslant \delta, \quad H_1: \mu_1 - \mu_2 < \delta$$

的拒绝域为

$$\frac{\bar{x}-\bar{y}-\delta}{s_w\sqrt{\dfrac{1}{n_1}+\dfrac{1}{n_2}}} \leqslant -t_{\alpha}(n_1+n_2-2). \tag{8.18}$$

例 2 甲、乙两人生产同一种产品，下面记录的是这两人 6 天每天生产这种产品的件数

工人甲： 25 28 23 26 29 22
工人乙： 28 23 30 25 21 27

假设这两人每天生产的产品件数都服从正态分布，且方差相等，两个样本相互独立．试在显著性水平 $\alpha = 0.05$ 下判断甲、乙两人每天生产的产品件数有无显著差异．

解 设甲、乙两人每天生产的产品件数分别为 X 与 Y，则 $X \sim N(\mu_1, \sigma^2)$，$Y \sim N(\mu_2, \sigma^2)$．检验假设

$$H_0: \mu_1 = \mu_2, \quad H_1: \mu_1 \neq \mu_2.$$

选取检验统计量

$$T = \frac{\overline{X} - \overline{Y}}{S_w \sqrt{\frac{1}{n_1} + \frac{1}{n_2}}},$$

当原假设 H_0 成立时，$T \sim t(n_1 + n_2 - 2)$．该假设检验问题的拒绝域为

$$\left| \frac{\overline{x} - \overline{y}}{s_w \sqrt{\frac{1}{n_1} + \frac{1}{n_2}}} \right| \geq t_{\alpha/2}(n_1 + n_2 - 2).$$

现在 $n_1 = n_2 = 6$，由样本观测值算得 $\overline{x} = 25.5$，$\overline{y} = 25.667$，$s_w^2 = 3.047^2$，由此可得统计量 T 的观测值为

$$t = \frac{25.5 - 25.667}{3.047 \times \sqrt{\frac{1}{6} + \frac{1}{6}}} = -0.095,$$

查 t 分布表得 $t_{\alpha/2}(n_1 + n_2 - 2) = t_{0.025}(10) = 2.2281$．由于 $|t| = 0.095 < 2.2281$，因此接受原假设 H_0，即可以认为甲、乙两人每天生产的产品件数无显著差异．

例 3 用自动车床采用新旧两种工艺加工同一种零件，现测量一批零件的加工偏差(单位: μm)分别为

旧工艺： 2.7 2.4 2.5 3.1 2.7 3.5 2.9 2.7 3.5 3.3
新工艺： 1.6 1.1 1.7 1.8 2.0 2.1 1.8 1.4 1.7 2.3

假设加工偏差都服从正态分布，所得的两个样本相互独立，且总体方差相等．分别记 μ_1, μ_2 对应于旧工艺、新工艺总体的均值．在显著性水平 $\alpha = 0.05$ 下检验假设 $H_0: \mu_1 - \mu_2 \leq 1, \quad H_1: \mu_1 - \mu_2 > 1.$

解 设该自动车床在新旧两种工艺下的加工偏差分别为 X, Y，则 $X \sim N(\mu_1, \sigma^2)$，$Y \sim N(\mu_2, \sigma^2)$．检验假设

$$H_0: \mu_1 - \mu_2 \leqslant 1, \quad H_1: \mu_1 - \mu_2 > 1.$$

选取检验统计量

$$T = \frac{\overline{X} - \overline{Y} - 1}{S_w \sqrt{\dfrac{1}{n_1} + \dfrac{1}{n_2}}},$$

该假设检验问题的拒绝域为

$$\frac{\overline{x} - \overline{y} - 1}{s_w \sqrt{\dfrac{1}{n_1} + \dfrac{1}{n_2}}} \geqslant t_\alpha(n_1 + n_2 - 2),$$

其中 $n_1 = n_2 = 10$,由样本观测值算得 $\overline{x} = 2.93$,$\overline{y} = 1.75$,$s_w^2 = 0.1392$. 统计量 T 的观测值为

$$t = \frac{2.93 - 1.75 - 1}{\sqrt{0.1392} \times \sqrt{\dfrac{1}{10} + \dfrac{1}{10}}} = 1.079,$$

查 t 分布表得 $t_{0.05}(n_1 + n_2 - 2) = t_{0.05}(18) = 1.7341$. 由于 $t = 1.079 < 1.7341$,因此接受原假设 H_0.

2. 两个正态总体方差的假设检验(F 检验)

在 μ_1 和 μ_2 均未知的条件下,检验假设

$$H_0: \sigma_1^2 = \sigma_2^2, \quad H_1: \sigma_1^2 \neq \sigma_2^2.$$

由于 S_1^2 和 S_2^2 分别是 σ_1^2 和 σ_2^2 的无偏估计,当 H_0 为真时,统计量 $F = \dfrac{S_1^2}{S_2^2}$ 的观测值应接近 1,F 的观测值过大或过小都可以认为 H_0 不真. 于是上述假设检验问题的拒绝域形式为

$$\frac{s_1^2}{s_2^2} \leqslant k_1 \quad \text{或} \quad \frac{s_1^2}{s_2^2} \geqslant k_2,$$

其中常数 k_1, k_2 满足

$$P\left\{\left(\frac{S_1^2}{S_2^2} \leqslant k_1\right) \cup \left(\frac{S_1^2}{S_2^2} \geqslant k_2\right)\right\} = \alpha,$$

为计算方便,通常取

$$P\left\{\frac{S_1^2}{S_2^2} \leqslant k_1\right\} = P\left\{\frac{S_1^2}{S_2^2} \geqslant k_2\right\} = \frac{\alpha}{2}.$$

当原假设 H_0 成立时，$F \sim F(n_1-1, n_2-1)$，由此可得

$$k_1 = F_{1-\alpha/2}(n_1-1, n_2-1), \quad k_2 = F_{\alpha/2}(n_1-1, n_2-1),$$

于是该假设检验问题的拒绝域为

$$\frac{s_1^2}{s_2^2} \leqslant F_{1-\alpha/2}(n_1-1, n_2-1) \quad \text{或} \quad \frac{s_1^2}{s_2^2} \geqslant F_{\alpha/2}(n_1-1, n_2-1). \tag{8.19}$$

类似地可以讨论单边检验问题的拒绝域. 右边检验问题

$$H_0: \sigma_1^2 \leqslant \sigma_2^2, \quad H_1: \sigma_1^2 > \sigma_2^2$$

的拒绝域为

$$\frac{s_1^2}{s_2^2} \geqslant F_{\alpha}(n_1-1, n_2-1). \tag{8.20}$$

左边检验问题

$$H_0: \sigma_1^2 \geqslant \sigma_2^2, \quad H_1: \sigma_1^2 < \sigma_2^2$$

的拒绝域为

$$\frac{s_1^2}{s_2^2} \leqslant F_{1-\alpha}(n_1-1, n_2-1). \tag{8.21}$$

例 4 冶炼某种金属有两种方法，为了检验用这两种方法生产的产品中所含杂质的波动性是否有显著差异，现各取一个样本，测得数据(含杂质的百分比: %)如下

甲: 26.9　22.8　25.7　23.0　22.3　24.2　26.1　26.4　27.2　30.2　24.5
　　29.5　25.1
乙: 22.6　22.5　20.6　23.5　24.3　21.9　20.6　23.2　23.4

由经验知道，这两种方法生产的产品的杂质含量都服从正态分布，试在显著性水平 $\alpha = 0.05$ 下判断用甲、乙两种方法生产的产品所含杂质的波动率是否有显著差异.

解 设甲、乙两种方法生产的产品杂质含量分别为 X, Y，则 $X \sim N(\mu_1, \sigma_1^2)$，$Y \sim N(\mu_2, \sigma_2^2)$. 由实际情况可以认为 X 与 Y 的样本相互独立. 检验杂质含量的波动率有无显著差异，也就是检验两个总体方差是否相等. 所以问题归结为在显著性水平 $\alpha = 0.05$ 下检验假设

$$H_0: \sigma_1^2 = \sigma_2^2, \quad H_1: \sigma_1^2 \neq \sigma_2^2.$$

选取检验统计量 $F = \dfrac{S_1^2}{S_2^2}$，当原假设 H_0 成立时，$F \sim F(n_1-1, n_2-1)$，该假设检

问题的拒绝域为

$$\frac{s_1^2}{s_2^2} \leqslant F_{1-\alpha/2}(n_1-1, n_2-1) \quad \text{或} \quad \frac{s_1^2}{s_2^2} \geqslant F_{\alpha/2}(n_1-1, n_2-1),$$

由样本观测值算得

$$n_1 = 13, \quad n_2 = 9, \quad \bar{x} = 25.68, \quad \bar{y} = 22.51, \quad s_1^2 = 5.8614, \quad s_2^2 = 1.641.$$

统计量 F 的观测值为 $F = \dfrac{s_1^2}{s_2^2} = \dfrac{5.8614}{1.641} = 3.57$，查 F 分布表可得

$$F_{\alpha/2}(n_1-1, n_2-1) = F_{0.025}(12, 8) = 4.2,$$

$$F_{1-\alpha/2}(n_1-1, n_2-1) = \frac{1}{F_{\alpha/2}(n_2-1, n_1-1)} = \frac{1}{F_{0.025}(8, 12)} = \frac{1}{3.51} = 0.285.$$

由于 $0.285 < 3.57 < 4.2$，即 F 的观测值没有落入拒绝域内，因此接受原假设 H_0，即可以认为用甲、乙两种方法生产的产品所含杂质的波动率没有显著差异。

例 5 某日从两台新机床加工的同一种零件中分别抽取若干件测量其尺寸(单位: mm)，样本数据如下

甲机床: 6.2 5.7 6.5 6.0 6.3 5.8 5.7 6.0 6.0 5.8 6.0

乙机床: 5.6 5.9 5.6 5.7 5.8 6.0 5.5 5.7 5.5

假定零件尺寸服从正态分布，问甲机床加工零件的精度是否高于乙机床加工零件的精度? $(\alpha = 0.05)$

解 设甲、乙两台机床加工的零件尺寸分别为 X 与 Y，则 $X \sim N(\mu_1, \sigma_1^2)$，$Y \sim N(\mu_2, \sigma_2^2)$。由实际情况可以认为 X 与 Y 的样本相互独立。检验假设

$$H_0: \sigma_1^2 \geqslant \sigma_2^2, \quad H_1: \sigma_1^2 < \sigma_2^2.$$

选取检验统计量 $F = \dfrac{S_1^2}{S_2^2}$，该假设检验问题的拒绝域为

$$\frac{s_1^2}{s_2^2} \leqslant F_{1-\alpha}(n_1-1, n_2-1),$$

由样本观测值可得 $n_1 = 11$，$n_2 = 9$，$s_1^2 = 0.064$，$s_2^2 = 0.03$。查 F 分布表可得

$$F_{1-\alpha}(n_1-1, n_2-1) = F_{0.95}(10, 8) = \frac{1}{F_{0.05}(8, 10)} = \frac{1}{3.07} = 0.326,$$

检验统计量 F 的观测值为 $F = \dfrac{s_1^2}{s_2^2} = 2.133 > 0.326$，没有落入拒绝域内，因此接受原假设 H_0，即不能认为甲机床加工零件的精度比乙机床加工零件的精度高。

表 8-2　正态总体均值、方差的检验法(显著性水平为 α)

	原假设 H_0	备择假设 H_1	检验统计量	拒绝域
1	$\mu \leqslant \mu_0$ $\mu \geqslant \mu_0$ $\mu = \mu_0$ (σ^2 已知)	$\mu > \mu_0$ $\mu < \mu_0$ $\mu \neq \mu_0$	$Z = \dfrac{\overline{X} - \mu_0}{\sigma/\sqrt{n}}$	$z \geqslant z_\alpha$ $z \leqslant -z_\alpha$ $|z| \geqslant z_{\alpha/2}$
2	$\mu \leqslant \mu_0$ $\mu \geqslant \mu_0$ $\mu = \mu_0$ (σ^2 未知)	$\mu > \mu_0$ $\mu < \mu_0$ $\mu \neq \mu_0$	$T = \dfrac{\overline{X} - \mu_0}{S/\sqrt{n}}$	$t \geqslant t_\alpha(n-1)$ $t \leqslant -t_\alpha(n-1)$ $|t| \geqslant t_{\alpha/2}(n-1)$
3	$\mu_1 - \mu_2 \leqslant \delta$ $\mu_1 - \mu_2 \geqslant \delta$ $\mu_1 - \mu_2 = \delta$ (σ_1^2, σ_2^2 已知)	$\mu_1 - \mu_2 > \delta$ $\mu_1 - \mu_2 < \delta$ $\mu_1 - \mu \neq \delta$	$Z = \dfrac{\overline{X} - \overline{Y} - \delta}{\sqrt{\dfrac{\sigma_1^2}{n_1} + \dfrac{\sigma_2^2}{n_2}}}$	$z \geqslant z_\alpha$ $z \leqslant -z_\alpha$ $|z| \geqslant z_{\alpha/2}$
4	$\mu_1 - \mu_2 \leqslant \delta$ $\mu_1 - \mu_2 \geqslant \delta$ $\mu_1 - \mu_2 = \delta$ ($\sigma_1^2 = \sigma_2^2 = \sigma^2$ 未知)	$\mu_1 - \mu_2 > \delta$ $\mu_1 - \mu_2 < \delta$ $\mu_1 - \mu \neq \delta$	$T = \dfrac{\overline{X} - \overline{Y} - \delta}{S_w \sqrt{\dfrac{1}{n_1} + \dfrac{1}{n_2}}}$ $S_w^2 = \dfrac{(n_1 - 1)S_1^2 + (n_2 - 1)S_2^2}{n_1 + n_2 - 2}$	$t \geqslant t_\alpha(n_1 + n_2 - 2)$ $t \leqslant -t_\alpha(n_1 + n_2 - 2)$ $|t| \geqslant t_{\alpha/2}(n_1 + n_2 - 2)$
5	$\sigma^2 \leqslant \sigma_0^2$ $\sigma^2 \geqslant \sigma_0^2$ $\sigma^2 = \sigma_0^2$ (μ 未知)	$\sigma^2 > \sigma_0^2$ $\sigma^2 < \sigma_0^2$ $\sigma^2 \neq \sigma_0^2$	$\chi^2 = \dfrac{(n-1)S^2}{\sigma_0^2}$	$\chi^2 \geqslant \chi_\alpha^2(n-1)$ $\chi^2 \leqslant \chi_{1-\alpha}^2(n-1)$ $\chi^2 \geqslant \chi_{\alpha/2}^2(n-1)$ 或 $\chi^2 \leqslant \chi_{1-\alpha/2}^2(n-1)$

续表

	原假设 H_0	备择假设 H_1	检验统计量	拒绝域
6	$\sigma_1^2 \leqslant \sigma_2^2$	$\sigma_1^2 > \sigma_2^2$	$F = \dfrac{S_1^2}{S_2^2}$	$F \geqslant F_\alpha(n_1-1, n_2-1)$
	$\sigma_1^2 \geqslant \sigma_2^2$	$\sigma_1^2 < \sigma_2^2$		$F \leqslant F_{1-\alpha}(n_1-1, n_2-1)$
	$\sigma_1^2 = \sigma_2^2$	$\sigma_1^2 \neq \sigma_2^2$		$F \geqslant F_{\alpha/2}(n_1-1, n_2-1)$ 或 $F \leqslant F_{1-\alpha/2}(n_1-1, n_2-1)$
	(μ_1, μ_2 未知)			

例6 牛顿提出万有引力定律 100 多年后,亨利·卡文迪什(Henry Cavendish, 1731~1810)通过反复试验,终于在 1798 年利用扭秤测量出了引力常数 G. 他的测量数据已经很难找到了,现在在实验室利用金球和铂球分别测定的引力常数如下

金球: 6.67   6.68   6.67   6.69   6.67   6.69   6.66   6.66   6.66

铂球: 6.69   6.67   6.67   6.68   6.67   6.66   6.67   6.66

假设这两种方法测定的引力常数分别服从正态分布 $N(\mu_1, \sigma_1^2)$,$N(\mu_2, \sigma_2^2)$.

(1) 在显著性水平 $\alpha = 0.05$ 下,判断以上两种方法测定的引力常数的方差有无显著差异.

(2) 在显著性水平 $\alpha = 0.05$ 下,判断这两种方法测定的引力常数的均值有无显著差异.

解 (1) 设用金球和铂球测定的引力常数分别为 X 和 Y,则 $X \sim N(\mu_1, \sigma_1^2)$,$Y \sim N(\mu_2, \sigma_2^2)$,根据实际情况,可以认为 X 与 Y 的样本相互独立. 依题意要求检验假设

$$H_0: \sigma_1^2 = \sigma_2^2, \quad H_1: \sigma_1^2 \neq \sigma_2^2.$$

选取检验统计量 $F = \dfrac{S_1^2}{S_2^2}$,当原假设 H_0 成立时,$F \sim F(n_1-1, n_2-1)$,该假设检验问题的拒绝域为

$$\frac{s_1^2}{s_2^2} \leqslant F_{1-\alpha/2}(n_1-1, n_2-1) \quad \text{或} \quad \frac{s_1^2}{s_2^2} \geqslant F_{\alpha/2}(n_1-1, n_2-1),$$

由样本观测值可得

$$n_1 = 9, \quad n_2 = 8, \quad \bar{x} = 6.6722, \quad \bar{y} = 6.6713,$$

$$s_1^2 = 1.4444 \times 10^{-4}, \quad s_2^2 = 9.8214 \times 10^{-5}.$$

检验统计量的观测值 $F = \dfrac{s_1^2}{s_2^2} = 1.471$，查 F 分布表可得

$$F_{0.025}(8,7) = 4.90, \quad F_{0.975}(8,7) = \dfrac{1}{F_{0.025}(7,8)} = \dfrac{1}{4.53} = 0.22.$$

由于 $0.22 < 1.471 < 4.90$，因此接受原假设 H_0，即可以认为这两种方法测定的引力常数的方差无显著差异.

(2) 检验假设

$$H_0: \mu_1 = \mu_2, \quad H_1: \mu_1 \neq \mu_2.$$

由(1)知，可以认为 $\sigma_1^2 = \sigma_2^2$，因此选取统计量 $T = \dfrac{\overline{X} - \overline{Y}}{S_w \sqrt{\dfrac{1}{n_1} + \dfrac{1}{n_2}}}$，当原假设 H_0 成立

时，$T = \dfrac{\overline{X} - \overline{Y}}{S_w \sqrt{\dfrac{1}{n_1} + \dfrac{1}{n_2}}} \sim t(n_1 + n_2 - 2)$，该假设检验问题的拒绝域为

$$|t| \geq t_{\alpha/2}(n_1 + n_2 - 2).$$

由样本观测值可得

$$s_w = \sqrt{\left(8 \times 1.4444 \times 10^{-4} + 7 \times 9.8214 \times 10^{-5}\right)/15} = 0.0111,$$

统计量 T 的观测值为

$$t = \dfrac{6.6722 - 6.6713}{0.0111 \times \sqrt{1/9 + 1/8}} = 0.17.$$

查 t 分布表得 $t_{0.025}(15) = 2.1315$. 由于 $|t| = 0.17 < 2.1315$，因此接受原假设 H_0，即可以认为这两种方法测定的引力常数的均值无显著差异.

8.3 节知识拓展

8.3 节自测题

习题 8.3

1. 设有甲、乙两种零件可以彼此代替，但乙零件比甲零件制造简单且造价低. 经过试验获得抗压强度数据(单位: kg/cm^2)为

甲: 88　87　82　90　91

乙: 89　89　90　84　88

已知甲、乙两种零件的抗压强度分别服从正态分布 $N(\mu_1,\sigma^2)$，$N(\mu_2,\sigma^2)$，且这两组样本相互独立，问能否在保证抗压强度的条件下用乙零件代替甲零件？($\alpha=0.05$)

2. 以相同的仰角发射 9 颗库存了 1 个月的同型号炮弹，射程(单位: km)分别为

$$30.89\quad 31.74\quad 33.82\quad 32.79\quad 31.87\quad 31.85\quad 31.79\quad 31.70\quad 32.23$$

又以相同的仰角发射 8 颗库存了 2 年的同型号炮弹，射程分别为

$$32.84\quad 31.46\quad 32.31\quad 31.75\quad 30.15\quad 31.51\quad 31.43\quad 31.74$$

由经验知道，炮弹射程服从正态分布，问在显著性水平 $\alpha=0.05$ 下这两批炮弹射程的波动性是否有显著差异？

3. 两台机器生产金属部件，分别从这两台机器所生产的部件中各取容量 $n_1=21$，$n_2=15$ 的样本，测得金属部件重量(单位: kg)的样本方差分别为 $s_1^2=15.46$，$s_2^2=9.66$. 设这两个样本相互独立，两总体分别服从正态分布 $N(\mu_1,\sigma_1^2)$ 和 $N(\mu_2,\sigma_2^2)$，其中 $\mu_i,\sigma_i^2(i=1,2)$ 均未知. 试在显著性水平 $\alpha=0.05$ 下检验假设 $H_0:\sigma_1^2\leqslant\sigma_2^2$，$H_1:\sigma_1^2>\sigma_2^2$.

4. 在 20 世纪 70 年代后期人们发现，酿造啤酒时，在麦芽干燥过程中形成致癌物质亚硝基二甲胺(NDMA). 到了 20 世纪 80 年代初期开发了一种新的麦芽干燥过程. 下面分别给出在新老两种过程中形成的 NDMA 含(以 10 亿份中的份数计)

老过程: 6　4　5　5　6　5　5　6　4　6　7　4

新过程: 2　1　2　2　1　0　3　2　1　0　1　3

设这两个样本均来自正态总体且相互独立，两总体的方差相等，但分布参数均未知. 分别记 μ_1 与 μ_2 对应于老过程和新过程的总体的均值，试在显著性水平 $\alpha=0.05$ 下，检验假设

$$H_0:\mu_1-\mu_2\leqslant 2,\quad H_1:\mu_1-\mu_2>2.$$

5. 某苗圃用两种育苗方案对杨树进行育苗试验，已知在两组育苗试验中苗高(单位: cm)的标准差分别为 $\sigma_1=20$，$\sigma_2=18$. 现各自独立地抽取 80 株树苗作为样本，算得苗高的样本均值分别为 $\bar{x}=68.12$，$\bar{y}=58.65$. 设杨树苗高服从正态分布，试在显著性水平 $\alpha=0.1$ 下，判断这两种试验方案对平均苗高有无显著影响.

6. 为了比较不同季节出生的女婴体重的方差，从某年 12 月和 6 月出生的女婴中分别随机抽取 6 名和 10 名这两个样本相互独立，测其体重如下(单位: g)

12月: 3520　2960　2560　2960　3260　3960

6月: 3220　3220　3760　3000　2920　3740　3060　3080　2940　3060

假定新生女婴体重服从正态分布，试在显著性水平 $\alpha=0.05$ 下判断新生女婴体重冬季的方差是否比夏季的方差小.

7. 测得两批小学生的身高数据如下(单位: cm)

第一批 (x): 140　138　143　142　144　137　141

第二批(y): 135 140 142 136 138 140

设这两批小学生的身高分别服从正态分布 $N(\mu_1, \sigma^2)$,$N(\mu_2, \sigma^2)$,且这两组样本相互独立,试判断这两批学生的平均身高是否有显著差异.($\alpha = 0.1$)

8.4 非正态总体参数的假设检验

在许多实际问题中,有时会遇到总体不服从正态分布,甚至不知道总体服从什么分布的情况. 在这种情况下,要对参数进行假设检验就不能再使用前面介绍的方法了. 在这一节我们讨论非正态总体参数的假设检验问题. 主要思想是在大样本前提下应用中心极限定理得到统计量的极限分布,然后再进行参数假设检验.

1. 大样本情形下单个总体均值的假设检验

假设总体 X 的均值为 μ,方差为 σ^2,$X_1, X_2, \cdots, X_n$ 是来自总体 X 的样本,检验假设

$$H_0 : \mu = \mu_0, \quad H_1 : \mu \neq \mu_0.$$

由中心极限定理可知,当样本容量 n 充分大时,$Z = \dfrac{\bar{X} - \mu}{\sigma / \sqrt{n}}$ 近似地服从标准正态分布 $N(0,1)$. 由于样本方差 $S^2 = \dfrac{1}{n-1}\sum_{i=1}^{n}(X_i - \bar{X})^2$ 为 σ^2 的无偏估计量,因此可以用 S^2 近似代替 σ^2,并且当 H_0 为真且样本容量 n 充分大时,统计量 $Z = \dfrac{\bar{X} - \mu_0}{S / \sqrt{n}}$ 仍近似地服从标准正态分布 $N(0,1)$. 从而该假设检验问题的拒绝域为

$$|z| = \left| \frac{\bar{x} - \mu_0}{s / \sqrt{n}} \right| \geq z_{\alpha/2}. \tag{8.22}$$

注 这个假设检验问题的拒绝域在大样本情形下才成立,因此一般要求样本容量较大.

例 1 某电器元件的平均电阻(单位: Ω)一直保持在 $2.64\,\Omega$. 改变加工原料后,测量 100 个元件的电阻,计算得平均电阻为 $2.58\,\Omega$,样本标准差为 $0.04\,\Omega$. 试在显著性水平 $\alpha = 0.05$ 下判断改变加工原料对元件的平均电阻有无显著影响.

解 设该电器元件的电阻为 X,其均值为 μ. 检验假设

$$H_0 : \mu = 2.64, \quad H_1 : \mu \neq 2.64.$$

该假设检验问题的拒绝域为 $|z| = \left| \dfrac{\bar{x} - 2.64}{s / \sqrt{n}} \right| \geq z_{\alpha/2}$. 由题目条件可知 $n = 100$,

$\bar{x} = 2.58$, $s = 0.04$,可得统计量 Z 的观测值 $z = \dfrac{2.58 - 2.64}{0.04/\sqrt{100}} = -15$;再由 $\alpha = 0.05$,查标准正态分布表得 $z_{\alpha/2} = z_{0.025} = 1.96$. 显然有 $|z| = 15 > 1.96$,所以拒绝原假设 H_0,即可以认为改变加工原料对电器元件的平均电阻有显著影响.

2. 大样本情形下两个总体均值的假设检验

设 $X_1, X_2, \cdots, X_{n_1}$ 是来自总体 X 的样本,$Y_1, Y_2, \cdots, Y_{n_2}$ 是来自总体 Y 的样本,这两个样本是相互独立的,分别记

$$\bar{X} = \frac{1}{n_1}\sum_{i=1}^{n_1} X_i, \quad S_1^2 = \frac{1}{n_1 - 1}\sum_{i=1}^{n_1}(X_i - \bar{X})^2,$$

$$\bar{Y} = \frac{1}{n_2}\sum_{i=1}^{n_2} Y_i, \quad S_2^2 = \frac{1}{n_2 - 1}\sum_{i=1}^{n_2}(Y_i - \bar{Y})^2.$$

设总体 X 的均值为 μ_1,方差为 σ_1^2,总体 Y 的均值为 μ_2,方差为 σ_2^2. 现在求假设检验问题

$$H_0: \mu_1 - \mu_2 = \delta, \quad H_1: \mu_1 - \mu_2 \neq \delta$$

的拒绝域.

由中心极限定理可知,当样本容量 n_1 和 n_2 都充分大时,在原假设 H_0 成立的条件下,统计量 $Z = \dfrac{\bar{X} - \bar{Y} - \delta}{\sqrt{\dfrac{S_1^2}{n_1} + \dfrac{S_2^2}{n_2}}}$ 近似地服从标准正态分布 $N(0,1)$. 由此可得该假设检验问题的拒绝域为

$$|z| = \left|\frac{\bar{x} - \bar{y} - \delta}{\sqrt{\dfrac{s_1^2}{n_1} + \dfrac{s_2^2}{n_2}}}\right| \geqslant z_{\alpha/2}. \tag{8.23}$$

例 2 为了比较两批产品 A, B 的平均重量(单位: g),分别从这两批产品中随机抽取容量为 110 的样本,在相同的条件下进行重量测定,分别算得样本均值及样本标准差为 $\bar{x} = 2805$,$\bar{y} = 2680$,$s_1 = 120.41$,$s_2 = 105.00$. 设这两个样本相互独立,在显著性水平 $\alpha = 0.05$ 下检验这两批产品的平均重量有无显著差异.

解 设产品 A 与 B 的重量分别为 X 和 Y,且 $\mu_1 = E(X)$,$\mu_2 = E(Y)$. 检验假设

$$H_0: \mu_1 = \mu_2, \quad H_1: \mu_1 \neq \mu_2.$$

由于两个样本都是大样本,因此该假设检验问题的拒绝域为

$$|z| = \left|\frac{\overline{x} - \overline{y}}{\sqrt{\frac{s_1^2}{n_1} + \frac{s_2^2}{n_2}}}\right| \geq z_{\alpha/2},$$

由题目条件可知 $n_1 = 110$，$n_2 = 110$，$\alpha = 0.05$，查标准正态分布表得 $z_{\alpha/2} = z_{0.025} = 1.96$，计算得

$$|z| = \left|\frac{\overline{x} - \overline{y}}{\sqrt{\frac{s_1^2}{n_1} + \frac{s_2^2}{n_2}}}\right| = 8.2061 > 1.96,$$

于是拒绝原假设 H_0，即可以认为这两批产品的平均重量有显著差异.

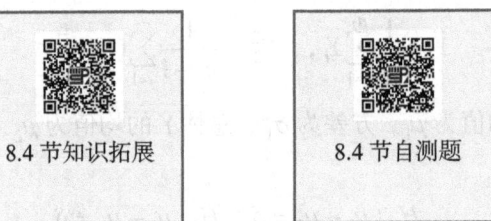

8.4 节知识拓展　　8.4 节自测题

习题 8.4

1. 从一大批产品中任意取 100 个，得到一级品 60 个，记 p 为这一大批产品的一级品率，试在显著性水平 $\alpha = 0.05$ 下检验假设 $H_0 : p \leq 0.6$，$H_1 : p > 0.6$.

2. 为比较甲、乙两种小麦植株的高度(单位: cm)，在相同条件下进行高度测定，算得样本均值与样本方差分别如下

甲小麦：$n_1 = 100, \overline{x} = 28, s_1^2 = 35.8$；乙小麦：$n_2 = 100, \overline{y} = 26, s_2^2 = 32.3$.

问在显著性水平 $\alpha = 0.05$ 下这两种小麦植株的高度之间有无显著差异?

3. 已知某种电子元件的使用寿命 X(单位: h)服从参数为 λ 的指数分布，现抽查 100 个元件，算得样本均值 $\overline{x} = 950$，试问在显著性水平 $\alpha = 0.05$ 下能否认为参数 $\lambda = 0.001$?

4. 两台机床加工同一种轴承，现在从它们加工的轴承中分别随机地抽取 200 根和 100 根，测量其椭圆度(单位: mm)，经计算得

$$\overline{x} = 0.081, \quad \overline{y} = 0.062, \quad s_1 = 0.025, \quad s_2 = 0.062.$$

问在显著性水平 $\alpha = 0.05$ 下能否认为这两台机床加工的轴承的平均椭圆度是相同的?

8.5　分布拟合检验

在许多实际问题中，总体分布的形式事先并不知道，这就需要根据实际情况

对总体分布作出某种假设，然后再根据样本提供的信息来检验该假设是否成立，这种关于总体分布的假设检验称为**分布拟合检验**，是一种**非参数假设检验**. 分布拟合检验方法较多，这里主要介绍 χ^2 检验.

设总体 X 的分布函数 $F(x)$ 是未知的，$X_1, X_2, \cdots, X_n$ 为来自总体 X 的样本. 下面根据这个样本来检验总体 X 的分布函数 $F(x)$ 是否等于某个给定的分布函数 $F_0(x)$，即检验假设

$$H_0: F(x) = F_0(x), \quad H_1: F(x) \neq F_0(x). \tag{8.24}$$

若总体 X 为离散型随机变量，则(8.24)式中的 H_0 相当于

$$H_0: 总体 X 的分布律为 P\{X = x_i\} = p_i \ (i = 1, 2, \cdots). \tag{8.25}$$

若总体 X 为连续型随机变量，则(8.24)式中的 H_0 相当于

$$H_0: 总体 X 的概率密度为 f(x). \tag{8.26}$$

下面我们根据总体中不含未知参数和含未知参数两种情形分别讨论.

(1) H_0 中总体 X 的分布函数 $F(x)$ 不含未知参数的情形. 记 Ω 为 X 的所有可能取值的全体，将 Ω 划分为 k 个两两互不相交的子集 $A_1, A_2, \cdots, A_k$，$n_i \ (i = 1, 2, \cdots, k)$ 表示样本观测值 $x_1, x_2, \cdots, x_n$ 中落入 A_i 中的个数，则样本观测值落入 A_i 的频率为 $\dfrac{n_i}{n}$. 另一方面，当 H_0 为真时，可以根据 H_0 中所假设的总体 X 的分布函数 $F_0(x)$ 计算 X 落入 A_i 的概率 $p_i = P(A_i) \ (i = 1, 2, \cdots, k)$. 通常情况下，频率 $\dfrac{n_i}{n}$ 与概率 p_i 之间会有差异，但一般说来，当 H_0 为真且 n 充分大时，这种差异就不应太大，从而 $\left(\dfrac{n_i}{n} - p_i\right)^2$ 也不应太大. 于是可以选取如下统计量：

$$\sum_{i=1}^{k} h_i \left(\frac{n_i}{n} - p_i\right)^2 \tag{8.27}$$

对 H_0 的合理性进行检验，其中 $h_i \ (i = 1, 2, \cdots, k)$ 是给定的常数. 特别地，如果选取 $h_i = \dfrac{n}{p_i} \ (i = 1, 2, \cdots, k)$，则由(8.27)式定义的统计量变成

$$\chi^2 = \sum_{i=1}^{k} \frac{(n_i - np_i)^2}{np_i}. \tag{8.28}$$

统计学家皮尔逊给出了下述结论.

定理 1 当原假设 H_0 成立且 n 充分大时，统计量

$$\chi^2 = \sum_{i=1}^{k} \frac{(n_i - np_i)^2}{np_i}$$

近似服从 $\chi^2(k-1)$ 分布.

由定理 1 可知, 若给定显著性水平 α, 则假设检验问题(8.24)的拒绝域为

$$\chi^2 \geqslant \chi_\alpha^2(k-1). \tag{8.29}$$

(2) H_0 中总体 X 的分布函数 $F(x)$ 含有 $r(r \geqslant 1)$ 个未知参数的情形. 此时, 我们首先可以在原假设 H_0 下利用样本观测值求出未知参数的最大似然估计值, 以最大似然估计值作为参数值, 然后再根据 $F_0(x)$ 求出 p_i 的估计值 $\hat{p}_i = \hat{P}(A_i)$, 并在 (8.28)式中以 $\hat{p}_i$ 代替 p_i, 得到统计量

$$\chi^2 = \sum_{i=1}^{k} \frac{(n_i - n\hat{p}_i)^2}{n\hat{p}_i}. \tag{8.30}$$

可以证明, 下面的结论成立.

定理 2 当原假设 H_0 成立且 n 充分大时, 统计量

$$\chi^2 = \sum_{i=1}^{k} \frac{(n_i - n\hat{p}_i)^2}{n\hat{p}_i}$$

近似服从 $\chi^2(k-r-1)$ 分布, 其中 r 是 X 的分布函数 $F(x)$ 包含的未知参数的个数.

由定理 2 可知, 若给定显著性水平 α, 则假设检验问题(8.24)的拒绝域为

$$\chi^2 \geqslant \chi_\alpha^2(k-r-1). \tag{8.31}$$

实际中运用 χ^2 检验法检验总体分布, 在对样本数据进行分组时, 为了得到较好的检验效果, 首先要抽取容量较大的样本, 其次要求各组的理论频数 np_i 或 $n\hat{p}_i$ 不小于 5; 另外一般将数据分成 7 到 14 组为宜, 有时为了保证各组 np_i 或 $n\hat{p}_i$ 不小于 5, 组数可以少于 7 组.

例 1 孟德尔在著名的豌豆杂交实验中, 用结黄色圆形种子与结绿色皱形种子的纯种豌豆作为亲本进行杂交, 将子一代进行自交得到子二代共 556 株豌豆, 发现其中有四种类型植株

黄圆 315 株   黄皱 101 株   绿圆 108 株   绿皱 32 株

试问这些植株是否符合孟德尔提出的 9:3:3:1 的理论比例? ($\alpha = 0.05$)

解 检验假设

H_0: 这些植株符合孟德尔提出的 9:3:3:1 的理论比例,

H_1: 这些植株不符合 9:3:3:1 的理论比例.

由 9:3:3:1 的理论比例可得

$$p_1 = \frac{9}{16}, \quad p_2 = \frac{3}{16}, \quad p_3 = \frac{3}{16}, \quad p_4 = \frac{1}{16}.$$

再由 $n=556$,可得

$$np_1 = 312.75, \quad np_2 = 104.25, \quad np_3 = 104.25, \quad np_4 = 34.75,$$

其中 $n_1 = 315$, $n_2 = 101$, $n_3 = 108$, $n_4 = 32$, $k = 4$,计算得

$$\chi^2 = \sum_{i=1}^{k} \frac{(n_i - np_i)^2}{np_i}$$
$$= \frac{(315 - 312.75)^2}{312.75} + \frac{(101 - 104.25)^2}{104.25} + \frac{(108 - 104.25)^2}{104.25} + \frac{(32 - 34.75)^2}{34.75}$$
$$= 0.47.$$

查 χ^2 分布表可得 $\chi_\alpha^2(k-1) = \chi_{0.05}^2(3) = 7.815$. 显然有 $\chi^2 < \chi_{0.05}^2(3)$,故在 $\alpha = 0.05$ 下接受原假设 H_0,即可以认为这些植株符合孟德尔提出的 9:3:3:1 的理论比例.

例 2 某购物网站在 100 分钟内每分钟被访问的次数 X 统计数据如下,其中 m 为访问次数 X 的频数.

X	0	1	2	3	4	5	6	7	8	9
m	0	7	12	18	17	20	13	6	3	4

问在显著性水平 $\alpha = 0.05$ 下能否认为总体 X 服从泊松分布?

解 检验假设

$$H_0: X \text{ 服从泊松分布,即 } X \sim \pi(\lambda); \quad H_1: X \text{ 不服从泊松分布}.$$

λ 的最大似然估计值为

$$\hat{\lambda} = \bar{x} = \frac{1}{100}(1 \times 7 + 2 \times 12 + \cdots + 9 \times 4) = 4.33,$$

当原假设 H_0 为真时,计算理论概率

$$\hat{p}_i = P\{X = i\} = \frac{\hat{\lambda}^i}{i!} e^{-\hat{\lambda}}, \quad i = 0, 1, 2, \cdots,$$

再进一步算出理论频数 $n\hat{p}_i$,整理成表,如下:

X	0	1	2	3	4	5	6	7	8	$\geqslant 9$
$\hat{p}_i$	0.013	0.057	0.123	0.178	0.193	0.167	0.121	0.075	0.040	0.033
$n\hat{p}_i$	1.3	5.7	12.3	17.8	19.3	16.7	12.1	7.5	4.0	3.3
n_i	0	7	12	18	17	20	13	6	3	4

由于在"$X=0$","$X=8$"及"$X\geq 9$"组中 $n\hat{p}_i$ 皆小于 5,故将"$X=0$"与"$X=1$"合并为"$X\leq 1$",将"$X=8$"与"$X\geq 9$"合并为"$X\geq 8$",由此得到 8 个组,即"$X\leq 1$","$X=2$",$\cdots$,"$X\geq 8$",$k=8$. 应用合并组中的理论频数、实际频数计算 χ^2 的值

$$\chi^2=\sum_{i=1}^{8}\frac{(n_i-n\hat{p}_i)^2}{n\hat{p}_i}=\frac{(7-7.0)^2}{7}+\frac{(12-12.3)^2}{12.3}+\cdots+\frac{(6-7.5)^2}{7.5}+\frac{(7-7.3)^2}{7.3}=1.315.$$

由 $\alpha=0.05$,$k=8$,$r=1$,查 χ^2 分布表得 $\chi_{\alpha}^{2}(k-r-1)=\chi_{0.05}^{2}(6)=12.592$,由于 $\chi^2<\chi_{0.05}^{2}(6)$,因此接受原假设 H_0,即在显著性水平 $\alpha=0.05$ 下可以认为该购物网站每分钟被访问的次数 X 服从参数 $\lambda=4.33$ 的泊松分布.

例3 某农科站为了考察某种大麦穗长的分布情况,在一块实验田里随机抽取了 100 个麦穗测量其长度,得到数据如下(单位:cm):

6.5	6.4	6.7	5.8	5.9	5.9	5.2	4.0	5.4	4.6	5.8	5.5	6.0	6.5	5.1	6.5
5.3	5.9	5.5	5.8	6.2	5.4	5.0	5.0	6.8	6.0	5.0	5.7	6.0	5.5	6.8	6.0
6.3	5.5	5.0	6.3	5.2	6.0	7.0	6.4	6.4	5.8	5.9	5.7	6.8	6.6	6.0	6.4
5.7	7.4	6.0	5.4	6.5	6.0	6.8	5.8	6.3	6.0	6.3	5.6	5.3	6.4	5.7	6.7
6.2	5.6	6.0	6.7	6.7	5.5	6.2	6.1	5.4	6.8	6.6	4.7	5.7	5.7		
5.8	5.3	7.0	6.0	6.0	5.9	5.4	6.0	5.2	5.7	6.8	6.1	4.5	5.6		
6.3	6.0	5.8	6.3												

试在显著性水平 $\alpha=0.05$ 下检验大麦穗长是否服从正态分布.

解 设 X 表示大麦穗长,检验假设

$$H_0:X\text{ 服从正态分布 }N(\mu,\sigma^2),\quad H_1:X\text{ 不服从正态分布 }N(\mu,\sigma^2).$$

在这里,H_0 中总体 X 的分布参数 μ,σ^2 是未知的,所以应首先估计 μ,σ^2 的值. 由最大似然估计法得 μ,σ^2 的最大似然估计值分别为

$$\hat{\mu}=\bar{x}=5.921,\quad \hat{\sigma}^2=\frac{n-1}{n}s^2=0.6034^2.$$

因为数据中最小值为 4.0,最大值为 7.4,所以把这 100 个数据所属的区间 (3.95, 7.55) 等分成长度为 0.3 的互不重叠的12个小区间,并分别算出其频数、频率分布如表 8-3 所示. 这里把 $n_i\leq 5$ 的组合并,最后分为 7 组,考虑到正态分布的取值范围,这 7 组分别为

$$A_1=(-\infty,5.15],\ A_2=(5.15,5.45],\ \cdots,\ A_7=(6.65,+\infty).$$

若原假设 H_0 为真,则 $X\sim N(5.921,0.6034^2)$,由此可计算 $\hat{p}_i=\hat{P}(A_i)$,若 $A_i=(t_{i-1},\ t_i]$,则

$$\hat{p}_i = \Phi\left(\frac{t_i - \hat{\mu}}{\hat{\sigma}}\right) - \Phi\left(\frac{t_{i-1} - \hat{\mu}}{\hat{\sigma}}\right) = \Phi\left(\frac{t_i - 5.921}{0.6034}\right) - \Phi\left(\frac{t_{i-1} - 5.921}{0.6034}\right).$$

表 8-3　大麦穗长的频数、频率分布表

A_i	频数(n_i)	频率(n_i/n)	累计频率
3.95~4.25	1	0.01	
4.25~4.55	1	0.01	0.09
4.55~4.85	2	0.02	
4.85~5.15	5	0.05	
5.15~5.45	11	0.11	0.20
5.45~5.75	15	0.15	0.35
5.75~6.05	28	0.28	0.63
6.05~6.35	13	0.13	0.76
6.35~6.65	11	0.11	0.87
6.65~6.95	10	0.10	
6.95~7.25	2	0.02	1.00
7.25~7.55	1	0.01	
合计	100	1.00	

将 $\hat{p}_i$, $\chi^2 = \sum_{i=1}^{k} \frac{(n_i - n\hat{p}_i)^2}{n\hat{p}_i}$ 的值列于表 8-4 中。由 $k=7$, $r=2$, $\alpha=0.05$, 查 χ^2 分布表可得 $\chi^2_\alpha(k-r-1) = \chi^2_{0.05}(4) = 9.488$. 再由表 8-4 可得 $\chi^2 = 6.15698$. 由于 $\chi^2 < \chi^2_{0.05}(4)$, 因此接受原假设 H_0, 即在显著性水平 $\alpha=0.05$ 下可认为大麦穗长服从均值 $\mu=5.921$、方差 $\sigma^2 = 0.6034^2$ 的正态分布.

表 8-4　χ^2 的计算表

组号	分组	频数(n_i)	$\hat{p}_i$	$n\hat{p}_i$	$(n_i - n\hat{p}_i)^2/n\hat{p}_i$
1	3.95~5.15	9	0.09976	9.976	0.09549
2	5.15~5.45	11	0.1174	11.74	0.04664
3	5.45~5.75	15	0.172	17.2	0.2814
4	5.75~6.05	28	0.1935	19.35	3.8668
5	6.05~6.35	13	0.1779	17.79	1.28972
6	6.35~6.65	11	0.1258	12.58	0.19844
7	6.65~7.55	13	0.10963	10.963	0.37849
合计		100	0.99599	99.599	6.15698

8.5 节知识拓展　　8.5 节自测题

习题 8.5

1. 从一批零件中随机抽取 100 只，检查这些零件上的瑕疵的点数，结果如下表.

点数	0	1	2	3	4	5	6
频数	14	27	26	20	7	3	3

试检验这批零件上的瑕疵的点数是否服从泊松分布.（$\alpha = 0.05$）

2. 将一颗骰子掷 120 次，记录出现点数的频数，得如下数据.

点数	1	2	3	4	5	6
频数	16	19	27	17	23	18

试问这颗骰子的六个面是否均匀？（$\alpha = 0.05$）

3. 下表给出了随机抽取的某大学一年级 200 名学生某次高等数学考试的成绩.

分组	$20 < x \leqslant 30$	$30 < x \leqslant 40$	$40 < x \leqslant 50$	$50 < x \leqslant 60$
频数	5	15	30	51
分组	$60 < x \leqslant 70$	$70 < x \leqslant 80$	$80 < x \leqslant 90$	$90 < x \leqslant 100$
频数	60	23	10	6

试检验该校学生这次高等数学考试的成绩是否服从正态分布 $N(60,15^2)$.（$\alpha = 0.05$）

4. 在检查产品质量时，每次都抽取 10 件产品检查，共抽取 100 次，记录每 10 件产品中的次品数，得如下统计表.

次品数	0	1	2	3	4	5	6	7	8	9	10
频数	35	40	18	5	1	1	0	0	0	0	0

试问在这 100 次抽检中每次抽到的次品数是否服从二项分布. ($\alpha = 0.05$)

5. 某种鸟在起飞前, 跳跃的次数 X 服从几何分布, 其分布律为
$$P\{X=x\} = p^{x-1}(1-p), \quad x = 1, 2, \cdots.$$
今获得一样本如下.

x	1	2	3	4	5	6	7	8	9	10	11	12	⩾13
观察到 x 的次数	48	31	20	9	6	5	4	2	1	1	2	1	0

(1) 求 p 的最大似然估计值;
(2) 检验假设 H_0: 数据来自总体 $P\{X=x\} = p^{x-1}(1-p), x=1,2,\cdots$. ($\alpha = 0.05$)

6. 将正四面体的四面分别涂成红、黄、蓝、白四种不同颜色, 现进行抛掷试验: 任意抛掷四面体, 直到红色的一面朝下为止, 记录下抛掷次数, 如此试验 200 次, 其结果如下所示.

抛掷次数	1	2	3	4	⩾5
频率	56	48	32	28	36

问该四面体是否均匀? ($\alpha = 0.05$)

7. 某工厂生产一批滚珠, 现随机地抽取 50 件产品, 测得其直径(单位: mm)为

15.0 15.8 15.2 15.1 15.9 14.7 14.8 15.5 15.6 15.3 15.0 15.6 15.7 15.8
14.5 15.1 15.3 14.9 14.9 15.2 15.9 15.0 15.3 15.6 15.1 14.9 14.2 14.6
15.8 15.2 15.2 15.0 14.9 14.8 15.1 15.5 15.5 15.1 15.1 15.0 15.3 14.7
14.5 15.5 15.0 14.7 14.6 14.2 14.2 14.5

试检验这批滚珠的直径是否服从正态分布. ($\alpha = 0.05$)

8.6 秩和检验

秩和检验是一种非参数假设检验, 主要检验两个总体 X 与 Y 是否有显著差异. 例如: 比较两种工艺有无差别, 比较两种方法的效果是否有显著差异等. 一般的提法如下: 假设有两个总体, 其分布形式是一致的, 但分布的中心位置可能不同. 具体来讲, 若 X 与 Y 的分布函数分别为 $F(x-\theta_1)$ 与 $F(x-\theta_2)$, 为了比较 X 与 Y 的差异, 我们需要比较 θ_1 与 θ_2 的大小. 于是提出如下假设:

Ⅰ $H_0: \theta_1 = \theta_2$, $H_1: \theta_1 \neq \theta_2$.
Ⅱ $H_0: \theta_1 \leqslant \theta_2$, $H_1: \theta_1 > \theta_2$.

III $H_0: \theta_1 \geq \theta_2$, $H_1: \theta_1 < \theta_2$.

对此类检验问题,威尔科克森(Wilcoxon)给出了秩和检验方法. 首先给出秩的定义.

定义 1 设 $X_1, X_2, \cdots, X_n$ 是来自总体 X 的样本,将 $X_1, X_2, \cdots, X_n$ 按数值由小到大排列成序,使得 $X_{(1)} < X_{(2)} < \cdots < X_{(n)}$. 如果 $X_i = X_{(k)}$,则称 X_i 的**秩**为 k,记作 $R_i = k (i=1,2,\cdots,n)$.

换句话说,X_i 的秩就是按观测值由小到大排列顺序后 x_i 所占位置的次序号数. 比如在一次检查包装机工作是否正常的测试中,我们取得了5个数据,可求得它们的秩如下:

i	1	2	3	4	5
X_i	498	495	501	500	497
$X_{(i)}$	495	497	498	500	501
R_i	3	1	5	4	2

若 R_i 是 X_i 的秩,则称 $R = (R_1, R_2, \cdots, R_n)$ 为 $(X_1, X_2, \cdots, X_n)$ 的**秩统计量**. 基于秩统计量的检验方法称为**秩检验**. 下面主要介绍秩和检验法的步骤和思想.

为了检验问题 I、II 和 III,分别从总体 X 与 Y 中抽取两个相互独立的样本 $X_1, X_2, \cdots, X_m$ 与 $Y_1, Y_2, \cdots, Y_n$.

(1) 将这两个样本 $X_1, X_2, \cdots, X_m$ 与 $Y_1, Y_2, \cdots, Y_n$ 混合后,再按照由小到大的次序排列,便可得到 $m+n$ 个秩,将 X_i 的秩记为 Q_i,Y_i 的秩记为 R_i. 则这两个样本的秩分别为

$$Q_1, \cdots, Q_m; R_1, \cdots, R_n.$$

(2) 不妨设 $n \leq m$,取容量为 n 的那个样本,将此样本的秩加起来得到如下的秩和统计量

$$W = \sum_{i=1}^{n} R_i,$$

即为 $Y_1, Y_2, \cdots, Y_n$ 在混合样本中的秩的和,通常称为 Wilcoxon **秩和统计量**.

如果取容量为 m 的那个样本,将此样本的秩加起来得到的秩和统计量为

$$V = \sum_{i=1}^{m} Q_i,$$

显然 V, W 是离散型的随机变量,且有

$$W + V = \frac{1}{2}(m+n)(m+n+1),$$

所以 V, W 中的一个确定后另一个随之确定, 由此可知我们只要考虑统计量 W 即可.

容易求出秩和统计量 W 的取值范围为

$$\left\{\frac{n(n+1)}{2}, \frac{n(n+1)}{2}+1, \cdots, \frac{n(n+1)}{2}+mn\right\}.$$

对于检验问题 I, 当原假设 H_0 成立时, 两总体 X 与 Y 实际上是来自同一个总体, 因此每个样本的秩一定随机均匀分散在 1 到 $m+n$ 个自然数中, 而不会过度集中在较小或较大的数中, 从而秩和统计量 W 既不会过大也不会过小. 否则就拒绝原假设 H_0, 由此可得该假设检验问题 I 的拒绝域为

$$W_{\text{I}} = \{W \leqslant W_{1-\alpha/2}(m,n) \text{ 或 } W \geqslant W_{\alpha/2}(m,n)\}.$$

对于给定的显著性水平 α, 临界值 $W_\alpha(m,n)$ 可查附表 7 得到. 附表 7 只对 $n \leqslant m$ 给出了临界值 $W_\alpha(m,n)$, 如果遇到 $n > m$ 的情况时, 只需将 X 与 Y 代表的样本互换就可以了. 由于可以证明 W 的分布关于 $\frac{1}{2}n(m+n+1)$ 是对称的, 因此附表 7 中仅给出了满足条件 $P\{W \geqslant c\} \leqslant \alpha$ 的临界值 c, 如果需要求满足条件 $P\{W \leqslant d\} \leqslant \alpha$ 的临界值 d, 可以证明 $d = n(m+n+1) - c$.

对于检验问题 II, 当 H_0 成立时, 与 X 的观测值相比, Y 的观测值有偏大的趋势, 从而 Y 的秩和统计量 W 的值应偏大, 所以该假设检验问题的拒绝域为

$$W_{\text{II}} = \{W \leqslant W_{1-\alpha}(m,n)\},$$

类似地可以得到假设检验问题 III 的拒绝域为

$$W_{\text{III}} = \{W \geqslant W_\alpha(m,n)\}.$$

例1 某厂生产甲、乙两批次同型号产品, 从这两批次产品中随机地抽取若干产品, 测得产品的直径(单位: mm)如下所示.

甲批次产品的直径	15.1	16.0	15.7	15.5	16.5	17.0	16.2
乙批次产品的直径	16.0	15.4	15.0	14.8	15.4	16.5	

问在显著性水平 $\alpha=0.05$ 下该厂生产的甲、乙两批次产品的直径分布有无显著差异?

解 设该厂生产的甲、乙两批次产品的直径分别为 X 与 Y, 分布形式是一致的. 设甲、乙两批次产品的直径分布的中心位置分别为 θ_1 与 θ_2, 在显著性水平 $\alpha=0.05$ 下检验假设

$$H_0: \theta_1 = \theta_2, \quad H_1: \theta_1 \neq \theta_2.$$

为完成检验,把两批次测量数据混合,再按从小到大的次序排列如下:

秩	1	2	3	4	5	6	7	8	9	10	11	12	13
甲			15.1			15.5	15.7	16.0		16.2		16.5	17.0
乙	14.8	15.0		15.4	15.4			16.0			16.5		

表中第一行的秩表示混合后的数据从小到大排列的序数. 数据 16.0 甲、乙都有,排在 8、9 两序位,其秩按平均秩取为 $\frac{8+9}{2}=8.5$;同样数据 16.5 的秩为 11.5. 按前面的规定,W 是样本容量小的那一组数据的秩和,由上表可得 $W=1+2+4+5+8.5+11.5=32$(乙组的秩和). 按规定 $n \leqslant m$,故有 $n=6$,$m=7$. 给定显著性水平 $\alpha=0.05$,查秩和检验表得临界值 $W_{\alpha/2}(m,n)=57$,且 $W_{1-\alpha/2}(m,n)=27$. 因为 $27<W=32<57$,故接受原假设 H_0,即可以认为该厂生产的甲、乙两批次产品的直径分布无显著差异.

对于更大的 m,n,无法查表得到临界值时,可利用统计量 W 的渐近分布来计算其临界值. 可以证明,当 $\theta_1=\theta_2$ 时,有

$$E(W)=\frac{n(m+n+1)}{2}, \quad D(W)=\frac{mn(m+n+1)}{12},$$

且当 m,n 充分大时,

$$W^* = \frac{W - \frac{n(m+n+1)}{2}}{\sqrt{\frac{mn(m+n+1)}{12}}}$$

近似服从标准正态分布 $N(0,1)$,于是对于较大的 m,n,可以取 W^* 为检验统计量进行检验.

8.6 节知识拓展

8.6 节自测题

习题 8.6

1. 用甲、乙两种材料的灯丝制成的灯泡,进行寿命试验(单位: h),得数据如下所示:

甲材料生产的灯泡寿命	1610	1700	1680	1650	1750	1800	1720
乙材料生产的灯泡寿命	1700	1640	1640	1580	1600		

问这两种材料对灯泡寿命的影响有无显著差异.($\alpha=0.05$)

2. 为比较动物在感染了两种伤寒杆菌 A, B 后存活的天数,对 17 只小白鼠中的 6 只接种了伤寒杆菌 A,其余的接种了伤寒杆菌 B,接种后存活天数如下:

A	5	6	7	12	6	6					
B	7	11	6	6	7	9	5	10	10	7	8

问感染这两种伤寒杆菌后动物存活天数有无显著差异.($\alpha=0.05$)

3. 某商店为了确定向公司 A 或公司 B 购买某种商品,将公司 A, B 以往各次进货的次品率进行比较,数据见下表. 设两个样本相互独立,两公司商品的次品率的概率密度至多只差一个平移,问这两公司商品的质量有无显著差异.($\alpha=0.05$)

A	7.0	3.5	9.6	8.1	6.2	5.1	10.4	4.0	2.0	10.5		
B	5.7	3.2	4.2	11.0	9.7	6.9	3.6	4.8	5.6	8.4	10.1	5.5	12.3

4. 两位检验员甲、乙从某电工器材厂各自抽取某种保险丝测试其熔化时间,得到数据如下:

甲	82	73	91	84	77	98	81	79	87	85
乙	80	76	92	86	74	96	83	79	80	75	79

设数据可以认为来自仅均值可能有差异的总体的样本,试在显著性水平 $\alpha=0.05$ 下检验假设 $H_0: \mu_1 = \mu_2$,$H_1: \mu_1 > \mu_2$,其中 μ_1, μ_2 分别为两总体的均值.

5. 对某种羊绒可利用先进的工艺处理含脂率,为比较处理效果,收集了 6 组处理前的羊绒和 5 组处理后的羊绒,测得其含脂率数据如下:

处理前	0.20	0.24	0.66	0.42	0.12	0.25
处理后	0.13	0.07	0.21	0.08	0.19	

问处理后的含脂率是否显著下降了?($\alpha=0.05$)

测验题 8

一、填空题

1. 在正态总体的均值和方差检验中，Z 检验法和 t 检验法都是用于检验_____的；且当_____时，用 Z 检验法；当_____时，用 t 检验法。

2. 假设检验中，在其他条件不变的条件下，若增大样本容量，则犯两类错误的概率_____。

3. 某厂产品需要用玻璃纸作包装，按规定供应商供应的玻璃纸的横向延伸率(单位: %)不低于 65。已知该指标服从正态分布 $N(\mu, 5.5^2)$。随机抽查了 100 件玻璃纸进行横向延伸率测试，得样本均值 $\bar{x} = 55.06$，为检验能否接受这批玻璃纸的假设应为_____。

4. 设 $X_1, X_2, \cdots, X_n$ 取自总体 $X \sim N(\mu, \sigma^2)$ 的样本，其中 σ^2 未知，检验假设 $H_0: \mu = \mu_0$。则选取的检验统计量为_____。

5. 设 $X_1, X_2, \cdots, X_n$ 为取自总体 $X \sim N(\mu, \sigma^2)$ 的样本，在显著性水平 α 下检验假设 $H_0: \sigma^2 \geq 100$。则拒绝域为_____。

二、选择题

1. 下列说法正确的是 ( )。
   (A) 如果备择假设是正确的，但做出的决策是拒绝备择假设，则犯了弃真错误；
   (B) 如果备择假设是错误的，但做出的决策是接受备择假设，则犯了取伪错误；
   (C) 如果原假设是正确的，但做出的决策是接受备择假设，则犯了弃真错误；
   (D) 如果原假设是错误的，但做出的决策是接受备择假设，则犯了取伪错误。

2. 假设检验中的显著性水平 α 表示 ( )。
   (A) H_0 不成立，否定 H_0 的概率；
   (B) H_0 成立，但否定 H_0 的概率；
   (C) 小于或等于 0.05 的一个数；
   (D) H_0 不成立，但接受 H_0 的概率。

3. 在假设检验中，分别用 α，β 表示犯第一类错误和第二类错误的概率，则当样本容量 n 一定时，下列说法中正确的是 ( )。
   (A) α 减小时 β 也减小；
   (B) α 增大时 β 也增大；
   (C) α 与 β 不能同时减小，减小其中一个时，另一个就会增大；
   (D) A 和 B 同时成立。

4. 对单个正态总体 $X \sim N(\mu, \sigma^2)$ (σ^2 已知)的 μ 进行检验，如果已知在显著性水平 $\alpha = 0.05$ 的条件下接受了 H_0，其中 $H_0: \mu \leq \mu_0$，$H_1: \mu > \mu_0$。那么当显著性水平为 $\alpha = 0.01$ 时，下面结论中正确的是 ( )。

(A) 必接受 H_0 ; (B) 必拒绝 H_0 , 接受 H_1 ;
(C) 可能接受也可能拒绝 H_0 ; (D) 拒绝 H_0 , 可能接受也可能拒绝 H_1 .

5. 在检验总体分布的 χ^2 检验法中, 若 H_0 中的分布有 r 个未知参数, 则当 H_0 成立且 n 充分大时, 统计量 $\chi^2 = \sum_{i=1}^{k} \dfrac{(n_i - n\hat{p}_i)^2}{n\hat{p}_i}$ 近似服从(   ).

(A) $\chi^2(k)$ 分布; (B) $\chi^2(k-1)$ 分布;
(C) $\chi^2(k-r)$ 分布; (D) $\chi^2(k-r-1)$ 分布.

三、计算题

1. 从某粮店的一批大米中随机地抽取 6 袋, 测量其重量(单位: kg)为

   26.1   23.6   25.1   25.4   23.7   24.5

设每袋大米的重量 $X \sim N(\mu, 0.1)$, 问能否认为这批大米的袋重是 25kg? ($\alpha = 0.01$)

2. 某厂生产的某种型号的电池, 其使用寿命(单位: h) $X \sim N(\mu, \sigma^2)$, 其中 $\sigma^2 = 5000$. 今有一批这种型号的电池, 从生产情况看, 使用寿命波动性较大. 为判断这种看法是否符合实际, 从这批电池中随机抽取了 26 只, 测出使用寿命, 得到样本方差 $s^2 = 7200$, 问根据这个数据能否推断这批电池使用寿命的波动性比以往有显著变化? ($\alpha = 0.02$)

3. 环境保护条例规定, 在排放的工业废水中, 某种有害物质的含量不得超过 0.5%. 设该种物质的含量 $X \sim N(\mu, \sigma^2)$, 现抽取 5 份水样, 测得这种有害物质的含量分别为

   0.530%   0.542%   0.510%   0.495%   0.515%

问抽样结果是否表明有害物质的含量超过了规定的界限? ($\alpha = 0.05$)

4. 为考察两地土壤的含水率的均值有无差别, 从两地各取 5 块土壤和 4 块土壤测量其含水率, 并计算得两地样本均值和样本方差分别为 $\bar{x} = 0.215$, $s_1^2 = 7.505 \times 10^{-4}$ 和 $\bar{y} = 0.180$, $s_2^2 = 2.593 \times 10^{-4}$. 设两地土壤的含水率均服从正态分布, 且两方差相等, 试在显著性水平 $\alpha = 0.01$ 下判断这两地土壤含水率的均值有无显著差别.

5. 卢瑟福在 2608 个相等时间间隔(7.5 秒)内观测了一放射性物质放射的粒子数 X , 下表中的 n_i 是观测到 i 个粒子的时间间隔数(最后一项合并), 试检验 X 是否服从泊松分布. ($\alpha = 0.05$)

$x = i$	0	1	2	3	4	5	6	7	8	9	10	⩾11
n_i	57	203	383	525	532	408	273	139	45	27	10	6

第 8 章测试题

第 9 章

回 归 分 析

回归分析是研究变量间相关关系的一种统计方法. 与变量之间的函数关系不同, 所研究变量之间有一定的依赖关系, 但这种关系并不完全确定, 不能精确地用函数表示. 例如, 人的身高与体重之间有一定的关系, 如果知道一个人的身高就可以大致估计出他的体重, 但并不能计算出体重的精确值. 回归分析通过建立统计模型来研究这种关系, 并由此对相应的变量进行预测和控制.

回归分析的基本思想是由英国统计学家高尔顿(Galton)在研究人类遗传问题时提出的. 他和他的学生、现代统计学的奠基者之一皮尔逊(K.Pearson)在研究父亲身高与其儿子身高的遗传关系时, 观察了 1078 对父子的身高(单位: 英寸), 用 x 表示父亲身高, y 表示成年儿子的身高. 他们将 (x,y) 的观测值在平面直角坐标系上绘成散点图, 发现趋势近乎一条直线, 计算出该直线的方程为

$$\hat{y} = 33.73 + 0.516x. \tag{9.1}$$

这个结果表明, 虽然高个子父亲确有生高个子儿子的趋势, 但父亲身高 x 每增加 1 英寸, 其成年儿子的身高 y 平均仅增加 0.516 英寸; 反之, 矮个子父亲确有生矮个子儿子的趋势, 但父亲身高 x 每减少 1 英寸, 其成年儿子的身高 y 平均仅减少 0.516 英寸. 当父亲身高为 $x=72$ 英寸时其儿子身高约为 $\hat{y}=70.88$ 英寸, 即子代的平均身高低于父辈的平均身高; 当父亲身高为 $x=64$ 英寸时其儿子身高约为 $\hat{y}=66.75$ 英寸, 即子代的平均身高要高于父辈的平均身高. 由此可见子代的平均身高有向中心回归的趋势, 使得一段时间内人类的身高相对稳定, 而不会产生两极分化的现象. 这种现象称为"回归"现象.

变量之间的关系大致可以分为两大类: 一类是**确定性关系**, 这些变量间的关系完全是确定的, 可以用函数关系式来表示, 一旦自变量的值确定了, 因变量的值也随之完全确定. 例如质点做匀速直线运动时路程与时间的关系 $s=s_0+vt$, 圆的半径 R 与圆的面积 S 的关系 $S=\pi R^2$ 等等. 另一类是**非确定性关系**即**相关关系**, 这些变量之间都存在一定的关系, 但这些关系都不能用确定的函数关系式来表示,

即自变量的值确定了,因变量的值不能完全确定. 例如父亲的身高与儿子的身高之间的关系; 小麦的施肥量与亩产量之间的关系等等. 回归分析就是研究变量之间相关关系的一种统计方法.

如果变量 $x_1, x_2, \cdots, x_k$ 与随机变量 y 之间存在相关关系, 则有

$$y = f(x_1, x_2, \cdots, x_k) + \varepsilon, \tag{9.2}$$

其中 $x_1, x_2, \cdots, x_k$ 为**自变量**或**解释变量**, y 为**因变量**或**被解释变量**, ε 表示其他随机因素的影响. 通常 ε 是不可观测的随机误差, 它是一个随机变量.

注 为叙述方便, 本章用小写的 y 表示随机变量.

如果 y 与 $x_1, x_2, \cdots, x_k$ 之间呈线性关系, 即

$$y = \beta_0 + \beta_1 x_1 + \beta_2 x_2 + \cdots + \beta_k x_k + \varepsilon, \tag{9.3}$$

则称(9.3)式为**多元线性回归模型**. 如果得到 $(x_1, x_2, \cdots, x_k, y)$ 的一组观测值 $(x_{i1}, x_{i2}, \cdots, x_{ik}, y_i)$ $(i=1,2,\cdots,n)$, 并由此给出 $\beta_1, \beta_2, \cdots, \beta_k$ 的估计值 $\hat{\beta}_1, \hat{\beta}_2, \cdots, \hat{\beta}_k$, 则 y 的估计值为

$$\hat{y} = \hat{\beta}_0 + \hat{\beta}_1 x_1 + \hat{\beta}_2 x_2 + \cdots + \hat{\beta}_k x_k, \tag{9.4}$$

称(9.4)式为**多元线性回归方程**.

9.1 一元线性回归

在回归分析中, 最简单的模型是只有一个因变量和一个自变量的线性回归模型, 即一元线性回归模型. 为了介绍一元线性回归, 首先通过具体的例子来分析.

例 1 为考察水稻产量与化肥施用量之间的关系. 在 7 块相同土质的试验田上种植同一种水稻, 获得如下数据:

化肥施用量 x / kg	15	20	25	30	35	40	45
水稻产量 y / kg	330	345	365	405	445	490	475

从数据可以看出, 水稻产量 y 与化肥施用量 x 之间有一定的相关关系. 为找出两个变量 x 与 y 间存在的回归函数的形式, 可以画一张图, 把每一数对 (x_i, y_i) $(i=1,2,\cdots,n)$ 看成平面直角坐标系中的一个点, 在图上画出 n 个点, 称这种图为**散点图**, 如图 9-1 所示.

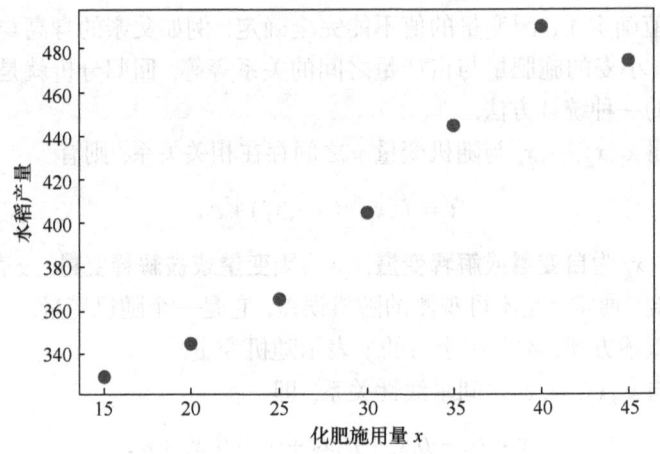

图 9-1 水稻产量与化肥施用量的样本散点图

从散点图 9-1 可以看出，y 与 x 之间大致呈线性依赖关系，但这种依赖关系不是完全确定性的．故提出如下模型：

$$y = \beta_0 + \beta_1 x + \varepsilon, \tag{9.5}$$

其中 β_0, β_1 为回归系数，ε 为随机误差，满足如下条件：

$$E(\varepsilon) = 0, \quad D(\varepsilon) = \sigma^2 < \infty. \tag{9.6}$$

进一步地，在对未知参数作区间估计或假设检验时，还需要假定随机误差服从正态分布，即

$$\varepsilon \sim N(0, \sigma^2).$$

由于 β_0，β_1，σ^2 均未知，需要我们根据收集到的数据 (x_i, y_i) $(i = 1, 2, \cdots, n)$ 进行估计．在收集数据时，一般要求观测独立地进行，即假定 $y_1, y_2, \cdots, y_n$ 相互独立．综上所述，我们将一元线性回归模型改写成如下形式

$$y_i = \beta_0 + \beta_1 x_i + \varepsilon_i, \quad i = 1, 2, \cdots, n, \tag{9.7}$$

假设 $\varepsilon_1, \varepsilon_2, \cdots, \varepsilon_n$ 相互独立，且 $\varepsilon_i \sim N(0, \sigma^2)$ $(i = 1, 2, \cdots, n)$．

一元线性回归分析的主要任务是针对模型(9.7)，解决如下的问题：

(1) 根据样本 $(x_1, y_1), (x_2, y_2), \cdots, (x_n, y_n)$ 估计未知参数 β_0, β_1 及 σ^2；
(2) 对回归方程进行显著性检验，即检验 y 与 x 之间是否有显著的线性关系；
(3) 利用回归方程进行预测和控制．

1. 最小二乘估计

通常采用最小二乘方法估计未知参数 β_0, β_1．设 (x, y) 的样本观测值为

$$(x_1, y_1), (x_2, y_2), \cdots, (x_n, y_n),$$

对每个样本观测值(x_i, y_i), 考虑y_i与$E(y_i) = \beta_0 + \beta_1 x_i$的离差

$$y_i - E(y_i) = y_i - \beta_0 - \beta_1 x_i, \tag{9.8}$$

定义**离差平方和**

$$Q(\beta_0, \beta_1) = \sum_{i=1}^{n}[y_i - E(y_i)]^2 = \sum_{i=1}^{n}(y_i - \beta_0 - \beta_1 x_i)^2. \tag{9.9}$$

所谓**最小二乘估计**, 就是寻找参数β_0, β_1的估计值$\hat{\beta}_0, \hat{\beta}_1$使得离差平方和$Q$达到最小, 即选择$\hat{\beta}_0, \hat{\beta}_1$, 使得

$$Q_e = Q(\hat{\beta}_0, \hat{\beta}_1) = \min Q(\beta_0, \beta_1). \tag{9.10}$$

称满足(9.10)式的$\hat{\beta}_0, \hat{\beta}_1$为回归系数$\beta_0, \beta_1$的**最小二乘估计**, 称$\hat{y}_i = \hat{\beta}_0 + \hat{\beta}_1 x_i$为$y_i$ $(i=1,2,\cdots,n)$的**回归拟合值**, 简称**回归值**或**拟合值**, 称$e_i = y_i - \hat{y}_i$为y_i的**残差**.

求满足(9.10)式的$\hat{\beta}_0, \hat{\beta}_1$的问题是一个求最值的问题. 由于$Q$是关于$\beta_0, \beta_1$的非负二次函数, 因此可以通过求极值方法来解决. Q的极小值点$(\hat{\beta}_0, \hat{\beta}_1)$应满足

$$\left.\frac{\partial Q}{\partial \beta_0}\right|_{(\hat{\beta}_0, \hat{\beta}_1)} = 0, \quad \left.\frac{\partial Q}{\partial \beta_1}\right|_{(\hat{\beta}_0, \hat{\beta}_1)} = 0,$$

由此可得

$$\begin{cases} -2\sum_{i=1}^{n}(y_i - \hat{\beta}_0 - \hat{\beta}_1 x_i) = 0, \\ -2\sum_{i=1}^{n}(y_i - \hat{\beta}_0 - \hat{\beta}_1 x_i)x_i = 0. \end{cases} \tag{9.11}$$

整理得**正规方程组**

$$\begin{cases} n\hat{\beta}_0 + n\bar{x}\hat{\beta}_1 = n\bar{y}, \\ n\bar{x}\hat{\beta}_0 + \left(\sum_{i=1}^{n}x_i^2\right)\hat{\beta}_1 = \sum_{i=1}^{n}x_i y_i. \end{cases} \tag{9.12}$$

解正规方程组(9.12)式可得β_0, β_1的最小二乘估计分别为

$$\hat{\beta}_1 = \frac{\sum_{i=1}^{n}(x_i - \bar{x})(y_i - \bar{y})}{\sum_{i=1}^{n}(x_i - \bar{x})^2}, \quad \hat{\beta}_0 = \bar{y} - \hat{\beta}_1 \bar{x}, \tag{9.13}$$

其中 $\bar{x} = \frac{1}{n}\sum_{i=1}^{n} x_i$, $\bar{y} = \frac{1}{n}\sum_{i=1}^{n} y_i$. 若记

$$L_{xx} = \sum_{i=1}^{n}(x_i - \bar{x})^2 = \sum_{i=1}^{n} x_i^2 - n\bar{x}^2,$$

$$L_{xy} = \sum_{i=1}^{n}(x_i - \bar{x})(y_i - \bar{y}) = \sum_{i=1}^{n} x_i y_i - n\bar{x}\bar{y},$$

$$L_{yy} = \sum_{i=1}^{n}(y_i - \bar{y})^2 = \sum_{i=1}^{n} y_i^2 - n\bar{y}^2,$$

则

$$\hat{\beta}_1 = \frac{L_{xy}}{L_{xx}}, \quad \hat{\beta}_0 = \bar{y} - \hat{\beta}_1 \bar{x}. \tag{9.14}$$

由 $\hat{\beta}_0 = \bar{y} - \hat{\beta}_1 \bar{x}$, 可得

$$\bar{y} = \hat{\beta}_0 + \hat{\beta}_1 \bar{x}. \tag{9.15}$$

这说明回归直线 $\hat{y} = \hat{\beta}_0 + \hat{\beta}_1 x$ 通过点 $(\bar{x}, \bar{y})$.

例 2 在例 1 中,求水稻产量 y 对化肥施用量 x 的线性回归方程.

解 由例 1 表中数据可算得 $n = 7$, $\sum_{i=1}^{n} x_i = 210$, $\sum_{i=1}^{n} y_i = 2855$, $\sum_{i=1}^{n} x_i^2 = 7000$,

$\sum_{i=1}^{n} x_i y_i = 89675$, $\sum_{i=1}^{n} y_i^2 = 1188925$.

所以

$$L_{xx} = \sum_{i=1}^{n} x_i^2 - \frac{1}{n}\left(\sum_{i=1}^{n} x_i\right)^2 = 7000 - \frac{1}{7} \times 210^2 = 700,$$

$$L_{xy} = \sum_{i=1}^{n} x_i y_i - \frac{1}{n}\left(\sum_{i=1}^{n} x_i\right)\left(\sum_{i=1}^{n} y_i\right) = 89675 - \frac{1}{7} \times 210 \times 2855 = 4025,$$

$$L_{yy} = \sum_{i=1}^{n} y_i^2 - \frac{1}{n}\left(\sum_{i=1}^{n} y_i\right)^2 = 1188925 - \frac{1}{7} \times 2855^2 = 24492.86,$$

$$\hat{\beta}_1 = \frac{L_{xy}}{L_{xx}} = \frac{4025}{700} = 5.75,$$

$$\hat{\beta}_0 = \bar{y} - \hat{\beta}_1 \bar{x} = \frac{1}{7} \times 2855 - 5.75 \times \frac{1}{7} \times 210 = 235.3571.$$

从而 y 对 x 的线性回归方程为

$$\hat{y} = 235.3571 + 5.75x.$$

2. σ^2 的估计

由于 $E\{[y-(\beta_0+\beta_1 x)]^2\} = E(\varepsilon^2) = \sigma^2$，因此 σ^2 越小，以 $E(y) = \beta_0 + \beta_1 x$ 作为 y 的近似所产生的均方误差就越小，利用 $E(y) = \beta_0 + \beta_1 x$ 来研究随机变量 y 与 x 的关系也就越有效. 如果记 y_i 的残差 $e_i = y_i - \hat{y}_i$，则残差平方和为

$$Q_e = \sum_{i=1}^n e_i^2 = \sum_{i=1}^n (y_i - \hat{y}_i)^2 = \sum_{i=1}^n (y_i - \hat{\beta}_0 - \hat{\beta}_1 x_i)^2.$$

我们有下面的结论.

定理 1 设 $(x_i, y_i)(i=1,2,\cdots,n)$ 满足一元线性回归模型(9.7)，当 $n > 2$ 时，有 $\dfrac{Q_e}{\sigma^2} \sim \chi^2(n-2)$，且 Q_e 与 $\hat{\beta}_1$ 相互独立.

由定理 1 可知

$$E(Q_e) = (n-2)\sigma^2, \tag{9.16}$$

由此可得未知参数 σ^2 的一个无偏估计量为

$$\hat{\sigma}^2 = \frac{Q_e}{n-2}. \tag{9.17}$$

在(9.17)式中，直接计算 Q_e 比较麻烦，下面给出计算 Q_e 的一个常用公式.

$$\begin{aligned} Q_e &= \sum_{i=1}^n (y_i - \hat{y}_i)^2 = \sum_{i=1}^n [(y_i - \bar{y}) - (\hat{y}_i - \bar{y})]^2 \\ &= \sum_{i=1}^n [(y_i - \bar{y}) - \hat{\beta}_1 (x_i - \bar{x})]^2 \\ &= \sum_{i=1}^n (y_i - \bar{y})^2 - 2\hat{\beta}_1 \sum_{i=1}^n (y_i - \bar{y})(x_i - \bar{x}) + \hat{\beta}_1^2 \sum_{i=1}^n (x_i - \bar{x})^2 \\ &= L_{yy} - 2\hat{\beta}_1 L_{xy} + \hat{\beta}_1^2 L_{xx}, \end{aligned}$$

由于 $\hat{\beta}_1 = L_{xy}/L_{xx}$，因此

$$Q_e = L_{yy} - \hat{\beta}_1 L_{xy}. \tag{9.18}$$

例 3 求例 1 中 σ^2 的无偏估计.

解 由例 1 得 $n=7$，$L_{xy}=4025$，$L_{yy}=24492.86$，$\hat{\beta}_1 = 5.75$，从而

$$Q_e = L_{yy} - \hat{\beta}_1 L_{xy} = 24492.86 - 5.75 \times 4025 = 1349.107,$$

故 σ^2 的无偏估计为

$$\hat{\sigma}^2 = \frac{Q_e}{n-2} = \frac{1349.107}{5} = 269.82.$$

3. 最小二乘估计量的性质

y 关于 x 的线性回归系数的最小二乘估计量具有以下性质

定理 2 在模型(9.7)下，有

(1) $\hat{\beta}_1 \sim N\left(\beta_1, \dfrac{\sigma^2}{L_{xx}}\right)$;

(2) $\hat{\beta}_0 \sim N\left(\beta_0, \left(\dfrac{1}{n} + \dfrac{\bar{x}^2}{L_{xx}}\right)\sigma^2\right)$;

(3) $\mathrm{Cov}(\hat{\beta}_0, \hat{\beta}_1) = -\dfrac{\bar{x}}{L_{xx}}\sigma^2$.

证 (1) $\hat{\beta}_1 = L_{xy} / L_{xx}$，而

$$L_{xy} = \sum_{i=1}^{n}(x_i - \bar{x})(y_i - \bar{y}) = \sum_{i=1}^{n}(x_i - \bar{x})y_i - \bar{y}\sum_{i=1}^{n}(x_i - \bar{x}),$$

由于 $\sum\limits_{i=1}^{n}(x_i - \bar{x}) = \sum\limits_{i=1}^{n}x_i - n\bar{x} = 0$，因此 $L_{xy} = \sum\limits_{i=1}^{n}(x_i - \bar{x})y_i$，于是

$$\hat{\beta}_1 = \frac{L_{xy}}{L_{xx}} = \frac{\sum\limits_{i=1}^{n}(x_i - \bar{x})y_i}{L_{xx}} = \sum_{i=1}^{n}\left(\frac{x_i - \bar{x}}{L_{xx}}\right)y_i,$$

即 $\hat{\beta}_1$ 是 $y_1, y_2, \cdots, y_n$ 的线性组合. 由于 $y_1, y_2, \cdots, y_n$ 相互独立，且 $y_i \sim N(\beta_0 + \beta_1 x_i, \sigma^2)$，从而 $\hat{\beta}_1$ 服从正态分布. 再由

$$E(\hat{\beta}_1) = \sum_{i=1}^{n}\left(\frac{x_i - \bar{x}}{L_{xx}}\right)E(y_i) = \sum_{i=1}^{n}\left(\frac{x_i - \bar{x}}{L_{xx}}\right)(\beta_0 + \beta_1 x_i)$$

$$= \beta_0 \sum_{i=1}^{n}\left(\frac{x_i - \bar{x}}{L_{xx}}\right) + \beta_1 \sum_{i=1}^{n}\frac{(x_i - \bar{x})x_i}{L_{xx}},$$

以及

$$\sum_{i=1}^{n}(x_i - \bar{x})x_i = \sum_{i=1}^{n}x_i^2 - n\bar{x}^2 = \sum_{i=1}^{n}(x_i - \bar{x})^2 = L_{xx},$$

可得
$$E(\hat{\beta}_1) = \beta_1.$$
又由于
$$D(\hat{\beta}_1) = \frac{1}{L_{xx}^2}\sum_{i=1}^{n}(x_i - \bar{x})^2 D(y_i) = \frac{1}{L_{xx}^2}\sum_{i=1}^{n}(x_i - \bar{x})^2 \sigma^2 = \frac{\sigma^2}{L_{xx}},$$
故
$$\hat{\beta}_1 \sim N\left(\beta_1, \frac{\sigma^2}{L_{xx}}\right).$$

(2) 由 $\hat{\beta}_0 = \bar{y} - \hat{\beta}_1 \bar{x}$ 可得
$$\hat{\beta}_0 = \frac{1}{n}\sum_{i=1}^{n}y_i - \bar{x}\sum_{i=1}^{n}\left(\frac{x_i - \bar{x}}{L_{xx}}\right)y_i = \sum_{i=1}^{n}\left(\frac{1}{n} - \frac{(x_i - \bar{x})\bar{x}}{L_{xx}}\right)y_i,$$
所以 $\hat{\beta}_0$ 也是 $y_1, y_2, \cdots, y_n$ 的线性组合,从而 $\hat{\beta}_0$ 也服从正态分布. 再由
$$E(\hat{\beta}_0) = E(\bar{y} - \hat{\beta}_1 \bar{x}) = E(\bar{y}) - \bar{x}E(\hat{\beta}_1) = (\beta_0 + \beta_1 \bar{x}) - \beta_1 \bar{x} = \beta_0,$$
$$D(\hat{\beta}_0) = \sum_{i=1}^{n}\left(\frac{1}{n} - \frac{(x_i - \bar{x})\bar{x}}{L_{xx}}\right)^2 D(y_i) = \left(\frac{1}{n} + \frac{\bar{x}^2}{L_{xx}}\right)\sigma^2,$$
可得
$$\hat{\beta}_0 \sim N\left(\beta_0, \left(\frac{1}{n} + \frac{\bar{x}^2}{L_{xx}}\right)\sigma^2\right).$$

(3) $\text{Cov}(\hat{\beta}_0, \hat{\beta}_1) = \text{Cov}(\bar{y} - \hat{\beta}_1 \bar{x}, \hat{\beta}_1) = \text{Cov}(\bar{y}, \hat{\beta}_1) - \bar{x}\text{Cov}(\hat{\beta}_1, \hat{\beta}_1)$
$$= \frac{1}{nL_{xx}}\sum_{i=1}^{n}(x_i - \bar{x})D(y_i) - \bar{x}D(\hat{\beta}_1) = -\frac{\bar{x}}{L_{xx}}\sigma^2.$$

由定理 2 可以看出, $\hat{\beta}_0, \hat{\beta}_1$ 都服从正态分布,并且它们分别是 β_0, β_1 的无偏估计. 进一步可知, $\hat{\beta}_0, \hat{\beta}_1$ 的波动率大小不仅与观测值 y 的波动性有关,而且还与自变量 x 的取值的分散程度有关, x 的取值分散程度越大,则 $\hat{\beta}_0, \hat{\beta}_1$ 的波动性就越小,对 β_0, β_1 的估计越精确. 因此在实际问题中 x 取值的选择应尽量分散.

4. 线性回归方程的显著性检验

由前面的讨论可知,对于任意给定的观测值 $(x_i, y_i)(i = 1, 2, \cdots, n)$,都可以用最小二乘法求得 y 对 x 的线性回归方程. 然而,如果 y 与 x 不存在显著的线性相关关

系，这种形式的回归方程就没有意义. 因此如何检验 y 与 x 之间是否存在显著的线性相关关系是一个有意义的问题，这就是所谓的回归方程的显著性检验问题. 对于一元线性回归方程显著性检验问题就是要对如下的假设检验作出判断.

$$H_0: \beta_1 = 0, \quad H_1: \beta_1 \neq 0,$$

若拒绝原假设 H_0，则表示回归方程是显著的.

下面介绍一元线性回归中常用的三种检验方法，在一元线性回归中这三种检验方法是等价的，只是它们的实际意义有所不同，使用中只要任选其中之一即可.

1) t 检验

t 检验是一种对回归系数的显著性进行检验的方法，检验解释变量 x 对被解释变量 y 的线性影响程度是否显著. 如果原假设 H_0 成立，则表明 y 与 x 的线性关系不显著. 由于 $\hat{\beta}_1 \sim N(\beta_1, \sigma^2/L_{xx})$，因此当原假设 H_0 成立时，有

$$\hat{\beta}_1 \sim N(0, \sigma^2/L_{xx}),$$

从而

$$\frac{\hat{\beta}_1}{\sqrt{\sigma^2/L_{xx}}} = \frac{\hat{\beta}_1 \sqrt{L_{xx}}}{\sigma} \sim N(0,1).$$

注意到 $Q_e/\sigma^2 \sim \chi^2(n-2)$，且 $\hat{\beta}_1$ 与 Q_e 相互独立. 所以当原假设 H_0 成立时，统计量

$$T = \frac{\hat{\beta}_1 \sqrt{L_{xx}}/\sigma}{\sqrt{\dfrac{Q_e}{\sigma^2}\Big/(n-2)}} \sim t(n-2),$$

即

$$T = \frac{\hat{\beta}_1 \sqrt{L_{xx}}}{\hat{\sigma}} \sim t(n-2).$$

从而对于给定的显著性水平 α $(0 < \alpha < 1)$，原假设 H_0 的拒绝域为

$$|t| = \left|\frac{\hat{\beta}_1 \sqrt{L_{xx}}}{\hat{\sigma}}\right| \geqslant t_{\alpha/2}(n-2). \tag{9.19}$$

例 4 利用 t 检验法，检验例 1 中 y 对 x 的线性回归是否显著. ($\alpha = 0.05$)

解 检验假设

$$H_0: \beta_1 = 0, \quad H_1: \beta_1 \neq 0.$$

当原假设 H_0 成立时,$T = \dfrac{\hat{\beta}_1 \sqrt{L_{xx}}}{\hat{\sigma}} \sim t(n-2)$. 该假设检验问题的拒绝域为

$$|t| = \left|\dfrac{\hat{\beta}_1 \sqrt{L_{xx}}}{\hat{\sigma}}\right| \geq t_{\alpha/2}(n-2).$$

由例 1 和例 2 可得

$$n = 7, \quad \hat{\beta}_1 = 5.75, \quad L_{xx} = 700, \quad \hat{\sigma} = \sqrt{269.82} = 16.4262,$$

统计量 T 的观测值

$$t = \dfrac{\hat{\beta}_1 \sqrt{L_{xx}}}{\hat{\sigma}} = \dfrac{5.75 \times \sqrt{700}}{16.4262} = 9.2614.$$

查 t 分布表可得 $t_{\alpha/2}(n-2) = t_{0.025}(5) = 2.5706$. 由于 $|t| = 9.2614 > 2.5706$,因此拒绝原假设 H_0,即可以认为 y 对 x 的线性回归显著.

2) F 检验

F 检验是对线性回归方程的显著性进行检验的一种方法,它根据平方和分解式,直接从回归效果检验回归方程的显著性. 考虑 $y_1, y_2, \cdots, y_n$ 相对于 $\bar{y}$ 的总的偏离程度,即

$$Q_T = \sum_{i=1}^{n}(y_i - \bar{y})^2,$$

称 Q_T 为**总平方和**,它刻画了 $y_1, y_2, \cdots, y_n$ 的分散程度. 由于

$$\sum_{i=1}^{n}(y_i - \bar{y})^2 = \sum_{i=1}^{n}[(\hat{y}_i - \bar{y}) + (y_i - \hat{y}_i)]^2$$

$$= \sum_{i=1}^{n}(\hat{y}_i - \bar{y})^2 + \sum_{i=1}^{n}(y_i - \hat{y}_i)^2 + 2\sum_{i=1}^{n}(\hat{y}_i - \bar{y})(y_i - \hat{y}_i),$$

且

$$\hat{y}_i - \bar{y} = \hat{\beta}_0 + \hat{\beta}_1 x_i - \bar{y} = (\bar{y} - \hat{\beta}_1 \bar{x}) + \hat{\beta}_1 x_i - \bar{y} = \hat{\beta}_1(x_i - \bar{x}),$$

$$y_i - \hat{y}_i = y_i - \hat{\beta}_0 - \hat{\beta}_1 x_i = y_i - (\bar{y} - \hat{\beta}_1 \bar{x}) - \hat{\beta}_1 x_i = (y_i - \bar{y}) - \hat{\beta}_1(x_i - \bar{x}).$$

因此

$$\sum_{i=1}^{n}(\hat{y}_i - \bar{y})(y_i - \hat{y}_i) = \sum_{i=1}^{n}\hat{\beta}_1(x_i - \bar{x})(y_i - \bar{y}) - \hat{\beta}_1^2 \sum_{i=1}^{n}(x_i - \bar{x})^2$$

$$= \hat{\beta}_1 L_{xy} - \hat{\beta}_1^2 L_{xx} = \hat{\beta}_1(L_{xy} - \hat{\beta}_1 L_{xx}) = 0.$$

于是

$$\sum_{i=1}^{n}(y_i-\overline{y})^2 = \sum_{i=1}^{n}(\hat{y}_i-\overline{y})^2 + \sum_{i=1}^{n}(y_i-\hat{y}_i)^2.$$

称 $\sum_{i=1}^{n}(\hat{y}_i-\overline{y})^2$ 为**回归平方和**,记为 Q_r,它刻画了由 x 的变动引起的 y 的变化,反映了回归效果的显著程度. 称 $\sum_{i=1}^{n}(y_i-\hat{y}_i)^2$ 为**残差平方和**,记为 Q_e,它反映了随机误差对 y 变化的影响. 从而

$$Q_T = \sum_{i=1}^{n}(\hat{y}_i-\overline{y})^2 + \sum_{i=1}^{n}(y_i-\hat{y}_i)^2 = Q_r + Q_e.$$

定理 3 设 $(x_i,y_i)(i=1,2,\cdots,n)$ 满足一元线性回归模型(9.7),则

(1) 当原假设 H_0 成立时,$Q_r/\sigma^2 \sim \chi^2(1)$;

(2) Q_r 与 Q_e 相互独立.

由定理 3 可知,在原假设 H_0 成立的条件下,有

$$F = \frac{Q_r/1}{Q_e/(n-2)} = \frac{(n-2)Q_r}{Q_e} \sim F(1,n-2).$$

选取检验统计量 $F = \frac{(n-2)Q_r}{Q_e}$,如果 $\beta_1=0$,则回归效果不显著,从而 $\frac{Q_r}{Q_e}$ 的值偏小,所以对给定的显著性水平 $\alpha(0<\alpha<1)$,该假设检验问题的拒绝域为

$$F = \frac{(n-2)Q_r}{Q_e} \geqslant F_\alpha(1,n-2). \tag{9.20}$$

例 5 利用 F 检验,检验例 1 中 y 对 x 的线性回归是否显著. ($\alpha=0.05$)

解 检验假设

$$H_0: \beta_1=0, \quad H_1: \beta_1 \neq 0,$$

拒绝域为

$$F = \frac{(n-2)Q_r}{Q_e} \geqslant F_\alpha(1,n-2).$$

由前面的例子可得

$$F = \frac{(n-2)Q_r}{Q_e} = \frac{5\times(24492.86-1349.107)}{1349.107} = 85.7743.$$

查 F 分布表可得 $F_{0.05}(1,5)=6.61$,显然有 $F>F_{0.05}(1,5)$,因此拒绝原假设 H_0,即可以认为 y 对 x 的线性回归显著.

3) 相关系数检验法

相关系数是表征两个变量之间线性相关程度的数字特征,因此可以从样本相关系数出发来检验解释变量 x 与被解释变量 y 的线性关系是否显著.

定义一个反映样本 $(x_i, y_i)(i=1,2,\cdots,n)$ 之间线性关系的统计量 r,即**样本相关系数**

$$r = \frac{\sum_{i=1}^{n}(x_i-\overline{x})(y_i-\overline{y})}{\sqrt{\sum_{i=1}^{n}(x_i-\overline{x})^2}\sqrt{\sum_{i=1}^{n}(y_i-\overline{y})^2}} = \frac{L_{xy}}{\sqrt{L_{xx}L_{yy}}}, \tag{9.21}$$

则

$$r^2 = \frac{L_{xy}^2}{L_{xx}L_{yy}} = \frac{\hat{\beta}_1^2 L_{xx}^2}{L_{xx}L_{yy}} = \frac{\hat{\beta}_1^2 L_{xx}}{L_{yy}}. \tag{9.22}$$

由

$$\begin{aligned} Q_r &= \sum_{i=1}^{n}(\hat{y}_i-\overline{y})^2 = \sum_{i=1}^{n}(\hat{\beta}_0+\hat{\beta}_1 x_i-\overline{y})^2 \\ &= \sum_{i=1}^{n}(\overline{y}-\hat{\beta}_1\overline{x}+\hat{\beta}_1 x_i-\overline{y})^2 = \hat{\beta}_1^2\sum_{i=1}^{n}(x_i-\overline{x})^2 = \hat{\beta}_1^2 L_{xx}, \end{aligned} \tag{9.23}$$

以及 $L_{yy} = Q_T$ 可得

$$r^2 = \frac{Q_r}{Q_T}.$$

r^2 就是回归平方和占总平方和的比率,通常称为**可决系数**或**拟合优度**. 显然有 $|r| \leqslant 1$. 这里注意,相关系数仅仅刻画 y 与 x 之间线性相关程度,不涉及其他关系. 下面我们再对 r 的不同值加以解释.

(1) 当 $r=0$ 时,$L_{xy}=0$,此时 $\hat{\beta}_1=0$,回归直线平行于 x 轴,说明 y 与 x 之间没有线性相关关系.

(2) 当 $|r|=1$ 时,$Q_r=Q_T$,$Q_e=0$,说明 y 与 x 之间完全线性相关.

(3) 当 $0<|r|<1$ 时,y 与 x 之间存在一定的线性关系. $|r|$ 越大则 y 与 x 的线性关系越强,反之 y 与 x 的线性关系越弱.

从统计角度来讲,只有 $|r|$ 大于某个临界值时,才可以认为 y 与 x 之间存在线性关系,即线性关系显著. 因此该假设检验问题的拒绝域形式为 $|r| \geqslant c$,其中临界值 c 可由 H_0 成立时相关系数的分布定出,该分布与自由度 $n-2$ 有关.

对于给定的显著性水平 α，由 $P\{|r| \geq c\} = \alpha$ 知，临界值 c 应是在原假设 H_0 成立条件下 $|r|$ 的分布的上 α 分位点，记为 $c = r_\alpha(n-2)$. 因此当 $|r| \geq r_\alpha(n-2)$ 时，拒绝原假设 H_0，可以认为 y 与 x 之间线性关系显著，否则就认为 y 与 x 之间线性关系不显著. 这种检验方法称为**相关系数检验法**，简称为 r **检验法**. 当然我们也可以得到统计量 r 与 F 之间的关系，用 F 分布来确定临界值 c. 为实际使用方便，人们已对 $r_\alpha(n-2)$ 编制了专门的数值表，见附表 8.

例 6 应用相关系数检验法检验例 1 中 y 对 x 的线性回归是否显著. ($\alpha = 0.05$)

解 检验假设

$$H_0 : \beta_1 = 0, \quad H_1 : \beta_1 \neq 0.$$

该假设检验问题的拒绝域为

$$|r| \geq r_\alpha(n-2),$$

由

$$r^2 = \frac{Q_r}{Q_T} = \frac{24492.86 - 1349.107}{24492.86} = 0.9449,$$

解得 $r = 0.9721$，查相关系数表得 $r_{0.05}(5) = 0.754$，由于 $|r| = 0.9721 > 0.754$，因此拒绝原假设 H_0，即可以认为 y 对 x 的线性回归显著.

5. 回归系数的区间估计

当我们用最小二乘法得到 β_0, β_1 的点估计后，在实际应用中往往还希望给出回归系数的估计精度，即给出其置信水平为 $1-\alpha$ 的置信区间. 在实际应用中，我们主要关心回归系数 β_1 的估计精度. 由于

$$\hat{\beta}_1 \sim N\left(\beta_1, \frac{\sigma^2}{L_{xx}}\right),$$

因此

$$\frac{\hat{\beta}_1 - \beta_1}{\sqrt{\sigma^2/L_{xx}}} \sim N(0,1).$$

注意到 $Q_e/\sigma^2 \sim \chi^2(n-2)$，且 $\hat{\beta}_1$ 与 Q_e 相互独立，由此可得

$$T = \frac{(\hat{\beta}_1 - \beta_1)/\sqrt{\sigma^2/L_{xx}}}{\sqrt{\frac{Q_e}{\sigma^2}/(n-2)}} \sim t(n-2),$$

即

$$T = \frac{(\hat{\beta}_1 - \beta_1)\sqrt{L_{xx}}}{\hat{\sigma}} \sim t(n-2),$$

故 β_1 的置信水平为 $1-\alpha$ 的置信区间为

$$\left(\hat{\beta}_1 \pm \frac{\hat{\sigma}}{\sqrt{L_{xx}}} t_{\alpha/2}(n-2) \right). \tag{9.24}$$

例 7 给出例 1 中 β_1 的置信水平为 95% 的置信区间.

解 由例 1 和例 2 可得 $n=7$, $t_{\alpha/2}(n-2) = t_{0.025}(5) = 2.5706$,
$\hat{\beta}_1 = 5.75$, $L_{xx} = 700$, $L_{yy} = 24492.86$, $\hat{\sigma} = 16.4262$.
所以 β_1 的置信水平为 95% 置信区间为

$$\left(\hat{\beta}_1 \pm \frac{\hat{\sigma}}{\sqrt{L_{xx}}} t_{\alpha/2}(n-2) \right) = \left(5.75 \pm \frac{16.4262}{\sqrt{700}} \times 2.5706 \right),$$

即

$$(4.154, 7.346).$$

6. 预测

建立线性回归方程以后, 对于给定的 x 值, 人们就可以通过线性回归方程对 y 进行预测. 预测一般分为点预测和区间预测.

1) **点预测**

设 y 对 x 的线性回归方程为 $\hat{y} = \hat{\beta}_0 + \hat{\beta}_1 x$, 对于给定的 $x = x_0$, 用 $\hat{\beta}_0 + \hat{\beta}_1 x_0$ 作为 y 的预测值, 记为

$$\hat{y}_0 = \hat{\beta}_0 + \hat{\beta}_1 x_0,$$

这就是 y_0 的**点预测**.

下面给出 $\hat{y}_0$ 的相关性质.

定理 4 对于给定的 x_0, 关于 y_0 的估计 $\hat{y}_0 = \hat{\beta}_0 + \hat{\beta}_1 x_0$ 是 $y_1, y_2, \cdots, y_n$ 的线性组合, 在一元线性回归模型(9.7)下, 有

$$\hat{y}_0 \sim N\left(\beta_0 + \beta_1 x_0, \left(\frac{1}{n} + \frac{(x_0 - \bar{x})^2}{L_{xx}} \right) \sigma^2 \right). \tag{9.25}$$

证 由于 $\hat{\beta}_0, \hat{\beta}_1$ 都是 $y_1, y_2, \cdots, y_n$ 的线性组合, 因此 $\hat{y}_0 = \hat{\beta}_0 + \hat{\beta}_1 x_0$ 也是 $y_1, y_2, \cdots, y_n$ 的线性组合, 于是 $\hat{y}_0$ 也服从正态分布, 且

$$E(\hat{y}_0) = E(\hat{\beta}_0 + \hat{\beta}_1 x_0) = \beta_0 + \beta_1 x_0,$$

$$D(\hat{y}_0) = D(\hat{\beta}_0) + 2x_0 \text{Cov}(\hat{\beta}_0, \hat{\beta}_1) + x_0^2 D(\hat{\beta}_1)$$

$$= \left(\frac{1}{n} + \frac{\overline{x}^2}{L_{xx}}\right)\sigma^2 + 2x_0\left(-\frac{\overline{x}}{L_{xx}}\right)\sigma^2 + x_0^2 \frac{\sigma^2}{L_{xx}}$$

$$= \left(\frac{1}{n} + \frac{(x_0 - \overline{x})^2}{L_{xx}}\right)\sigma^2,$$

由此可得

$$\hat{y}_0 \sim N\left(\beta_0 + \beta_1 x_0, \left(\frac{1}{n} + \frac{(x_0 - \overline{x})^2}{L_{xx}}\right)\sigma^2\right).$$

2) 区间预测

区间预测就是对给定的 $x = x_0$,寻找相应的 y 的置信水平为 $1-\alpha$ 的**预测区间**. 设在 $x = x_0$ 点处, 对应的因变量的值为 y_0, 设 y_0 满足一元线性回归模型, 即 $y_0 = \beta_0 + \beta_1 x_0 + \varepsilon_0$, 由前面的讨论可知

$$\hat{y}_0 \sim N\left(\beta_0 + \beta_1 x_0, \left(\frac{1}{n} + \frac{(x_0 - \overline{x})^2}{L_{xx}}\right)\sigma^2\right),$$

且 $\hat{y}_0$ 是 $y_1, y_2, \cdots, y_n$ 的线性组合. 设 y_0 与 $y_1, y_2, \cdots, y_n$ 相互独立,则 y_0 与 $\hat{y}_0$ 相互独立,从而

$$y_0 - \hat{y}_0 \sim N\left(0, \left(1 + \frac{1}{n} + \frac{(x_0 - \overline{x})^2}{L_{xx}}\right)\sigma^2\right).$$

又 $\dfrac{Q_e}{\sigma^2} \sim \chi^2(n-2)$, 且可以证明 $Q_e, y_0, \hat{y}_0$ 相互独立, 于是

$$T = \frac{y_0 - \hat{y}_0}{\sqrt{1 + \dfrac{1}{n} + \dfrac{(x_0 - \overline{x})^2}{L_{xx}}}\sqrt{\dfrac{Q_e}{n-2}}} \sim t(n-2),$$

所以 y_0 的置信水平为 $1-\alpha$ 的预测区间为

$$\left(\hat{y}_0 \pm \hat{\sigma}\sqrt{1 + \frac{1}{n} + \frac{(x_0 - \overline{x})^2}{L_{xx}}}\, t_{\alpha/2}(n-2)\right). \tag{9.26}$$

令 $\delta(x_0) = \hat{\sigma}\sqrt{1+\dfrac{1}{n}+\dfrac{(x_0-\bar{x})^2}{L_{xx}}}\,t_{\alpha/2}(n-2)$，则预测区间(9.26)式可表示为

$$\left(\hat{y}_0 - \delta(x_0),\ \hat{y}_0 + \delta(x_0)\right).$$

由此可知，当样本观测值及置信水平给定时，$\delta(x_0)$ 随 x_0 的改变而变动，x_0 越接近 $\bar{x}$ 则 $\delta(x_0)$ 越小，预测精度就越高，反之预测精度就越低. 由于 x_0 的任意性，若把 x_0 换为 x，则相应的预测区间可写为

$$\left(\hat{y} - \delta(x),\ \hat{y} + \delta(x)\right),$$

其中 $\delta(x) = \hat{\sigma}\sqrt{1+\dfrac{1}{n}+\dfrac{(x-\bar{x})^2}{L_{xx}}}\,t_{\alpha/2}(n-2)$，$\hat{y} = \hat{\beta}_0 + \hat{\beta}_1 x$. 预测区间形状如图 9-2 所示，呈喇叭形状.

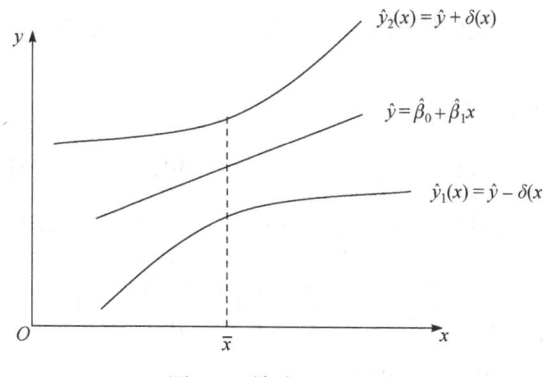

图 9-2　精确预测区间

由图 9-2 可以看出，样本回归直线

$$\hat{y} = \hat{\beta}_0 + \hat{\beta}_1 x$$

夹在曲线 $\hat{y}_1(x) = \hat{y} - \delta(x)$ 与 $\hat{y}_2(x) = \hat{y} + \delta(x)$ 之间. 且在 $x = \bar{x}$ 处最窄. 特别，当 n 很大且 x 在 $\bar{x}$ 附近取值时，有

$$t_{\alpha/2}(n-2) \approx z_{\alpha/2},\quad \sqrt{1+\dfrac{1}{n}+\dfrac{(x-\bar{x})^2}{L_{xx}}} \approx 1.$$

从而 y 的置信水平为 $1-\alpha$ 的置信区间可近似表示为

$$\left(\hat{y} - \delta(x),\ \hat{y} + \delta(x)\right) \approx \left(\hat{y} - \hat{\sigma}z_{\alpha/2},\ \hat{y} + \hat{\sigma}z_{\alpha/2}\right).$$

这时的预测带域是平行于回归直线的两条平行线之间的部分，如图 9-3 所示. 这样做可使预测工作大大简化. 在实际应用中，当 $\alpha = 0.05$ 时，取 $z_{\alpha/2} = 1.96 \approx 2$；当 $\alpha = 0.01$ 时，取 $z_{\alpha/2} = 2.58 \approx 3$，因此 y 的置信水平为 95% 与 99% 的预测区间可

分别近似地表示为 $(\hat{y}-2\hat{\sigma}, \hat{y}+2\hat{\sigma})$ 和 $(\hat{y}-3\hat{\sigma}, \hat{y}+3\hat{\sigma})$.

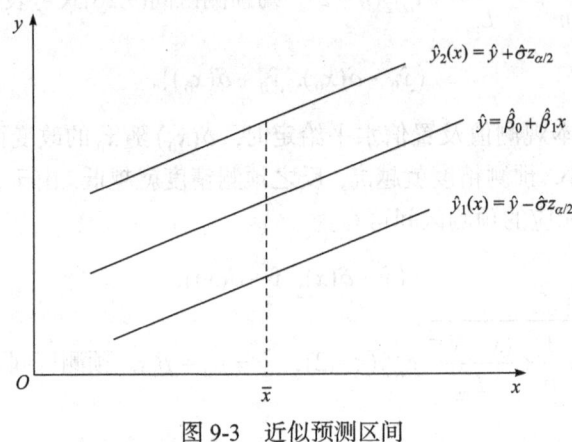

图 9-3　近似预测区间

例 8　求例 1 中当化肥施用量 $x_0=50$ 时，水稻产量 y_0 的置信水平为 95% 的预测区间.

解　由例 1 和例 2 可得

$$n=7,\quad \hat{\sigma}=16.4262,\quad L_{xx}=700,\quad \bar{x}=30,\quad t_{\alpha/2}(n-2)=2.5706.$$

当 $x_0=50$ 时，$\hat{y}_0=235.3571+5.75x_0=235.3571+5.75\times 50=522.8571$,

$$\sqrt{1+\frac{1}{n}+\frac{(x_0-\bar{x})^2}{L_{xx}}}=\sqrt{1+\frac{1}{7}+\frac{(50-30)^2}{700}}=1.3093,$$

所以 y_0 的置信水平为 95% 预测区间为

$$\left(\hat{y}_0 \pm \hat{\sigma}\sqrt{1+\frac{1}{n}+\frac{(x_0-\bar{x})^2}{L_{xx}}}\, t_{\alpha/2}(n-2)\right)=(467.5714,\ 578.1428).$$

9.1 节知识拓展

9.1 节自测题

习题 9.1

1. 对于一元线性回归模型，试证 β_0, β_1 的最小二乘估计与最大似然估计是一致的.
2. 为研究某一化学反应过程中温度 x 对产品质量指标 y 的影响，测得数据如下.

$x/℃$	100	110	120	130	140	150	160	170	180	190
y	45	51	54	61	66	70	74	78	85	89

假设 x 和 y 之间呈线性相关关系,即 $y = \beta_0 + \beta_1 x + \varepsilon$, $\varepsilon \sim N(0,\sigma^2)$.

(1) 求 y 关于 x 的线性回归方程;
(2) 求 σ^2 的无偏估计;
(3) 检验 y 对 x 的线性回归是否显著; ($\alpha = 0.05$)
(4) 求 β_1 的置信水平为 95% 的置信区间;
(5) 求当 $x_0 = 200℃$ 时,产品质量指标 y_0 的 95% 的预测区间.

3. 设 $y_1 = \beta_1 + \varepsilon_1$,$y_2 = 2\beta_1 - \beta_2 + \varepsilon_2$,$y_3 = \beta_1 + 2\beta_2 + \varepsilon_3$,其中 $\varepsilon_1, \varepsilon_2, \varepsilon_3$ 相互独立,且有 $\varepsilon_i \sim N(0,\sigma^2)(i=1,2,3)$. 求 β_1, β_2 的最小二乘估计.

4. 设过原点的一元线性回归模型为
$$y = bx + \varepsilon, \quad \varepsilon \sim N(0,\sigma^2).$$
$(x_i, y_i)(i = 1, 2, \cdots, n)$ 为相互独立的样本观测值,求(1) 最小二乘法估计 $\hat{b}$;(2) $\hat{b}$ 的概率分布.

5. 已知某种产品在生产时产生的有害物质的质量 y(单位: g)与它的燃料消耗量 x(单位: kg)之间存在线性相关关系,由以往的生产记录得到如下数据:

x_i	289	298	316	327	329	329	331	350
y_i	43.5	42.9	42.1	39.1	38.5	38.0	38.0	37.0

(1) 求 y 对 x 的线性回归方程;
(2) 试对线性回归方程进行显著性检验; ($\alpha = 0.01$)
(3) 试求 $x_0 = 340$ 时 y_0 的预测区间. ($\alpha = 0.05$)

6. 假设人均消费水平 y 和人均 GDP x 之间呈线性相关关系,即
$$y = \beta_0 + \beta_1 x + \varepsilon, \quad \varepsilon \sim N(0,\sigma^2).$$
根据下面给出的我国 1999~2010 年各年的人均消费水平和人均 GDP 数据,解决下列问题

年份	人均消费水平/元	人均 GDP/元
1999	3346	7158.5
2000	3632	7857.68
2001	3887	8621.71
2002	4144	9398.05
2003	4475	10541.97
2004	5032	12335.58

续表

年份	人均消费水平/元	人均GDP/元
2005	5573	14185.36
2006	6263	16499.7
2007	7255	20169.46
2008	8349	23707.71
2009	9098	25607.53
2010	9968	29991.82

(1) 建立我国人均消费水平与人均 GDP 之间的线性回归方程;

(2) 求 σ^2 的无偏估计 $\hat{\sigma}^2$;

(3) 对回归方程的显著性进行检验;($\alpha = 0.05$)

(4) 已知 2011 年人均 GDP 为 35083 元,试对 2011 年我国人均消费水平分别进行点预测和区间预测.($\alpha = 0.05$)

9.2 可线性化的一元非线性回归

在许多实际问题中,回归模型的被解释变量 y 与解释变量 x 之间的关系并不一定都是线性相关关系. 对于一些非线性的相关关系,我们可以通过适当的变量变换将其转换成线性相关关系,进而利用线性回归的方法进行讨论. 下面介绍一些常见的可化为线性方程的曲线方程,并给出相应的变换公式.

1. 双曲线

对于双曲线方程 $\dfrac{1}{y} = a + \dfrac{b}{x}$,令 $y' = \dfrac{1}{y}, x' = \dfrac{1}{x}$,得线性方程

$$y' = a + bx'.$$

2. 幂函数曲线

对于幂函数曲线方程 $y = ax^b$,取对数得 $\ln y = \ln a + b \ln x$,令

$$y' = \ln y, a' = \ln a, x' = \ln x,$$

得线性方程

$$y' = a' + bx'.$$

3. 指数曲线

对于指数曲线方程 $y = ae^{bx}$，取对数得 $\ln y = \ln a + bx$，令

$$y' = \ln y, \quad a' = \ln a,$$

得线性方程

$$y' = a' + bx.$$

4. 倒指数曲线

对于倒指数曲线方程 $y = ae^{b/x}$，取对数得 $\ln y = \ln a + \dfrac{b}{x}$，令

$$y' = \ln y, \quad a' = \ln a, \quad x' = \dfrac{1}{x},$$

得线性方程

$$y' = a' + bx'.$$

5. 对数曲线

对于对数曲线方程 $y = a + b\ln x \ (x > 0)$，令 $x' = \ln x$，得线性方程

$$y = a + bx'.$$

6. S 形曲线

对于 S 形曲线方程 $y = \dfrac{1}{a + be^{-x}}$，取倒数得 $\dfrac{1}{y} = a + be^{-x}$，令

$$y' = \dfrac{1}{y}, \quad x' = e^{-x},$$

得线性方程

$$y' = a + bx'.$$

例 1 在彩色显影中，根据以往经验可知，形成染料的光学密度 y 与析出银的光学密度 x 之间呈倒指数曲线关系：$y = ae^{b/x} \ (a > 0)$，已测得 11 对数据 (x_i, y_i) 见下表：

x	0.05	0.06	0.07	0.10	0.14	0.20	0.25	0.31	0.38	0.43	0.47
y	0.10	0.14	0.23	0.37	0.59	0.79	1.00	1.12	1.19	1.25	1.29

(1) 求 y 对 x 的经验回归曲线方程;

(2) 试对曲线回归方程的显著性进行检验. ($\alpha = 0.05$)

解 (1) 由 $y = ae^{b/x}$ 取对数得 $\ln y = \ln a + \dfrac{b}{x}$, 令

$$y' = \ln y, \quad \beta_0 = \ln a, \quad \beta_1 = b, \quad x' = \dfrac{1}{x},$$

得线性方程 $y' = \beta_0 + \beta_1 x'$. 现在 $n = 11$, 经计算得

$$\sum_{i=1}^{n} x_i' = \sum_{i=1}^{n} \dfrac{1}{x_i} = 87.408, \quad \overline{x}' = 7.95,$$

$$\sum_{i=1}^{n} y_i' = \sum_{i=1}^{n} \ln y_i = -6.732, \quad \overline{y}' = -0.612,$$

$$\sum_{i=1}^{n} x_i'^2 = \sum_{i=1}^{n} \dfrac{1}{x_i^2} = 1101.16, \quad \sum_{i=1}^{n} y_i'^2 = \sum_{i=1}^{n} (\ln y_i)^2 = 12.82,$$

$$\sum_{i=1}^{n} x_i' y_i' = \sum_{i=1}^{n} \dfrac{1}{x_i} \ln y_i = -112.84,$$

所以

$$L_{x'x'} = \sum_{i=1}^{n} x_i'^2 - n\overline{x}'^2 = 406.6$$

$$L_{x'y'} = \sum_{i=1}^{n} x_i' y_i' - n\overline{x}'\overline{y}' = -59.35,$$

$$L_{y'y'} = \sum_{i=1}^{n} y_i'^2 - n\overline{y}'^2 = 8.70,$$

$$\hat{\beta}_1 = \dfrac{L_{x'y'}}{L_{x'x'}} = \dfrac{-59.35}{406.6} = -0.146,$$

$$\hat{\beta}_0 = \overline{y}' - \hat{\beta}_1 \overline{x}' = -0.612 + 0.146 \times 7.95 = 0.549.$$

于是参数 a, b 的估计值分别为

$$\hat{a} = e^{\hat{\beta}_0} = 1.73, \quad \hat{b} = \hat{\beta}_1 = -0.146.$$

从而 y 关于 x 的曲线回归方程为

$$\hat{y} = 1.73 e^{-0.146/x}.$$

(2) 检验假设 $H_0: \beta_1 = 0, H_1: \beta_1 \neq 0$.

拒绝域为

$$|t|=\left|\frac{\hat{\beta}_1\sqrt{L_{x'x'}}}{\hat{\sigma}}\right|\geq t_{\alpha/2}(n-2).$$

由条件可得 $\alpha = 0.05$, $t_{\alpha/2}(n-2) = t_{0.025}(9) = 2.2622$,

$$Q_e = L_{y'y'} - \hat{\beta}_1^2 L_{x'x'} = 8.70 - 0.146^2 \times 406.6 = 0.0329.$$

从而

$$\hat{\sigma}^2 = \frac{Q_e}{n-2} = \frac{0.0329}{9} = 0.0037, \quad \hat{\sigma} = 0.0608.$$

$$|t| = |\hat{\beta}_1|\sqrt{L_{x'x'}}/\hat{\sigma} = 0.146 \times \sqrt{406.6}/0.0608 = 48.4209,$$

$$|t| = 48.4209 > 2.2622 = t_{\alpha/2}(n-2),$$

于是拒绝原假设 H_0, 即可以认为 y 对 x 的曲线回归方程是显著的.

例 2 一只昆虫产卵数 y 与温度 x(℃)有关. 现收集到 11 组数据如下:

温度 x/℃	20	21	22	23	24	25	26	27	28	29	30
产卵数 y	5	7	9	12	16	21	25	30	48	68	90

试给出温度 x 与产卵数 y 之间的关系. ($\alpha = 0.05$)

解 为对数据进行分析, 首先画出 $(x_i, y_i)(i=1,2,\cdots,11)$ 的散点图, 判断这两个变量之间可能的函数关系, 图 9-4 是本例的散点图.

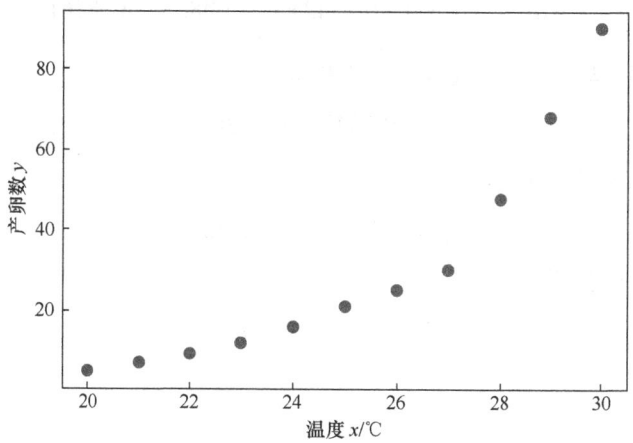

图 9-4 昆虫的产卵数与温度的样本散点图

根据图形的特点, 用曲线拟合这些点应该是更恰当的. 这里就涉及如何选择曲线函数形式的问题, 散点图呈现一个明显的向上且上凹的趋势, 这里我们分别

采用 $y = ax^2 + b$ 与 $y = ce^{dx}$ 来拟合 y 与 x 之间的关系.

(1) **幂函数曲线** $y = ax^2 + b$　令 $t = x^2$，得 $y = at + b$，y 与 t 的数据表为

t	400	441	484	529	576	625	676	729	784	841	900
y	5	7	9	12	16	21	25	30	48	68	90

由条件可得 $n = 11$，$\sum_{i=1}^{n} t_i = 6985$，$\sum_{i=1}^{n} y_i = 331$，$\sum_{i=1}^{n} t_i^2 = 4711333$，$\sum_{i=1}^{n} t_i y_i = 252722$，$\sum_{i=1}^{n} y_i^2 = 17549$. 所以

$$L_{tt} = \sum_{i=1}^{n} t_i^2 - \frac{1}{n}\left(\sum_{i=1}^{n} t_i\right)^2 = 4711333 - \frac{1}{11} \times 6985^2 = 275858,$$

$$L_{ty} = \sum_{i=1}^{n} t_i y_i - \frac{1}{n}\left(\sum_{i=1}^{n} t_i\right)\left(\sum_{i=1}^{n} y_i\right) = 252722 - \frac{1}{11} \times 6985 \times 331 = 42537,$$

$$L_{yy} = \sum_{i=1}^{n} y_i^2 - \frac{1}{n}\left(\sum_{i=1}^{n} y_i\right)^2 = 17549 - \frac{1}{11} \times 331^2 = 7588.909,$$

$$\hat{a} = \frac{L_{ty}}{L_{tt}} = \frac{42537}{275858} = 0.1542,$$

$$\hat{b} = \bar{y} - \hat{a}\bar{t} = \frac{1}{11} \times 331 - 0.1542 \times \frac{1}{11} \times 6985 = -67.8261.$$

于是可以得到 y 与 t 之间的线性回归方程为

$$\hat{y} = 0.1542t - 67.8261,$$

即 y 对 x 的曲线回归方程为

$$\hat{y} = 0.1542x^2 - 67.8261.$$

下面我们检验假设

$$H_0: a = 0, \quad H_1: a \neq 0.$$

拒绝域为

$$|t| = \left|\frac{\hat{a}\sqrt{L_{tt}}}{\hat{\sigma}_1}\right| \geq t_{\alpha/2}(n-2).$$

由 $\alpha = 0.05$，查 t 分布表得 $t_{\alpha/2}(n-2) = t_{0.025}(9) = 2.2622$，经计算得

$$|t| = 7.5715 > 2.2622,$$

于是拒绝原假设 H_0，即可以认为 y 对 x 的曲线回归方程是显著的.

(2) **指数曲线** $y = ce^{dx}$　令 $z = \ln y$, $c' = \ln c$, 得 $z = c' + dx$, z 与 x 的数据表为

温度 $x/℃$	20	21	22	23	24	25	26	27	28	29	30
$z = \ln y$	1.609	1.946	2.197	2.485	2.773	3.045	3.219	3.401	3.871	4.22	4.5

通过计算可以得到 z 与 x 的线性回归方程为

$$\hat{z} = 0.2804x - 3.9866,$$

即 y 对 x 的曲线回归方程为

$$\hat{y} = e^{0.2804x - 3.9866}.$$

下面我们检验假设

$$H_0: d = 0, \quad H_1: d \neq 0,$$

拒绝域为

$$|t| = \left| \frac{\hat{d}\sqrt{L_{xx}}}{\hat{\sigma}_2} \right| \geq t_{\alpha/2}(n-2).$$

查 t 分布表得 $t_{0.025}(9) = 2.2622$, 由于

$$|t| = 37.2985 > 2.2622,$$

于是拒绝原假设 H_0，即可以认为 y 对 x 的回归方程是显著的.

上面我们得到了两个曲线回归方程，这两个方程哪一个更好一点呢？为了比较两个曲线方程的拟合效果，现列出它们的残差.

温度 $x/℃$	20	21	22	23	24	25	26	27	28	29	30
产卵数 y	5	7	9	12	16	21	25	30	48	68	90
幂函数曲线的残差 e_1	11.15	6.82	2.19	−1.75	−4.99	−7.54	−11.41	−14.59	−5.06	6.14	19.05
指数曲线的残差 e_2	−0.06	0.30	0.13	0.26	0.46	0.42	−2.24	−6.05	0.28	4.83	6.38

由上表可知，幂函数曲线的残差平方和 $Q_{e_1} = 1029.751$, 指数曲线的残差平方和 $Q_{e_2} = 106.35$, 因为 $Q_{e_2} < Q_{e_1}$, 因此从残差平方和来看，用指数曲线拟合 y 与 x

之间的关系效果较好.

9.2 节知识拓展

9.2 节自测题

习题 9.2

1. 设曲线函数形式为 $y = \dfrac{1}{a + b\mathrm{e}^{-x}}$，问能否找到一个变换将该曲线方程转换为一元线性回归的形式？并说明理由.

2. 一册书的成本费 y 与印刷的册数 x 有关，统计结果如下表所示. 若 y 与 x 之间的关系可用曲线 $y = a + \dfrac{b}{x}$ 来拟合，试求 y 关于 x 的回归方程.

x (10 册)	1	2	3	5	10	20	30	50	100	200
y / 元	10.15	5.52	4.08	2.85	2.11	1.62	1.41	1.30	1.21	1.15

3. 某公司在 6 年里获得的利润(单位: 万元)数据如下表，若 y 与 x 之间的关系可用曲线 $y = ab^x$ 来拟合.

年 (x)	1	2	3	4	5	6
利润 (y)	112	149	238	354	580	867

(1) 求经验曲线回归方程；

(2) 试对回归的显著性进行检验. ($\alpha = 0.05$)

4. 盛钢水的钢包，由于钢水对耐火材料的侵蚀，容积不断扩大，需要找出使用次数与增大容积之间的关系. 试验数据如下:

使用次数 x	2	3	4	5	6	7	8	9	10
增大容积 y	6.42	8.20	9.58	9.50	9.70	10.00	9.93	9.99	10.49
使用次数 x	11	12	13	14	15	16			
增大容积 y	10.59	10.60	10.80	10.60	10.90	11.76			

由数据散点图可知，y 对 x 的回归方程可用两种曲线拟合：

(1) 双曲函数 $\dfrac{1}{y} = a + \dfrac{b}{x}$，　(2) 负指数函数 $y = a\mathrm{e}^{-\frac{b}{x}}$.

试分别求其回归方程，并判别哪种曲线方程效果好.

5. 电容器充电后，电压达到 100V，然后开始放电，测得时间 t（单位：s）的电压 u（单位：V）数据如下：

t	0	1	2	3	4	5	6	7	8	9	10
u	100	75	55	40	30	20	15	10	10	5	5

假设电压 u 与 t 之间关系满足模型 $u = a\mathrm{e}^{bt+\varepsilon}$，$\varepsilon \sim N(0,\sigma^2)$. 求电压 u 对 t 的回归方程.

9.3　多元线性回归

在实际问题中，被解释变量 y 有时与多个解释变量 $x_1, x_2, \cdots, x_k$ 存在相关关系，比如某地区的运输业产值 y 受该地区的工业产值 x_1、农业产值 x_2、固定资产投资 x_3 等多个变量的影响. 如果被解释变量 y 与多个解释变量 $x_1, x_2, \cdots, x_k$ 存在线性相关关系，则可建立多元线性回归模型.

设被解释变量 y 与解释变量 $x_1, x_2, \cdots, x_k$ 之间呈线性相关关系，则

$$y = \beta_0 + \beta_1 x_1 + \beta_2 x_2 + \cdots + \beta_k x_k + \varepsilon, \tag{9.27}$$

其中 $\beta_0, \beta_1, \cdots, \beta_k$ 为回归系数，ε 是零均值的随机变量，$D(\varepsilon) = \sigma^2$. 称 (9.27) 式为**多元线性回归模型**. 称方程

$$\hat{y} = \hat{\beta}_0 + \hat{\beta}_1 x_1 + \hat{\beta}_2 x_2 + \cdots + \hat{\beta}_k x_k$$

为**多元线性回归方程**.

对于一个实际问题，如果我们获得了一组样本观测值

$$(x_{i1}, x_{i2}, \cdots, x_{ik}, y_i), \quad i = 1, 2, \cdots, n,$$

则有

$$y_i = \beta_0 + \beta_1 x_{i1} + \beta_2 x_{i2} + \cdots + \beta_k x_{ik} + \varepsilon_i, \quad i = 1, 2, \cdots, n, \tag{9.28}$$

写成矩阵形式

$$Y = XB + \varepsilon,$$

其中

$$Y = \begin{pmatrix} y_1 \\ y_2 \\ \vdots \\ y_n \end{pmatrix}, \quad X = \begin{pmatrix} 1 & x_{11} & \cdots & x_{1k} \\ 1 & x_{21} & \cdots & x_{2k} \\ \vdots & \vdots & & \vdots \\ 1 & x_{n1} & \cdots & x_{nk} \end{pmatrix}, \quad B = \begin{pmatrix} \beta_0 \\ \beta_1 \\ \vdots \\ \beta_k \end{pmatrix}, \quad \varepsilon = \begin{pmatrix} \varepsilon_1 \\ \varepsilon_2 \\ \vdots \\ \varepsilon_n \end{pmatrix}.$$

为了方便后面的讨论,我们需要一些基本假设:

(1) $x_1, x_2, \cdots, x_k$ 是确定性变量,并且 $\mathrm{Rank}(X) = k+1 \leq n$;

(2) $\varepsilon_1, \varepsilon_2, \cdots, \varepsilon_n$ 独立同分布,且 $\varepsilon \sim N(0, \sigma^2 I_n)$,其中 I_n 是 n 阶单位方阵。

1. 最小二乘估计

与一元线性回归类似,我们用最小二乘法估计回归系数 $\beta_0, \beta_1, \cdots, \beta_k$。考虑

$$Q = Q(\beta_0, \beta_1, \cdots, \beta_k) = \sum_{i=1}^{n} (y_i - \beta_0 - \beta_1 x_{i1} - \cdots - \beta_k x_{ik})^2,$$

取 $\hat{\beta}_0, \hat{\beta}_1, \cdots, \hat{\beta}_k$,使得

$$Q(\hat{\beta}_0, \hat{\beta}_1, \cdots, \hat{\beta}_k) = \min_{B} Q(\beta_0, \beta_1, \cdots, \beta_k).$$

分别求 Q 关于 $\beta_0, \beta_1, \cdots, \beta_k$ 的偏导数,并令其为零,即

$$\left.\frac{\partial Q}{\partial \beta_0}\right|_{B=\hat{B}} = \cdots = \left.\frac{\partial Q}{\partial \beta_k}\right|_{B=\hat{B}} = 0,$$

整理得正规方程组

$$\begin{cases} n\hat{\beta}_0 + \hat{\beta}_1 \sum_{i=1}^{n} x_{i1} + \cdots + \hat{\beta}_k \sum_{i=1}^{n} x_{ik} = \sum_{i=1}^{n} y_i, \\ \hat{\beta}_0 \sum_{i=1}^{n} x_{i1} + \hat{\beta}_1 \sum_{i=1}^{n} x_{i1}^2 + \cdots + \hat{\beta}_k \sum_{i=1}^{n} x_{i1} x_{ik} = \sum_{i=1}^{n} x_{i1} y_i, \\ \cdots \cdots \\ \hat{\beta}_0 \sum_{i=1}^{n} x_{ik} + \hat{\beta}_1 \sum_{i=1}^{n} x_{ik} x_{i1} + \cdots + \hat{\beta}_k \sum_{i=1}^{n} x_{ik}^2 = \sum_{i=1}^{n} x_{ik} y_i. \end{cases} \quad (9.29)$$

其矩阵形式为

$$X^{\mathrm{T}} X \hat{B} = X^{\mathrm{T}} Y,$$

因为矩阵 $X^{\mathrm{T}} X$ 可逆,所以

$$\hat{B} = (X^{\mathrm{T}} X)^{-1} X^{\mathrm{T}} Y, \quad (9.30)$$

于是多元线性回归方程的矩阵形式为

$$\hat{Y} = X\hat{B} = X(X^TX)^{-1}X^TY. \tag{9.31}$$

与一元线性回归类似,多元线性回归的参数估计有如下性质:

(1) $\hat{\beta}_0, \hat{\beta}_1, \cdots, \hat{\beta}_k$ 都是 $y_1, y_2, \cdots, y_n$ 的线性组合;

(2) $\hat{\beta}_0, \hat{\beta}_1, \cdots, \hat{\beta}_k$ 分别是 $\beta_0, \beta_1, \cdots, \beta_k$ 的无偏估计;

(3) $\hat{B} \sim N(B, \sigma^2(X^TX)^{-1})$.

2. σ^2 的无偏估计

与一元线性回归类似,多元线性回归也可以作如下的平方和分解:

$$Q_T = \sum_{i=1}^{n}(y_i - \bar{y})^2 = \sum_{i=1}^{n}(y_i - \hat{y}_i)^2 + \sum_{i=1}^{n}(\hat{y}_i - \bar{y})^2 = Q_e + Q_r, \tag{9.32}$$

且有

$$\frac{Q_e}{\sigma^2} \sim \chi^2(n-k-1). \tag{9.33}$$

由此可得 $E\left(\dfrac{Q_e}{n-k-1}\right) = \sigma^2$,于是 σ^2 的无偏估计为

$$\hat{\sigma}^2 = \frac{Q_e}{n-k-1}. \tag{9.34}$$

3. 多元线性回归方程的显著性检验(F 检验)

在许多实际问题中,y 与 $x_1, x_2, \cdots, x_k$ 之间是否具有显著的线性相关关系,需要我们进行显著性检验,即检验假设

$$H_0: \beta_1 = \beta_2 = \cdots = \beta_k = 0, \quad H_1: \beta_1, \beta_2, \cdots, \beta_k \text{ 不全为零}.$$

由平方和分解(9.32)式,构造检验统计量

$$F = \frac{Q_r/k}{Q_e/(n-k-1)},$$

可以证明,当原假设 H_0 成立时

$$F \sim F(k, n-k-1),$$

所以对给定的显著性水平 $\alpha(0 < \alpha < 1)$,该假设检验问题的拒绝域为

$$F \geqslant F_\alpha(k, n-k-1). \tag{9.35}$$

4. 多元线性回归系数的显著性检验(t 检验)

多元线性回归方程的显著性检验是一种检验被解释变量 y 与一组解释变量 $x_1, x_2, \cdots, x_k$ 之间是否具有线性相关关系的检验方法。一个多元线性回归方程是显著的,并不能说明每一个解释变量 x_i 对 y 的影响都是显著的,因此还必须对每个解释变量进行显著性检验,以决定其是否能作为解释变量被保留在模型中。如果 x_i 对 y 的作用不显著,则它的系数 β_i 就可以取值为 0。于是检验变量 x_i 是否显著等价于检验假设

$$H_0: \beta_i = 0, \quad H_1: \beta_i \neq 0, \quad i = 1, 2, \cdots, k.$$

对于多元线性回归,可以证明 $\dfrac{Q_e}{\sigma^2} \sim \chi^2(n-k-1)$,且 Q_e 与 $\hat{\beta}_i\,(i=1,2,\cdots,k)$ 相互独立。另一方面

$$\hat{\boldsymbol{B}} \sim N(\boldsymbol{B}, \sigma^2 (\boldsymbol{X}^{\mathrm{T}} \boldsymbol{X})^{-1}). \tag{9.36}$$

设 $c_{ij}(i,j=0,1,\cdots,k)$ 是 $(\boldsymbol{X}^{\mathrm{T}} \boldsymbol{X})^{-1}$ 的第 $(i+1, j+1)$ 元素,则

$$\hat{\beta}_i \sim N(\beta_i, \sigma^2 c_{ii}), \tag{9.37}$$

所以

$$\frac{(\hat{\beta}_i - \beta_i)\big/(\sigma \sqrt{c_{ii}})}{\sqrt{\dfrac{Q_e}{\sigma^2}\big/(n-k-1)}} \sim t(n-k-1),$$

即

$$\frac{\hat{\beta}_i - \beta_i}{\hat{\sigma} \sqrt{c_{ii}}} \sim t(n-k-1), \tag{9.38}$$

其中 $\hat{\sigma} = \sqrt{\dfrac{Q_e}{n-k-1}} = \sqrt{\dfrac{\sum\limits_{i=1}^{n}(y_i - \hat{y}_i)^2}{n-k-1}}$。于是选取检验统计量

$$T = \frac{\hat{\beta}_i}{\hat{\sigma} \sqrt{c_{ii}}},$$

当原假设 H_0 成立时,$T \sim t(n-k-1)$,故对给定的显著性水平 $\alpha(0 < \alpha < 1)$,该假设检验问题的拒绝域为

$$|t| = \frac{|\hat{\beta}_i|}{\hat{\sigma}\sqrt{c_{ii}}} \geq t_{\alpha/2}(n-k-1). \tag{9.39}$$

5. 预测

多元线性回归的预测问题与一元线性回归的预测类似. 对于 $\boldsymbol{X} = (1, x_1, x_2, \cdots, x_k)^T$ 的一个观测值 $\boldsymbol{X}_0 = (1, x_{01}, x_{02}, \cdots, x_{0k})$, 由多元线性回归方程 $\hat{y} = \boldsymbol{X}\hat{\boldsymbol{B}}$, 可得 y_0 的点预测

$$\hat{y}_0 = \boldsymbol{X}_0 \hat{\boldsymbol{B}}.$$

记预测误差 $e_0 = y_0 - \hat{y}_0$, 可以证明

$$e_0 \sim N(0, \sigma^2(1 + \boldsymbol{X}_0(\boldsymbol{X}^T\boldsymbol{X})^{-1}\boldsymbol{X}_0^T)),$$

且 e_0 与 Q_e 相互独立. 由此可得

$$\frac{\hat{y}_0 - y_0}{\sigma\sqrt{1 + \boldsymbol{X}_0(\boldsymbol{X}^T\boldsymbol{X})^{-1}\boldsymbol{X}_0^T}} \sim N(0,1),$$

$$T = \frac{(\hat{y}_0 - y_0)/\sigma\sqrt{1 + \boldsymbol{X}_0(\boldsymbol{X}^T\boldsymbol{X})^{-1}\boldsymbol{X}_0^T}}{\sqrt{\dfrac{Q_e}{\sigma^2}\Big/(n-k-1)}} \sim t(n-k-1),$$

即

$$T = \frac{\hat{y}_0 - y_0}{\hat{\sigma}\sqrt{1 + \boldsymbol{X}_0(\boldsymbol{X}^T\boldsymbol{X})^{-1}\boldsymbol{X}_0^T}} \sim t(n-k-1).$$

从而可得 y_0 的置信水平为 $1-\alpha$ 的预测区间

$$\left(\hat{y}_0 \pm \hat{\sigma} t_{\alpha/2}(n-k-1)\sqrt{1 + \boldsymbol{X}_0(\boldsymbol{X}^T\boldsymbol{X})^{-1}\boldsymbol{X}_0^T}\right). \tag{9.40}$$

例 1 观测落叶松的树龄 x (单位: 年)与高度 y (单位: m)有如下资料:

x	2	3	4	5	6	7	8	9	10	11
y	5.6	8	10.4	12.8	15.3	17.8	19.9	21.4	22.4	23.2

如果 y 与 x 的关系可以用如下模型描述

$$y = \beta_0 + \beta_1 x + \beta_2 x^2 + \varepsilon, \quad \varepsilon \sim N(0, \sigma^2),$$

(1) 试求回归方程 $\hat{y} = \hat{\beta}_0 + \hat{\beta}_1 x + \hat{\beta}_2 x^2$;

(2) 检验回归方程的显著性. ($\alpha = 0.05$)

解 (1) 令 $x_1 = x$, $x_2 = x^2$, 则
$$y = \beta_0 + \beta_1 x_1 + \beta_2 x_2 + \varepsilon,$$
这是一个二元线性回归模型. 其中 $n = 10$, $k = 2$, $\boldsymbol{B} = (\beta_0 \quad \beta_1 \quad \beta_2)^T$,
$$\boldsymbol{X} = \begin{pmatrix} 1 & 1 & 1 & 1 & 1 & 1 & 1 & 1 & 1 & 1 \\ 2 & 3 & 4 & 5 & 6 & 7 & 8 & 9 & 10 & 11 \\ 4 & 9 & 16 & 25 & 36 & 49 & 64 & 81 & 100 & 121 \end{pmatrix}^T,$$
$$\boldsymbol{Y} = (5.6 \quad 8 \quad 10.4 \quad 12.8 \quad 15.3 \quad 17.8 \quad 19.9 \quad 21.4 \quad 22.4 \quad 23.2)^T,$$

计算可得
$$\boldsymbol{X}^T\boldsymbol{X} = \begin{pmatrix} 10 & 65 & 505 \\ 65 & 505 & 4355 \\ 505 & 4355 & 39973 \end{pmatrix}, \quad \boldsymbol{X}^T\boldsymbol{Y} = \begin{pmatrix} 156.8 \\ 1188.2 \\ 10058 \end{pmatrix},$$

$$\hat{\boldsymbol{B}} = (\boldsymbol{X}^T\boldsymbol{X})^{-1}\boldsymbol{X}^T\boldsymbol{Y} = \begin{pmatrix} -1.33 \\ 3.46 \\ -0.11 \end{pmatrix}.$$

所以 y 对 x 的回归方程为
$$\hat{y} = -1.33 + 3.46x - 0.11x^2.$$

(2) 检验假设
$$H_0: \beta_1 = \beta_2 = 0, \quad H_1: \beta_1, \beta_2 \text{ 不全为零}.$$
该假设检验问题的拒绝域为 $F \geqslant F_\alpha(k, n-k-1)$. 检验统计量 F 的值
$$F = \frac{Q_r/k}{Q_e/(n-k-1)} = \frac{\frac{1}{2}\sum_{i=1}^{10}(\hat{y}_i - \bar{y})^2}{\frac{1}{7}\sum_{i=1}^{10}(y_i - \hat{y}_i)^2} = 1026.24,$$

查 F 分布表可得 $F_\alpha(k, n-k-1) = F_{0.05}(2,7) = 4.74$, 由于 $4.74 < 1026.24$, 因此拒绝原假设 H_0, 即可以认为回归方程是显著的.

例 2 已知某企业的利润 y 与销售额 x_1 及经营费用 x_2 有关, 假设它们之间的关系可以用如下模型描述
$$y = \beta_0 + \beta_1 x_1 + \beta_2 x_2 + \varepsilon, \quad \varepsilon \sim N(0, \sigma^2),$$
统计数据如下:

时间/年	利润 y/万元	销售额 x_1/万元	经营费用 x_2/万元
1	17.9	309.3	91.7
2	18.8	315.8	96.5
3	15.4	318.8	100.0
4	19.0	333.0	103.9
5	20.0	340.2	102.5
6	18.4	350.7	102.5
7	21.8	367.3	102.1
8	24.1	381.3	101.5
9	25.6	406.5	101.2
10	30.0	430.8	99.0

(1) 试建立利润对销售额和经营费用的二元线性回归方程;
(2) 检验回归方程的显著性; ($\alpha = 0.05$)
(3) 对回归系数的显著性进行检验. ($\alpha = 0.05$)

解 (1) 根据题意,$n=10$,$k=2$,$\boldsymbol{B} = (\beta_0 \quad \beta_1 \quad \beta_2)^{\mathrm{T}}$,

$$\boldsymbol{X} = \begin{pmatrix} 1 & 1 & 1 & 1 & 1 & 1 & 1 & 1 & 1 & 1 \\ 309.3 & 315.8 & 318.8 & 333.0 & 340.2 & 350.7 & 367.3 & 381.3 & 406.5 & 430.8 \\ 91.7 & 96.5 & 100.0 & 103.9 & 102.5 & 102.5 & 102.1 & 101.5 & 101.2 & 99.0 \end{pmatrix}^{\mathrm{T}},$$

$$\boldsymbol{Y} = (17.9 \quad 18.8 \quad 15.4 \quad 19.0 \quad 20.0 \quad 18.4 \quad 21.8 \quad 24.1 \quad 25.6 \quad 30.0)^{\mathrm{T}},$$

计算可得

$$\boldsymbol{X}^{\mathrm{T}}\boldsymbol{X} = \begin{pmatrix} 10 & 3553.7 & 1000.9 \\ 3553.7 & 1277775.0 & 356123.7 \\ 1000.9 & 356123.7 & 100297.9 \end{pmatrix}, \quad \boldsymbol{X}^{\mathrm{T}}\boldsymbol{Y} = \begin{pmatrix} 211.0 \\ 76493.78 \\ 21138.38 \end{pmatrix},$$

$$\hat{\boldsymbol{B}} = (\boldsymbol{X}^{\mathrm{T}}\boldsymbol{X})^{-1}\boldsymbol{X}^{\mathrm{T}}\boldsymbol{Y} = \begin{pmatrix} 6.0512 \\ 0.1082 \\ -0.2339 \end{pmatrix}.$$

所以 y 对 x 的线性回归方程为

$$\hat{y} = 6.0512 + 0.1082x_1 - 0.2339x_2.$$

(2) 检验假设

$$H_0 : \beta_1 = \beta_2 = 0, \quad H_1 : \beta_1, \beta_2 \text{ 不全为零},$$

该假设检验问题的拒绝域为 $F \geqslant F_\alpha(k, n-k-1)$. 检验统计量 F 的值

$$F = \frac{Q_r/k}{Q_e/(n-k-1)} = \frac{\frac{1}{2}\sum_{i=1}^{10}(\hat{y}_i - \bar{y})^2}{\frac{1}{7}\sum_{i=1}^{10}(y_i - \hat{y}_i)^2} = 50.9638,$$

查 F 分布表可得 $F_\alpha(k, n-k-1) = F_{0.05}(2,7) = 4.74$，由于 $50.9638 > 4.74$，因此拒绝原假设 H_0，即可以认为线性回归方程是显著的.

(3) 首先对回归系数 β_1 进行显著性检验，检验假设

$$H_0^1 : \beta_1 = 0, \quad H_1^1 : \beta_1 \neq 0,$$

选取检验统计量 $T_1 = \frac{\hat{\beta}_1}{\hat{\sigma}\sqrt{c_{11}}}$，当原假设 H_0^1 成立时 $T_1 = \frac{\hat{\beta}_1}{\hat{\sigma}\sqrt{c_{11}}} \sim t(n-k-1)$. 该假设检验问题的拒绝域为 $|t_1| = \left|\frac{\hat{\beta}_1}{\hat{\sigma}\sqrt{c_{11}}}\right| \geq t_{\alpha/2}(n-k-1)$. 通过计算可得 $t_1 = 9.9941$，而 $t_{0.025}(n-k-1) = t_{0.025}(7) = 2.3646$，由于 $9.9941 > 2.3646$，因此拒绝原假设 H_0^1，亦即可以认为 x_1 对 y 有显著性影响.

其次对回归系数 β_2 进行显著性检验，检验假设

$$H_0^2 : \beta_2 = 0, \quad H_1^2 : \beta_2 \neq 0,$$

选取检验统计量 $T_2 = \frac{\hat{\beta}_2}{\hat{\sigma}\sqrt{c_{22}}}$，当原假设 H_0^2 成立时 $T_2 = \frac{\hat{\beta}_2}{\hat{\sigma}\sqrt{c_{22}}} \sim t(n-k-1)$. 该假设检验问题的拒绝域为 $|t_2| = \left|\frac{\hat{\beta}_2}{\hat{\sigma}\sqrt{c_{22}}}\right| \geq t_{\alpha/2}(n-k-1)$. 通过计算可得检验统计量的值 $t_2 = -1.9214$，因为 $|t_2| < 2.3646$，所以接受原假设 H_0^2，即可以认为 x_2 对 y 无显著性影响.

9.3 节知识拓展

9.3 节自测题

习题 9.3

1. 某化工厂在甲醛生产流程中，为了降低甲醛溶液温度，装置了溴化锂制冷机，通过实验找出溴化锂制冷机的制冷量 y 与冷却水温度 x_1、蒸汽压力 x_2 之间的关系，实验数据如下：

x_1	6.5	6.5	6.7	16	16	17	19	19	20
x_2	0.38	0.6	0.8	0.4	0.6	0.8	0.38	0.6	0.9
y	10.8	12.9	14.4	15.84	17.75	21.6	23	25.2	28.8

(1) 求 y 对 x_1 和 x_2 的线性回归方程;

(2) 检验 y 对 x_1 和 x_2 的线性回归方程是否显著;($\alpha = 0.05$)

(3) 检验 y 对 x_1 和 x_2 的线性回归方程系数是否显著.($\alpha = 0.05$)

2. 一种合金在某种添加剂的不同浓度之下,各做三次实验,得数据如下:

浓度 x	10.0	15.0	20.0	25.0	30.0
抗压强度 y	25.2	29.8	31.2	31.7	29.4
	27.3	31.1	32.6	30.1	30.8
	28.7	27.8	29.7	32.3	32.8

以模型 $Y = b_0 + b_1 x + b_2 x^2 + \varepsilon$, $\varepsilon \sim N(0, \sigma^2)$ 拟合数据,求回归方程 $\hat{y} = \hat{b}_0 + \hat{b}_1 x + \hat{b}_2 x^2$.

3. 下面给出了某种产品每件平均单价 y(元)与批量 x(件)之间关系的一组数据

x	20	25	30	35	40	50	60	65	70	75	80	90
y	1.81	1.70	1.65	1.55	1.48	1.40	1.30	1.26	1.24	1.21	1.20	1.18

假设 x 与 y 之间近似有多项式关系

$$y = \beta_0 + \beta_1 x + \beta_2 x^2 + \varepsilon, \quad \varepsilon \sim N(0, \sigma^2).$$

(1) 求 y 对 x 的回归方程 $\hat{y} = \hat{\beta}_0 + \hat{\beta}_1 x + \hat{\beta}_2 x^2$;

(2) 求 σ^2 的无偏估计 $\hat{\sigma}^2$;

(3) 试对回归方程的显著性进行检验;($\alpha = 0.05$)

(4) 试对回归方程系数的显著性进行检验.($\alpha = 0.05$)

4. 某种化工产品的得率 y 与反应温度 x_1、反应时间 x_2 及某反应物浓度 x_3 有关. 设对给定的 x_1, x_2, x_3, 得率 y 服从正态分布,且方差与 x_1, x_2, x_3 无关. 今得试验结果如下表所示,其中 x_1, x_2, x_3 均为二水平且均以编码形式表达.

x_1	-1	-1	-1	-1	1	1	1	1
x_2	-1	-1	1	1	-1	-1	1	1
x_3	-1	1	-1	1	-1	1	-1	1
y	7.6	10.3	9.2	10.2	8.4	11.1	9.8	12.6

假设 y 与 x_1, x_2 及 x_3 之间的关系满足多元线性回归模型

$$y = \beta_0 + \beta_1 x_1 + \beta_2 x_2 + \beta_3 x_3 + \varepsilon, \quad \varepsilon \sim N(0, \sigma^2).$$

(1) 求 y 对 x_1, x_2 及 x_3 的多元线性回归方程;

(2) 若认为反应时间 x_2 不影响得率, 求 y 对 x_1 和 x_3 的多元线性回归方程.

5. 为了了解数学成绩和其他学科成绩之间的关系, 某高校对一年级学生高等数学成绩进行了一次随机抽样调查, 得到了同一省份的 20 个同学的第一学期高等数学成绩 y, 入学时高考数学成绩 x_1, 物理成绩 x_2, 化学成绩 x_3, 语文成绩 x_4 和英语成绩 x_5 如下(数据已经过处理, 使得各科的最高分数统一为 100 分):

y	x_1	x_2	x_3	x_4	x_5
81	85	71	95	85	61
82	80	95	69	71	67
84	76	94	79	65	82
74	75	74	79	96	79
85	74	83	94	90	75
85	79	89	83	70	68
85	92	89	69	71	78
95	89	78	90	97	88
84	79	85	82	83	87
81	83	78	89	90	64
88	99	79	84	69	75
77	92	68	73	84	66
81	82	67	87	88	91
80	78	88	88	66	68
78	70	88	71	79	73
91	89	83	95	96	65
85	79	77	78	92	81
78	78	77	71	90	81
85	89	56	93	94	83
80	79	83	92	68	73

假设 y 与 x_1, x_2, x_3, x_4 及 x_5 之间的关系满足多元线性回归模型

$$y = \beta_0 + \beta_1 x_1 + \beta_2 x_2 + \beta_3 x_3 + \beta_4 x_4 + \beta_5 x_5 + \varepsilon, \quad \varepsilon \sim N(0, \sigma^2).$$

(1) 求 y 对 x_1, x_2, x_3, x_4 及 x_5 的多元线性回归方程;

(2) 求 σ^2 的无偏估计 $\hat{\sigma}^2$;

(3) 试对多元线性回归方程的显著性进行检验; ($\alpha = 0.05$)

(4) 试对多元线性回归方程系数的显著性进行检验. ($\alpha = 0.05$)

测 验 题 9

一、填空题

1. 回归分析是研究变量间_____关系的一种数理统计方法.

2. 线性回归模型的统计分析, 主要解决的三个问题是_____,
_____和_____.

3. 一元线性回归模型中 β_0, β_1 的最小二乘估计是指使_____达到最小的 $\hat{\beta}_0$ 和 $\hat{\beta}_1$. 经计算, 可得 $\hat{\beta}_1 = $_____, $\hat{\beta}_0 = $_____.

4. 线性回归分析中, t 检验法是检验_____, F 检验法是检验_____.

5. 由试验得到的 15 对数据求得 y 关于 x 的线性回归方程为 $\hat{y} = 3.4662 + 0.4294x$, 而 $L_{xy} = 13073.3$, 且 $L_{yy} = 7234.4$, 则 σ^2 的无偏估计为_____.

二、选择题

1. 对于一元线性回归模型

$$y = \beta_0 + \beta_1 x + \varepsilon, \quad \varepsilon \sim N(0, \sigma^2),$$

设 β_0, β_1 的最小二乘估计为 $\hat{\beta}_0, \hat{\beta}_1$, 关于 t 检验下列说法错误的是(　　).

(A) 检验假设 $H_0: \beta_1 = 0, H_1: \beta_1 \neq 0$;　　(B) 检验统计量是 $\dfrac{\hat{\beta}_1 \sqrt{L_{xx}}}{\hat{\sigma}}$;

(C) 拒绝域是 $\left|\dfrac{\hat{\beta}_1 \sqrt{L_{xx}}}{\hat{\sigma}}\right| \geq t_{\alpha/2}(n-1)$;　　(D) t 检验与 F 检验是等价的.

2. 对于一元线性回归模型

$$y = \beta_0 + \beta_1 x + \varepsilon, \quad \varepsilon \sim N(0, \sigma^2),$$

设 β_0, β_1 的最小二乘估计为 $\hat{\beta}_0, \hat{\beta}_1$, 则下列说法错误的是(　　).

(A) 回归方程 $\hat{y} = \hat{\beta}_0 + \hat{\beta}_1 x$ 过点 $(\bar{x}, \bar{y})$;　　(B) $\hat{\beta}_0, \hat{\beta}_1$ 是 β_0, β_1 的无偏估计;

(C) $\text{Cov}(\bar{y}, \hat{\beta}_1) = 0$; (D) $D(\hat{\beta}_0) = \dfrac{\sigma^2}{L_{xx}}$.

3. 设 $\hat{y} = \hat{\beta}_0 + \hat{\beta}_1 x$, 其中 $\hat{\beta}_1 = \dfrac{L_{xy}}{L_{xx}}, \hat{\beta}_0 = \bar{y} - \hat{\beta}_1 \bar{x}$, 则下列说法错误的是( ).

(A) $\sum\limits_{i=1}^{n}(y_i - \hat{\beta}_0 - \hat{\beta}_1 x_i)^2 = 0$; (B) $\sum\limits_{i=1}^{n}(y_i - \hat{y}_i) = 0$;

(C) $\sum\limits_{i=1}^{n}(y_i - \hat{y}_i) x_i = 0$; (D) $\bar{\hat{y}} = \bar{y}$.

4. 对于多元线性回归模型

$$y = \beta_0 + \beta_1 x_1 + \beta_2 x_2 + \varepsilon, \quad \varepsilon \sim N(0, \sigma^2),$$

设 $\beta_0, \beta_1, \beta_2$ 的最小二乘估计为 $\hat{\beta}_0, \hat{\beta}_1, \hat{\beta}_2$, 下列说法正确的是( ).

(A) t 检验假设 $H_0: \beta_1 = \beta_2 = 0, H_1: \beta_1, \beta_2$ 不全为零; (B) F 检验统计量 $\dfrac{Q_r/k}{Q_e/(n-k-1)}$;

(C) t 检验与 F 检验是等价的; (D) σ^2 的无偏估计 $\hat{\sigma}^2 = \dfrac{Q_e}{n-2}$.

5. 建立回归方程以后, 对于给定的 x 值, 可以通过回归方程对 y 进行预测. 设 y 对 x 的线性回归方程为 $\hat{y} = \hat{\beta}_0 + \hat{\beta}_1 x$, 对于给定的 $x = x_0$, 则下列说法错误的是( ).

(A) 点预测 $\hat{y}_0 = \hat{\beta}_0 + \hat{\beta}_1 x_0$; (B) $E(\hat{y}_0) = \beta_0 + \beta_1 x_0$;

(C) $D(\hat{y}_0) = \left(\dfrac{1}{n} + \dfrac{(\bar{x} - x_0)^2}{L_{xx}}\right)\sigma^2$; (D) $y_0 - \hat{y}_0 \sim N\left(0, \left(\dfrac{1}{n} + \dfrac{(x_0 - \bar{x})^2}{L_{xx}}\right)\sigma^2\right)$.

三、计算题

1. 为考察某种维尼纶纤维的耐水性能, 安排了一组试验, 测得其甲醇浓度 x 及相应的"缩醇化度" y 数据如下:

x	18	20	22	24	26	28	30
y	26.86	28.35	28.75	28.87	29.75	30.00	30.36

(1) 求样本相关系数;

(2) 建立一元线性回归方程;

(3) 对建立的回归方程作显著性检验. ($\alpha = 0.01$)

2. 在生产中积累了 32 组某种铸件在不同腐蚀时间 x 下腐蚀深度 y 的数据, 求得回归方程为

$$\hat{y} = -0.4441 + 0.002263 x,$$

且误差方差的无偏估计为 $\hat{\sigma}^2 = 0.001452$, 总偏差平方和为 0.1246.

(1) 求样本相关系数;

(2) 对回归方程作显著性检验; ($\alpha = 0.05$)

(3) 若腐蚀时间 $x = 870$, 试给出 y 的置信水平为 0.95 的近似预测区间.

3. 某工厂为了验证工厂的资本利用率高低与收益大小的关系, 作了一次调查, 获得数据如下表所示, 根据经验知 y 与 x 有近似关系式 $y = ax^b$.

资本利用率 x_i /%	1	3	5	10	21	23	40	49	53	59
收益 y_i	5	7	21	38	100	110	239	306	340	360

(1) 确定 a, b 的值;

(2) 作回归方程的显著性检验; ($\alpha = 0.05$)

(3) 当 $x = 20\%$ 时, 试求 y 的置信水平为 0.95 的预测区间. ($\alpha = 0.05$)

4. 一种合金在某种添加剂的不同浓度之下, 各做三次试验, 得数据如下:

浓度 x	10.0	15.0	20.0	25.0	30.0
抗压强度 y	25.2	29.8	31.2	31.7	29.4
	27.3	31.1	32.6	30.1	30.8
	28.7	27.8	29.7	32.3	32.8

(1) 作 (x, y) 的散点图;

(2) 以模型 $y = b_0 + b_1 x + b_2 x^2 + \varepsilon$, $\varepsilon \sim N(0, \sigma^2)$ 拟合数据, 其中 b_0, b_1, b_2, σ^2 与 x 无关. 求回归方程 $\hat{y} = \hat{b}_0 + \hat{b}_1 x + \hat{b}_2 x^2$.

5. 养猪场须经常了解猪的重量 y, 通常是通过猪的身长和肚围来估算猪的重量. 今随机抽测了 14 头猪的身长 x_1 (单位: cm), 肚围 x_2 (单位: cm) 与体重 y (单位: kg) 的数据如下表所示, 设对给定的 x_1, x_2, 猪的体重 y 为正态变量, 试求 y 关于 x_1 及 x_2 的二元线性回归方程.

x_{1i}	41	45	51	52	59	62	69	72	78	80	90	92	98	103
x_{2i}	49	58	62	71	62	74	71	74	79	84	85	94	91	95
y_i	28	39	41	44	43	50	51	57	63	66	70	76	80	84

第 10 章

方差分析

方差分析是英国统计学家费希尔在20世纪20年代研究农业试验时首先提出来的,目前已被广泛应用于工业、农业、生物科学、医学等诸多领域. 在科学实验与生产实践中, 所考察的对象往往受到许多因素的影响, 这些因素既相互作用又相互制约. 例如在农业试验中, 农作物的产量会受到农作物的品种、肥料种类、施肥量的影响. 在工业生产中, 影响产品质量的因素有很多, 如原料成分、原料数量、反应温度等. 这些因素的影响有大有小, 我们希望能从中找到影响比较显著的因素. 方差分析就是通过对试验数据的统计分析找出对试验结果有显著影响的因素以及各因素之间的交互作用的一种统计推断方法. 本章主要讨论单因素试验的方差分析和双因素试验的方差分析.

10.1 单因素试验的方差分析

1. 基本概念

在方差分析中, 根据所考虑影响指标因素的多少, 可分为单因素试验的方差分析和多因素试验的方差分析, 本节介绍单因素试验的方差分析. 设试验只有一个因素 A 在变化, 其他因素都不变. 因素所处的不同状态称为**因素的水平**. 下面从一个实例出发说明单因素试验的方差分析的基本思想.

例 1 有 5 种油菜品种, 分别在 4 块试验田上种植, 所得亩产量如表 10-1 所示(单位: kg). 油菜的平均亩产量与很多因素有关系, 比如油菜的品种、施肥量等. 在其他因素保持不变的情况下, 试问不同油菜品种对平均亩产量的影响是否显著?

表 10-1 油菜亩产量数据表

田块 油菜品种	1	2	3	4
A_1	256	222	280	298

续表

油菜品种 \ 田块	1	2	3	4
A_2	244	300	290	275
A_3	250	277	230	322
A_4	288	280	315	259
A_5	206	212	220	212

这是一个单因素五个水平的试验，试验指标是油菜的亩产量，因素是油菜品种，这个因素有五个不同的品种 $A_1,A_2,\cdots,A_5$，即有五个水平. 从表 10-1 中的数据可以看出，不仅在因素的不同水平下，试验数据之间存在差异，而且即使在因素的同一个水平下，试验数据之间同样存在差异. 那么这种差异到底是由因素的水平变化所引起的，还是由随机干扰所致呢? 如果是由因素的水平改变所引起的，那么因素取什么水平对试验指标最有利? 下面我们将给出解决这个问题的数学模型及统计推断方法.

在例 1 中，我们在因素的每一个水平下进行独立试验，其结果是一个样本，表中的数据可看成来自五个不同总体的(每个水平对应一个总体)的样本值. 将各个总体的均值依次记为 $\mu_1,\mu_2,\mu_3,\mu_4,\mu_5$. 按题意需检验假设

$$H_0: \mu_1 = \mu_2 = \cdots = \mu_5, \quad H_1: \mu_1,\mu_2,\cdots,\mu_5 \text{ 不全相等}.$$

进一步假设各总体均为正态随机变量，且各总体的方差相等，但参数均未知. 这是一个检验同方差的多个正态总体均值是否相等的问题. 下面介绍的方差分析法就是解决这类问题的一种统计方法.

2. 数学模型

设因素 A 共有 r 个水平 $A_1,A_2,\cdots,A_r$，对水平 $A_i(i=1,2,\cdots,r)$ 进行 n_i 次重复试验，其结果为 $X_{ij}(i=1,2,\cdots,r; j=1,2,\cdots,n_i)$，见表 10-2.

表 10-2 单因素试验的方差分析数据表

水平	观 测 值				重复数
A_1	X_{11}	X_{12}	$\cdots$	X_{1n_1}	n_1
A_2	X_{21}	X_{22}	$\cdots$	X_{2n_2}	n_2
$\vdots$	$\vdots$	$\vdots$		$\vdots$	$\vdots$
A_r	X_{r1}	X_{r2}	$\cdots$	X_{rn_r}	n_r

假设在各水平 $A_i(i=1,2,\cdots,r)$ 下的试验结果 $X_{ij}(j=1,2,\cdots,n_i)$ 是分别来自具有相同方差 σ^2，均值为 μ_i 的正态总体 X_i 的样本(μ_i,σ^2 均未知)，且在不同水平 A_i 下的样本相互独立. 于是建立如下**单因素试验的方差分析模型**.

$$\begin{cases} X_{ij} = \mu_i + \varepsilon_{ij}, i=1,2,\cdots,r; \ j=1,2,\cdots,n_i, \\ \varepsilon_{ij} \text{相互独立，且} \varepsilon_{ij} \sim N(0,\sigma^2). \end{cases} \tag{10.1}$$

针对上述模型提出如下假设检验问题

$$H_0: \mu_1 = \mu_2 = \cdots = \mu_r, \quad H_1: \mu_1,\mu_2,\cdots,\mu_r \text{不全相等}.$$

为了能更好地处理数据，常在方差分析中引入总均值与水平效应的概念. 分别记

$$\mu = \frac{1}{n}\sum_{i=1}^{r} n_i\mu_i, \quad n = \sum_{i=1}^{r} n_i, \quad \alpha_i = \mu_i - \mu, \quad i=1,2,\cdots,r,$$

这里 μ 表示**总均值**，n 是 r 个总体的样本总容量，α_i 表示因素第 i 个水平的**效应**，它反映因素 A 的第 i 个水平 A_i 对试验指标作用的大小，不难验证

$$\sum_{i=1}^{r} n_i\alpha_i = 0.$$

从而模型(10.1)可以等价地写成

$$\begin{cases} X_{ij} = \mu + \alpha_i + \varepsilon_{ij}, i=1,2,\cdots,r; \ j=1,2,\cdots,n_i, \\ \sum_{i=1}^{r} n_i\alpha_i = 0, \\ \varepsilon_{ij} \text{相互独立，且} \varepsilon_{ij} \sim N(0,\sigma^2). \end{cases} \tag{10.2}$$

因此上述假设检验问题转化为如下假设检验问题

$$H_0: \alpha_1 = \alpha_2 = \cdots = \alpha_r = 0, \quad H_1: \alpha_1,\alpha_2,\cdots,\alpha_r \text{不全为 } 0.$$

这里实际上是将不同总体的均值比较问题转化为各水平的效应鉴别问题.

通常采用下面的离差平方和分解的方法进行检验. 分别记

$$\overline{X}_i = \frac{1}{n_i}\sum_{j=1}^{n_i} X_{ij}, \quad \overline{X} = \frac{1}{n}\sum_{i=1}^{r}\sum_{j=1}^{n_i} X_{ij}, \tag{10.3}$$

其中 $\overline{X}_i$ 是第 i 个总体的样本均值，称为**组内均值**，$\overline{X}$ 称为**样本总均值**. 定义**总离差平方和**

$$S_T = \sum_{i=1}^{r}\sum_{j=1}^{n_i}\left(X_{ij} - \overline{X}\right)^2, \tag{10.4}$$

S_T 是所有试验结果 X_{ij} 与总均值 $\overline{X}$ 差的平方和，它是描述所得全部数据离散程度的一个指标.

我们将 S_T 写成

$$S_T = \sum_{i=1}^{r}\sum_{j=1}^{n_i}(X_{ij}-\overline{X})^2 = \sum_{i=1}^{r}\sum_{j=1}^{n_i}(X_{ij}-\overline{X}_i+\overline{X}_i-\overline{X})^2$$

$$= \sum_{i=1}^{r}\sum_{j=1}^{n_i}(X_{ij}-\overline{X}_i)^2 + \sum_{i=1}^{r}\sum_{j=1}^{n_i}(\overline{X}_i-\overline{X})^2 + 2\sum_{i=1}^{r}\sum_{j=1}^{n_i}(X_{ij}-\overline{X}_i)(\overline{X}_i-\overline{X}).$$

由(10.3)式可以推出

$$\sum_{i=1}^{r}\sum_{j=1}^{n_i}(X_{ij}-\overline{X}_i)(\overline{X}_i-\overline{X}) = 0.$$

于是就将 S_T 分解成

$$S_T = S_E + S_A, \tag{10.5}$$

其中

$$S_E = \sum_{i=1}^{r}\sum_{j=1}^{n_i}(X_{ij}-\overline{X}_i)^2, \quad S_A = \sum_{i=1}^{r}\sum_{j=1}^{n_i}(\overline{X}_i-\overline{X})^2 = \sum_{i=1}^{r}n_i(\overline{X}_i-\overline{X})^2, \tag{10.6}$$

S_E 表示每个数据 X_{ij} 与组内均值 $\overline{X}_i$ 的离差平方和，称为**组内平方和**或**误差平方和**，它反映了试验中的随机误差. S_A 表示各组内均值 $\overline{X}_i$ 与总平均值 $\overline{X}$ 的离差平方和，称为**组间平方和**或**效应平方和**，它反映了各水平效应的差异. (10.5)式称为**总离差平方和分解式**，把总的离差平方和分解为两部分：S_A 是因素水平变化引起的效应平方和，S_E 是误差波动引起的误差平方和.

由于 S_T，S_A 和 S_E 的计算较为麻烦. 在实际计算时，可以采用下列公式进行简化计算，

$$S_T = \sum_{i=1}^{r}\sum_{j=1}^{n_i}X_{ij}^2 - \frac{T^2}{n}, \quad S_A = \sum_{i=1}^{r}\frac{T_i^2}{n_i} - \frac{T^2}{n}, \quad S_E = \sum_{i=1}^{r}\sum_{j=1}^{n_i}X_{ij}^2 - \sum_{i=1}^{r}\frac{T_i^2}{n_i}, \tag{10.7}$$

其中 $T_i = \sum_{j=1}^{n_i}X_{ij}$ 是第 i 个水平观测值之和，$T = \sum_{i=1}^{r}T_i = \sum_{i=1}^{r}\sum_{j=1}^{n_i}X_{ij}$ 是所有观测值之和.

为了构造检验统计量，需要讨论 S_E 与 S_A 的统计特性. 先将 S_E 写成

$$S_E = \sum_{j=1}^{n_1}(X_{1j}-\overline{X}_1)^2 + \sum_{j=1}^{n_2}(X_{2j}-\overline{X}_2)^2 + \cdots + \sum_{j=1}^{n_r}(X_{rj}-\overline{X}_r)^2,$$

由抽样分布定理，可得

$$\frac{1}{\sigma^2}\sum_{j=1}^{n_i}(X_{ij}-\overline{X}_i)^2 \sim \chi^2(n_i-1),$$

由于各 X_{ij} 相互独立，因此由 χ^2 分布的可加性可得

$$\frac{S_E}{\sigma^2} \sim \chi^2\left(\sum_{i=1}^{r}(n_i-1)\right),$$

即

$$\frac{S_E}{\sigma^2} \sim \chi^2(n-r),$$

从而

$$E(S_E) = (n-r)\sigma^2.$$

下面讨论 S_A 的统计特性，

$$S_A = \sum_{i=1}^{r}n_i(\overline{X}_i-\overline{X})^2 = \sum_{i=1}^{r}n_i\overline{X}_i^2 - n\overline{X}^2,$$

由

$$\overline{X} \sim N\left(\mu, \frac{\sigma^2}{n}\right), \quad \overline{X}_i \sim N\left(\mu_i, \frac{\sigma^2}{n_i}\right), \quad i=1,2,\cdots,r.$$

可得

$$E(S_A) = E\left(\sum_{i=1}^{r}n_i\overline{X}_i^2 - n\overline{X}^2\right) = \sum_{i=1}^{r}n_iE(\overline{X}_i^2) - nE(\overline{X}^2)$$

$$= \sum_{i=1}^{r}n_i\left[\frac{\sigma^2}{n_i}+(\mu+\alpha_i)^2\right] - n\left(\frac{\sigma^2}{n}+\mu^2\right)$$

$$= (r-1)\sigma^2 + 2\mu\sum_{i=1}^{r}n_i\alpha_i + \sum_{i=1}^{r}n_i\alpha_i^2.$$

注意到 $\sum_{i=1}^{r}n_i\alpha_i = 0$，从而

$$E(S_A) = (r-1)\sigma^2 + \sum_{i=1}^{r}n_i\alpha_i^2.$$

进一步还可以证明 S_A 和 S_E 相互独立，且当原假设 H_0 成立时，

$$\frac{S_A}{\sigma^2} \sim \chi^2(r-1).$$

记 $\bar{S}_E = \dfrac{S_E}{n-r}$，$\bar{S}_A = \dfrac{S_A}{r-1}$，分别称为 S_E 与 S_A 的**均方**. 则有

$$E(\bar{S}_E) = \sigma^2, \quad E(\bar{S}_A) = \sigma^2 + \dfrac{1}{r-1}\sum_{i=1}^{r} n_i \alpha_i^2.$$

由此可见，$\bar{S}_E$ 是 σ^2 的一个无偏估计；而 $\bar{S}_A$ 仅当假设 H_0 成立时才是 σ^2 的一个无偏估计，否则它的数学期望要大于 σ^2. 这说明比值

$$F = \dfrac{\bar{S}_A}{\bar{S}_E} = \dfrac{S_A/(r-1)}{S_E/(n-r)}$$

反映了各水平效应的大小. 在 H_0 成立的条件下，如果 F 的观测值显著偏大，我们就有理由拒绝 H_0，所以 F 可作为检验 H_0 的统计量. 为了给出该假设检验问题的拒绝域，下面给出统计量 F 的概率分布.

当原假设 H_0 成立时，有

$$F = \dfrac{S_A/(r-1)}{S_E/(n-r)} = \dfrac{S_A/\sigma^2}{(r-1)} \bigg/ \dfrac{S_E/\sigma^2}{(n-r)} \sim F(r-1, n-r).$$

给定显著性水平 $\alpha(0 < \alpha < 1)$，由 F 分布的上 α 分位点定义可知

$$P\{F \geqslant F_\alpha(r-1, n-r)\} = \alpha.$$

若 F 的观测值 $F \geqslant F_\alpha(r-1, n-r)$，则拒绝原假设 H_0，即可以认为在显著性水平 α 下，因素 A 对试验指标有显著影响；若 F 的观测值 $F < F_\alpha(r-1, n-r)$，则接受原假设 H_0，即可以认为在显著性水平 α 下，因素 A 对试验指标无显著影响.

上述分析结果可以归纳成一张表，称为**单因素试验方差分析表**(表 10-3)，方差分析表概括了方差分析中统计量之间的关系，在进行方差分析时就可以直接按照方差分析表计算出有关统计量的值，最后得到检验统计量 F 的值，由此得出接受或拒绝原假设的结论.

表 10-3　单因素试验方差分析表

方差来源	平方和	自由度	均方	F 值
组间 A	S_A	$r-1$	$\bar{S}_A = \dfrac{S_A}{r-1}$	$\dfrac{\bar{S}_A}{\bar{S}_E}$
组内 E	S_E	$n-r$	$\bar{S}_E = \dfrac{S_E}{n-r}$	
总和 T	S_T	$n-1$		

例 2　检验例 1 中 5 种油菜品种对平均亩产量的影响是否显著？($\alpha = 0.05$)

解 分别以 $\mu_1, \mu_2, \mu_3, \mu_4, \mu_5$ 表示五种油菜品种亩产量的平均值, 现在需要检验假设

$$H_0: \mu_1 = \mu_2 = \cdots = \mu_5, \quad H_1: \mu_1, \mu_2, \cdots, \mu_5 \text{不全相等}.$$

由例 1 可知, $n = 20$, $n_i = 4(i = 1, 2, \cdots, 5)$. 通过计算可得

$$\sum_{i=1}^{5}\sum_{j=1}^{4} X_{ij}^2 = 1395472,$$

$$\sum_{i=1}^{r} \frac{T_i^2}{n_i} = \frac{1}{4}\sum_{i=1}^{5}\left(\sum_{j=1}^{4} X_{ij}\right)^2 = 1383980.5,$$

$$\frac{T^2}{n} = \frac{1}{20}\left(\sum_{i=1}^{5}\sum_{j=1}^{4} X_{ij}\right)^2 = \frac{5236^2}{20} = 1370784.8,$$

$$S_T = \sum_{i=1}^{r}\sum_{j=1}^{n_i} X_{ij}^2 - \frac{T^2}{n} = 1395472 - 1370784.8 = 24687.2,$$

$$S_A = \sum_{i=1}^{r} \frac{T_i^2}{n_i} - \frac{T^2}{n} = 1383980.5 - 1370784.8 = 13195.7,$$

$$S_E = S_T - S_A = 24687.2 - 13195.7 = 11491.5.$$

根据以上数据可得方差分析表:

方差来源	平方和	自由度	均方	F 值
组间 A	13195.7	4	3298.9	4.3061
组内 E	11491.5	15	766.1	
总和 T	24687.2	19		

这里 F 的自由度为 $(4, 15)$, 对于给定的显著性水平 $\alpha = 0.05$, 查 F 分布表可得分位点 $F_{0.05}(4, 15) = 3.06$. 因为

$$F = 4.3061 > 3.06 = F_{0.05}(4, 15),$$

所以拒绝原假设 H_0, 即可以认为不同油菜品种对平均亩产量的影响显著.

3. 参数估计

在单因素试验的方差分析中, 如果检验结果是因素对试验指标的影响显著, 那么在实际中往往还要讨论最优方案. 我们可进一步给出总均值 μ、各水平效应

α_i 和误差方差 σ^2 的估计. 由于无论 H_0 是否为真, 都有

$$E(S_E) = (n-r)\sigma^2, \quad E(\overline{X}) = \mu, \quad E(\overline{X}_i) = \frac{1}{n_i}\sum_{j=1}^{n_i} E(X_{ij}) = \mu_i, \quad i=1,2,\cdots,r.$$

因此 σ^2 的一个无偏估计为 $\hat{\sigma}^2 = \dfrac{S_E}{n-r}$, 而 $\hat{\mu} = \overline{X}$, $\hat{\mu}_i = \overline{X}_i$ 分别是 μ, μ_i 的无偏估计.

拒绝 H_0 则意味着效应 $\alpha_1, \alpha_2, \cdots, \alpha_r$ 不全为零. 由

$$\alpha_i = \mu_i - \mu, \quad i=1,2,\cdots,r,$$

可知 $\hat{\alpha}_i = \overline{X}_i - \overline{X}$ 是 α_i 的一个无偏估计.

当拒绝 H_0 时, 常需要作出两总体 $N(\mu_i, \sigma^2)$ 和 $N(\mu_j, \sigma^2)$ $(i \ne j)$ 的均值差 $\mu_i - \mu_j = \alpha_i - \alpha_j$ 的区间估计. 由于

$$E(\overline{X}_i - \overline{X}_j) = \mu_i - \mu_j,$$

$$D(\overline{X}_i - \overline{X}_j) = \sigma^2\left(\frac{1}{n_i} + \frac{1}{n_j}\right),$$

而且可以证明 $\overline{X}_i - \overline{X}_j$ 与 S_E 相互独立, 于是

$$\frac{(\overline{X}_i - \overline{X}_j) - (\mu_i - \mu_j)}{\sigma\sqrt{\dfrac{1}{n_i} + \dfrac{1}{n_j}}} \bigg/ \sqrt{\dfrac{S_E}{\sigma^2} \big/ (n-r)} \sim t(n-r),$$

即

$$\frac{(\overline{X}_i - \overline{X}_j) - (\mu_i - \mu_j)}{\sqrt{\overline{S}_E\left(\dfrac{1}{n_i} + \dfrac{1}{n_j}\right)}} \sim t(n-r).$$

因此可得均值差 $\mu_i - \mu_j$ 的置信水平为 $1-\alpha$ 的置信区间为

$$\left(\overline{X}_i - \overline{X}_j \pm t_{\alpha/2}(n-r)\sqrt{\overline{S}_E\left(\frac{1}{n_i} + \frac{1}{n_j}\right)}\right).$$

例 3 求例 1 中的未知参数 σ^2, μ, μ_i, α_i ($i=1,2,3,4,5$) 的点估计及均值差 $\mu_1 - \mu_2$ 的置信水平为 0.95 的置信区间.

解 点估计 $\hat{\sigma}^2 = \dfrac{S_E}{n-r} = \dfrac{11491.5}{15} = 766.1$, $\hat{\mu} = \overline{X} = 261.8$, $\hat{\mu}_1 = \overline{X}_1 = 264$, $\hat{\mu}_2 = \overline{X}_2 =$

277.25，$\hat{\mu}_3 = \bar{X}_3 = 269.75$，$\hat{\mu}_4 = \bar{X}_4 = 285.5$，$\hat{\mu}_5 = \bar{X}_5 = 212.5$，$\hat{\alpha}_1 = \bar{X}_1 - \bar{X} = 2.2$，$\hat{\alpha}_2 = \bar{X}_2 - \bar{X} = 15.45$，$\hat{\alpha}_3 = \bar{X}_3 - \bar{X} = 7.95$，$\hat{\alpha}_4 = \bar{X}_4 - \bar{X} = 23.7$，$\hat{\alpha}_5 = \bar{X}_5 - \bar{X} = -49.3$.

区间估计 $n=20, r=5, \alpha=0.05$，查 t 分布表可得，$t_{0.025}(n-r) = t_{0.025}(15) = 2.1315$，$\bar{X}_1 - \bar{X}_2 = -13.25$，$\bar{S}_E = 766.1$，可得均值差 $\mu_1 - \mu_2$ 的置信水平为 0.95 的置信区间为

$$\left(-13.25 \pm 2.1315 \times \sqrt{766.1 \times \frac{1}{2}}\right) = (-54.967, 28.467).$$

从上述结果可以看出 $\hat{\mu}_4 = \bar{X}_4 = 285.5$ 最大，我们可以认为第 4 个品种的产量最高，从而得到最优水平.

至此，我们可以看到：在单因素试验的方差分析中可得到如下三个结果.

(1) 因素 A 是否显著.

(2) 试验的误差方差 σ^2 的估计.

(3) 诸水平均值 μ_i 的点估计与区间估计.

当因素 A 显著时，通常只需对较优的水平均值作参数估计；在因素 A 不显著的场合，参数估计无需进行.

10.1 节知识拓展

10.1 节自测题

习题 10.1

1. 在单因素方差分析中，因素 A 有三个水平，每个水平各做 4 次重复试验，请完成下列方差分析表，并在显著性水平 $\alpha = 0.05$ 下对因素 A 是否显著作出检验.

方差来源	平方和	自由度	均方	F 值
因素 A	4.2			
误差 E	2.5			
总和 T	6.7			

2. 现有某种型号的电池三批，分别是甲、乙、丙三个厂生产的，为评价其质量，各随机抽取 5 只电池为样本，经试验得其寿命(单位: h)如下表所示：

工厂	寿命				
甲	40	48	38	42	45
乙	26	34	30	28	32
丙	39	40	43	50	50

试检验不同厂家对电池的平均寿命有无显著影响.（$\alpha = 0.05$）

3. 一个年级有三个班，他们进行了一次数学考试，现从各个班级随机地抽取一些学生，记录成绩如下表：

班级	成绩												
一班	73	66	89	60	82	45	43	93	80	36	73	77	
二班	88	77	78	31	48	78	91	62	51	76	85	96	74	80	56
三班	68	41	79	59	56	68	91	53	71	79	71	15	87

设各班成绩总体都服从正态分布且方差相等. 试检验各班级的平均成绩有无显著差异.（$\alpha = 0.05$）

4. 为了考察药品对解除外科手术后疼痛的延长时间(单位: h)，通过试验得到 4 种不同药品解除外科手术后疼痛的延续时间，结果如下表：

药品	延长时间				
A	8	6	4	2	
B	6	6	4	4	
C	8	10	10	10	12
D	4	4	2		

试检验各种药品对解除疼痛的延续时间有无显著差异.（$\alpha = 0.05$）

5. 为了寻找飞机控制板上仪器表的最佳布置，设计了三种方案，观测领航员在紧急情况下的反应时间(以 1/10 秒计)，随机地选择 28 名领航员，得到他们对于不同的设计方案的反应时间如下表：

方案	反应时间										
A	14	13	9	15	11	13	14	11			
B	10	12	7	11	8	12	9	10	13	9	10	9
C	11	5	9	10	6	8	7				

试检验领航员对各个方案的反应时间有无显著差异；若有差异，试求 $\mu_1 - \mu_2$ 的置信水平为 0.95 的置信区间. ($\alpha = 0.05$)

6. 将抗生素注入人体会产生抗生素与血浆蛋白质结合的现象. 这种现象会降低药效, 为此将抗生素注入牛的体内进行试验, 下表列出了 5 种常用的抗生素与血浆蛋白质结合的百分比.

青霉素	四环素	链霉素	红霉素	氯霉素
29.6	27.3	5.8	21.6	29.2
24.3	32.6	6.2	17.4	32.8
28.5	30.8	11.0	18.3	25.0
32.0	34.8	8.3	19.0	24.2

试在显著性水平 $\alpha = 0.05$ 下检验不同抗生素对百分比的均值有无显著的差异.

10.2 双因素试验的方差分析

10.1节中我们研究了单因素试验的方差分析，但实际问题中往往要考虑多个因素对试验指标的影响. 例如，考虑产品质量时，既要考虑工人的技术，又要考虑机器的影响，这里涉及工人的技术和机器的性能两个因素. 多因素试验的方差分析与单因素试验的方差分析的基本思想是一致的，不同的是多因素试验的方差分析中，不仅各个因素本身对试验指标起作用，而且各因素不同水平的搭配也可能会对试验指标产生影响. 统计学上把多因素不同水平的搭配对试验指标的影响称为**交互作用**或**交互效应**，这是两个或多个因素试验中产生的一个新问题. 在双因素试验的方差分析中，只有在每个因素的不同水平上进行重复试验时，才能分析出是否存在交互作用的影响.

下面分两种情况来讨论双因素方差分析，先讨论没有重复试验时的方差分析，再讨论具有相同的重复试验次数的方差分析.

1. 不考虑交互作用的双因素方差分析

设因素 A 有 r 个水平 $A_1, A_2, \cdots, A_r$, 因素 B 有 s 个水平 $B_1, B_2, \cdots, B_s$, 对因素 A, B 的每一个水平组合 $A_i \times B_j$ 做一次试验, 得到 rs 个试验结果 X_{ij} ($i = 1, 2, \cdots, r$; $j = 1, 2, \cdots, s$) 如表10-4所示.

表 10-4 无交互作用的双因素试验的数据表

因素A \ 因素B	B_1	B_2	...	B_s
A_1	X_{11}	X_{12}	...	X_{1s}
A_2	X_{21}	X_{22}	...	X_{2s}
⋮	⋮	⋮	...	⋮
A_r	X_{r1}	X_{r2}	...	X_{rs}

假设 X_{ij} 相互独立，且 $X_{ij} \sim N(\mu_{ij}, \sigma^2)$，其中 μ_{ij}, σ^2 均未知. 于是建立如下**无交互作用的双因素试验的方差分析模型**

$$\begin{cases} X_{ij} = \mu_{ij} + \varepsilon_{ij}, \quad i=1,2,\cdots,r; j=1,2,\cdots,s, \\ \varepsilon_{ij} \text{ 相互独立}, \text{且} \varepsilon_{ij} \sim N(0, \sigma^2). \end{cases} \quad (10.8)$$

由于认为 A, B 两个因素间不存在交互作用，故假定其均值

$$\mu_{ij} = \mu + \alpha_i + \beta_j, \quad i=1,2,\cdots,r; j=1,2,\cdots,s,$$

其中 $\mu = \dfrac{1}{rs}\sum_{i=1}^{r}\sum_{j=1}^{s}\mu_{ij}$. 分别记

$$\mu_{i\cdot} = \frac{1}{s}\sum_{j=1}^{s}\mu_{ij}, i=1,2,\cdots,r, \quad \mu_{\cdot j} = \frac{1}{r}\sum_{i=1}^{r}\mu_{ij}, j=1,2,\cdots,s,$$

$$\alpha_i = \mu_{i\cdot} - \mu, i=1,2,\cdots,r, \quad \beta_j = \mu_{\cdot j} - \mu, j=1,2,\cdots,s.$$

显然有

$$\sum_{i=1}^{r}\alpha_i = 0, \quad \sum_{j=1}^{s}\beta_j = 0.$$

α_i 是因素 A 的第 i 个水平 A_i 的效应，β_j 是因素 B 的第 j 个水平 B_j 的效应. 于是(10.8)式可以写成

$$\begin{cases} X_{ij} = \mu + \alpha_i + \beta_j + \varepsilon_{ij}, \quad i=1,2,\cdots,r; j=1,2,\cdots,s, \\ \sum_{i=1}^{r}\alpha_i = 0, \quad \sum_{j=1}^{s}\beta_j = 0, \\ \varepsilon_{ij} \text{ 相互独立}, \text{且} \varepsilon_{ij} \sim N(0, \sigma^2). \end{cases} \quad (10.9)$$

因此要判断因素 A 的不同水平对试验指标的影响是否显著，就等价于检验假设

$$H_{01}: \alpha_1 = \alpha_2 = \cdots = \alpha_r = 0; \quad H_{11}: \alpha_1, \alpha_2, \cdots, \alpha_r \text{ 不全为 } 0. \quad (10.10)$$

要判断因素 B 的不同水平对试验指标的影响是否显著，就等价于检验假设

$$H_{02}:\beta_1=\beta_2=\cdots=\beta_s=0;\quad H_{12}:\beta_1,\beta_2,\cdots,\beta_s \text{不全为} 0. \tag{10.11}$$

下面来寻找解决上述假设检验问题的检验统计量，类似于单因素试验的方差分析，需要将总离差平方和 S_T 进行分解. 分别记

$$\bar{X}=\frac{1}{rs}\sum_{i=1}^{r}\sum_{j=1}^{s}X_{ij},\quad \bar{X}_{i\cdot}=\frac{1}{s}\sum_{j=1}^{s}X_{ij},\ i=1,2,\cdots,r,\quad \bar{X}_{\cdot j}=\frac{1}{r}\sum_{i=1}^{r}X_{ij},\ j=1,2,\cdots,s,$$

则有

$$\begin{aligned}S_T &= \sum_{i=1}^{r}\sum_{j=1}^{s}(X_{ij}-\bar{X})^2 \\ &= \sum_{i=1}^{r}\sum_{j=1}^{s}[(X_{ij}-\bar{X}_{i\cdot}-\bar{X}_{\cdot j}+\bar{X})+(\bar{X}_{i\cdot}-\bar{X})+(\bar{X}_{\cdot j}-\bar{X})]^2 \\ &= s\sum_{i=1}^{r}(\bar{X}_{i\cdot}-\bar{X})^2+r\sum_{j=1}^{s}(\bar{X}_{\cdot j}-\bar{X})^2+\sum_{i=1}^{r}\sum_{j=1}^{s}(X_{ij}-\bar{X}_{i\cdot}-\bar{X}_{\cdot j}+\bar{X})^2 \\ &= S_A+S_B+S_E,\end{aligned}$$

其中 $S_A=s\sum_{i=1}^{r}(\bar{X}_{i\cdot}-\bar{X})^2$ 是因素 A 的效应平方和，反映了因素 A 的不同水平对试验指标值的影响；$S_B=r\sum_{j=1}^{s}(\bar{X}_{\cdot j}-\bar{X})^2$ 是因素 B 的效应平方和，反映了因素 B 的不同水平对试验指标值的影响；$S_E=\sum_{i=1}^{r}\sum_{j=1}^{s}(X_{ij}-\bar{X}_{i\cdot}-\bar{X}_{\cdot j}+\bar{X})^2$ 是误差平方和，反映了误差的随机波动. 可以求得上述平方和的数学期望分别为

$$E(S_A)=s\sum_{i=1}^{r}\alpha_i^2+(r-1)\sigma^2,$$

$$E(S_B)=r\sum_{j=1}^{s}\beta_j^2+(s-1)\sigma^2,$$

$$E(S_E)=(r-1)(s-1)\sigma^2.$$

分别记

$$\bar{S}_A=\frac{S_A}{r-1},\quad \bar{S}_B=\frac{S_B}{s-1},\quad \bar{S}_E=\frac{S_E}{(r-1)(s-1)},$$

则 $\bar{S}_E$ 是 σ^2 的一个无偏估计量，而 $\bar{S}_A$ 仅当假设 H_{01} 成立时才是 σ^2 的无偏估计量，$\bar{S}_B$ 仅当假设 H_{02} 成立时才是 σ^2 的无偏估计量，与单因素试验的方差分析类似，可构造下面两个检验统计量

$$F_A = \frac{\overline{S}_A}{\overline{S}_E}, \quad F_B = \frac{\overline{S}_B}{\overline{S}_E}.$$

在 H_{01} 成立的条件下，如果 F_A 显著偏大我们就有理由拒绝 H_{01}，所以 F_A 可作为检验 H_{01} 的统计量. 同理，F_B 可作为检验 H_{02} 的统计量. 为了给出检验问题的拒绝域，下面分别给出统计量 F_A 和 F_B 的概率分布.

进一步可以证明，当 $H_{01}: \alpha_1 = \alpha_2 = \cdots = \alpha_r = 0$ 为真时，

$$F_A = \frac{S_A/(r-1)}{S_E/(r-1)(s-1)} = \frac{\overline{S}_A}{\overline{S}_E} \sim F(r-1, (r-1)(s-1)), \quad (10.12)$$

当 $H_{02}: \beta_1 = \beta_2 = \cdots = \beta_s = 0$ 为真时，

$$F_B = \frac{S_B/(s-1)}{S_E/(r-1)(s-1)} = \frac{\overline{S}_B}{\overline{S}_E} \sim F(s-1, (r-1)(s-1)). \quad (10.13)$$

于是，对于给定的显著性水平 α $(0 < \alpha < 1)$，若

$$F_A \geqslant F_\alpha(r-1, (r-1)(s-1)),$$

则拒绝原假设 H_{01}，可以认为因素 A 对试验指标有显著的影响.

对于给定的显著性水平 α $(0 < \alpha < 1)$，若

$$F_B \geqslant F_\alpha(s-1, (r-1)(s-1)),$$

则拒绝原假设 H_{02}，可以认为因素 B 对试验指标有显著的影响.

将上述结果列成无交互作用的双因素试验的方差分析表(表 10-5)如下.

表 10-5 无交互作用的双因素试验的方差分析表

方差来源	平方和	自由度	均方	F 值
因素 A	S_A	$r-1$	$\overline{S}_A = \dfrac{S_A}{r-1}$	$F_A = \dfrac{\overline{S}_A}{\overline{S}_E}$
因素 B	S_B	$s-1$	$\overline{S}_B = \dfrac{S_B}{s-1}$	$F_B = \dfrac{\overline{S}_B}{\overline{S}_E}$
误差 E	S_E	$(r-1)(s-1)$	$\overline{S}_E = \dfrac{S_E}{(r-1)(s-1)}$	
总和 T	S_T	$rs-1$		

例 1 考虑三种不同形式的广告 $A_i (i=1,2,3)$ 与五种不同的价格 $B_j (j=1,2,3,4,5)$ 对某种商品销量的影响. 选取某市 15 家超市，每家超市选用其中的一种组合，统计出一个月的销量如下.

价格 广告	B_1	B_2	B_3	B_4	B_5
A_1	276	352	178	295	273
A_2	114	176	102	155	128
A_3	364	547	288	392	378

请根据上述统计数据，在显著性水平 $\alpha = 0.05$ 下判断：

(1) 不同广告形式对商品销量的影响是否显著；

(2) 不同价格对商品销量的影响是否显著．

解 检验假设 $H_{01}: \alpha_1 = \alpha_2 = \cdots = \alpha_r = 0$，$H_{11}: \alpha_1, \alpha_2, \cdots, \alpha_r$ 不全为 0；

$H_{02}: \beta_1 = \beta_2 = \cdots = \beta_s = 0$，$H_{12}: \beta_1, \beta_2, \cdots, \beta_s$ 不全为 0．

借助 Python 软件进行求解，可以得到下面的方差分析表：

方差来源	平方和	自由度	均方	F 值	P 值
广告	167804.13	2	83902.07	63.09	0.000013
价格	44568.40	4	11142.10	8.38	0.005833
误差	10639.20	8	1329.90		
总和	223011.73	14			

查 F 分布表得 $F_{0.05}(2,8) = 4.46$，$F_{0.05}(4,8) = 3.84$，由于

$$F_A = 63.09 > F_{0.05}(2,8), \quad F_B = 8.38 > F_{0.05}(4,8),$$

因此拒绝原假设 H_{01}, H_{02}；这里也可以通过 p 值进行判断，由于 $0.000013 < 0.05$，$0.005833 < 0.05$，因此拒绝原假设 H_{01}, H_{02}，即可以认为广告形式和价格均会对商品的销量有显著影响．

2. 考虑交互作用的双因素方差分析

在上面讨论中，由于只对 A 与 B 两个因素各水平的组合进行一次观测，所以不能确定 A 与 B 两因素之间是否存在交互作用的影响．现在要考虑因素 A 与 B 各水平的交互作用，对因素 A 和 B 的各水平组合

$$(A_i, B_j), \quad i = 1, 2, \cdots, r; \quad j = 1, 2, \cdots, s,$$

重复进行 m 次试验，其结果为 X_{ijk}，如表10-6所示．

表 10-6　有交互作用的双因素试验的数据表

因素A \ 因素B	B_1	B_2	...	B_s
A_1	$X_{111},\cdots,X_{11m}$	$X_{121},\cdots,X_{12m}$	...	$X_{1s1},\cdots,X_{1sm}$
A_2	$X_{211},\cdots,X_{21m}$	$X_{221},\cdots,X_{22m}$	...	$X_{2s1},\cdots,X_{2sm}$
...	...	...	...	...
A_r	$X_{r11},\cdots,X_{r1m}$	$X_{r21},\cdots,X_{r2m}$	...	$X_{rs1},\cdots,X_{rsm}$

假设 X_{ijk} 相互独立且服从正态分布 $N(\mu_{ij},\sigma^2)$，其中 μ_{ij},σ^2 均为未知参数. 于是建立如下**有交互作用的双因素试验的方差分析模型**

$$\begin{cases} X_{ijk} = \mu_{ij} + \varepsilon_{ijk}, \quad i=1,2,\cdots,r; j=1,2,\cdots,s; k=1,2,\cdots,m, \\ \varepsilon_{ijk} \text{ 相互独立，且 } \varepsilon_{ijk} \sim N(0,\sigma^2). \end{cases} \tag{10.14}$$

假设 A 与 B 两个因素间存在交互作用，设其均值

$$\mu_{ij} = \mu + \alpha_i + \beta_j + \delta_{ij}, \quad i=1,2,\cdots,r; j=1,2,\cdots,s,$$

其中 μ，α_i，β_j 的含义与无交互作用的双因素试验的方差分析相同，称 $\delta_{ij} = \mu_{ij} - \mu - \alpha_i - \beta_j$ 为因素 A 的第 i 个水平与因素 B 的第 j 个水平的**交互效应**，即交互作用的影响. 于是(10.14)式可以写成

$$\begin{cases} X_{ijk} = \mu + \alpha_i + \beta_j + \delta_{ij} + \varepsilon_{ijk}, \quad i=1,2,\cdots,r; j=1,2,\cdots,s; k=1,2,\cdots,m, \\ \sum_{i=1}^{r}\alpha_i = 0, \quad \sum_{j=1}^{s}\beta_j = 0, \quad \sum_{i=1}^{r}\delta_{ij} = 0, \quad \sum_{j=1}^{s}\delta_{ij} = 0, \\ \varepsilon_{ijk} \text{ 相互独立，且 } \varepsilon_{ijk} \sim N(0,\sigma^2). \end{cases} \tag{10.15}$$

因此判断因素 A 与 B 及其交互作用对试验结果的影响是否显著，分别等价于检验假设

$$H_{01}: \alpha_1 = \alpha_2 = \cdots = \alpha_r = 0, \quad H_{11}: \alpha_1,\alpha_2,\cdots,\alpha_r \text{ 不全为 } 0;$$
$$H_{02}: \beta_1 = \beta_2 = \cdots = \beta_s = 0, \quad H_{12}: \beta_1,\beta_2,\cdots,\beta_s \text{ 不全为 } 0;$$
$$H_{03}: \delta_{11} = \delta_{12} = \cdots = \delta_{rs} = 0, \quad H_{13}: \delta_{11},\delta_{12},\cdots,\delta_{rs} \text{ 不全为 } 0.$$

与前面情况类似，将总离差平方和 S_T 进行分解. 分别记

$$\overline{X} = \frac{1}{rsm}\sum_{i=1}^{r}\sum_{j=1}^{s}\sum_{k=1}^{m}X_{ijk}, \quad \overline{X}_{i\cdot\cdot} = \frac{1}{sm}\sum_{j=1}^{s}\sum_{k=1}^{m}X_{ijk}, \quad \overline{X}_{\cdot j\cdot} = \frac{1}{rm}\sum_{i=1}^{r}\sum_{k=1}^{m}X_{ijk},$$

$$\overline{X}_{ij\cdot} = \frac{1}{m}\sum_{k=1}^{m}X_{ijk},$$

则有

$$S_T = \sum_{i=1}^{r}\sum_{j=1}^{s}\sum_{k=1}^{m}(X_{ijk} - \overline{X})^2$$

$$= \sum_{i=1}^{r}\sum_{j=1}^{s}\sum_{k=1}^{m}\left[(\overline{X}_{i\cdot\cdot} - \overline{X}) + (\overline{X}_{\cdot j\cdot} - \overline{X}) + (\overline{X}_{ij\cdot} - \overline{X}_{i\cdot\cdot} - \overline{X}_{\cdot j\cdot} + \overline{X}) + (X_{ijk} - \overline{X}_{ij\cdot})\right]^2$$

$$= \sum_{i=1}^{r}\sum_{j=1}^{s}\sum_{k=1}^{m}(\overline{X}_{i\cdot\cdot} - \overline{X})^2 + \sum_{i=1}^{r}\sum_{j=1}^{s}\sum_{k=1}^{m}(\overline{X}_{\cdot j\cdot} - \overline{X})^2 + \sum_{i=1}^{r}\sum_{j=1}^{s}\sum_{k=1}^{m}(\overline{X}_{ij\cdot} - \overline{X}_{i\cdot\cdot} - \overline{X}_{\cdot j\cdot} + \overline{X})^2$$

$$+ \sum_{i=1}^{r}\sum_{j=1}^{s}\sum_{k=1}^{m}(X_{ijk} - \overline{X}_{ij\cdot})^2$$

$$= S_A + S_B + S_{A\times B} + S_E,$$

其中

$$S_A = \sum_{i=1}^{r}\sum_{j=1}^{s}\sum_{k=1}^{m}(\overline{X}_{i\cdot\cdot} - \overline{X})^2 = sm\sum_{i=1}^{r}(\overline{X}_{i\cdot\cdot} - \overline{X})^2,$$

$$S_B = \sum_{i=1}^{r}\sum_{j=1}^{s}\sum_{k=1}^{m}(\overline{X}_{\cdot j\cdot} - \overline{X})^2 = rm\sum_{j=1}^{s}(\overline{X}_{\cdot j\cdot} - \overline{X})^2,$$

$$S_{A\times B} = \sum_{i=1}^{r}\sum_{j=1}^{s}\sum_{k=1}^{m}(\overline{X}_{ij\cdot} - \overline{X}_{i\cdot\cdot} - \overline{X}_{\cdot j\cdot} + \overline{X})^2 = m\sum_{i=1}^{r}\sum_{j=1}^{s}(\overline{X}_{ij\cdot} - \overline{X}_{i\cdot\cdot} - \overline{X}_{\cdot j\cdot} + \overline{X})^2,$$

$$S_E = \sum_{i=1}^{r}\sum_{j=1}^{s}\sum_{k=1}^{m}(X_{ijk} - \overline{X}_{ij\cdot})^2,$$

分别称 S_A 为因素 A 的效应平方和、S_B 为因素 B 的效应平方和、$S_{A\times B}$ 为因素 A 与 B 的交互效应平方和、S_E 为误差平方和. 经计算得

$$E(S_A) = (r-1)\sigma^2 + sm\sum_{i=1}^{r}\alpha_i^2, \quad E(S_B) = (s-1)\sigma^2 + rm\sum_{j=1}^{s}\beta_j^2,$$

$$E(S_{A\times B}) = (r-1)(s-1)\sigma^2 + m\sum_{i=1}^{r}\sum_{j=1}^{s}\delta_{ij}^2, \quad E(S_E) = rs(m-1)\sigma^2.$$

分别令

$$\overline{S}_A = \frac{S_A}{r-1}, \quad \overline{S}_B = \frac{S_B}{s-1}, \quad \overline{S}_{A\times B} = \frac{S_{A\times B}}{(r-1)(s-1)}, \quad \overline{S}_E = \frac{S_E}{rs(m-1)},$$

则

$$E(\overline{S}_A) = \sigma^2 + \frac{sm}{r-1}\sum_{i=1}^{r}\alpha_i^2, \quad E(\overline{S}_B) = \sigma^2 + \frac{rm}{s-1}\sum_{j=1}^{s}\beta_j^2,$$

$$E(\overline{S}_{A\times B}) = \sigma^2 + \frac{m}{(r-1)(s-1)}\sum_{i=1}^{r}\sum_{j=1}^{s}\delta_{ij}^2, \quad E(\overline{S}_E) = \sigma^2.$$

构造统计量

$$F_A = \frac{\overline{S}_A}{\overline{S}_E}, \quad F_B = \frac{\overline{S}_B}{\overline{S}_E}, \quad F_{A\times B} = \frac{\overline{S}_{A\times B}}{\overline{S}_E}.$$

进一步可以证明, 当 $H_{01}: \alpha_1 = \alpha_2 = \cdots = \alpha_r = 0$ 为真时,

$$F_A = \frac{S_A/(r-1)}{S_E/rs(m-1)} \sim F(r-1, rs(m-1)), \tag{10.16}$$

当 $H_{02}: \beta_1 = \beta_2 = \cdots = \beta_s = 0$ 为真时,

$$F_B = \frac{S_B/(s-1)}{S_E/rs(m-1)} \sim F(s-1, rs(m-1)), \tag{10.17}$$

当 $H_{03}: \delta_{11} = \delta_{12} = \cdots = \delta_{rs} = 0$ 为真时,

$$F_{A\times B} = \frac{S_{A\times B}/(r-1)(s-1)}{S_E/rs(m-1)} \sim F((r-1)(s-1), rs(m-1)). \tag{10.18}$$

于是, 对给定的显著性水平 $\alpha(0 < \alpha < 1)$, 若

$$F_A = \frac{S_A/(r-1)}{S_E/rs(m-1)} \geqslant F_\alpha(r-1, rs(m-1)),$$

则拒绝原假设 H_{01}, 可以认为因素 A 对试验指标有显著的影响.

对给定的显著性水平 $\alpha(0 < \alpha < 1)$, 若有

$$F_B = \frac{S_B/(s-1)}{S_E/rs(m-1)} \geqslant F_\alpha(s-1, rs(m-1)),$$

则拒绝原假设 H_{02}, 可以认为因素 B 对试验指标有显著的影响.

对给定的显著性水平 $\alpha(0 < \alpha < 1)$, 若有

$$F_{A\times B} = \frac{S_{A\times B}/(r-1)(s-1)}{S_E/rs(m-1)} \geqslant F_\alpha((r-1)(s-1), rs(m-1)),$$

则拒绝原假设 H_{03}, 可以认为因素 A 与 B 的交互效应对试验指标有显著的影响.

上述结果可以汇总成有交互作用的双因素试验的方差分析表(表 10-7).

表 10-7 有交互作用的双因素试验的方差分析表

方差来源	平方和	自由度	均方	F 值
因素 A	S_A	$r-1$	$\bar{S}_A = \dfrac{S_A}{r-1}$	$\dfrac{\bar{S}_A}{\bar{S}_E}$
因素 B	S_B	$s-1$	$\bar{S}_B = \dfrac{S_B}{s-1}$	$\dfrac{\bar{S}_B}{\bar{S}_E}$
交互效应 $A \times B$	$S_{A \times B}$	$(r-1)(s-1)$	$\bar{S}_{A \times B} = \dfrac{S_{AB}}{(r-1)(s-1)}$	$\dfrac{\bar{S}_{A \times B}}{\bar{S}_E}$
误差 E	S_E	$rs(m-1)$	$\bar{S}_E = \dfrac{S_E}{rs(m-1)}$	
总和 T	S_T	$rsm-1$		

例 2 下表给出了 3 位操作工人分别在 4 台不同机器上操作三天的日产量.

机器 A \ 工人 B	甲	乙	丙
A_1	15 15 17	19 19 16	16 18 21
A_2	17 17 17	15 15 15	19 22 22
A_3	18 20 22	15 16 17	17 17 17
A_4	15 17 16	18 17 16	18 18 18

假定数据来自方差相同的正态分布,给定显著性水平 $\alpha = 0.05$,试分别检验操作工人、机器以及它们的交互作用对日产量的影响是否显著.

解 检验假设

$$H_{01}: \alpha_1 = \alpha_2 = \cdots = \alpha_r = 0;$$

$$H_{02}: \beta_1 = \beta_2 = \cdots = \beta_s = 0;$$

$$H_{03}: \delta_{ij} = 0, i = 1, 2, \cdots, r; j = 1, 2, \cdots, s.$$

借助 Python 软件进行求解,可以得到下面的方差分析表.

方差来源	效应平方和	自由度	均方	F 值	p 值
因素 A	2.750	3	0.917	0.5323	0.664528
因素 B	27.167	2	13.583	7.8871	0.002330

续表

方差来源	效应平方和	自由度	均方	F 值	p 值
交互效应 $A\times B$	73.500	6	12.250	7.1129	0.000192
误差 E	41.333	24	1.722		
总和 T	144.75	35			

已知 $\alpha=0.05$，查 F 分布表得 $F_{0.05}(3,24)=3.01$，$F_{0.05}(2,24)=3.40$，$F_{0.05}(6,24)=2.51$. 由于

$$F_A < F_{0.05}(3,24),\quad F_B > F_{0.05}(2,24),\quad F_{A\times B} > F_{0.05}(6,24),$$

因此接受原假设 H_{01}，拒绝原假设 H_{02} 和 H_{03}；这里也可以通过 p 值进行判断，由于 $0.664528>0.05$，$0.002330<0.05$，$0.000192<0.05$，因此接受原假设 H_{01}，拒绝原假设 H_{02} 和 H_{03}. 即可以认为机器对日产量的影响不显著，操作工人以及机器与操作工人的交互作用对日产量的影响显著.

10.2 节知识拓展

10.2 节自测题

习题 10.2

1. 车间里有 5 名操作工人，有 3 台不同型号的车床生产同一品种的产品，现在让每个人轮流在 3 台车床上操作，记录某日产量结果如下表.

车床型号 \ 工人	1	2	3	4	5
1	64	73	63	81	78
2	75	66	61	73	80
3	78	67	80	69	71

试问操作工人技术和车床型号对产量有无显著影响. ($\alpha=0.05$)

2. 在 30 块面积相等的田块上采用 6 种稻种 5 个施肥方案种植水稻，设田块的自然条件及田间管理措施都一样，收获量的数据如下表所示.

品种 (因素 A)	施肥方案 (因素 B)				
	B_1	B_2	B_3	B_4	B_5
A_1	12.0	10.8	13.2	14.0	14.6
A_2	11.5	11.4	13.1	14.0	13.0
A_3	11.5	12.0	12.5	14.0	14.2
A_4	11.0	11.1	11.4	12.3	14.3
A_5	9.5	9.6	12.4	11.5	13.7
A_6	9.3	9.7	10.4	9.5	12.0

试检验水稻品种和施肥方案对收获量的影响是否显著. ($\alpha = 0.05$)

3. 为了考察某种合金中碳的含量百分比 (因素 A) 与锑铝含量和的百分比 (因素 B) 对合金强度的影响, 对因素 A 取 3 个水平, 因素 B 取 4 个水平, 在每个水平组合下做一次试验, 得数据如下表所示.

A \ B	3.3%	3.4%	3.5%	3.6%
0.03%	63.1	63.9	65.6	66.8
0.04%	65.1	66.4	67.8	69.0
0.05%	67.1	71.0	71.9	73.6

假设因素 A 与因素 B 无交互作用, 试分别检验因素 A 与 B 的效应是否显著. ($\alpha = 0.01$)

4. 研究树种与地理位置对松树生长的影响, 对四个地区的三种同龄松树的直径进行测量得到数据如下表所示(单位: cm). A_1, A_2, A_3 表示三个不同树种, B_1, B_2, B_3, B_4 表示四个不同地区. 对每一种水平组合, 进行了 5 次测量, 结果见下表, 对此试验结果进行方差分析. ($\alpha = 0.05$)

树种 \ 地区	B_1	B_2	B_3	B_4
A_1	23 25 21 14 15	20 17 11 26 21	16 19 13 16 24	20 21 18 27 24
A_2	28 30 19 17 22	26 24 21 25 26	19 18 19 20 25	26 26 28 29 23
A_3	18 15 23 18 10	21 25 12 12 22	19 23 22 14 13	22 13 12 22 19

5. 下表给出某种化工过程在三种浓度、四种温度水平下得率的数据.

浓度 A \ 温度 B	10℃	24℃	38℃	52℃
2%	14 10	11 11	13 9	10 12
4%	9 7	10 8	7 11	6 10
6%	5 11	13 14	12 13	14 10

(1) 试检验在不同浓度下得率的均值有无显著差异; ($\alpha = 0.05$)

(2) 试检验在不同温度下得率的均值是否有显著差异; ($\alpha = 0.05$)

(3) 试检验交互作用的效应是否显著. ($\alpha = 0.05$)

6. 在一种合成香料的试制初期,为考察添加剂 A 和催化剂 B 的用量对产率的影响,对于添加剂 A 的使用比例 0.26,0.29,0.32,0.35 和催化剂 B 的使用比例 0.02,0.03,0.035,0.04 的所有搭配分别进行了 3 次独立重复试验,得到的产率列入下表. 试分别分析因素 A 与 B 的不同水平对于产率有无显著的影响,分析 A 与 B 的交互作用是否显著,并给出双因素试验的方差分析表. ($\alpha = 0.05$)

A \ B	0.02	0.03	0.035	0.04
0.26	0.571 0.569 0.565	0.582 0.581 0.582	0.574 0.571 0.570	0.569 0.571 0.568
0.29	0.562 0.570 0.541	0.567 0.591 0.610	0.620 0.590 0.587	0.612 0.590 0.588
0.32	0.554 0.564 0.611	0.675 0.675 0.653	0.581 0.543 0.555	0.572 0.563 0.566
0.35	0.427 0.490 0.457	0.521 0.491 0.534	0.436 0.421 0.378	0.493 0.456 0.432

测 验 题 10

一、填空题

1. 方差分析主要是对多个正态总体的_____作检验,方法主要基于_____的思想.

2. 下表是一个不完整的单因素方差分析结果表

方差来源	平方和	自由度	均方	F 值	P 值
因素 A	143.1	2	$\bar{S}_A$	—	0.008
误差	459.5	40	$\bar{S}_E$		
总和	—	42			

(1) 根据表中信息，则总平方和为_____，因素 A 的均方 $\bar{S}_A$ 为_____，误差均方 $\bar{S}_E$ 为_____，F 值为_____.

(2) 该方差分析中的检验统计量是_____，服从分布_____.

(3) 方差分析中因素 A 的水平数为_____，观察数据数为_____.

(4) 取显著性水平 $\alpha = 0.05$，方差分析的结论是_____.

(5) 表中的 p 值为 0.008 说明_____.

二、选择题

1. 为研究灯丝对灯泡寿命的影响，使用四种不同配方的灯丝生产灯泡，则这种方差分析是( ).

(A) 单因素四水平方差分析；　　　　(B) 双因素四水平方差分析；

(C) 单因素二水平方差分析；　　　　(D) 四因素二水平方差分析.

2. 在单因素试验的方差分析中，关于组内平方和，下列说法正确的是( ).

(A) 反映了各水平效应的差异；　　　(B) 反映了试验中的随机误差；

(C) 表示各组平均值与总平均值的离差平方和；　(D) 也称为效应平方和.

3. 单因素试验的方差分析模型中，设因素 A 共有 r 个水平，α_i 表示因素第 i 个水平的效应，关于总离差平方和 S_T，组内平方和 S_E 和组间平方和 S_A，下列说法错误的是( ).

(A) $S_T = S_E + S_A$；

(B) $E(S_E) = (n-r)\sigma^2$；

(C) $E(S_A) = (r-1)\sigma^2 + \sum_{i=1}^{r} n_i \alpha_i^2$；

(D) $E(S_A) = (r-1)\sigma^2$.

4. 单因素方差分析中，设因素 A 共有 r 个水平，n 是 r 个总体的样本总容量，计算 F 检验统计量，则分子分母的自由度分别为( ).

(A) r, n；　　　　　　　　　　(B) $r-1, n-r$；

(C) $n-r, r-1$；　　　　　　　　(D) $n-r, r-2$.

5. 应用方差分析的前提条件，下列说法错误的是( ).

(A) 各个总体服从正态分布；　　　(B) 各个总体具有相同的方差；

(C) 各个总体相互独立；　　　　　(D) 各个总体均值相等.

三、计算题

1. 某粮食加工厂试验三种储藏方法对粮食含水率有无显著影响. 现取一批粮食分成若干份，分别用三种不同的方法储藏，过一段时间后测得的含水率如下.

储藏方法	含水率数据				
A_1	7.3	8.3	7.6	8.4	8.3
A_2	5.4	7.4	7.1	6.8	5.3
A_3	7.9	9.5	10.0	9.8	8.4

(1) 假定各种方法储藏的粮食的含水率服从正态分布,且方差相等,试在 $\alpha = 0.05$ 下检验这三种方法对含水率有无显著影响;

(2) 对每种方法的平均含水率给出置信水平为 0.95 的置信区间.

2. 为研究各产地绿茶的叶酸含量是否有显著差异,选了 4 个产地 A_1, A_2, A_3, A_4,在各产地分别选取一定数量的样品,测得叶酸含量如下.

产地	叶酸含量 / 毫克						
A_1	7.9	6.2	6.6	8.6	8.9	10.1	9.6
A_2	5.7	7.5	9.8	6.1	8.4		
A_3	6.4	7.1	7.9	4.5	5.0	4.0	
A_4	6.8	7.5	5.0	5.3	6.1	7.4	

(1) 假定各地绿茶的叶酸含量服从方差相同的正态分布 $N(\mu_i, \sigma^2)$,在 $\alpha = 0.05$ 下检验这 4 种绿茶的叶酸平均含量有无显著差异.

(2) 求参数 σ^2 与 $\mu_i (i=1,2,3,4)$ 的点估计及 $\mu_2 - \mu_3$ 的置信水平为 0.95 的置信区间.

3. 在一项试验中,考虑三种不同的含铜量 A_1, A_2, A_3,四种不同的温度 B_1, B_2, B_3, B_4,得到钢材强度数据如下表所示.

A \ B	B_1	B_2	B_3	B_4
A_1	10.6	7.0	4.2	4.2
A_2	11.6	11.1	6.8	6.3
A_3	14.5	13.3	11.5	8.7

试分析含铜量 A 与温度 B 对钢材强度有无显著影响. ($\alpha = 0.05$)

4. 在橡胶生产过程中,选择四种不同的配料方案及五种不同的硫化时间,测得产品的抗断强度如下(单位: kg/cm^2).

配料方案	B_1	B_2	B_3	B_4	B_5
A_1	151	157	144	134	136
A_2	144	162	128	138	132
A_3	134	133	130	122	125
A_4	131	126	124	126	121

检验配料方案及硫化时间对产品的抗断强度是否有显著影响. ($\alpha = 0.05$)

5. 将 48 只年龄和体重相同的白鼠随机分成了 16 组, 为第 i 组老鼠注射相同剂量的同种镇静剂, 获得了以下药效持续时间的数据(单位: h). 试分别分析不同品种的镇静剂与不同的剂量对于药效持续时间有无显著的影响, 它们之间的交互作用对于药效持续时间有无显著的影响. ($\alpha = 0.05$)

A \ B	剂量 1	剂量 2	剂量 3	剂量 4
镇静剂 1	6.3 5.9 7.6	5.8 5.8 5.7	5.7 6.9 5.8	5.9 5.9 5.7
镇静剂 2	7.8 8.5 8.8	9.5 8.5 6.1	8.6 8.9 8.5	8.6 8.8 9.5
镇静剂 3	8.4 7.4 7.6	7.5 7.7 6.6	6.5 6.5 8.1	7.9 7.6 7.4
镇静剂 4	9.7 9.4 7.5	7.5 9.4 8.3	7.3 7.4 8.3	8.4 8.6 6.4

第11章

Python 软件与数值实验

Python 语言由 Guido van Rossum 发明. 它是一种轻语法、弱类型的脚本语言,是目前最接近自然语言的通用编程语言. Python 的易用性和高效的扩展库使得非计算机专业的使用者能较轻松地掌握并应用于自己的专业.

在这一章, 我们主要使用 scipy 和 pandas 中的相关工具进行概率计算、模拟和数据分析. scipy 是 Python 的一个用于数学、科学、工程领域的模块. scipy 中的 stats 模块和 statsmodels 模块是常用的数据分析工具, 其中 stats 包含了大量的有关概率分布和统计的函数, statsmodels 则提供了许多不同模型的估计、进行统计检验和统计数据探索的类和函数. pandas 也是一个广泛使用的 Python 模块. 它提供了适合统计分析的数据结构, 并且加入了方便数据输入、组织和操作的函数.

在编写程序实现概率统计计算和建模的时候, 常常需要用到 numpy 模块. numpy 是一个在 Python 中做科学计算的基础库, 主要用于处理多维数组, 储存和处理大型矩阵. numpy 由 C 语言开发, 比 Python 自身的列表结构要高效得多.

11.1 随机变量及其分布

在使用 stats 模块之前, 需要用以下命令将其导入

from scipy import stats

为了便于使用随机变量, 可以使用"冻结分布函数"初始化给定的分布. 通过"冻结分布函数"可以很方便地计算所给分布的所有信息, 其定义格式如下:

(冻结分布)函数名 = stats.分布名(参数1, 参数2, ⋯).

概率论中经常用到的分布名如表 11-1 所示.

表 11-1 六个常见分布及其在 scipy.stats 中的名称

分布名	stats 函数名	分布名	stats 函数名
0-1 分布	bernoulli	均匀分布	uniform
二项分布	binom	指数分布	expon
泊松分布	poisson	正态分布	norm

当计算某个分布的特定信息时, 可以使用如下格式的命令:

(冻结分布)函数名.公共方法(变量).

常用的公共方法如下.

rvs: 随机数;

pdf: (连续型)随机变量的密度函数;

pmf: (离散型)随机变量的质量函数(相当于分布律);

cdf: 随机变量的分布函数;

ppf: 百分点函数, 即分布函数的反函数;

sf: 生存函数, $sf = 1 - cdf$;

isf: 逆生存函数, 其值等于上分位点;

moment: 非中心矩.

1. 离散型分布

比较常用的有关离散型分布公共方法有 rvs 和 pmf.

例 1 设 $X \sim b(20, 0.3)$. 试绘制该随机变量的分布律图像并产生 100 个服从该分布的随机数.

解 编写如下代码.

```
# 导入所需的模块
from scipy import stats
import matplotlib.pyplot as plt
# 定义分布
num,p = 20,0.3
biDist = stats.binom(num,p)
# 计算 pmf 值并绘制图像
x = range(21)
y = biDist.pmf(x)
plt.plot(x,y,'o-')
plt.xlabel('x')
```

```
plt.ylabel('P(x)')
plt.show()
```

所绘得的图像如图 11-1 所示.

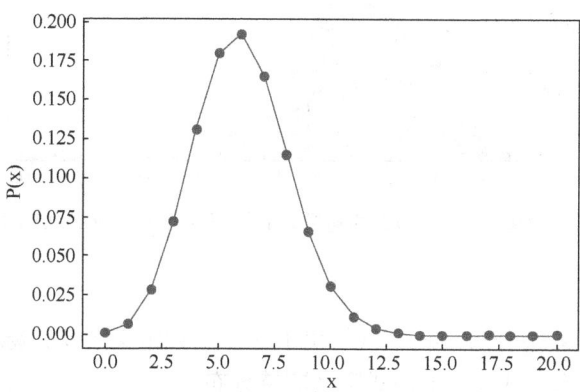

图 11-1　二项分布 $b(20,0.3)$ 的分布律

继续输入

```
# 产生 100 个服从这个分布的随机数
biRvs = biDist.rvs(100)
```

这时生成的数组 biRvs 中存储了 100 个服从 $b(20,0.3)$ 的随机数,为了更直观地观察这些随机数的分布情况,绘制以下直方图.

```
# 绘制直方图
plt.hist(biRvs,density = True)
plt.plot(x,y,'o-')
plt.show()
```

参数 density 表示是否将直方图的频数转化为频率. 这里令其值为 True, 以同分布律进行对比(图 11-2).

从图 11-2 可以看到,直方图与分布律图像吻合度较好.

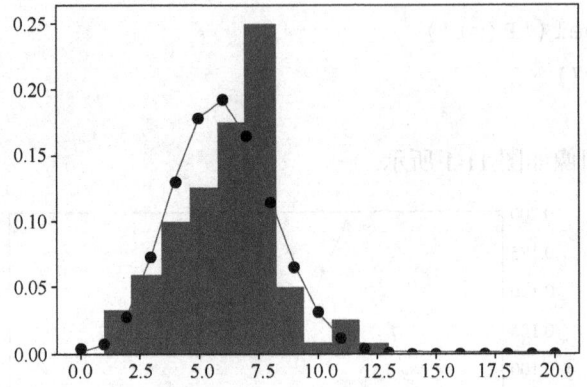

图 11-2 一组服从 $b(20,0.3)$ 的随机数的频率直方图与 $b(20,0.3)$ 的分布律

2. 连续型分布

对每一种连续型分布，stats 都给出了一个函数定义了所谓**标准分布**. 若要定义一般形式的分布，可按以下格式定义**冻结分布**:

(冻结分布)函数名 = stats.连续分布名(loc,scale),

其中，参数 loc 是位置参数，scale 为尺度参数.

stats 定义的均匀分布的**标准分布**为 $U[0,1]$，其密度函数如下:

$$f(x) = \begin{cases} 1, & 0 \leqslant x \leqslant 1, \\ 0, & 其他. \end{cases}$$

通过使用参数 loc 和 scale，我们可以定义均匀分布 $U[\mathrm{loc},\mathrm{loc}+\mathrm{scale}]$.

stats 定义的指数分布的**标准分布**为参数为 1 的指数分布，其密度函数如下:

$$f(x) = \begin{cases} e^{-x}, & x \geqslant 0, \\ 0, & 其他. \end{cases}$$

通过使用参数 loc 和 scale，我们可以得到如下形式的指数分布:

$$f(x) = \begin{cases} \dfrac{1}{\mathrm{scale}} e^{\frac{x-\mathrm{loc}}{\mathrm{scale}}}, & x \geqslant \mathrm{loc}, \\ 0, & 其他. \end{cases}$$

stats 定义的正态分布的**标准分布**为标准正态分布. 参数 loc 表示正态分布的均值，参数 scale 表示正态分布的标准差. 利用这两个参数，可以定义正态分布 $N(\mathrm{loc},\mathrm{scale}^2)$.

例 2 绘制参数为 0.2 的指数分布的密度函数和分布函数图像.

解 编写如下代码.

导入所需的模块

```
from scipy import stats
import numpy as np
import matplotlib.pyplot as plt
from IPython.core.pylabtools import figsize

# 设置图片大小
figsize(12, 5)

# 定义分布并计算相关值
eDist = stats.expon(0,5)  # 注意第二个参数为 1/0.2=5.
xe = np.arange(0,20,0.01)
pdfe = eDist.pdf(xe)
cdfe = eDist.cdf(xe)

# 绘制密度函数图像和分布函数图像
fig,axs = plt.subplots(nrows=1, ncols=2)
axs[0].plot(xe,pdfe)
axs[0].set_ylabel('f(x)')
axs[1].plot(xe,cdfe)
axs[1].set_ylabel('F(x)')
plt.show()
```

上述代码所绘制的图像如图 11-3 所示.

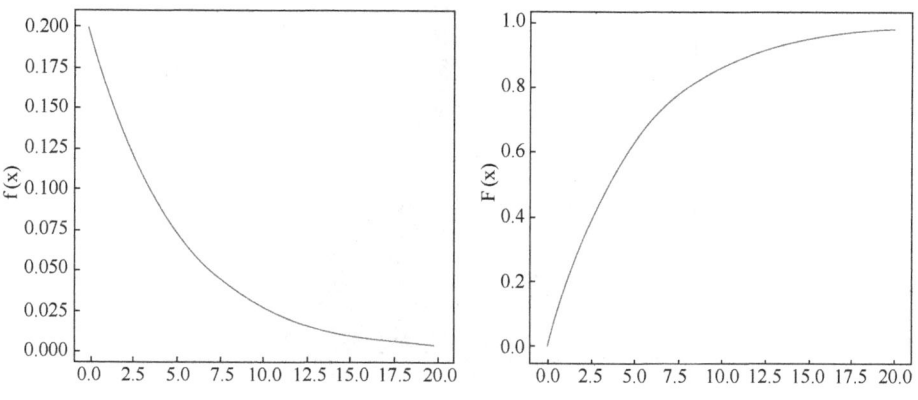

图 11-3　参数为 0.2 的指数分布的密度函数和分布函数图像

例3 生成 100 个服从正态分布 $N(1,2^2)$ 的随机数,并绘制直方图.

解 编写如下代码.

```
# 导入所需的模块
from scipy import stats
import numpy as np
import matplotlib.pyplot as plt

# 定义分布
normDist = stats.norm(1,2)

# 生成随机数
normRvs = normDist.rvs(100)

# 绘制频率直方图
plt.hist(normRvs,density=True,bins=20)

# 绘制密度函数图像以作对比
xn = np.arange(-6,8,0.01)
pdfn = normDist.pdf(xn)
plt.plot(xn,pdfn,'--')
plt.show()
```

执行这段代码后,绘得图像如图 11-4 所示.

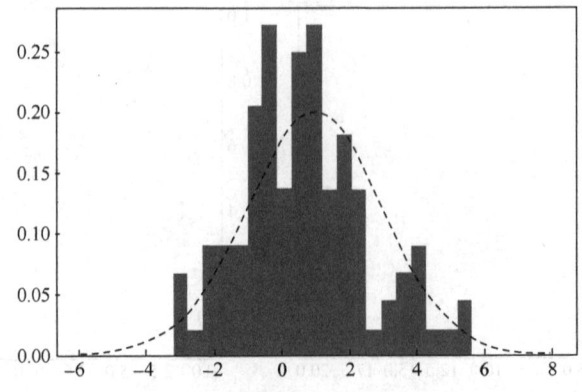

图 11-4 一组服从正态分布的随机数的频率直方图与密度函数

11.2 统计量及统计分布

1. 计算常用统计量

numpy 模块和 pandas 模块均提供了计算一些常用统计量的方法. 最常用的统计量是样本均值和样本方差. 在 numpy 中, 样本均值和样本方差分别由函数 np.mean 和 np.var 计算. 当计算样本均值时, 可按如下格式输入.

```
In [1]: data = np.array([1,2,3,4,5])
In [2]: np.mean(data)
Out [3]: 3.0
```

需要指出的是 np.var 默认计算样本的二阶中心矩, 即

$$B_2 = \frac{1}{n}\sum_{i=1}^{n}(X_i - \bar{X})^2.$$

为了得到样本方差, 需要设置 "ddof = 1", 如

```
In [1]: data = np.array([1,2,3,4,5])
In [2]: np.var(data, ddof = 1)
Out [3]: 2.5
```

注 (i) 若将 In [2] 换成 np.var(data) 或 np.var(data, ddof = 0) 则得到 Out [3]: 2.

(ii) 也可以使用命令 data.mean(), data.var(ddof = 1) 计算 data 的样本均值和样本方差.

若要计算样本标准差, 只需将上面命令中的 var 换成 std 即可.

在 pandas 模块中, 同样以 mean() 和 std() 函数计算样本均值和方差, 但是调用格式略有不同.

```
In [1]: import pandas as pd
In [2]: data = pd.Series([1,2,3,4,5])
In [3]: data.mean()
Out [3]: 3.0
In [4]: data.var()
Out [4]: 2.5
```

对比 np.var 的计算结果可知，在 pandas 中，var() 默认计算样本方差. 如要计算样本标准差，同样只需将 var 换成 std.

上述两个模块都提供计算其他统计量的函数，如均可使用 min(), max() 和 median() 计算样本的最小值、最大值和中位数.

2. 常用统计分布及相关的计算

统计中常用的三大分布，即卡方分布、t 分布和 F 分布，可以用 stats 模块中的函数 chi2, t 和 f 函数实现.

以下命令定义了给定自由度的卡方分布、t 分布和 F 分布.

```
In [1]:   from scipy import stats
In [2]:   nf, nf1, nf2 = 10, 20, 30
In [3]:   chi2Dist = stats.chi2(nf)
In [4]:   tDist = stats.t(nf)
In [5]:   fDist = stats.f(nf1,nf2)
```

按 11.1 节介绍的方法，可以计算三大分布所有的信息.

例 1 假设 $F \sim F(n,n)$，用 Python 验证 $P\{F<1\}=0.5$.

解 编写如下代码.

```
from scipy import stats
nf1, nf2 = 10, 30
fDist1 = stats.f(nf1,nf1)
p1=fDist1.cdf(1)
fDist2 = stats.f(nf2,nf2)
p2=fDist2.cdf(1)
```

运行上述代码，算得

```
In [1]:   p1
Out [1]:  0.5000000000000001
In [2]:   p2
Out [2]:  0.49999999999999983
```

由于机器误差的缘故，上述两个概率存在微小的差异.

例 2 分别绘制自由度为 2, 5, 20 的 t 分布的密度函数的图像, 并观察它们和标准正态分布密度函数图像的逼近程度.

解 编写如下代码.

```python
# 导入所需的模块
from scipy import stats
import numpy as np
import matplotlib.pyplot as plt

# 定义冻结分布
nf1,nf2,nf3 = 2, 5, 20
tDist1 = stats.t(nf1)
tDist2 = stats.t(nf2)
tDist3 = stats.t(nf3)
snDist = stats.norm(0,1)

# 计算密度函数值
x = np.arange(-4.5,4.5,0.01)
y1 = tDist1.pdf(x)
y2 = tDist2.pdf(x)
y3 = tDist3.pdf(x)
yn = snDist.pdf(x)

# 绘图
plt.plot(x,y1,label="df=2")
plt.plot(x,y2,label="df=5")
plt.plot(x,y3,label="df=20")
plt.plot(x,yn,'--',label="$N(0,1)$")
plt.legend()
plt.show()
```

运行程序后所得的图像如图 11-5 所示.

在统计中, 更常用的是三大分布的上分位点. 在 scipy.stats 中, 可以用公共方法 isf 计算上分位点.

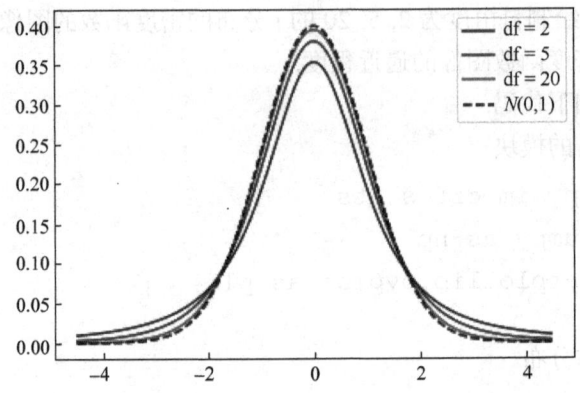

图 11-5 t 分布密度函数图像与标准正态分布密度函数

例 3 用 Python 计算下列上分位点:

(1) $t_{0.05}(15)$, (2) $z_{0.025}$, (3) $\chi^2_{0.95}(10)$, (4) $F_{0.01}(9,7)$.

解 依次输入如下代码.

```
from scipy import stats

# 计算第一个上分位点
tDist = stats.t(15)
tisf = tDist.isf(0.05)

# 计算第二个上分位点
snDist = stats.norm(0,1)
snisf = snDist.isf(0.025)

# 计算第三个上分位点
chi2Dist = stats.chi2(10)
chi2isf = chi2Dist.isf(0.95)

# 计算第四个上分位点
fDist = stats.f(9,7)
fisf = fDist.isf(0.01)

# 打印计算结果
print('tisf=%.4f,snisf=%.4f,chi2isf=%.4f,fisf=%.4f'%(t
```

```
isf,snisf,chi2isf,fisf))
```

运行程序后得到

```
tisf=1.7531,nisf=1.9600,chi2isf=3.9403,fisf=6.7188
```

11.3 区间估计

这一节仅介绍用 Python 进行双侧区间估计,即如何计算双侧置信区间的方法. 单侧置信区间的计算完全类似.

1. 单个正态总体参数的置信区间

1) 总体方差 σ^2 已知时, 总体均值 μ 的置信区间

置信区间具有如下格式:

$$\left(\bar{X} - \frac{\sigma}{\sqrt{n}} z_{\alpha/2}, \bar{X} + \frac{\sigma}{\sqrt{n}} z_{\alpha/2}\right).$$

为此, 需计算样本均值 $\bar{X}$ 和上分位点 $z_{\alpha/2}$.

例1 从一批零件中随机抽取 16 个, 测得长度(单位: cm)为

2.14, 2.10, 2.13, 2.15, 2.13, 2.12, 2.13, 2.10,
2.15, 2.12, 2.14, 2.10, 2.13, 2.11, 2.14, 2.11.

设零件长度 $X \sim N(\mu, 0.01^2)$, 求总体均值 μ 的置信水平为 0.90 的置信区间.

解 编写如下代码.

```
# 导入所需的模块
from scipy import stats
import pandas as pd

# 定义标准正态分布
snorm = stats.norm(0,1)

# 数据
data = pd.Series([2.14,  2.10,  2.13,  2.15,  2.13,
2.12,  2.13,  2.10,  2.15,  2.12,  2.14,  2.10,  2.13,
2.11,  2.14,  2.11])
```

```
# 计算所需的统计量和相关参数
sig = 0.01
al = 0.1
z_ha = snorm.isf(al/2.0)
data_size = data.size
m_length = data.mean()

#计算置信区间的左右端点
conf_left = m_length-sig/np.sqrt(data_size)*z_ha
conf_right = m_length+sig/np.sqrt(data_size)*z_ha

print('所求置信区间为(%f,%f) .'%(conf_left,conf_right))
```

运行这段代码, 结果为
所求置信区间为(2.120888, 2.129112).

2) 总体方差 σ^2 未知时, 总体均值 μ 的置信区间

置信区间具有如下格式:

$$\left(\overline{X}-\frac{S}{\sqrt{n}}t_{\alpha/2}(n-1),\ \overline{X}+\frac{S}{\sqrt{n}}t_{\alpha/2}(n-1)\right).$$

上述置信区间公式中, 统计量 $S/\sqrt{n}$ 称为样本的标准误差, 一般用 SEM 表示, 即

$$\text{SEM}=\frac{S}{\sqrt{n}}.$$

可以用 pandas 中的 sem 函数计算标准误差.

例 2(例 1 续) 从一批零件中随机抽取 16 个, 测得长度(单位: cm)为

2.14, 2.10, 2.13, 2.15, 2.13, 2.12, 2.13, 2.10,
2.15, 2.12, 2.14, 2.10, 2.13, 2.11, 2.14, 2.11.

设零件长度服从正态分布, 求总体均值 μ 的置信水平为 0.90 的置信区间.

解 编写如下代码.

```
# 导入所需的模块
from scipy import stats
import pandas as pd
```

```
# 数据
data = pd.Series([2.14, 2.10, 2.13, 2.15, 2.13,
2.12, 2.13, 2.10, 2.15, 2.12, 2.14, 2.10, 2.13,
2.11, 2.14, 2.11])

#定义t分布
data_size = data.size
tDist=stats.t(data_size-1)

# 计算所需的统计量和相关参数
al = 0.1
t_ha = tDist.isf(al/2.0)

m_length = data.mean()
data_sem = data.sem()

#计算置信区间的左右端点
conf_left = m_length-data_sem*t_ha
conf_right = m_length+data_sem*t_ha

print('所求置信区间为(%f,%f). '%(conf_left,conf_right))
```

运行这段代码,结果为

所求置信区间为(2.117494, 2.132506).

3) 总体方差 σ^2 的置信区间

置信区间格式为

$$\left(\frac{(n-1)S^2}{\chi^2_{\alpha/2}(n-1)}, \frac{(n-1)S^2}{\chi^2_{1-\alpha/2}(n-1)} \right).$$

例3 某自动包装机包装洗衣粉,其重量服从正态分布,随机抽查 12 袋, 测得重量(单位: g)分别为

1001, 1004, 1003, 997, 999, 1000, 1004, 1000, 996, 1002, 998, 999.

求包装机所包装的洗衣粉重量的方差的置信区间($\alpha = 0.05$).

解 编写如下代码.

```
# 导入所需的模块
from scipy import stats
import pandas as pd

# 数据
data = pd.Series([1001, 1004, 1003, 997, 999, 1000,1004, 1000, 996, 1002, 998, 999])

#定义卡方分布
data_size = data.size
chi2Dist = stats.chi2(data_size-1)

# 计算所需的统计量和相关参数
al = 0.05
chi2_ha = chi2Dist.isf(al/2)
chi2_1mha = chi2Dist.isf(1-al/2)
data_var = data.var()

#计算置信区间的左右端点
conf_left = (data_size-1)*data_var/chi2_ha
conf_right = (data_size-1)*data_var/chi2_1mha

print('所求置信区间为(%f,%f).'%(conf_left,conf_right))
```

运行这段代码, 结果为
所求置信区间为(3.478551, 19.982974).

2. 两个正态总体参数的区间估计

假设样本 $X_1, X_2, \cdots, X_{n_1}$ 和 $Y_1, Y_2, \cdots, Y_{n_2}$ 分别来自正态总体 $X \sim N(\mu_1, \sigma_1^2)$ 和 $Y \sim N(\mu_2, \sigma_2^2)$, 且两样本相互独立. 第 7 章介绍了以下三种类型的置信区间.

(1) σ_1^2, σ_2^2 已知时, 均值差 $\mu_1 - \mu_2$ 的置信区间为

$$\left(\bar{X} - \bar{Y} - z_{\alpha/2}\sqrt{\frac{\sigma_1^2}{n_1} + \frac{\sigma_2^2}{n_2}},\ \bar{X} - \bar{Y} + z_{\alpha/2}\sqrt{\frac{\sigma_1^2}{n_1} + \frac{\sigma_2^2}{n_2}} \right).$$

(2) $\sigma_1^2 = \sigma_2^2 = \sigma^2$ 未知时，均值差 $\mu_1 - \mu_2$ 的置信区间为

$$\left(\bar{X} - \bar{Y} - t_{\alpha/2}(n_1 + n_2 - 2) S_w \sqrt{\frac{1}{n_1} + \frac{1}{n_2}},\ \bar{X} - \bar{Y} + t_{\alpha/2}(n_1 + n_2 - 2) S_w \sqrt{\frac{1}{n_1} + \frac{1}{n_2}} \right),$$

其中

$$S_w^2 = \frac{(n_1 - 1) S_1^2 + (n_2 - 1) S_2^2}{n_1 + n_2 - 2}.$$

(3) 方差比 σ_1^2 / σ_2^2 的置信区间为

$$\left(\frac{S_1^2}{S_2^2} \frac{1}{F_{\alpha/2}(n_1 - 1, n_2 - 1)},\ \frac{S_1^2}{S_2^2} \frac{1}{F_{1-\alpha/2}(n_1 - 1, n_2 - 1)} \right).$$

例4 某大学从 A, B 两市招收的新生中分别抽 5 名, 6 名男生, 测得身高(单位: cm)为

A 市: 172, 178, 180.5, 174, 175.

B 市: 174, 171, 176.5, 168, 172.5, 170.

设两市新生身高都服从正态分布, 求两市新生身高的均值差 $\mu_1 - \mu_2$ 的置信水平为 0.95 的置信区间.

解 编写如下代码.

```
# 导入所需的模块
from scipy import stats
import pandas as pd

# 输入数据
data_a = pd.Series([172, 178, 180.5, 174, 175])
data_b = pd.Series([174, 171, 176.5, 168, 172.5, 170])

# 显著性水平
al = 0.05

# 获得样本容量
size_a = data_a.size
size_b = data_b.size

# 在估计均值差的置信区间之前，首先需要验证方差齐性
# 为此，先给出方差比的置信区间
```

```python
# 定义统计分布并计算所需的上分位点，这里用到 F(n1-1,n2-1)
fDist = stats.f(size_a-1, size_b-1)
f_ha = fDist.isf(al/2)
f_1mha = fDist.isf(1-al/2)

# 计算两个样本的样本方差
Sa2 = data_a.var()
Sb2 = data_b.var()

# 置信区间的左右端点
conf_v_left = Sa2/Sb2/f_ha
conf_v_right = Sa2/Sb2/f_1mha

# 打印两个总体方差比的置信区间
print('两个总体方差比的置信区间为(%f,%f).'%(conf_v_left,
conf_v_right))

# 若该置信区间不包含 1，则终止程序；否则继续估计均值差的置信区间
if conf_v_left>1 or conf_v_right<1:
    print('两个总体方差比的置信区间不包含 1')
    print('不能认为方差相等,算法停止!')
else:
    # 定义统计分布和所需的上分位点，这里用到 t(size_a+size_b-2)
    tDist = stats.t(size_a+size_b-2)
    t_ha = tDist.isf(al/2)

    # 计算两个样本的样本均值和统计量 Sw2
    mean_a = data_a.mean()
    mean_b = data_b.mean()
    Sw2 = ((size_a-1)*Sa2+(size_b-1)*Sb2)/(size_a+size_b-2)

    # 置信区间的左右端点
    conf_m_left = mean_a-mean_b-t_ha*np.sqrt(Sw2*(1/
size_a+1/size_b))
    conf_m_right = mean_a-mean_b+t_ha*np.sqrt(Sw2*(1/
```

```
size_a+1/size_b))
    # 打印两个总体均值差的置信区间
    print('两个总体均值差的置信区间为(%f,%f).'\
%(conf_m_left,conf_m_right))
```
运行以上程序, 得到结果如下:

两个总体方差比的置信区间为 (0.168080, 11.628409).

两个总体均值差的置信区间为 (−0.448514, 8.248514).

11.4 假设检验

stats 模块提供了单个正态总体和两个正态总体 t 检验等函数, 但有时仍需要编写程序实现. stats 的 levene 函数可以检验方差齐性, 但它使用 Levene 检验而非第 8 章介绍的 F 检验.

与 SPSS 等统计软件一样, stats 的 t 检验函数使用了 p 值检验法. p 值反映了样本信息中所包含的反对原假设的依据的强度. 与拒绝域不同的是, p 值不受显著性水平影响, 因此使用的时候更为方便. 本节主要以 p 值检验法为例, 介绍如何在 Python 中实现假设检验, 同时将通过一个例子简单介绍在 Python 中如何用拒绝域法做假设检验.

1. 单个正态总体的假设检验

1) 总体均值 μ 的假设检验

当 σ^2 已知时, 使用 U 检验. 编写程序计算 p 值, 并据此作出拒绝或接受原假设的判断. 检验统计量为

$$U = \frac{\bar{X} - \mu_0}{\sigma / \sqrt{n}}.$$

例 1 从砖厂生产的一批砖中随机地抽取 6 块, 测量其抗断强度(单位: MPa)分别为

3.366, 3.106, 3.264, 3.287, 3.122, 3.205.

设砖的抗断强度服从正态分布 $N(\mu, 0.11^2)$, 问能否认为这批砖的平均抗断强度是 3.250 MPa ($\alpha = 0.05$).

解 已知 $\sigma^2 = 0.11^2$. 该问题的检验假设为

$$H_0: \mu = 3.250, \quad H_1: \mu \neq 3.250.$$

先编写程序计算 p 值.

```python
# 导入所需的模块
from scipy import stats
import numpy as np
# 定义标准正态分布
snDist = stats.norm(0,1)
# 输入假设检验类型
# 双侧 side = 'two-side'
# 左侧 side = 'left'
# 右侧 side = 'right'
side = 'two-side'
# 输入参数 mu0 和总体标准差 sig
mu0, sig = 3.250, 0.11
# 输入样本
data = np.array([3.366, 3.106, 3.264, 3.287, 3.122, 3.205])
# 样本容量
size_data = data.size
# 计算 U 统计量的观察值
mean_data = data.mean()
u = (mean_data-mu0)*np.sqrt(size_data)/sig
# 计算 p 值
if side == 'two-side':
    p = 2*snDist.cdf(-np.abs(u))
elif side == 'left':
    p = snDist.cdf(u)
elif side == 'right':
    p = snDist.sf(u)
else:
    p = 'nan'
    print('假设检验类型输入错误')
```

运行程序得 $p = 0.578$. 由于 $p > \alpha$, 故而接受原假设 H_0, 可以认为这批砖的抗断强度为 3.250 MPa.

当 σ^2 未知时, 使用 t 检验. stats 中的 ttest_1samp 函数可以实现该检验, 其基本格式如下

$$t, p = stats.ttest\_1samp(a, popmean),$$

其中, 输入 a 为样本观测值, popmean 为所假设的总体均值. 输出 t 为统计量 t 的

观测值，p 为 p 值.

这里的 p 是双侧假设检验的 p 值. 对照双侧假设检验的 p 值和单侧假设检验的 p 值的定义，再结合 t 的观察值，可以计算单侧检验的 p 值. 设 t,p 为 stats.ttest_1samp 的输出，则可按表 11-2 计算单侧假设检验的 p 值.

表 11-2 已知双侧 t 检验的 p 值确定单侧 t 检验的 p 值

	$t \geqslant 0$	$t<0$
左侧检验	$1-p/2$	$p/2$
右侧检验	$p/2$	$1-p/2$

例 2 某种元件的寿命(单位: h)服从正态分布，现测得 16 只元件的寿命如下：
159, 280, 101, 212, 224, 379, 179, 264, 222, 362, 168, 250, 149, 260, 485, 170.
问是否有理由认为元件的平均寿命大于 225 ($\alpha=0.05$).

解 问题的检验假设为

$$H_0: \mu \leqslant 225, \quad H_1: \mu > 225.$$

利用 ttest_1samp 函数计算 p 值.

```
# 导入所需的模块
from scipy import stats
import numpy as np
# 样本观测值
data = np.array([159, 280, 101, 212, 224, 379, 179, 264,
222, 362, 168, 250, 149, 260, 485, 170])
# 计算观测值 t 和 p 值
t,p0 = stats.ttest_1samp(data,225)
```

运行上述程序得 $t=0.6685, p_0=0.5140$. 这是右侧假设检验问题，故而

$$p = \frac{p_0}{2} = 0.2570 > \alpha,$$

故而拒绝 H_0，可以认为元件的平均寿命不大于 225.

2) 总体均值 σ^2 的假设检验

这种类型的假设检验使用 χ^2 检验. 检验统计量为

$$\chi^2 = \frac{(n-1)S^2}{\sigma_0^2}.$$

例3 从小学五年级学生中抽取 20 名，测量其身高(单位:cm),其数据如下：

$$136, 144, 143, 157, 137, 159, 135, 158, 147, 165,$$
$$158, 142, 159, 150, 156, 152, 140, 149, 148, 155.$$

设小学生身高服从正态分布 $N(\mu,\sigma^2)$. 试检验如下假设 (α=0.05)

$$H_0: \sigma^2 = 45, \quad H_1: \sigma^2 \neq 45.$$

解 编写如下代码.

```
# 导入所需的模块
from scipy import stats
import pandas as pd
# 输入样本观察值
data = pd.Series([136,144,143,157,137,159,135,158,147,165,
                  158,142,159,150,156,152,140,149,148,155])
# 输入假设检验类型
# 双侧 side = 'two-side'
# 左侧 side = 'left'
# 右侧 side = 'right'
side = 'two-side'
# 计算样本容量
data_size = data.size
# 输入待检验的方差
var0 = 45
# 输入显著性水平
al = 0.05
# 定义卡方分布
chi2Dist = stats.chi2(data_size-1)
# 计算统计量 chi2
data_var = data.var()
ch2 = (data_size-1)*data_var/var0
# 计算 p 值
if side == 'two-side':
    p = 2*(min(chi2Dist.cdf(ch2),chi2Dist.sf(ch2)))
elif side == 'left':
    p = chi2Dist.cdf(ch2)
elif side == 'right':
```

```
        p = chi2Dist.sf(ch2)
else:
    p = 'nan'
    print('假设检验类型输入错误')
```

运行上述程序, 得到 $p = 0.0504 > \alpha$, 故而接受 H_0.

注 若需进行单侧检验, 如

$$H_0: \sigma^2 \leqslant 45, \quad H_1: \sigma^2 > 45.$$

则只需在上述程序中设置 side = 'right' 和 var0=45. 运行后得到 $p = 0.025 < \alpha$. 故而拒绝原假设, 可以认为 $\sigma^2 > 45$.

2. 两总体的假设检验

1) 两总体均值差的假设检验

当两总体的方差已知时, 使用 U 检验, 检验统计量为

$$U = \frac{\bar{X} - \bar{Y}}{\sqrt{\dfrac{\sigma_1^2}{n_1} + \dfrac{\sigma_2^2}{n_2}}}$$

例 4 用自动车床采用新旧两种工艺加工同一零件, 现测量一批零件的加工偏差(单位: μm)分别为

旧工艺: 2.7, 2.4, 2.5, 3.1, 2.7, 3.5, 2.9, 2.7, 3.5, 3.3.
新工艺: 2.6, 2.1, 2.7, 2.8, 2.3, 3.1, 2.4, 2.4, 2.7, 2.3.

假设测量的加工偏差都服从正态分布, 方差分别为 $\sigma_1^2 = 0.35^2$, $\sigma_2^2 = 0.3^2$, 所得的两个样本相互独立. 试问自动车床在新旧两种工艺下的加工精度有无显著差异 ($\alpha = 0.05$).

解 该问题的检验假设为

$$H_0: \mu_1 = \mu_2, \quad H_1: \mu_1 \neq \mu_2.$$

编写如下代码.

```
# 导入所需的模块
from scipy import stats
import numpy as np
# 定义标准正态分布
snDist = stats.norm(0,1)
```

```python
# 输入假设检验类型
# 双侧 side = 'two-side'
# 左侧 side = 'left'
# 右侧 side = 'right'
side = 'two-side'
# 分别输入两个总体的标准差 sig1 和 sig2
sig1,sig2 = 0.35, 0.3
# 输入样本值
data1 = np.array([2.7, 2.4, 2.5, 3.1, 2.7, 3.5, 2.9, 2.7, 3.5, 3.3])
data2 = np.array([2.6, 2.1, 2.7, 2.8, 2.3, 3.1, 2.4, 2.4, 2.7, 2.3])
# 样本容量
size_data1 = data1.size
size_data2 = data2.size
# 计算 U 统计量的观察值
mean_data1 = data1.mean()
mean_data2 = data2.mean()
u = (mean_data1 - mean_data2)/ np.sqrt(sig1**2 / size_data1 + sig2**2 / size_data2)
# 计算 p 值
if side == 'two-side':
    p = 2*snDist.cdf(-np.abs(u))
elif side == 'left':
    p = snDist.cdf(u)
elif side == 'right':
    p = snDist.sf(u)
else:
    p = 'nan'
    print('假设检验类型输入错误')
```

运行上述程序,得 $p=0.007$. 因此拒绝原假设,可以认为两者加工精度有显著差异.

注 若要进行单侧假设检验,只需更改程序中 side 的值即可.

当两总体的方差未知时,使用 t 检验,检验统计量为

$$T = \frac{\overline{X} - \overline{Y}}{S_w\sqrt{\dfrac{1}{n_1} + \dfrac{1}{n_2}}},$$

其中,

$$S_w^2 = \frac{(n_1-1)S_1^2 + (n_2-1)S_2^2}{n_1 + n_2 - 2}.$$

stats 中的 ttest_ind 函数可用于这类假设检验,其基本调用格式如下:

stats.ttest_ind(a, b, axis=0, equal_var=True)

其中,参数 a, b 为必选项,分别代表两个样本观察值数组;可选参数 axis 为用于检验的轴,默认值为 0,表示使用 a, b 中的全部样本;可选参数 equal_var 给出总体方差是否相等,若赋(默认)值 True,则执行标准 t 检验,否则,执行 Welch 的 t 检验.

和单样本 t 检验函数一样, ttest_ind 同样返回统计量 t 的观察值的双侧 p 值. 当执行单侧假设检验时,只需按表 11-2 进行换算即可.

例 5(例 4 续) 在例 4 中,若假设方差未知但相等,试检验自动车床在新旧两种工艺下的加工精度有无显著差异 ($\alpha = 0.05$).

解 用 Python 编写如下代码.

```
# 导入所需的模块
from scipy import stats
import numpy as np
# 输入样本观察值
data1 = np.array([2.7, 2.4, 2.5, 3.1, 2.7, 3.5, 2.9, 2.7,
                  3.5, 3.3])
data2 = np.array([2.6, 2.1, 2.7, 2.8, 2.3, 3.1, 2.4, 2.4,
                  2.7, 2.3])
#计算双侧 p 值
t, p = stats.ttest_ind(data1,data2)
```

运行代码后得到 $p = 0.023$,所以拒绝原假设,可以认为两者加工精度有显著差异.

2) 两总体方差比的假设检验

这种类型的假设检验使用 F 检验.

例 6(例 4 续) 试检验自动车床在新旧两种工艺下的加工偏差的方差有无显著差异 ($\alpha = 0.05$).

解 该问题的检验假设为

$$H_0: \sigma_1^2 = \sigma_2^2, \quad H_1: \sigma_1^2 \neq \sigma_2^2.$$

编写如下代码.

```
#导入所需的模块
from scipy import stats
import pandas as pd

# 输入假设检验类型
# 双侧 side = 'two-side'
# 左侧 side = 'left'
# 右侧 side = 'right'
side = 'two-side'
# 输入显著性水平
al = 0.05
# 输入样本观察值
data1 = pd.Series([2.7, 2.4, 2.5, 3.1, 2.7, 3.5, 2.9, 2.7,
                   3.5, 3.3])
data2 = pd.Series([2.6, 2.1, 2.7, 2.8, 2.3, 3.1, 2.4, 2.4,
                   2.7, 2.3])
# 样本容量
data1_size = data1.size
data2_size = data2.size
# 定义 F 分布
fDist = stats.f(data1_size-1,data2_size-1)
# 计算统计量 F 的观察值
data1_var = data1.var()
data2_var = data2.var()
fval=data1_var/data2_var
# 计算 p 值
if side == 'two-side':
    p = 2*(min(fDist.cdf(fval),fDist.sf(fval)))
elif side == 'left':
    p = fDist.cdf(fval)
elif side == 'right':
```

```
        p = fDist.sf(fval)
else:
    p = 'nan'
    print('假设检验类型输入错误')
```
运行上述程序得 $p = 0.378$,所以接受原假设,可以认为两者的方差没有显著差异.

这一节最后,用一个例子简要说明如何用 Python 实现拒绝域法的假设检验. 拒绝域法和区间估计的实现方法类似,需要计算出相应假设检验问题的拒绝域.

例 7 用拒绝域法对例 2 进行假设检验.

解 编写如下代码计算统计量 t 的观察值和该假设检验问题的拒绝域.

```
# 导入所需模块
from scipy import stats
import pandas as pd
# 输入假设检验类型
# 双侧 side = 'two-side'
# 左侧 side = 'left'
# 右侧 side = 'right'
side = 'two-side'
# 输入显著性水平
al = 0.05
# 输入待检验的均值
mu0 = 225
# 输入样本观察值
data = pd.Series([159, 280, 101, 212, 224, 379, 179, 264,
                  222, 362, 168, 250, 149, 260, 485, 170])
# 样本容量
data_size = data.size
# 定义 t 分布
tDist = stats.t(data_size-1)
# 计算统计量观察值
data_mean = data.mean()
data_std = data.std()
tval = (data_mean-mu0)*np.sqrt(data_size)/data_std
print('统计量 t 的观察值为: %f' %tval)
```

```
# 计算拒绝域
if side == 'two-side':
    t_frac = tDist.isf(al/2)
    rej_left = -t_frac
    rej_right = t_frac
    print('假设检验问题的拒绝域为(-Inf, %f) U (%f, +Inf).'%(rej_left, rej_right))
elif side == 'left':
    t_frac = tDist.isf(al)
    rej = -t_frac
    print('假设检验问题的拒绝域为(-Inf, %f).'%rej)
elif side == 'right':
    t_frac = tDist.isf(al)
    rej = t_frac
    print('假设检验问题的拒绝域为(%f, +Inf).'%rej)
else:
    print('假设检验类型输入错误!')
```

运行程序后得

统计量 t 的观察值为 0.668518;

假设检验问题的拒绝域为(–Inf, –2.131450) ∪ (2.131450, +Inf).

根据运行结果可知, 统计量观察值没有落在拒绝域内, 因而接受原假设, 即得到和例 2 相同的结论.

11.5 线性回归分析

本节以 9.1 节例 1 为例, 说明如何用不同的方法在 Python 中实现线性回归分析. 这一节中所用到的符号的含义与第 9 章相同.

例 1(9.1 节例 1) 水稻产量与化肥施用量之间的关系. 在土质、面积、种子等相同条件下, 由试验获得如下数据.

化肥施用量 x / kg	15	20	25	30	35	40	45
水稻产量 y / kg	330	345	365	405	445	490	475

求水稻产量 y 对化肥施用量 x 的线性回归方程.

1. 使用 linalg.lstsq 函数

如果只需要获得线性回归方程, 而不需要进一步的分析, 那就可以采用最小二乘法实现. numpy 模块提供了 linalg.lstsq 函数求线性方程组

$$Ax = b$$

的最小二乘解, 其调用格式如下:

$$Sol = numpy.linalg.lstsq(A,b)$$

函数的输出 Sol 中包含了 4 个方面的信息

Sol[0]: 最小二乘解, 也就是 x;

Sol[1]: 残量, 即 $\|b - Ax\|^2$;

Sol[2]: A 的秩;

Sol[3]: A 的奇异值.

分别用 h 和 s 表示表中的化肥使用量和水稻产量构成的列向量. 将 lstsq 函数用于求解例 1 时,

$$b = s, \quad A = [e \ h],$$

其中 e 表示分量全为 1 的列向量. 我们编写如下代码.

```python
# 用最小二乘法求最小二乘的系数和线性回归直线
# 导入所需的模块
import numpy as np
import matplotlib.pyplot as plt
# 输入数据
huafei = np.array([15,20,25,30,35,40,45])  # 化肥用量数据
chanliang = np.array([330,345,365,405,445,490,475]) # 水稻产量数据
n = huafei.size
# 创建设计矩阵
M = np.vstack((np.ones_like(huafei),huafei)).T
# 求最小二乘解
b = np.linalg.lstsq(M,chanliang)
# 打印回归直线
print('线性回归方程为\n chanliang = %.3f + %.3f*huafei'\
%((b[0][0]),(b[0][1])))
# 绘制数据集和拟合直线的图像
x = np.arange(10,50,0.1)
```

```
y = b[0][0]+x*b[0][1]
plt.plot(x,y,'-')
plt.plot(huafei,chanliang,'o')
plt.show()
```
运行程序后得到如下回归直线和图像(图 11-6).

线性回归方程为

chanliang = 235.357 + 5.750*huafei

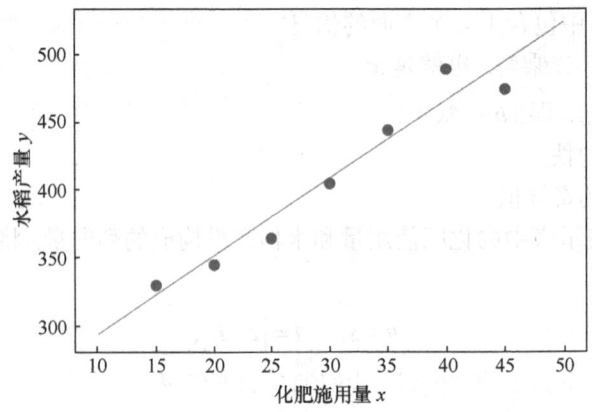

图 11-6 水稻产量 y 对化肥施用量 x 的线性回归方程

2. 使用 stats.linregress 函数

　　scipy.stats 中的 linregress 函数提供了有关线性回归的更多信息, 利用它输出的信息, 我们可以直接得到或者计算 9.1 节中涉及的大多数参数. Linregress 的调用格式如下:

$$\text{result = stats.linregress(x, y)}$$

或

$$\text{slope, intercept, r\_value, p\_value, std\_err = stats.linregress(x, y)}.$$

若使用前者, 则生成一个具有属性 slope, intercept, r_value, p_value, std_err 的数组 result, 其属性值分别和第二种格式的五个输出对应. 这五个属性的含义如下.

　　slope: 直线的斜率, 也就是 $\hat{\beta}_1$;

　　intercept: 直线的截距, 也就是 $\hat{\beta}_0$;

　　r_value: 相关系数, 也就是 R;

　　p_value: 线性回归方程的显著性 t 检验的 p 值;

　　std_err: $\hat{\beta}_1$ 的标准差, 即 $\dfrac{\hat{\sigma}}{\sqrt{L_{xx}}}$.

根据以上五个属性,不难算得随机误差 ε 的方差的无偏估计

$$\hat{\sigma}^2 = \text{stderr}^2 L_{xx}$$

和斜率的置信区间

$$(\text{slope} \pm \text{stderr} \times t_{\alpha/2}(n-2)).$$

接下来,用 linregress 函数求解例 1.

解 编写如下代码.

```
# 用最小二乘法求最小二乘的系数和线性回归直线
#导入所需模块
import numpy as np
from scipy import stats
# 输入数据
huafei = np.array([15,20,25,30,35,40,45])  # 化肥施用量数据
chanliang = np.array([330,345,365,405,445,490,475]) # 水
稻产量数据
# 求解
result = stats.linregress(huafei,chanliang)
# 打印线性回归方程
print('线性回归方程为\n chanliang = %.3f + %.3f*huafei'\
%(result.intercept,result.slope))
# 打印相关系数
print('相关系数为%.3f'%result.rvalue)
# 打印线性回归方程假设检验的 p 值
print('线性回归方程假设检验的 p 值为%.4f'%result.pvalue)
# 计算打印随机误差的方差
h_size = huafei.size
h_var = huafei.var()
sl_var = result.stderr**2*h_size*h_var
print('随机误差的方差估计为%.3f'%sl_var)
# 计算并打印斜率的置信区间
al = 0.05  # 显著性水平
t_fra = stats.t.isf(al/2,h_size-2)
conf_left = result.slope-result.stderr*t_fra
conf_right = result.slope+result.stderr*t_fra
print('线性回归方程斜率的置信区间为 (%.3f,%.3f).'\
```

```
%(conf_left,conf_right))
```
运行上述程序后得如下结果.

线性回归方程为

chanliang = 235.357 + 5.750*huafei;
相关系数为 0.972;
线性回归方程假设检验的 p 值为 0.0002;
随机误差的方差的估计为 269.821;
线性回归方程斜率的置信区间为(4.154, 7.346).

3. 使用 statsmodels 的工具

使用 statsmodels 不仅可以得到最佳拟合参数, 还能得额外的有价值的信息. 本节使用 statsmodels 的 OLS (ordinary least squares)模型. OLS 模型求

$$Ax = b$$

的最小二乘解的输入和 np.linalg.lstsq 函数类似, 只是第一个参数 b, 第二个参数是 A. 一般地, 按如下格式使用 OLS 模型

$$rslt = statsmodels.OLS(b,A).fit(),$$

其中, fit()表示使用拟合方法. 模型的结果 rslt 包含了很多的信息, 这里将结合例 1 介绍几个常用的输出信息.

编写如下代码求解例 1.

```
# 用 statsmodels 解线性回归问题
# 导入所需的模块
import numpy as np
import statsmodels.api as sm
# 输入数据
huafei = np.array([15,20,25,30,35,40,45])  # 化肥施用量数据
chanliang = np.array([330,345,365,405,445,490,475]) # 水稻产量数据
# 创建设计矩阵
M = np.vstack((np.ones_like(huafei),huafei)).T
# 求解
rslt = sm.OLS(chanliang,M).fit()
```

运行程序后得到解 rslt. 输入命令

In [1]: print(rslt.summary2())

可以得到如下的表格.

```
                        Results: Ordinary least squares
=========================================================================
Model:                  OLS              Adj. R-squared:       0.934
Dependent Variable: y                    AIC:                  60.6942
Date:                                    2020-02-11 10:37 BIC: 60.5860
No. Observations:       7                Log-Likelihood:       −28.347
Df Model:               1                F-statistic:          85.77
Df Residuals:           5                Prob (F-statistic):   0.000247
R-squared:              0.945            Scale:                269.82
-------------------------------------------------------------------------
           Coef.      Std.Err.       t        P>|t|      [0.025    0.975]
-------------------------------------------------------------------------
const     235.3571   19.6331    11.9878     0.0001    184.8886  285.8257
x1          5.7500    0.6209     9.2614     0.0002      4.1540    7.3460
-------------------------------------------------------------------------
Omnibus:                nan              Durbin-Watson:        1.999
Prob(Omnibus):          nan              Jarque-Bera (JB):     0.351
Skew:                   0.330            Prob(JB):             0.839
Kurtosis:               2.125            Condition No.:        100
=========================================================================
```

上表第一部分中，R-squared 就是 R^2 的值，F-statistic 是线性回归方程 F 检验的统计量 F 的观察值，Prob (F-statistic) 是 F 检验的 p 值，Scale 则是随机误差的方差的估计值. 第二部分的各个参数含义比较明确，分别是常数项和一次项系数的值、stderr、统计量 t 的观察值、p 值和显著性水平为 0.05 双侧置信区间. 第三部分的参数第 9 章大多没有涉及，这里不做说明.

但是上述表格只是展示了计算数据，如果要提取相关数据以便进一步分析，则可以通过调用对象 rslt 的相关属性的方式获取. 表 11-3 列出了 rslt 的一些常用属性及说明.

表 11-3   statsmodels.OLS 模型 fit()方法的输出的属性

参数名	含义	参数名	含义
params	回归系数	fvalue	F 的观察值
bse	回归系数的标准差	f_pvalue	F 检验的 p 值
pvalue	(t 检验) p 值	mse_model	模型均方，即 $Q_r/1$
tvalue	t 的观察值	mse_resid	残差均方，即 $Q_e/(n-2)$

续表

参数名	含义	参数名	含义
conf_int()	回归系数的置信区间,默认显著性水平为 0.05,括号里可以填所需的显著性水平,如 0.1, 0.01	mse_total	总均方,即 $Q_T/(n-1)$
rsquared	R^2	scale	随机误差方差的估计值

如输入

In[2]: rslt.params

就得到系数数组

Out[2]: array([235.35714286, 5.75]).

它的两个参数分别是常数项和一次项系数. 若输入

In[3]: rslt.conf_int()

则得到常数项和一次项系数的显著性水平为(默认值)0.05 的置信区间.

Out[3]:

array([[184.88861541, 285.8256703],

[4.15404503, 7.34595497]])

若输入

In[4]: rslt.conf_int(0.01)

则得到显著性水平为 0.01 的置信区间.

Out[4]:

array([[156.19361811, 314.5206676],

[3.24662954, 8.25337046]])

除了前面介绍的三种方法, Python 中还有其他模块和方法可以实现线性回归分析, 这里不一一介绍.

11.6 方差分析

通常将影响试验指标的条件称为因素. 如果在一项试验的过程中只有一个因素在改变, 则称为单因素方差试验, 如果多于一个因素在改变, 则称为多因素方差试验.

在 Python 中, stats 提供了实现单因素方差分析的工具, 而 statsmodels 则提供了有着更为详细输出结果的方差分析工具.

1. 单因素方差分析

通过一个例题介绍如何使用 stats 和 statsmodels 中的工具实现单因素方差分析.

例1 设有三台机器,用来生产规格相同的铝合金薄板.取样、测量薄板的厚度精确至千分之一厘米.得结果如下表所示.

机器 I	机器 II	机器 III
0.236	0.257	0.258
0.238	0.253	0.264
0.248	0.255	0.259
0.245	0.254	0.267
0.243	0.261	0.262

考察机器这一因素对铝合金板厚度有无显著影响.

解 将各个总体的均值依此记为 μ_1, μ_2, μ_3.按题意,需检验假设

$$H_0 : \mu_1 = \mu_2 = \mu_3,$$
$$H_1 : \mu_1, \mu_2, \mu_3 \text{ 不全相等}.$$

首先使用 scipy.stats 提供的函数 f_oneway 进行分析. 函数 f_oneway 的调用格式如下:

$$\text{fvalue,pvalue} = \text{f\_oneway(sample1,sample2,}\cdots)$$

其中,输入 sample1,sample2,…是各个总体的样本观察值,以数组的格式输入.输出 fvalue 是 F 统计量的观察值, pvalue 是假设检验的 p 值.

编写如下代码.

```
# 导入所需模块
import numpy as np
from scipy import stats
# 输入样本值
sample1=np.array([0.236,0.238,0.248,0.245,0.243])
sample2=np.array([0.257,0.253,0.255,0.254,0.261])
sample3=np.array([0.258,0.264,0.259,0.267,0.262])
# 调用 f_oneway 函数进行单因素方差分析
fvalue,pvalue = stats.f_oneway(sample1,sample2,sample3)
#打印分析结果
print('F 的观察值和假设检验的 p 值分别为: %.3f,%.3e.'%(fvalue,pvalue))
```

运行程序后，我们得到如下输出结果：

F 的观察值和假设检验的 p 值分别为 32.917, 1.343e-05.

函数 f_oneway 输出的结果非常简单. 相比之下, statsmodels 的 stats.anova 模块可以提供更为详细的分析结果. statsmodels 中的 anova_lm 模型可以实现我们在第 10 章介绍的方差分析. anova_lm 使用 OLS 模型进行分析, 即认为观察值向量和效应向量满足一个线性回归模型. 在使用 anova_lm 模型之前, 需要做两个准备工作. 首先, 需要按特定的格式准备数据. 常用的方法是按观察值, 水平(搭配)的格式将数据存入一个文本或 Excel 文件中, 以便程序读取. 其次, 给出线性模型, 一般格式如下：

'因变量 ~ C(自变量 1)+…+C(自变量 k)'.

如果需要考虑交互效应, 则在上述模型中加入形如 'C(自变量 i): C(自变量 j)' 的项. 如模型

'因变量 ~ C(自变量 1) + C(自变量 2) + C(自变量 1):C(自变量 2)'

表示考察自变量 1、自变量 2 以及它们的交互效应对因变量的作用的显著性.

接下来以例 1 为例, 介绍如何使用 anova_lm 进行方差分析. 先建一个文本文件 lvbanhoudu.txt. 在文件 lvbanhoudu.txt 输入如下内容.

0.236, 1
0.238, 1
0.248, 1
0.245, 1
0.243, 1
0.257, 2
0.253, 2
0.255, 2
0.254, 2
0.261, 2
0.258, 3
0.264, 3
0.259, 3
0.267, 3
0.262, 3

接着编写如下代码.
# 导入标准模块
import numpy as np

```python
import pandas as pd
# 导入附加模块
from statsmodels.formula.api import ols
from statsmodels.stats.anova import anova_lm
# 导入文本文件 lvbanhoudu.txt 中的数据
inFile = 'lvbanhoudu.txt'
data = np.genfromtxt(inFile, delimiter=',')
# 为数据添加列索引
df = pd.DataFrame(data, columns=['value', 'machine'])
# 给出模型:value 关于 machine 的线性模型
model = ols('value ~ C(machine)',df).fit()
# 调用 anova_lm 求解
anovaResults = anova_lm(model)
# 打印数据
print(anovaResults)
```

运行程序后将得到如下结果:

```
              df    sum_sq    mean_sq          F     PR(>F)
C(machine)   2.0  0.001053   0.000527  32.916667   0.000013
Residual    12.0  0.000192   0.000016        NaN        NaN
```

不难看出,上述结果和常见的方差分析表一致(表 11-4).

表 11-4 例 1 的方差分析表

方差来源	平方和	自由度	均方	F 值	P 值
因素	0.001053	2	0.000527	32.916667	0.000013
误差	0.000192	12	0.000016		
总和	0.001245	14			

由于 $p = 0.000013 < 0.05$,故而在显著性水平 0.05 下拒绝 H_0,可以认为各台机器生产的薄板厚度有显著的差异.

2. 双因素方差分析

一般地,使用 statsmodels 的 anova_lm 模型是实现双因素分析的常用方法.其使用方法和上一例类似,只需对数据文件格式和线性模型略作修改即可.

例 2 一火箭使用四种燃料,三种推进器做射程试验.每种燃料与每种推进器的组合各发射火箭两次,得射程如下表所示(单位: 海里).

燃料(A) \ 推进器(B)	B_1	B_2	B_3
A_1	58.2 52.6	56.2 41.2	65.3 60.8
A_2	49.1 42.8	54.1 50.5	51.6 48.4
A_3	60.1 58.3	70.9 73.2	39.2 40.7
A_4	75.8 71.5	58.2 51.0	48.7 41.4

试问: 在显著性水平 0.05 下, 检验不同燃料、不同推进器下的射程是否有显著差异？交互作用是否显著？

解 首先，按"观察值, 水平(搭配)"的格式建立如下的文本文件 huojian.txt.

58.2, 1, 1

52.6, 1, 1

49.1, 2, 1

42.8, 2, 1

60.1, 3, 1

58.3, 3, 1

……

由于篇幅关系，这里只列出了对应表中第一行数据的部分. 然后使用如下代码进行分析.

```
# 导入标准模块
import numpy as np
import pandas as pd
# 导入附加模块
from statsmodels.formula.api import ols
from statsmodels.stats.anova import anova_lm
# 导入文本文件 huojian.txt 中的数据
inFile = 'huojian.txt'
data = np.genfromtxt(inFile, delimiter=',')
# 为数据添加列索引
df = pd.DataFrame(data, columns=['shecheng', 'ranliao', 'tuijinqi'])
# 给出模型: shecheng 关于 ranliao,tuijinqi 和它们的交互作用
```

```
# 的线性模型
model = ols('shecheng ~ C(ranliao) + C(tuijinqi) +\
 C(ranliao):C(tuijinqi)',df).fit()
# 调用 anova_lm 求解
anovaResults = anova_lm(model)
# 打印数据
print(anovaResults)
```

运行程序后将得到如下结果:

	df	sum_sq	mean_sq	F	PR(>F)
C(ranliao)	3.0	261.675000	87.225000	4.417388	0.025969
C(tuijinqi)	2.0	370.980833	185.490417	9.393902	0.003506
C(ranliao):C(tuijinqi)	6.0	1768.692500	294.782083	14.928825	0.000062
Residual	12.0	236.950000	19.745833	NaN	NaN

不难看出, 上述结果和常见的方差分析表(表 11-5)一致.

表 11-5 例 2 的方差分析表

方差来源	平方和	自由度	均方	F 值	p 值
因素 A 燃料	261.675000	3	87.225000	4.417388	0.025969
因素 B 推进器	370.980833	2	185.490417	9.393902	0.003506
交互作用 $A \times B$	1768.692500	6	294.782083	14.928825	0.000062
误差	236.950000	12	19.745833		
总和	2638.298333	23			

由于上述的 p 值均小于 0.05, 故可以认为不同燃料或不同推进器下的射程有显著差异且交互作用是高度显著的.

第 11 章程序代码

参 考 文 献

陈希孺. 2000. 概率论与数理统计. 北京: 科学出版社.
陈仲堂, 赵德平, 李彦平, 潘东升. 2014. 数理统计. 北京: 国防工业出版社.
程立正, 王春景. 2019. 概率论与数理统计. 北京: 北京大学出版社.
崔宁, 李春. 2019. 概率论与数理统计. 北京: 科学出版社.
高璟. 2019. 概率论与数理统计习题册. 上海: 上海交通大学出版社.
何书元. 2021.概率论与数理统计. 北京: 高等教育出版社.
何晓群, 刘文卿. 2019. 应用回归分析. 5版. 北京: 中国人民大学出版社.
胡月, 云本胜. 2020. 概率论与数理统计. 杭州: 浙江大学出版社.
克拉美. 2005. 统计学数学方法. 魏宗舒, 等译. 上海: 上海科学技术出版社.
李贤平, 沈崇圣, 陈子毅. 2003. 概率论与数理统计. 上海: 复旦大学出版社.
茆诗松, 程依明, 濮晓龙. 2019. 概率论与数理统计. 3版. 北京: 高等教育出版社.
宁荣健, 朱士信. 2020. 概率论与数理统计. 北京: 高等教育出版社.
萨尔斯伯格. 2016. 女士品茶: 统计学如何变革了科学与生活. 刘清山, 译. 南昌: 江西人民出版社.
邵军. 2018. 数理统计. 2版. 北京: 高等教育出版社.
盛骤, 谢式千, 潘承毅. 2020.概率论与数理统计. 5版. 北京: 高等教育出版社.
师义民, 徐伟, 秦超英, 许勇. 2017. 数理统计. 4版. 北京: 科学出版社.
孙荣恒. 2018. 应用数理统计. 3版. 北京: 科学出版社.
滕素珍, 冯敬海. 2005. 数理统计学. 4版. 大连: 大连理工大学出版社.
同济大学数学系. 2017. 概率论与数理统计. 北京: 人民邮电出版社.
汪荣鑫. 2022. 数理统计. 西安: 西安交通大学出版社.
王洪珂, 黎彬. 2017. 概率论与数理统计. 北京: 科学出版社.
韦来生. 2008. 数理统计. 北京: 科学出版社.
韦增欣, 黄君玉. 2020. 概率论与数理统计. 北京: 科学出版社.
魏宗舒, 等. 2008. 概率论与数理统计教程. 2版. 北京: 高等教育出版社.
沃塞曼. 2008. 统计学完全教程. 刘波, 刘中华, 魏秋萍, 译. 北京: 科学出版社.
吴月柱, 李上钊. 2017. 概率论与数理统计. 北京: 科学出版社.
谢衷洁. 2004. 普通统计学. 北京: 北京大学出版社.
徐雅静, 曲双红. 2022.概率论与数理统计. 3版. 北京: 科学出版社.
颜宝平, 夏林丽, 杨龙仙. 2018. 概率论与数理统计. 北京: 电子工业出版社.
杨贵军, 杨雪, 周琦, 陈浩. 2021. 数理统计学. 2版. 北京: 科学出版社.
袁德美, 安军, 陶宝. 2016. 概率论与数理统计. 北京: 高等教育出版社.
张爱武. 2018. 概率论与数理统计. 2版. 北京: 科学出版社.
张天德, 叶宏. 2011. 概率论与数理统计习题精选精解. 济南: 山东科学技术出版社.
郑明, 陈子毅, 汪嘉冈. 2012. 数理统计讲义. 上海: 复旦大学出版社.
周圣武, 李金玉, 周长新. 2007. 概率论与数理统计. 2版. 北京: 煤炭工业出版社.

庄楚强, 何春雄. 2013. 应用数理统计基础. 4版. 广州: 华南理工大学出版社.
宗序平. 2016. 数理统计学及其应用. 北京: 机械工业出版社.
Hogg R, Craig A. 2004. 数理统计学导论. 5版(影印版). 北京: 高等教育出版社.

附 录

附表1 几种常用的概率分布

分布	参数	分布律或概率密度	数学期望	方差
(0-1)分布	$0<p<1$	$P\{X=k\}=p^k(1-p)^{1-k}$, $k=0,1$	p	$p(1-p)$
二项分布	$n\geq 1$, $0<p<1$	$P\{X=k\}=C_n^k p^k(1-p)^{n-k}$, $k=0,1,\cdots,n$	np	$np(1-p)$
负二项分布	$r\geq 1$, $0<p<1$	$P\{X=k\}=C_{k-1}^{r-1}p^r(1-p)^{k-r}$, $k=r,r+1,\cdots$	$\dfrac{r}{p}$	$\dfrac{r(1-p)}{p^2}$
几何分布	$0<p<1$	$P\{X=k\}=p(1-p)^{k-1}$, $k=1,2,\cdots$	$\dfrac{1}{p}$	$\dfrac{1-p}{p^2}$
超几何分布	N,M,n $(n\leq M)$	$P\{X=k\}=\dfrac{C_M^k C_{N-M}^{n-k}}{C_N^n}$, $k=0,1,\cdots,n$	$\dfrac{nM}{N}$	$\dfrac{nM}{N}\left(1-\dfrac{M}{N}\right)\left(\dfrac{N-n}{N-1}\right)$
泊松分布	$\lambda>0$	$P\{X=k\}=\dfrac{\lambda^k e^{-\lambda}}{k!}$, $k=0,1,\cdots$	λ	λ
均匀分布	$a<b$	$f(x)=\begin{cases}\dfrac{1}{b-a}, & a<x<b \\ 0, & 其他\end{cases}$	$\dfrac{a+b}{2}$	$\dfrac{(b-a)^2}{12}$
正态分布	μ, $\sigma>0$	$f(x)=\dfrac{1}{\sqrt{2\pi}\sigma}e^{-\frac{(x-\mu)^2}{2\sigma^2}}$	μ	σ^2

续表

分布	参数	分布律或概率密度	数学期望	方差
Γ 分布	$\alpha>0$ $\beta>0$	$f(x)=\begin{cases}\dfrac{1}{\beta^{\alpha}\Gamma(\alpha)}x^{\alpha-1}\mathrm{e}^{-x/\beta}, & x>0 \\ 0, & \text{其他}\end{cases}$	$\alpha\beta$	$\alpha\beta^2$
指数 分布	$\lambda>0$	$f(x)=\begin{cases}\lambda\mathrm{e}^{-\lambda x}, & x\geqslant 0 \\ 0, & \text{其他}\end{cases}$	$\dfrac{1}{\lambda}$	$\dfrac{1}{\lambda^2}$
χ^2 分布	$n\geqslant 1$	$f(x)=\begin{cases}\dfrac{1}{2^{n/2}\Gamma(n/2)}x^{n/2-1}\mathrm{e}^{-x/2}, & x>0 \\ 0, & \text{其他}\end{cases}$	n	$2n$
威布尔 分布	$\eta>0$ $\beta>0$	$f(x)=\begin{cases}\dfrac{\beta}{\eta}\left(\dfrac{x}{\eta}\right)^{\beta-1}\mathrm{e}^{-\left(\frac{x}{\eta}\right)^{\beta}}, & x>0 \\ 0, & \text{其他}\end{cases}$	$\eta\Gamma\left(\dfrac{1}{\beta}+1\right)$	$\eta^2\left\{\Gamma\left(\dfrac{2}{\beta}+1\right)-\left[\Gamma\left(\dfrac{1}{\beta}+1\right)\right]^2\right\}$
瑞利 分布	$\sigma>0$	$f(x)=\begin{cases}\dfrac{x}{\sigma^2}\mathrm{e}^{-x^2/(2\sigma^2)}, & x>0 \\ 0, & \text{其他}\end{cases}$	$\sqrt{\dfrac{\pi}{2}}\sigma$	$\dfrac{4-\pi}{2}\sigma^2$
β 分布	$\alpha>0$ $\beta>0$	$f(x)=\begin{cases}\dfrac{\Gamma(\alpha+\beta)}{\Gamma(\alpha)\Gamma(\beta)}x^{\alpha-1}(1-x)^{\beta-1}, & 0<x<1 \\ 0, & \text{其他}\end{cases}$	$\dfrac{\alpha}{\alpha+\beta}$	$\dfrac{\alpha\beta}{(\alpha+\beta)^2(\alpha+\beta+1)}$
对数 正态 分布	μ $\sigma>0$	$f(x)=\begin{cases}\dfrac{1}{\sqrt{2\pi}\sigma x}\mathrm{e}^{-\frac{(\ln x-\mu)^2}{2\sigma^2}}, & x>0 \\ 0, & \text{其他}\end{cases}$	$\mathrm{e}^{\mu+\frac{\sigma^2}{2}}$	$\mathrm{e}^{2\mu+\sigma^2}(\mathrm{e}^{\sigma^2}-1)$
柯西 分布	α $\lambda>0$	$f(x)=\dfrac{1}{\pi}\cdot\dfrac{1}{\lambda^2+(x-\alpha)^2}$	不存在	不存在
t 分布	$n\geqslant 1$	$f(x)=\dfrac{\Gamma\left(\dfrac{n+1}{2}\right)}{\sqrt{n\pi}\,\Gamma(n/2)}\left(1+\dfrac{x^2}{n}\right)^{-(n+1)/2}$	$0, n>1$	$\dfrac{n}{n-2},\ n>2$
F 分布	n_1, n_2	$f(x)=\begin{cases}\dfrac{n_1^{\frac{n_1}{2}}n_2^{\frac{n_2}{2}}\Gamma\left(\dfrac{n_1+n_2}{2}\right)x^{\frac{n_1}{2}-1}}{\Gamma\left(\dfrac{n_1}{2}\right)\Gamma\left(\dfrac{n_2}{2}\right)(n_1x+n_2)^{\frac{n_1+n_2}{2}}}, & x>0 \\ 0, & x\leqslant 0\end{cases}$	$\dfrac{n_2}{n_2-2}$ $n_2>2$	$\dfrac{2n_2^2(n_1+n_2-2)}{n_1(n_2-2)^2(n_2-4)}$ $n_2>4$

附表2 标准正态分布表

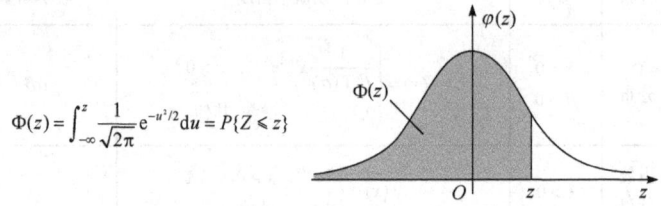

$$\Phi(z) = \int_{-\infty}^{z} \frac{1}{\sqrt{2\pi}} e^{-u^2/2} du = P\{Z \leqslant z\}$$

z	0	1	2	3	4	5	6	7	8	9
0.0	0.500 0	0.504 0	0.508 0	0.512 0	0.516 0	0.519 9	0.523 9	0.527 9	0.531 9	0.535 9
0.1	0.539 8	0.543 8	0.547 8	0.551 7	0.555 7	0.559 6	0.563 6	0.567 5	0.571 4	0.575 3
0.2	0.579 3	0.583 2	0.587 1	0.591 0	0.594 8	0.598 7	0.602 6	0.606 4	0.610 3	0.614 1
0.3	0.617 9	0.621 7	0.625 5	0.629 3	0.633 1	0.636 8	0.640 6	0.644 3	0.648 0	0.651 7
0.4	0.655 4	0.659 1	0.662 8	0.666 4	0.670 0	0.673 6	0.677 2	0.680 8	0.684 4	0.687 9
0.5	0.691 5	0.695 0	0.698 5	0.701 9	0.705 4	0.708 8	0.712 3	0.715 7	0.719 0	0.722 4
0.6	0.725 7	0.729 1	0.732 4	0.735 7	0.738 9	0.742 2	0.745 4	0.748 6	0.751 7	0.754 9
0.7	0.758 0	0.761 1	0.764 2	0.767 3	0.770 3	0.773 4	0.776 4	0.779 4	0.782 3	0.785 2
0.8	0.788 1	0.791 0	0.793 9	0.796 7	0.799 5	0.802 3	0.805 1	0.807 8	0.810 6	0.813 3
0.9	0.815 9	0.818 6	0.821 2	0.823 8	0.826 4	0.828 9	0.831 5	0.834 0	0.836 5	0.838 9
1.0	0.841 3	0.843 8	0.846 1	0.848 5	0.850 8	0.853 1	0.855 4	0.857 7	0.859 9	0.862 1
1.1	0.864 3	0.866 5	0.868 6	0.870 8	0.872 9	0.874 9	0.877 0	0.879 0	0.881 0	0.883 0
1.2	0.884 9	0.886 9	0.888 8	0.890 7	0.892 5	0.894 4	0.896 2	0.898 0	0.899 7	0.901 5
1.3	0.903 2	0.904 9	0.906 6	0.908 2	0.909 9	0.911 5	0.913 1	0.914 7	0.916 2	0.917 7
1.4	0.919 2	0.920 7	0.922 2	0.923 6	0.925 1	0.926 5	0.927 8	0.929 2	0.930 6	0.931 9
1.5	0.933 2	0.934 5	0.935 7	0.937 0	0.938 2	0.939 4	0.940 6	0.941 8	0.943 0	0.944 1
1.6	0.945 2	0.946 3	0.947 4	0.948 4	0.949 5	0.950 5	0.951 5	0.952 5	0.953 5	0.954 5
1.7	0.955 4	0.956 4	0.957 3	0.958 2	0.959 1	0.959 9	0.960 8	0.961 6	0.962 5	0.963 3
1.8	0.964 1	0.964 8	0.965 6	0.966 4	0.967 1	0.967 8	0.968 6	0.969 3	0.970 0	0.970 6
1.9	0.971 3	0.971 9	0.972 6	0.973 2	0.973 8	0.974 4	0.975 0	0.975 6	0.976 2	0.976 7
2.0	0.977 2	0.977 8	0.978 3	0.978 8	0.979 3	0.979 8	0.980 3	0.980 8	0.981 2	0.981 7
2.1	0.982 1	0.982 6	0.983 0	0.983 4	0.983 8	0.984 2	0.984 6	0.985 0	0.985 4	0.985 7
2.2	0.986 1	0.986 4	0.986 8	0.987 1	0.987 4	0.987 8	0.988 1	0.988 4	0.988 7	0.989 0
2.3	0.989 3	0.989 6	0.989 8	0.990 1	0.990 4	0.990 6	0.990 9	0.991 1	0.991 3	0.991 6
2.4	0.991 8	0.992 0	0.992 2	0.992 5	0.992 7	0.992 9	0.993 1	0.993 2	0.993 4	0.993 6
2.5	0.993 8	0.994 0	0.994 1	0.994 3	0.994 5	0.994 6	0.994 8	0.994 9	0.995 1	0.995 2
2.6	0.995 3	0.995 5	0.995 6	0.995 7	0.995 9	0.996 0	0.996 1	0.996 2	0.996 3	0.996 4
2.7	0.996 5	0.996 6	0.996 7	0.996 8	0.996 9	0.997 0	0.997 1	0.997 2	0.997 3	0.997 4
2.8	0.997 4	0.997 5	0.997 6	0.997 7	0.997 7	0.997 8	0.997 9	0.997 9	0.998 0	0.998 1
2.9	0.998 1	0.998 2	0.998 2	0.998 3	0.998 4	0.998 4	0.998 5	0.998 5	0.998 6	0.998 6
3.0	0.998 7	0.999 0	0.999 3	0.999 5	0.999 7	0.998 9	0.998 9	0.999 9	0.999 9	1.000 0

注：表中末行系函数值$\Phi(3.0)$, $\Phi(3.1)$, …, $\Phi(3.9)$.

附表 3　泊松分布表

$$1 - F(x-1) = \sum_{r=x}^{\infty} \frac{e^{-\lambda}\lambda^r}{r!}$$

x	$\lambda=0.2$	$\lambda=0.3$	$\lambda=0.4$	$\lambda=0.5$	$\lambda=0.6$	$\lambda=0.7$	$\lambda=0.8$
0	1.000 000 0	1.000 000 0	1.000 000 0	1.000 000 0	1.000 000 0	1.000 000 0	1.000 000 0
1	0.181 269 2	0.259 181 8	0.329 680 0	0.393 469	0.451 188	0.503 415	0.550 671
2	0.017 523 1	0.036 936 3	0.061 551 9	0.090 204	0.121 901	0.155 805	0.191 208
3	0.001 148 5	0.003 599 5	0.007 926 3	0.014 388	0.023 115	0.034 142	0.047 423
4	0.000 056 8	0.000 265 8	0.000 776 3	0.001 752	0.003 358	0.005 753	0.009 080
5	0.000 002 3	0.000 015 8	0.000 061 2	0.000 172	0.000 394	0.000 786	0.001 411
6	0.000 000 1	0.000 000 8	0.000 004 0	0.000 014	0.000 039	0.000 090	0.000 184
7			0.000 000 2	0.000 001	0.000 003	0.000 009	0.000 021
8						0.000 001	0.000 002

x	$\lambda=0.9$	$\lambda=1.0$	$\lambda=1.2$	$\lambda=1.4$	$\lambda=1.6$	$\lambda=1.8$
0	1.000 000 0	1.000 000 0	1.000 000 0	1.000 000	1.000 000	1.000 000
1	0.593 430	0.632 121	0.698 806	0.753 403	0.798 103	0.834 701
2	0.227 518	0.264 241	0.337 373	0.408 167	0.475 069	0.537 163
3	0.062 857	0.080 301	0.120 513	0.166 502	0.216 642	0.269 379
4	0.013 459	0.018 988	0.033 769	0.053 725	0.078 813	0.108 708
5	0.002 344	0.003 660	0.007 746	0.014 253	0.023 682	0.036 407
6	0.000 343	0.000 594	0.001 500	0.003 201	0.006 040	0.010 378
7	0.000 043	0.000 083	0.000 251	0.000 622	0.001 336	0.002 569
8	0.000 005	0.000 010	0.000 037	0.000 107	0.000 260	0.000 562
9		0.000 001	0.000 005	0.000 016	0.000 045	0.000 110
10			0.000 001	0.000 002	0.000 007	0.000 019
11					0.000 001	0.000 003

x	$\lambda=2.5$	$\lambda=3.0$	$\lambda=3.5$	$\lambda=4.0$	$\lambda=4.5$	$\lambda=5.0$
0	1.000 000	1.000 000	1.000 000	1.000 000	1.000 000	1.000 000
1	0.917 915	0.950 213	0.969 803	0.981 684	0.988 891	0.993 262
2	0.712 703	0.800 852	0.864 112	0.908 422	0.938 901	0.959 572
3	0.456 187	0.576 810	0.679 153	0.761 897	0.826 422	0.875 348
4	0.242 424	0.352 768	0.463 367	0. 566 530	0.657 704	0.734 974

续表

x	$\lambda=2.5$	$\lambda=3.0$	$\lambda=3.5$	$\lambda=4.0$	$\lambda=4.5$	$\lambda=5.0$
5	0.108 822	0.184 737	0.274 555	0.371 163	0.467 896	0.559 507
6	0.042 021	0.083 918	0.142 386	0.214 870	0.297 070	0.384 039
7	0.014 187	0.033 509	0.065 288	0.110 674	0.168 949	0.237 817
8	0.004 247	0.011 905	0.026 739	0.051 134	0.086 586	0.133 372
9	0.001 140	0.003 803	0.009 874	0.021 363	0.040 257	0.068 094
10	0.000 277	0.001 102	0.003 315	0.008 132	0.017 093	0.031 828
11	0.000 062	0.000 292	0.001 019	0.002 840	0.006 669	0.013 695
12	0.000 013	0.000 071	0.000 289	0.000 915	0.002 404	0.005 453
13	0.000 002	0.000 016	0.000 076	0.000 274	0.000 805	0.002 019
14		0.000 003	0.000 019	0.000 076	0.000 252	0.000 698
15		0.000 001	0.000 004	0.000 020	0.000 074	0.000 226
16			0.000 001	0.000 005	0.000 020	0.000 069
17				0.000 001	0.000 005	0.000 020
18					0.000 001	0.000 005
19						0.000 001

附表4　t 分布表

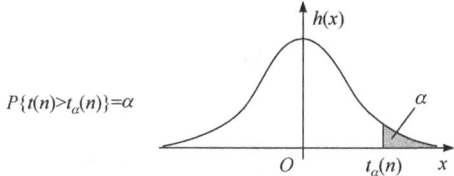

$P\{t(n) > t_\alpha(n)\} = \alpha$

n	α=0.25	0.10	0.05	0.025	0.01	0.005
1	1.000 0	3.077 7	6.313 8	12.706 2	31.820 7	63.657 4
2	0.816 5	1.885 6	2.920 0	4.302 7	6.964 6	9.924 8
3	0.764 9	1.637 7	2.353 4	3.182 4	4.540 7	5.840 9
4	0.740 7	1.533 2	2.131 8	2.776 4	3.746 9	4.604 1
5	0.726 7	1.475 9	2.015 0	2.570 6	3.364 9	4.032 2
6	0.717 6	1.439 8	1.943 2	2.446 9	3.142 7	3.707 4
7	0.711 1	1.414 9	1.894 6	2.364 6	2.998 0	3.499 5
8	0.706 4	1.396 8	1.859 5	2.306 0	2.896 5	3.355 4
9	0.702 7	1.383 0	1.833 1	2.262 2	2.821 4	3.249 8
10	0.699 8	1.372 2	1.812 5	2.228 1	2.763 8	3.169 3
11	0.697 4	1.363 4	1.795 9	2.201 0	2.718 1	3.105 8
12	0.695 5	1.356 2	1.782 3	2.178 8	2.681 0	3.054 5
13	0.693 8	1.350 2	1.770 9	2.160 4	2.650 3	3.012 3
14	0.692 4	1.345 0	1.761 3	2.144 8	2.624 5	2.976 8
15	0.691 2	1.340 6	1.753 1	2.131 5	2.602 5	2.946 7
16	0.690 1	1.336 8	1.745 9	2.119 9	2.583 5	2.920 8
17	0.689 2	1.333 4	1.739 6	2.109 8	2.566 9	2.898 2
18	0.688 4	1.330 4	1.734 1	2.100 9	2.552 4	2.878 4
19	0.687 6	1.327 7	1.729 1	2.093 0	2.539 5	2.860 9
20	0.687 0	1.325 3	1.724 7	2.086 0	2.528 0	2.845 3
21	0.686 4	1.323 2	1.720 7	2.079 6	2.517 7	2.831 4
22	0.685 8	1.321 2	1.717 1	2.073 9	2.508 3	2.818 8
23	0.685 3	1.319 5	1.713 9	2.068 7	2.499 9	2.807 3
24	0.684 8	1.317 8	1.710 9	2.063 9	2.492 2	2.796 9
25	0.684 4	1.316 3	1.708 1	2.059 5	2.485 1	2.787 4
26	0.684 0	1.315 0	1.705 6	2.055 5	2.478 6	2.778 7
27	0.683 7	1.313 7	1.703 3	2.051 8	2.472 7	2.770 7
28	0.683 4	1.312 5	1.701 1	2.048 4	2.467 1	2.763 3
29	0.683 0	1.311 4	1.699 1	2.045 2	2.462 0	2.756 4
30	0.682 8	1.310 4	1.697 3	2.042 3	2.457 3	2.750 0
31	0.682 5	1.309 5	1.695 5	2.039 5	2.452 8	2.744 0
32	0.682 2	1.308 6	1.693 9	2.036 9	2.448 7	2.738 5
33	0.682 0	1.307 7	1.692 4	2.034 5	2.444 8	2.733 3
34	0.681 8	1.307 0	1.690 9	2.032 2	2.441 1	2.728 4
35	0.681 6	1.306 2	1.689 6	2.030 1	2.437 7	2.723 8
36	0.681 4	1.305 5	1.688 3	2.028 1	2.434 5	2.719 5
37	0.681 2	1.304 9	1.687 1	2.026 2	2.431 4	2.715 4
38	0.681 0	1.304 2	1.686 0	2.024 4	2.428 6	2.711 6
39	0.680 8	1.303 6	1.684 9	2.022 7	2.425 8	2.707 9
40	0.680 7	1.303 1	1.683 9	2.021 1	2.423 3	2.704 5
41	0.680 5	1.302 5	1.682 9	2.019 5	2.420 8	2.701 2
42	0.680 4	1.302 0	1.682 0	2.018 1	2.418 5	2.698 1
43	0.680 2	1.301 6	1.681 1	2.016 7	2.416 3	2.695 1
44	0.680 1	1.301 1	1.680 2	2.015 4	2.414 1	2.692 3
45	0.680 0	1.300 6	1.679 4	2.014 1	2.412 1	2.689 6

附表5 χ^2 分布表

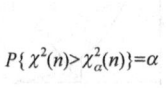
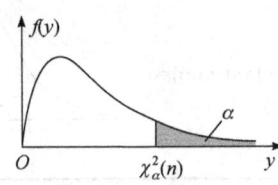

$P\{\chi^2(n) > \chi^2_\alpha(n)\} = \alpha$

n	α=0.995	0.99	0.975	0.95	0.90	0.75
1	—	—	0.001	0.004	0.016	0.102
2	0.010	0.020	0.051	0.103	0.211	0.575
3	0.072	0.115	0.216	0.352	0.584	1.213
4	0.207	0.297	0.484	0.711	1.064	1.923
5	0.412	0.554	0.831	1.145	1.610	2.675
6	0.676	0.872	1.237	1.635	2.204	3.455
7	0.989	1.239	1.690	2.167	2.833	4.255
8	1.344	1.646	2.180	2.733	3.490	5.071
9	1.735	2.088	2.700	3.325	4.168	5.899
10	2.156	2.558	3.247	3.940	4.865	6.737
11	2.603	3.053	3.816	4.575	5.578	7.584
12	3.074	3.571	4.404	5.226	6.304	8.438
13	3.565	4.107	5.009	5.892	7.042	9.299
14	4.075	4.660	5.629	6.571	7.790	10.165
15	4.601	5.229	6.262	7.261	8.547	11.037
16	5.142	5.812	6.908	7.962	9.312	11.912
17	5.697	6.408	7.564	8.672	10.085	12.792
18	6.265	7.015	8.231	9.390	10.865	13.675
19	6.844	7.633	8.907	10.117	11.651	14.562
20	7.434	8.260	9.591	10.851	12.443	15.452
21	8.034	8.897	10.283	11.591	13.240	16.344
22	8.643	9.542	10.982	12.338	14.042	17.240
23	9.260	10.196	11.689	13.091	14.848	18.137
24	9.886	10.856	12.401	13.848	15.659	19.037
25	10.520	11.524	13.120	14.611	16.473	19.939
26	11.160	12.198	13.844	15.379	17.292	20.843
27	11.808	12.879	14.573	16.151	18.114	21.749
28	12.461	13.565	15.308	16.928	18.939	22.657
29	13.121	14.257	16.047	17.708	19.768	23.567
30	13.787	14.954	16.791	18.493	20.599	24.478
31	14.458	15.655	17.539	19.281	21.434	25.390
32	15.134	16.362	18.291	20.072	22.271	26.304
33	15.815	17.074	19.047	20.867	23.110	27.219
34	16.501	17.789	19.806	21.664	23.952	28.136
35	17.192	18.509	20.569	22.465	24.797	29.054
36	17.887	19.233	21.336	23.269	25.643	29.973
37	18.586	19.960	22.106	24.075	26.492	30.893
38	19.289	20.691	22.878	24.884	27.343	31.815
39	19.996	21.426	23.654	25.695	28.196	32.737
40	20.707	22.164	24.433	26.509	29.051	33.660
41	21.421	22.906	25.215	27.326	29.907	34.585
42	22.138	23.650	25.999	28.144	30.765	35.510
43	22.859	24.398	26.785	28.965	31.625	36.436
44	23.584	25.148	27.575	29.787	32.487	37.363
45	24.311	25.901	28.366	30.612	33.350	38.291

续表

n	α=0.25	0.10	0.05	0.025	0.01	0.005
1	1.323	2.706	3.841	5.024	6.635	7.879
2	2.773	4.605	5.991	7.378	9.210	10.597
3	4.108	6.251	7.815	9.348	11.345	12.838
4	5.385	7.779	9.488	11.143	13.277	14.860
5	6.626	9.236	11.071	12.833	15.086	16.750
6	7.841	10.645	12.592	14.449	16.812	18.548
7	9.037	12.017	14.067	16.013	18.475	20.278
8	10.219	13.362	15.507	17.535	20.090	21.955
9	11.389	14.684	16.919	19.023	21.666	23.589
10	12.549	15.987	18.307	20.483	23.209	25.188
11	13.701	17.275	19.675	21.920	24.725	26.757
12	14.845	18.549	21.026	23.337	26.217	28.299
13	15.984	19.812	22.362	24.736	27.688	29.819
14	17.117	21.064	23.685	26.119	29.141	31.319
15	18.245	22.307	24.996	27.488	30.578	32.801
16	19.369	23.542	26.296	28.845	32.000	34.267
17	20.489	24.769	27.587	30.191	33.409	35.718
18	21.605	25.989	28.869	31.526	34.805	37.156
19	22.718	27.204	30.144	32.852	36.191	38.582
20	23.828	28.412	31.410	34.170	37.566	39.997
21	24.935	29.615	32.671	35.479	38.932	41.401
22	26.039	30.813	33.924	36.781	40.289	42.796
23	27.141	32.007	35.172	38.076	41.638	44.181
24	28.241	33.196	36.415	39.364	42.980	45.559
25	29.339	34.382	37.652	40.646	44.314	46.928
26	30.435	35.563	38.885	41.923	45.642	48.290
27	31.528	36.741	40.113	43.194	46.963	49.645
28	32.620	37.916	41.337	44.461	48.278	50.993
29	33.711	39.087	42.557	45.722	49.588	52.336
30	34.800	40.256	43.773	46.979	50.892	53.672
31	35.887	41.422	44.985	48.232	52.191	55.003
32	36.973	42.585	46.194	49.480	53.486	56.328
33	38.058	43.745	47.400	50.725	54.776	57.648
34	39.141	44.903	48.602	51.966	56.061	58.964
35	40.223	46.059	49.802	53.203	57.342	60.275
36	41.304	47.212	50.998	54.437	58.619	61.581
37	42.383	48.363	52.192	55.668	59.892	62.883
38	43.462	49.513	53.384	56.896	61.162	64.181
39	44.539	50.660	54.572	58.120	62.428	65.476
40	45.616	51.805	55.758	59.342	63.691	66.766
41	46.692	52.949	56.942	60.561	64.950	68.053
42	47.766	54.090	58.124	61.777	66.206	69.336
43	48.840	55.230	59.304	62.990	67.459	70.616
44	49.913	56.369	60.481	64.201	68.710	71.893
45	50.985	57.505	61.656	65.410	69.957	73.166

附表6 F分布表

$$P\{F(n_1,n_2) > F_\alpha(n_1,n_2)\} = \alpha$$

$\alpha = 0.10$

n_1 \ n_2	1	2	3	4	5	6	7	8	9	10	12	15	20	24	30	40	60	120	∞
1	39.86	49.50	53.59	55.83	57.24	58.20	58.91	59.44	59.86	60.19	60.71	61.22	61.74	62.00	62.26	62.53	62.79	63.06	63.33
2	8.53	9.00	9.16	9.24	9.29	9.33	9.35	9.37	9.38	9.39	9.41	9.42	9.44	9.45	9.46	9.47	9.47	9.48	9.49
3	5.54	5.46	5.39	5.34	5.31	5.28	5.27	5.25	5.24	5.23	5.22	5.20	5.18	5.18	5.17	5.16	5.15	5.14	5.13
4	4.54	4.32	4.19	4.11	4.05	4.01	3.98	3.95	3.94	3.92	3.90	3.87	3.84	3.83	3.82	3.80	3.79	3.78	3.76
5	4.06	3.78	3.62	3.52	3.45	3.40	3.37	3.34	3.32	3.30	3.27	3.24	3.21	3.19	3.17	3.16	3.14	3.12	3.10
6	3.78	3.46	3.29	3.18	3.11	3.05	3.01	2.98	2.96	2.94	2.90	2.87	2.84	2.82	2.80	2.78	2.76	2.74	2.72
7	3.59	3.26	3.07	2.96	2.88	2.83	2.78	2.75	2.72	2.70	2.67	2.63	2.59	2.58	2.56	2.54	2.51	2.49	2.47
8	3.46	3.11	2.92	2.81	2.73	2.67	2.62	2.59	2.56	2.54	2.50	2.46	2.42	2.40	2.38	2.36	2.34	2.32	2.29
9	3.36	3.01	2.81	2.69	2.61	2.55	2.51	2.47	2.44	2.42	2.38	2.34	2.30	2.28	2.25	2.23	2.21	2.18	2.16
10	3.29	2.92	2.73	2.61	2.52	2.46	2.41	2.38	2.35	2.32	2.28	2.24	2.20	2.18	2.16	2.13	2.11	2.08	2.06
11	3.23	2.86	2.66	2.54	2.45	2.39	2.34	2.30	2.27	2.25	2.21	2.17	2.12	2.10	2.08	2.05	2.03	2.00	1.97
12	3.18	2.81	2.61	2.48	2.39	2.33	2.28	2.24	2.21	2.19	2.15	2.10	2.06	2.04	2.01	1.99	1.96	1.93	1.90
13	3.14	2.76	2.56	2.43	2.35	2.28	2.23	2.20	2.16	2.14	2.10	2.05	2.01	1.98	1.96	1.93	1.90	1.88	1.85

续表

$\alpha = 0.10$

n_1 \ n_2	1	2	3	4	5	6	7	8	9	10	12	15	20	24	30	40	60	120	∞
14	3.10	2.73	2.52	2.39	2.31	2.24	2.19	2.15	2.12	2.10	2.05	2.01	1.96	1.94	1.91	1.89	1.86	1.83	1.80
15	3.07	2.70	2.49	2.36	2.27	2.21	2.16	2.12	2.09	2.06	2.02	1.97	1.92	1.90	1.87	1.85	1.82	1.79	1.76
16	3.05	2.67	2.46	2.33	2.24	2.18	2.13	2.09	2.06	2.03	1.99	1.94	1.89	1.87	1.84	1.81	1.78	1.75	1.72
17	3.03	2.64	2.44	2.31	2.22	2.15	2.10	2.06	2.03	2.00	1.96	1.91	1.86	1.84	1.81	1.78	1.75	1.72	1.69
18	3.01	2.62	2.42	2.29	2.20	2.13	2.08	2.04	2.00	1.98	1.93	1.89	1.84	1.81	1.78	1.75	1.72	1.69	1.66
19	2.99	2.61	2.40	2.27	2.18	2.11	2.06	2.02	1.98	1.96	1.91	1.86	1.81	1.79	1.76	1.73	1.70	1.67	1.63
20	2.97	2.59	2.38	2.25	2.16	2.09	2.04	2.00	1.96	1.94	1.89	1.84	1.79	1.77	1.74	1.71	1.68	1.64	1.61
21	2.96	2.57	2.36	2.23	2.14	2.08	2.02	1.98	1.95	1.92	1.87	1.83	1.78	1.75	1.72	1.69	1.66	1.62	1.59
22	2.95	2.56	2.35	2.22	2.13	2.06	2.01	1.97	1.93	1.90	1.86	1.81	1.76	1.73	1.70	1.67	1.64	1.60	1.57
23	2.94	2.55	2.34	2.21	2.11	2.05	1.99	1.95	1.92	1.89	1.84	1.80	1.74	1.72	1.69	1.66	1.62	1.59	1.55
24	2.93	2.54	2.33	2.19	2.10	2.04	1.98	1.94	1.91	1.88	1.83	1.78	1.73	1.70	1.67	1.64	1.61	1.57	1.53
25	2.92	2.53	2.32	2.18	2.09	2.02	1.97	1.93	1.89	1.87	1.82	1.77	1.72	1.69	1.66	1.63	1.59	1.56	1.52
26	2.91	2.52	2.31	2.17	2.08	2.01	1.96	1.92	1.88	1.86	1.81	1.76	1.71	1.68	1.65	1.61	1.58	1.54	1.50
27	2.90	2.51	2.30	2.17	2.07	2.00	1.95	1.91	1.87	1.85	1.80	1.75	1.70	1.67	1.64	1.60	1.57	1.53	1.49
28	2.89	2.50	2.29	2.16	2.06	2.00	1.94	1.90	1.87	1.84	1.79	1.74	1.69	1.66	1.63	1.59	1.56	1.52	1.48
29	2.89	2.50	2.28	2.15	2.06	1.99	1.93	1.89	1.86	1.83	1.78	1.73	1.68	1.65	1.62	1.58	1.55	1.51	1.47
30	2.88	2.49	2.28	2.14	2.05	1.98	1.93	1.88	1.85	1.82	1.77	1.72	1.67	1.64	1.61	1.57	1.54	1.50	1.46
40	2.84	2.44	2.23	2.09	2.00	1.93	1.87	1.83	1.79	1.76	1.71	1.66	1.61	1.57	1.54	1.51	1.47	1.42	1.38
60	2.79	2.39	2.18	2.04	1.95	1.87	1.82	1.77	1.74	1.71	1.66	1.60	1.54	1.51	1.48	1.44	1.40	1.35	1.29
120	2.75	2.35	2.13	1.99	1.90	1.82	1.77	1.72	1.68	1.65	1.60	1.55	1.48	1.45	1.41	1.37	1.32	1.26	1.19
∞	2.71	2.30	2.08	1.94	1.85	1.77	1.72	1.67	1.63	1.60	1.55	1.49	1.42	1.38	1.34	1.30	1.24	1.17	1.00

续表

$\alpha = 0.05$

n_2 \ n_1	1	2	3	4	5	6	7	8	9	10	12	15	20	24	30	40	60	120	∞
1	161.4	199.5	215.7	224.6	230.2	234.0	236.8	238.9	240.5	241.9	243.9	245.9	248.0	249.1	250.1	251.1	252.2	253.3	254.3
2	18.51	19.00	19.16	19.25	19.30	19.33	19.35	19.37	19.38	19.40	19.41	19.43	19.45	19.45	19.46	19.47	19.48	19.49	19.50
3	10.13	9.55	9.28	9.12	9.01	8.94	8.89	8.85	8.81	8.79	8.74	8.70	8.66	8.64	8.62	8.59	8.57	8.55	8.53
4	7.71	6.94	6.59	6.39	6.26	6.16	6.09	6.04	6.00	5.96	5.91	5.86	5.80	5.77	5.75	5.72	5.69	5.66	5.63
5	6.61	5.79	5.41	5.19	5.05	4.95	4.88	4.82	4.77	4.74	4.68	4.62	4.56	4.53	4.50	4.46	4.43	4.40	4.36
6	5.99	5.14	4.76	4.53	4.39	4.28	4.21	4.15	4.10	4.06	4.00	3.94	3.87	3.84	3.81	3.77	3.74	3.70	3.67
7	5.59	4.74	4.35	4.12	3.97	3.87	3.79	3.73	3.68	3.64	3.57	3.51	3.44	3.41	3.38	3.34	3.30	3.27	3.23
8	5.32	4.46	4.07	3.84	3.69	3.58	3.50	3.44	3.39	3.35	3.28	3.22	3.15	3.12	3.08	3.04	3.01	2.97	2.93
9	5.12	4.26	3.86	3.63	3.48	3.37	3.29	3.23	3.18	3.14	3.07	3.01	2.94	2.90	2.86	2.83	2.79	2.75	2.71
10	4.96	4.10	3.71	3.48	3.33	3.22	3.14	3.07	3.02	2.98	2.91	2.85	2.77	2.74	2.70	2.66	2.62	2.58	2.54
11	4.84	3.98	3.59	3.36	3.20	3.09	3.01	2.95	2.90	2.85	2.79	2.72	2.65	2.61	2.57	2.53	2.49	2.45	2.40
12	4.75	3.89	3.49	3.26	3.11	3.00	2.91	2.85	2.80	2.75	2.69	2.62	2.54	2.51	2.47	2.43	2.38	2.34	2.30
13	4.67	3.81	3.41	3.18	3.03	2.92	2.83	2.77	2.71	2.67	2.60	2.53	2.46	2.42	2.38	2.34	2.30	2.25	2.21
14	4.60	3.74	3.34	3.11	2.96	2.85	2.76	2.70	2.65	2.60	2.53	2.46	2.39	2.35	2.31	2.27	2.22	2.18	2.13
15	4.54	3.68	3.29	3.06	2.90	2.79	2.71	2.64	2.59	2.54	2.48	2.40	2.33	2.29	2.25	2.20	2.16	2.11	2.07
16	4.49	3.63	3.24	3.01	2.85	2.74	2.66	2.59	2.54	2.49	2.42	2.35	2.28	2.24	2.19	2.15	2.11	2.06	2.01
17	4.45	3.59	3.20	2.96	2.81	2.70	2.61	2.55	2.49	2.45	2.38	2.31	2.23	2.19	2.15	2.10	2.06	2.01	1.96
18	4.41	3.55	3.16	2.93	2.77	2.66	2.58	2.51	2.46	2.41	2.34	2.27	2.19	2.15	2.11	2.06	2.02	1.97	1.92
19	4.38	3.52	3.13	2.90	2.74	2.63	2.54	2.48	2.42	2.38	2.31	2.23	2.16	2.11	2.07	2.03	1.98	1.93	1.88
20	4.35	3.49	3.10	2.87	2.71	2.60	2.51	2.45	2.39	2.35	2.28	2.20	2.12	2.08	2.04	1.99	1.95	1.90	1.84
21	4.32	3.47	3.07	2.84	2.68	2.57	2.49	2.42	2.37	2.32	2.25	2.18	2.10	2.05	2.01	1.96	1.92	1.87	1.81
22	4.30	3.44	3.05	2.82	2.66	2.55	2.46	2.40	2.34	2.30	2.23	2.15	2.07	2.03	1.98	1.94	1.89	1.84	1.78
23	4.28	3.42	3.03	2.80	2.64	2.53	2.44	2.37	2.32	2.27	2.20	2.13	2.05	2.01	1.96	1.91	1.86	1.81	1.76
24	4.26	3.40	3.01	2.78	2.62	2.51	2.42	2.36	2.30	2.25	2.18	2.11	2.03	1.98	1.94	1.89	1.84	1.79	1.73
25	4.24	3.39	2.99	2.76	2.60	2.49	2.40	2.34	2.28	2.24	2.16	2.09	2.01	1.96	1.92	1.87	1.82	1.77	1.71
26	4.23	3.37	2.98	2.74	2.59	2.47	2.39	2.32	2.27	2.22	2.15	2.07	1.99	1.95	1.90	1.85	1.80	1.75	1.69
27	4.21	3.35	2.96	2.73	2.57	2.46	2.37	2.31	2.25	2.20	2.13	2.06	1.97	1.93	1.88	1.84	1.79	1.73	1.67
28	4.20	3.34	2.95	2.71	2.56	2.45	2.36	2.29	2.24	2.19	2.12	2.04	1.96	1.91	1.87	1.82	1.77	1.71	1.65
29	4.18	3.33	2.93	2.70	2.55	2.43	2.35	2.28	2.22	2.18	2.10	2.03	1.94	1.90	1.85	1.81	1.75	1.70	1.64
30	4.17	3.32	2.92	2.69	2.53	2.42	2.33	2.27	2.21	2.16	2.09	2.01	1.93	1.89	1.84	1.79	1.74	1.68	1.62
40	4.08	3.23	2.84	2.61	2.45	2.34	2.25	2.18	2.12	2.08	2.00	1.92	1.84	1.79	1.74	1.69	1.64	1.58	1.51
60	4.00	3.15	2.76	2.53	2.37	2.25	2.17	2.10	2.04	1.99	1.92	1.84	1.75	1.70	1.65	1.59	1.53	1.47	1.39
120	3.92	3.07	2.68	2.45	2.29	2.17	2.09	2.02	1.96	1.91	1.83	1.75	1.66	1.61	1.55	1.50	1.43	1.35	1.25
∞	3.84	3.00	2.60	2.37	2.21	2.10	2.01	1.94	1.83	1.83	1.75	1.67	1.57	1.52	1.46	1.39	1.32	1.22	1.00

续表

$\alpha = 0.025$

n_2 \ n_1	1	2	3	4	5	6	7	8	9	10	12	15	20	24	30	40	60	120	∞
1	647.8	799.5	864.2	899.6	921.8	937.1	948.2	956.7	963.3	368.6	976.7	984.9	993.1	997.2	1001	1006	1 010	1 014	1018
2	38.51	39.00	39.17	39.25	39.30	39.33	39.36	39.37	39.39	39.40	39.41	39.43	39.45	39.46	39.46	39.47	39.48	39.49	39.50
3	17.44	16.04	15.44	15.10	14.88	14.73	14.62	14.54	14.47	14.42	14.34	14.25	14.17	14.12	14.08	14.04	13.99	13.95	13.90
4	12.22	10.65	9.98	9.60	9.36	9.20	9.07	8.98	8.90	8.84	8.75	8.66	8.56	8.51	8.46	8.41	8.36	8.31	8.26
5	10.01	8.43	7.76	7.39	7.15	6.98	6.85	6.76	6.68	6.62	6.52	6.43	6.33	6.28	6.23	6.18	6.12	6.07	6.02
6	8.81	7.26	6.60	6.23	5.99	5.82	5.70	5.60	5.52	5.46	5.37	5.27	5.17	5.12	5.07	5.01	4.96	4.90	4.83
7	8.07	6.54	5.89	5.52	5.29	5.12	4.99	4.90	4.82	4.76	4.67	4.57	4.47	4.42	4.36	4.31	4.25	4.20	4.14
8	7.57	6.06	5.42	5.05	4.82	4.65	4.53	4.43	4.36	4.30	4.20	4.10	4.00	3.95	3.89	3.84	3.78	3.73	3.67
9	7.21	5.71	5.08	4.72	4.48	4.32	4.20	4.10	4.03	3.96	3.87	3.77	3.67	3.61	3.56	3.51	3.45	3.39	3.33
10	6.94	5.46	4.83	4.47	4.24	4.07	3.95	3.85	3.78	3.72	3.62	3.52	3.42	3.37	3.31	3.26	3.20	3.14	3.08
11	6.72	5.26	4.63	4.28	4.04	3.88	3.76	3.66	3.59	3.53	3.43	3.33	3.23	3.17	3.12	3.06	3.00	2.94	2.88
12	6.55	5.10	4.47	4.12	3.89	3.73	3.61	3.51	3.44	3.37	3.28	3.18	3.07	3.02	2.96	2.91	2.85	2.79	2.72
13	6.41	4.97	4.35	4.00	3.77	3.60	3.48	3.39	3.31	3.25	3.15	3.05	2.95	2.89	2.84	2.78	2.72	2.66	2.60
14	6.30	4.86	4.24	3.89	3.66	3.50	3.38	3.29	3.21	3.15	3.05	2.95	2.84	2.79	2.73	2.67	2.61	2.55	2.49
15	6.20	4.77	4.15	3.80	3.58	3.41	3.29	3.20	3.12	3.06	2.96	2.86	2.76	2.70	2.64	2.59	2.52	2.46	2.40
16	6.12	4.69	4.08	3.73	3.50	3.34	3.22	3.12	3.05	2.99	2.89	2.79	2.68	2.63	2.57	2.51	2.45	2.38	2.32
17	6.04	4.62	4.01	3.66	3.44	3.28	3.16	3.06	2.98	2.92	2.82	2.72	2.62	2.56	2.50	2.44	2.38	2.32	2.25
18	5.98	4.56	3.95	3.61	3.38	3.22	3.10	3.01	2.93	2.87	2.77	2.67	2.56	2.50	2.44	2.38	2.32	2.26	2.19
19	5.92	4.51	3.90	3.56	3.33	3.17	3.05	2.96	2.88	2.82	2.72	2.62	2.51	2.45	2.39	2.33	2.27	2.20	2.13
20	5.87	4.46	3.86	3.51	3.29	3.13	3.01	2.91	2.84	2.77	2.68	2.57	2.46	2.41	2.35	2.29	2.22	2.16	2.09
21	5.83	4.42	3.82	3.48	3.25	3.09	2.97	2.87	2.80	2.73	2.64	2.53	2.42	2.37	2.31	2.25	2.18	2.11	2.04
22	5.79	4.38	3.78	3.44	3.22	3.05	2.93	2.84	2.76	2.70	2.60	2.50	2.39	2.33	2.27	2.21	2.14	2.08	2.00
23	5.75	4.35	3.75	3.41	3.18	3.02	2.90	2.81	2.73	2.67	2.57	2.47	2.36	2.30	2.24	2.18	2.11	2.04	1.97
24	5.72	4.32	3.72	3.38	3.15	2.99	2.87	2.78	2.70	2.64	2.54	2.44	2.33	2.27	2.21	2.15	2.08	2.01	1.94
25	5.69	4.29	3.69	3.35	3.13	2.97	2.85	2.75	2.68	2.61	2.51	2.41	2.30	2.24	2.18	2.12	2.05	1.98	1.91
26	5.66	4.27	3.67	3.33	3.10	2.94	2.82	2.73	2.65	2.59	2.49	2.39	2.28	2.22	2.16	2.09	2.03	1.95	1.88
27	5.63	4.24	3.65	3.31	3.08	2.92	2.80	2.71	2.63	2.57	2.47	2.36	2.25	2.19	2.13	2.07	2.00	1.93	1.85
28	5.61	4.22	3.63	3.29	3.06	2.90	2.78	2.69	2.61	2.55	2.45	2.34	2.23	2.17	2.11	2.05	1.98	1.91	1.83
29	5.59	4.20	3.61	3.27	3.04	2.88	2.76	2.67	2.59	2.53	2.43	2.32	2.21	2.15	2.09	2.03	1.96	1.89	1.81
30	5.57	4.18	3.59	3.25	3.03	2.87	2.75	2.65	2.57	2.51	2.41	2.31	2.20	2.14	2.07	2.01	1.94	1.87	1.79
40	5.42	4.05	3.46	3.13	2.90	2.74	2.62	2.53	2.45	2.39	2.29	2.18	2.07	2.01	1.94	1.88	1.80	1.72	1.64
60	5.29	3.93	3.34	3.01	2.79	2.63	2.51	2.41	2.33	2.27	2.17	2.06	1.94	1.88	1.82	1.74	1.67	1.58	1.48
120	5.15	3.80	3.23	2.89	2.67	2.52	2.39	2.30	2.22	2.16	2.05	1.94	1.82	1.76	1.69	1.61	1.53	1.43	1.31
∞	5.02	3.69	3.12	2.79	2.57	2.41	2.29	2.19	2.11	2.05	1.94	1.83	1.71	1.64	1.57	1.48	1.39	1.27	1.00

续表

$\alpha = 0.01$

n_2 \ n_1	1	2	3	4	5	6	7	8	9	10	12	15	20	24	30	40	60	120	∞
1	4052	4999.5	5403	5625	5764	5859	5928	5982	6022	6056	6106	6157	6209	6235	6261	6287	6313	6339	6366
2	98.50	99.00	99.17	99.25	99.30	99.33	99.36	99.37	99.39	99.40	99.42	99.43	99.45	99.46	99.47	99.47	99.48	99.49	99.50
3	34.12	30.82	29.46	28.71	28.24	27.91	27.67	27.49	27.35	27.23	27.05	26.87	26.69	26.60	26.50	26.41	26.32	26.22	26.13
4	21.20	18.00	16.69	15.98	15.52	15.21	14.98	14.80	14.66	14.55	14.37	14.20	14.02	13.93	13.84	13.75	13.65	13.56	13.46
5	16.26	13.27	12.06	11.39	10.97	10.67	10.46	10.29	10.16	10.05	9.89	9.72	9.55	9.47	9.38	9.29	9.20	9.11	9.02
6	13.75	10.92	9.78	9.15	8.75	8.47	8.26	8.10	7.98	7.87	7.72	7.56	7.40	7.31	7.23	7.14	7.06	6.97	6.88
7	12.25	9.55	8.45	7.85	7.46	7.19	6.99	6.84	6.72	6.62	6.47	6.31	6.16	6.07	5.99	5.91	5.82	5.74	5.65
8	11.26	8.65	7.59	7.01	6.63	6.37	6.18	6.03	5.91	5.81	5.67	5.52	5.36	5.28	5.20	5.12	5.03	4.95	4.86
9	10.56	8.02	6.99	6.42	6.06	5.80	5.61	5.47	5.35	5.26	5.11	4.96	4.81	4.73	4.65	4.57	4.48	4.40	4.31
10	10.04	7.56	6.55	5.99	5.64	5.39	5.20	5.06	4.94	4.85	4.71	4.56	4.41	4.33	4.25	4.17	4.08	4.00	3.91
11	9.65	7.21	6.22	5.67	5.32	5.07	4.89	4.74	4.63	4.54	4.40	4.25	4.10	4.02	3.94	3.86	3.78	3.69	3.60
12	9.33	6.93	5.95	5.41	5.06	4.82	4.64	4.50	4.39	4.30	4.16	4.01	3.86	3.78	3.70	3.62	3.54	3.45	3.36
13	9.07	6.70	5.74	5.21	4.86	4.62	4.44	4.30	4.19	4.10	3.96	3.82	3.66	3.59	3.51	3.43	3.34	3.25	3.17
14	8.86	6.51	5.56	5.04	4.69	4.46	4.28	4.14	4.03	3.94	3.80	3.66	3.51	3.43	3.35	3.27	3.18	3.09	3.00
15	8.68	6.36	5.42	4.89	4.56	4.32	4.14	4.00	3.89	3.80	3.67	3.52	3.37	3.29	3.21	3.13	3.05	2.96	2.87
16	8.53	6.23	5.29	4.77	4.44	4.20	4.03	3.89	3.78	3.69	3.55	3.41	3.26	3.18	3.10	3.02	2.93	2.84	2.75
17	8.40	6.11	5.18	4.67	4.34	4.10	3.93	3.79	3.68	3.59	3.46	3.31	3.16	3.08	3.00	2.92	2.83	2.75	2.65
18	8.29	6.01	5.09	4.58	4.25	4.01	3.84	3.71	3.60	3.51	3.37	3.23	3.08	3.00	2.92	2.84	2.75	2.66	2.57
19	8.18	5.93	5.01	4.50	4.17	3.94	3.77	3.63	3.52	3.43	3.30	3.15	3.00	2.92	2.84	2.76	2.67	2.58	2.49
20	8.10	5.85	4.94	4.43	4.10	3.87	3.70	3.56	3.46	3.37	3.23	3.09	2.94	2.86	2.78	2.69	2.61	2.52	2.42
21	8.02	5.78	4.87	4.37	4.04	3.81	3.64	3.51	3.40	3.31	3.17	3.03	2.88	2.80	2.72	2.64	2.55	2.46	2.36
22	7.95	5.72	4.82	4.31	3.99	3.76	3.59	3.45	3.35	3.26	3.12	2.98	2.83	2.75	2.67	2.58	2.50	2.40	2.31
23	7.88	5.66	4.76	4.26	3.94	3.71	3.54	3.41	3.30	3.21	3.07	2.93	2.78	2.70	2.62	2.54	2.45	2.35	2.26
24	7.82	5.61	4.72	4.22	3.90	3.67	3.50	3.36	3.26	3.17	3.03	2.89	2.74	2.66	2.58	2.49	2.40	2.31	2.21
25	7.77	5.57	4.68	4.18	3.85	3.63	3.46	3.32	3.22	3.13	2.99	2.85	2.70	2.62	2.54	2.45	2.36	2.27	2.17
26	7.72	5.53	4.64	4.14	3.82	3.59	3.42	3.29	3.18	3.09	2.96	2.81	2.66	2.58	2.50	2.42	2.33	2.23	2.13
27	7.68	5.49	4.60	4.11	3.78	3.56	3.39	3.26	3.15	3.06	2.93	2.78	2.63	2.55	2.47	2.38	2.29	2.20	2.10
28	7.64	5.45	4.57	4.07	3.75	3.53	3.36	3.23	3.12	3.03	2.90	2.75	2.60	2.52	2.44	2.35	2.26	2.17	2.06
29	7.60	5.42	4.54	4.04	3.73	3.50	3.33	3.20	3.09	3.00	2.87	2.73	2.57	2.49	2.41	2.33	2.23	2.14	2.03
30	7.56	5.39	4.51	4.02	3.70	3.47	3.30	3.17	3.07	2.98	2.84	2.70	2.55	2.47	2.39	2.30	2.21	2.11	2.01
40	7.31	5.18	4.31	3.83	3.51	3.29	3.12	2.99	2.89	2.80	2.66	2.52	2.37	2.29	2.20	2.11	2.02	1.92	1.80
60	7.08	4.98	4.13	3.65	3.34	3.12	2.95	2.82	2.72	2.63	2.50	2.35	2.20	2.12	2.03	1.94	1.84	1.73	1.60
120	6.85	4.79	3.95	3.48	3.17	2.96	2.79	2.66	2.56	2.47	2.34	2.19	2.03	1.95	1.86	1.76	1.66	1.53	1.38
∞	6.63	4.61	3.78	3.32	3.02	2.80	2.64	2.51	2.41	2.32	2.18	2.04	1.88	1.79	1.70	1.59	1.47	1.32	1.00

续表

$\alpha = 0.005$

n_2 \ n_1	1	2	3	4	5	6	7	8	9	10	12	15	20	24	30	40	60	120	∞
1	16 211	20 000	21 615	22 500	23 056	23 437	23 715	23 925	24 091	24 224	24 426	24 630	24 836	24 940	25 044	25 148	25 253	25 359	25 465
2	198.5	199.0	199.2	199.2	199.3	199.3	199.4	199.4	199.4	199.4	199.4	199.4	199.4	199.5	199.5	199.5	199.5	199.5	199.5
3	55.55	49.80	47.47	46.19	45.39	44.84	44.43	44.13	43.88	43.69	43.39	43.08	42.78	42.62	42.47	42.31	42.15	41.99	41.83
4	31.33	26.28	24.26	23.15	22.46	21.97	21.62	21.35	21.14	20.97	20.70	20.44	20.17	20.03	19.89	19.75	19.61	19.47	19.32
5	22.78	18.31	16.53	15.56	14.94	14.51	14.20	13.96	13.77	13.62	13.38	13.15	12.90	12.78	12.66	12.53	12.40	12.27	12.14
6	18.63	14.54	12.92	12.03	11.46	11.07	10.79	10.57	10.39	10.25	10.03	9.81	9.59	9.47	9.36	9.24	9.12	9.00	8.88
7	16.24	12.40	10.88	10.05	9.52	9.16	8.89	8.68	8.51	8.38	8.18	7.97	7.75	7.65	7.53	7.42	7.31	7.19	7.08
8	14.69	11.04	9.60	8.81	8.30	7.95	7.69	7.50	7.34	7.21	7.01	6.81	6.61	6.50	6.40	6.29	6.18	6.06	5.95
9	13.61	10.11	8.72	7.96	7.47	7.13	6.88	6.69	6.54	6.42	6.23	6.03	5.83	5.73	5.62	5.52	5.41	5.30	5.19
10	12.83	9.43	8.08	7.34	6.87	6.54	6.30	6.12	5.97	5.85	5.66	5.47	5.27	5.17	5.07	4.97	4.86	4.75	4.64
11	12.23	8.91	7.60	6.88	6.42	6.10	5.86	5.68	5.54	5.42	5.24	5.05	4.86	4.76	4.65	4.55	4.44	4.34	4.23
12	11.75	8.51	7.23	6.52	6.07	5.76	5.52	5.35	5.20	5.09	4.91	4.72	4.53	4.43	4.33	4.23	4.12	4.01	3.90
13	11.37	8.19	6.93	6.23	5.79	5.48	5.25	5.08	4.94	4.82	4.64	4.46	4.27	4.17	4.07	3.97	3.87	3.76	3.65
14	11.06	7.92	6.68	6.00	5.56	5.26	5.03	4.86	4.72	4.60	4.43	4.25	4.06	3.96	3.86	3.76	3.66	3.55	3.44
15	10.80	7.70	6.48	5.80	5.37	5.07	4.85	4.67	4.54	4.42	4.25	4.07	3.88	3.79	3.69	3.58	3.48	3.37	3.26
16	10.58	7.51	6.30	5.64	5.21	4.91	4.69	4.52	4.38	4.27	4.10	3.92	3.73	3.64	3.54	3.44	3.33	3.22	3.11
17	10.38	7.35	6.16	5.50	5.07	4.78	4.56	4.39	4.25	4.14	3.97	3.79	3.61	3.51	3.41	3.31	3.21	3.10	2.98
18	10.22	7.21	6.03	5.37	4.96	4.66	4.44	4.28	4.14	4.03	3.86	3.68	3.50	3.40	3.30	3.20	3.10	2.99	2.87
19	10.07	7.09	5.92	5.27	4.85	4.56	4.34	4.18	4.04	3.93	3.76	3.59	3.40	3.31	3.21	3.11	3.00	2.89	2.78
20	9.94	6.99	5.82	5.17	4.76	4.47	4.26	4.09	3.96	3.85	3.68	3.50	3.32	3.22	3.12	3.02	2.92	2.81	2.69
21	9.83	6.89	5.73	5.09	4.68	4.39	4.18	4.01	3.88	3.77	3.60	3.43	3.24	3.15	3.05	2.95	2.84	2.73	2.61
22	9.73	6.81	5.65	5.02	4.61	4.32	4.11	3.94	3.81	3.70	3.54	3.36	3.18	3.08	2.98	2.88	2.77	2.66	2.55
23	9.63	6.73	5.58	4.95	4.54	4.26	4.05	3.88	3.75	3.64	3.47	3.30	3.12	3.02	2.92	2.82	2.71	2.60	2.48
24	9.55	6.66	5.52	4.89	4.49	4.20	3.99	3.83	3.69	3.59	3.42	3.25	3.06	2.97	2.87	2.77	2.66	2.55	2.43
25	9.48	6.60	5.46	4.84	4.43	4.15	3.94	3.78	3.64	3.54	3.37	3.20	3.01	2.92	2.82	2.72	2.61	2.50	2.38
26	9.41	6.54	5.41	4.79	4.38	4.10	3.89	3.73	3.60	3.49	3.33	3.15	2.97	2.87	2.77	2.67	2.56	2.45	2.33
27	9.34	6.49	5.36	4.74	4.34	4.06	3.85	3.69	3.56	3.45	3.28	3.11	2.93	2.83	2.73	2.63	2.52	2.41	2.29
28	9.28	6.44	5.32	4.70	4.30	4.02	3.81	3.65	3.52	3.41	3.25	3.07	2.89	2.79	2.69	2.59	2.48	2.37	2.25
29	9.23	6.40	5.28	4.66	4.26	3.98	3.77	3.61	3.48	3.38	3.21	3.04	2.86	2.76	2.66	2.56	2.45	2.33	2.21
30	9.18	6.35	5.24	4.62	4.23	3.95	3.74	3.58	3.45	3.34	3.18	3.01	2.82	2.73	2.63	2.52	2.42	2.30	2.18
40	8.83	6.07	4.98	4.37	3.99	3.71	3.51	3.35	3.22	3.12	2.95	2.78	2.60	2.50	2.40	2.30	2.18	2.06	1.93
60	8.49	5.79	4.73	4.14	3.76	3.49	3.29	3.13	3.01	2.90	2.74	2.57	2.39	2.29	2.19	2.08	1.96	1.83	1.69
120	8.18	5.54	4.50	3.92	3.55	3.28	3.09	2.93	2.81	2.71	2.54	2.37	2.19	2.09	1.98	1.87	1.75	1.61	1.43
∞	7.88	5.30	4.28	3.72	3.35	3.09	2.90	2.74	2.62	2.52	2.36	2.19	2.00	1.90	1.79	1.67	1.53	1.36	1.00

附表7 秩和检验临界值 $W_\alpha(m,n)$ 表

$P\{W \geqslant W_\alpha(m,n)\} \approx \alpha$, $P\{W \leqslant n(m+n+1) - W_\alpha(m,n)\} \approx \alpha$

n	α	m								
		2	3	4	5	6	7	8	9	10
2	0.010	8	10	12	14	16	18	20	22	24
2	0.025	8	10	12	14	16	18	19	21	23
2	0.050	8	10	12	13	15	17	18	20	22
2	0.100	8	9	11	12	14	16	17	19	21
3	0.010		16	19	22	25	27	30	32	35
3	0.025		16	19	21	23	26	28	31	33
3	0.050		15	18	20	22	25	27	29	32
3	0.100		14	17	19	21	23	25	28	30
4	0.010			27	30	33	37	40	43	47
4	0.025			26	29	32	35	38	42	45
4	0.050			25	28	31	34	37	40	43
4	0.100			23	26	29	32	35	37	40
5	0.010				39	43	47	51	55	59
5	0.025				38	42	45	49	53	57
5	0.050				36	40	44	47	51	54
5	0.100				35	38	42	45	48	52
6	0.010					54	59	63	68	73
6	0.025					52	57	61	65	70
6	0.050					50	55	59	63	68
6	0.100					48	52	56	60	64
7	0.010						71	77	82	87
7	0.025						69	74	79	84
7	0.050						66	71	76	81
7	0.100						64	68	73	77
8	0.010							91	97	103
8	0.025							87	93	99
8	0.050							85	90	96
8	0.100							81	86	92
9	0.010								121	128
9	0.025								118	124
9	0.050								114	120
9	0.100								110	116
10	0.010									133
10	0.025									129
10	0.050									124
10	0.100									119

附表 8　检验相关系数的临界值表

$n-2$	5%	1%	$n-2$	5%	1%	$n-2$	5%	1%
1	0.997	1.000	16	0.468	0.590	35	0.325	0.418
2	0.950	0.990	17	0.456	0.575	40	0.304	0.393
3	0.878	0.959	18	0.444	0.561	45	0.288	0.372
4	0.811	0.917	19	0.433	0.549	50	0.273	0.354
5	0.754	0.874	20	0.423	0.537	60	0.250	0.325
6	0.707	0.834	21	0.413	0.526	70	0.232	0.302
7	0.666	0.798	22	0.404	0.515	80	0.217	0.283
8	0.632	0.765	23	0.396	0.505	90	0.205	0.267
9	0.602	0.735	24	0.388	0.496	100	0.195	0.254
10	0.576	0.708	25	0.381	0.487	125	0.174	0.228
11	0.553	0.684	26	0.374	0.478	150	0.159	0.208
12	0.532	0.661	27	0.367	0.470	200	0.138	0.181
13	0.514	0.641	28	0.361	0.463	300	0.113	0.143
14	0.497	0.623	29	0.355	0.456	400	0.095	0.123
15	0.482	0.606	30	0.349	0.449	1000	0.062	0.081

部分习题参考答案